华东理工大学研究生院资助出版

应用数理统计

（第三版）

刘剑平　朱坤平　陆元鸿　**主　编**
俞绍文　鲍　亮　徐旭颖　**副主编**

華東理工大學出版社
EAST CHINA UNIVERSITY OF SCIENCE AND TECHNOLOGY PRESS
·上海·

图书在版编目(CIP)数据

应用数理统计 / 刘剑平,朱坤平,陆元鸿主编. —3版. —上海: 华东理工大学出版社,2019.6(2024.1重印)
ISBN 978-7-5628-5890-4

Ⅰ.①应… Ⅱ.①刘… ②朱… ③陆… Ⅲ.①数理统计—研究生—教材 Ⅳ.①O212

中国版本图书馆CIP数据核字(2019)第101888号

内 容 提 要

本书是根据教育部颁布的“工学硕士研究生应用数理统计课程教学基本要求”编写的.主要内容包括: 概率论基础、抽样与抽样分布、参数估计、假设检验、回归分析、方差分析和正交试验设计、多元统计应用.本书根据研究生教学的特点精心选材,通过问题的引入、描述和分析阐明数理统计方法的基本思想及实际应用.全书内容简明扼要,清晰易懂.除基本教学内容外,本书突出了研究生教育的探索性和启发性,在每章内容后都附加了延伸阅读和思考题.

本书可作为高等学校工科硕士研究生及数学专业本科生的数理统计教材,也可供从事数理统计相关工作的科研工作者阅读和参考.

项目统筹 / 牛 东
责任编辑 / 牛 东 周永斌
装帧设计 / 徐 蓉
出版发行 / 华东理工大学出版社有限公司
地址: 上海市梅陇路130号,200237
电话: 021-64250306
网址: www.ecustpress.cn
邮箱: zongbianban@ecustpress.cn
印 刷 / 上海新华印刷有限公司
开 本 / 787 mm×1092 mm 1/16
印 张 / 17
字 数 / 413千字
版 次 / 2012年5月第1版
2014年9月第2版
2019年6月第3版
印 次 / 2024年1月第3次
定 价 / 55.00元

第三版前言

本书初版以来,受到了读者的广泛好评,也给我们提出了一些很好的建议. 我们根据自己教学上的实践及读者反映的一些问题和建议,对教材进行了重新修订,主要包括更正了教材中的印刷错误;更新了部分延伸阅读的内容和习题;增加了广义似然比检验的内容及习题;并完善了教材中部分内容的文字表述等.

本书是作者根据多年的教学经验,参照国家教育部的"工学硕士研究生应用数理统计课程教学基本要求",及"数学专业数理统计课程教学基本要求"为工科研究生及数学系本科生编写的一本数理统计教材. 本书前两版在师生中广受好评.

考虑到数理统计是一门实用性很强的学科,而工科学生包括研究生学习本课程的目的也在于用数理统计的方法来解决实际问题,因此,本书以讲清基本概念、原理和方法为主,避免烦琐的理论推导. 全书力求简明扼要,清晰易懂,以便于读者通过自学就可以掌握本书的基本内容.

本书内容的选材和编排密切结合了研究生教学的特点. 目前,国内关于研究生教材应如何编写还有很大的争议. 一个普遍的共识是,与国外教材相比,国内的研究生教材大多更强调教材内容的逻辑性、严谨性,而缺乏探索性和启发性. 为了启发读者对教材基本内容有更深入的理解和探索,在本书每章后都有一个延伸阅读和思考题,并指明了参考文献. 全书共七章,内容包括概率论基础、抽样与抽样分布、参数估计、假设检验、回归分析、方差分析和正交试验设计、多元统计应用等,可根据需要供 32~48 学时的教学使用. 有概率论基础知识的读者可以直接从第 2 章开始学习,学时少的可删除第 7 章多元统计应用,以及 4.3 节广义似然比检验、4.5 节正态分布的概率纸检验、5.5 节逐步回归分析等内容. 本书第 7 章多元统计应用部分也可单独用来作为指导研究生数模竞赛的讲义.

本书由刘剑平、朱坤平、陆元鸿老师担任主编,俞绍文、鲍亮、徐旭颖老师担任副主编,在编写过程中,得到了华东理工大学教材建设委员会和教务处的大力支持,在出版过程中,得到了华东理工大学研究生院的资助,在此表示衷心的感谢. 同时,我们还要感谢教学组的全体成员,他们在本书的编写过程中提供了宝贵的建议.

由于编者水平所限,书内难免有疏漏差错之处,欢迎读者批评指正. 另外,本书配套的课件,习题全解,实验指导,以及考试样卷等教学资料均可在华东理工大学的数理统计方法精品课网站浏览下载,网址为 http://59.78.108.56/msta/. 其中部分加密资料只对教师开放,请使用本书的教师直接与我们联系. 作者电子邮箱 liujianping60@163.com 或 kpzhu@ecust.edu.cn.

目 录

1

概率论基础

1.1 随机事件与概率

自然界和人类社会中存在着许多现象，其中有一些现象，只要满足一定的条件，就必然会发生. 例如，在标准大气压下，纯水加热到100℃必然沸腾；向空中抛一枚硬币，硬币必然会下落. 这些现象有一个共同特点，即事前人们完全可以预言会发生什么结果. 我们称这类现象为**确定性现象**或**必然现象**.

但是在自然界和人类社会中，还存在着与必然现象有着本质差异的另一类现象. 例如，抛一枚硬币，硬币可能正面向上也可能反面向上；一门大炮对目标进行远距离射击，可能击中也可能击不中. 这些现象的一个共同特点是，在同样的条件下进行同样的观测或实验，有可能发生多种结果，事前人们不能预言将出现哪种结果. 这类现象被称为**随机现象**或**偶然现象**.

表面上看来，随机现象的发生，完全是随机的、偶然的，没有什么规律可循，但事实上并非如此. 对一次或少数几次观测或实验而言，随机现象的结果，确实是无法预料的，是不确定的. 但是，如果我们在相同的条件下进行多次重复的实验或大量的观测，就会发现，随机现象的结果的出现，具有一定的规律性，例如，各个国家、各个时期的人口统计资料显示，新生婴儿中男婴和女婴的比例大约总是1∶1. 又如，向水平、光滑的地面多次重复抛一枚均匀的硬币，发现正面向上与反面向上出现的次数近似相同. 我们称这种规律性为随机现象的**统计规律性**. 概率统计理论，就是研究随机现象统计规律性的一门学科.

1.1.1 随机试验与事件

为了方便起见，我们把对某种自然现象进行的一次观测或所做的一次实验，统称为一个试验. 如果一个试验具有下列三个特性，就称这种试验为**随机试验**(Random Experiment).

(1) 试验可以在相同条件下重复进行；

(2) 每次试验，可以出现多种结果，总共有可能出现哪几种结果，是可以事先明确知道的；

(3) 每一次试验，实际只出现一种结果，至于出现哪一种结果，在这一次试验结束之前，是无法预知的.

我们常用字母 E 来表示随机试验. 一般把随机试验简称为**试验**.

进行试验的目的在于研究试验结果出现的规律. 对于一个试验 E,它的每一种可能出现的最简单的结果,称为**基本事件**或**样本点**,习惯上用 ω 表示. 一般,样本点和基本事件不加区分. 严格意义上它们是元素与集合的关系,即基本事件是由一个样本点构成的集合.

对于一个试验 E,它所有的基本事件组成的集合称为**基本事件空间**或**样本空间**(Sample Space),记为 Ω.

例 1 设试验 E 为:掷一颗骰子并观察向上那面的点数,则有样本点

$$\omega_i=\{\text{出现 } i \text{ 点}\}(i=1,2,\cdots,6),$$

于是样本空间 $\Omega=\{\omega_1,\omega_2,\omega_3,\omega_4,\omega_5,\omega_6\}$.

例 2 设试验 E 为:在相同条件下接连不断地向同一个目标射击,直到第一次击中为止,观察直到击中为止所需要的射击次数. 则有样本点

$$\omega_i=\{\text{到击中为止需要射击 } i \text{ 次}\}(i=1,2,3,\cdots),$$

于是样本空间 $\Omega=\{\omega_1,\omega_2,\cdots\}$.

例 3 设试验 E 为:观察某地每日的最低气温 x 和最高气温 y,已知当地每日气温最低不低于 -20℃,最高不高于 50℃. 以 (x,y) 表示一次观察结果,显然有 $-20\leqslant x\leqslant y\leqslant 50$,则样本空间可表示为 $\Omega=\{(x,y)\mid -20\leqslant x\leqslant y\leqslant 50\}$,$\Omega$ 中的每一元素都是样本点.

以上各例说明随机试验的样本空间有以下三种情况:

(1) 有有限个可能的结果;

(2) 有可列的无穷多个(样本点有无穷多,但可依次编号)可能的结果;

(3) 有不可列的无穷多个(样本点有无穷多,但不能编号)可能的结果.

在一次随机试验中,通常关心的是带有某些特征的现象是否发生. 比如在例 1 中,

$$A=\{\text{出现 4 点}\},B=\{\text{出现点数为偶数}\},C=\{\text{出现点数不超过 4}\}.$$

A 是一个基本事件,而 B 和 C 则由多个基本事件组成(事实上,$B=\{\omega_2,\omega_4,\omega_6\}$,$C=\{\omega_1,\omega_2,\omega_3,\omega_4\}$),相对于基本事件,就称它们为**复合事件**. 无论基本事件还是复合事件,它们在试验中发生与否,都带有随机性,所以都称作**随机事件**(Random Event),简称**事件**. 习惯上,常用大写字母 A,B,C 等表示. 在试验中,如果事件 A 中包含的某一个基本事件 ω 发生,则称 A 发生,记为 $\omega\in A$.

样本空间 Ω 包含了全体基本事件,而随机事件是由具有某些特征的基本事件所组成的. 由此可见,**任一随机事件都是样本空间的 Ω 的一个子集**. 样本空间有两个平凡的子集,即 Ω 本身和空集 $\varnothing$. 如在例 1 中,“出现点数小于 10”就表示事件 $\Omega=\{\omega_1,\omega_2,\omega_3,\omega_4,\omega_5,\omega_6\}$,它在每次试验中一定发生. 而“出现点数小于 0”,就不包含任何样本点,即 $\varnothing$. 它在每次试验中都不可能发生.

在每次随机试验中一定会发生的事件,称为**必然事件**. 相反地,如果某事件一定不会发生,则称为**不可能事件**.

必然事件与不可能事件没有“不确定性”,因而严格地说,它们已经不属于“随机”事件了. 但是,为了讨论方便起见,我们还是把它们包括在随机事件中,作为特殊的随机事件来处理.

1.1.2　事件的关系和运算

一个样本空间Ω中,可以有很多随机事件.人们通常需要研究这些事件间的关系和运算,以便通过较简单事件的统计规律去探求复杂事件的统计规律.

在讨论事件的关系和运算时,我们总是假定它们是同一个随机试验的事件,即它们是同一个样本空间Ω的子集.因为只有在这样的假定下,讨论它们之间的关系和运算才有意义.

(1) 事件B包含事件A　如果事件A的发生必然导致事件B的发生,则称事件B包含事件A,或称事件A包含在事件B中,记作$B\supset A$或$A\subset B$.

(2) 事件A与B相等　如果事件A包含事件B,而且事件B又包含事件A,则称A与B相等,记为$A=B$.

(3) 事件A与B的和　"事件A与B中至少有一个发生"也是一个事件,称此事件为事件A与B的和(也称为事件的并),记作$A\cup B$或$A+B$.

"n个事件$A_1,A_2,\cdots,A_n$中至少有一个发生"这一事件称为事件$A_1,A_2,\cdots,A_n$的和,记作$A_1\cup A_2\cup\cdots\cup A_n$(或$A_1+A_2+\cdots+A_n$),简记为$\bigcup\limits_{i=1}^{n}A_i$(或$\sum\limits_{i=1}^{n}A_i$).

(4) 事件A与B的积　"事件A与B同时发生"也是一个事件,称此事件为A与B的积(也称为事件的交),记作AB或$A\cap B$.

"n个事件$A_1,A_2,\cdots,A_n$同时发生"这一事件称为事件$A_1,A_2,\cdots,A_n$的积,记作$A_1A_2\cdots A_n$(或$A_1\cap A_2\cap\cdots\cap A_n$),简记为$\prod\limits_{i=1}^{n}A_i$(或$\bigcap\limits_{i=1}^{n}A_i$).

(5) 事件A与B互不相容　如果事件A与B不可能同时发生,则称事件A与B互不相容或互斥.此时必有$AB=\varnothing$.

如果n个事件$A_1,A_2,\cdots,A_n$中任意两个事件都互不相容,即

$$A_iA_j=\varnothing\quad(1\leqslant i<j\leqslant n),$$

则称这n个事件是**互不相容**或**互斥**(Exclusive)的.

显然任意一个随机试验E的所有基本事件都是互斥事件.并且,不可能事件$\varnothing$与任何事件都互斥.

(6) 事件A与B相互对立　如果事件A与B满足

$$A\cup B=\Omega,AB=\varnothing,$$

则称事件B是事件A的逆事件或对立事件.容易看出,当B是A的逆事件或对立事件时,A也是B的逆事件或对立事件,所以,这时也称A与B是相互**对立**(或**互逆**)事件,记为$B=\overline{A}$或$A=\overline{B}$,事件A的对立事件$\overline{A}$表示A不发生.

显然,$\overline{\Omega}=\varnothing$,$\overline{\varnothing}=\Omega$,$\overline{\overline{A}}=A$,并且$A\subset B$的充要条件是$\overline{A}\supset\overline{B}$.

(7) 事件A与B的差　"事件A发生而事件B不发生"这一事件称为A与B的差,记为$A-B$.

例4　设一个工人生产了4个零件.A_i表示他生产的第i个零件是正品($i=1,2,3,4$),试用A_i表示下列事件:

(1) 没有一个是次品;(2) 至少有一个是次品;

(3) 只有一个是次品;(4) 至少有三个不是次品.

解 (1) $A_1A_2A_3A_4$;(2) $\overline{A_1A_2A_3A_4}$;

(3) $\overline{A_1}A_2A_3A_4\cup A_1\overline{A_2}A_3A_4\cup A_1A_2\overline{A_3}A_4\cup A_1A_2A_3\overline{A_4}$;

(4) $\overline{A_1}A_2A_3A_4\cup A_1\overline{A_2}A_3A_4\cup A_1A_2\overline{A_3}A_4\cup A_1A_2A_3\overline{A_4}\cup A_1A_2A_3A_4$.

关于事件的运算有如下的规律:

(1) 交换律 $A\cup B=B\cup A, AB=BA$;

(2) 结合律 $(A\cup B)\cup C=A\cup(B\cup C), (AB)C=A(BC)$;

(3) 分配律 $(A\cup B)C=AC\cup BC, (AB)\cup C=(A\cup C)(B\cup C)$;

(4) 德摩根①定律(对偶律)

$$\overline{A_1\cup A_2\cup\cdots\cup A_n}=\overline{A_1}\,\overline{A_2}\cdots\overline{A_n}$$
$$\overline{A_1A_2\cdots A_n}=\overline{A_1}\cup\overline{A_2}\cup\cdots\cup\overline{A_n}.$$

我们知道,任一随机事件都是样本空间的一个子集,所以事件之间的关系与运算和集合之间的关系与运算是完全类似的.因而,可以借助于集合的知识来证明事件的运算规律.下面仅从事件运算含义的角度来解释对偶律的第一个公式.

$A_1\cup A_2\cup\cdots\cup A_n$ 表示事件 $A_1,A_2,\cdots,A_n$ 至少有一个发生,$\overline{A_1\cup A_2\cup\cdots\cup A_n}$表示它的否定,即不是 $A_1,A_2,\cdots,A_n$ 至少有一个发生,这等价于 $A_1,A_2,\cdots,A_n$ 都没发生,即 $\overline{A_1}\cap\overline{A_2}\cap\cdots\cap\overline{A_n}$.

1.1.3 概率及性质

对于随机现象,只考虑它的所有可能结果是没有什么意义的.我们所关心的是各种可能结果在一次试验中出现的可能性究竟有多大,从而就可以在数量上研究随机现象.

定义 1 对于随机事件 A,若在 n 次试验中发生了 μ_n 次,则称比值 $\frac{\mu_n}{n}$ 为随机事件 A 在 n 次试验中发生的频率,记为 $f_n(A)$,即

$$f_n(A)=\frac{\mu_n}{n},$$

其中 μ_n 称为频数.易知频率 $f_n(A)$具有以下性质:

(1) 非负性 $0\leqslant f_n(A)\leqslant 1$;

(2) 规范性 $f_n(\Omega)=1$;

(3) 有限可加性 若事件 A,B 互不相容(即 $AB=\varnothing$),则

$$f_n(A\cup B)=f_n(A)+f_n(B).$$

例如,试验 E 为抛一枚质地均匀的硬币.若抛 20 次,硬币出现 11 次"正面向上"(记为事件 A),即 $n=20,\mu_n=11$.此时,事件 A 在 20 次试验中出现的频率为

$$f_{20}(A)=\frac{11}{20}=0.55;$$

① 德摩根(De Morgan,1806—1871 年),英国数学家、逻辑学家.

再重复进行 40 次试验,事件 A 出现的频数为 20,则

$$f_{40}(A)=\frac{20}{40}=0.5,$$

此即事件 A 在 40 次试验中发生的频率.

当然,我们还可以重复上千次、上万次的试验,分别记录事件 A 发生的频数,计算出其频率.人们发现,尽管重复试验的次数不同,事件 A 发生的频数也各有差异,但其频率却稳定在一个固定的数值(0.5)左右,而且随着试验次数的增多,这种稳定性愈加明显.为了验证这种频率的稳定性,历史上有不少统计学家曾做过"抛硬币"的试验,试验结果见下表.

实验者	抛硬币次数	出现正面次数	频率
蒲丰①	4 040	2 048	0.506 9
皮尔逊②	12 000	6 019	0.501 6
皮尔逊	24 000	12 012	0.500 5

频率的稳定值的大小,反映了事件 A 发生的可能性的大小.因此,可以给出下列定义:

定义 2　在大量重复进行同一试验时,随着试验次数 n 的无限增大,事件 A 发生的频率 $f_n(A)=\frac{\mu_n}{n}$ 会稳定在某一常数值附近.这个常数值是随机事件 A 发生的可能性大小的度量,称为事件 A 的概率(Probability),记作 $P(A)$.

由于上面给出的概率定义是通过对频率的大量统计观测得到的,通常称为概率的统计定义.这个定义虽然比较直观,但实际上我们不可能用它来计算事件的概率.因为按照定义,要真正得到频率的稳定值,必须进行无穷多次试验,这显然是做不到的.因此,我们还要另外寻找一些不用凭借试验就可以计算出事件发生的概率的方法.

概率论的基本研究课题之一就是寻求随机事件的概率.我们先讨论一类最早被研究,也是最常见的随机试验.这类随机试验具有下述特征:

(1) 全部可能结果只有有限个;

(2) 这些结果的发生是等可能的.

这种数学模型通常被称为**古典模型**(Classical Model of Probability).

由古典概型随机试验的特征可以看出,如果一个试验 E,在它的样本空间 Ω 中共有 n 个基本事件:$\omega_1,\omega_2,\cdots,\omega_n$,则每一基本事件在一次试验中发生的可能性都是$\frac{1}{n}$.对任一随机事件 A 来说,如果 A 包含了其中的 k 个基本事件,则 A 发生的可能性应该是$\frac{1}{n}$的 k 倍,即$\frac{k}{n}$,所以事件 A 的概率

$$P(A)=\frac{k}{n}=\frac{A\text{包含的基本事件数}}{\Omega\text{中的基本事件总数}}=\frac{A\text{包含的样本点数}}{\Omega\text{中的样本点总数}}.$$

① 蒲丰(George-Louis Leclerc de Buffon,1707—1788 年),法国数学家.

② 卡尔 · 皮尔逊(Karl Pearson,1857—1936 年),英国统计学家,数理统计的奠基人.

这个定义称为**概率的古典定义**.

例 5 某种福利彩票的中奖号码由 3 位数字组成,每一位数字都可以是0～9中的任何一个数字,求中奖号码的 3 位数字全不相同的概率.

解 设事件 $A=\{$中奖号码的 3 位数字全不相同$\}$.

由于每一位数有 10 种选择,因此 3 位数共有 10^3 种选择,即基本事件总数为 10^3 个. 要 3 位数各不相同,相当于要从 10 个数字中任选 3 个做无重复的排列,共有 P_{10}^3 种选择,即 A 包含的基本事件数为 P_{10}^3 个. 因此,

$$P(A)=\frac{P_{10}^3}{10^3}=\frac{10\times9\times8}{1\ 000}=\frac{18}{25}.$$

例 6 掷一颗均匀的骰子,求出现偶数点的概率.

解 设 $\omega_i=\{$出现 i 点$\}(i=1,2,\cdots,6)$,则样本空间

$$\Omega=\{\omega_1,\omega_2,\cdots,\omega_6\}.$$

故基本事件总数为 6,令

$$A=\{出现偶数点\},$$

显然 $A=\{\omega_2,\omega_4,\omega_6\}$. 所以 A 中含有 3 个基本事件,从而

$$P(A)=\frac{3}{6}=\frac{1}{2}.$$

例 7(分房问题) 设有 n 个人,每个人都等可能地被分配到 N 个房间中的任意一间去住($n\leqslant N$),求下列事件的概率:

(1) 指定的 n 个房间各有一个人住;

(2) 恰好有 n 个房间,其中各有一个人住;

(3) 某个指定的房间中有 $k(\leqslant n)$个人住.

解 因为每个人有 N 个房间可供选择,所以 n 个人住的方式共有 N^n 种.

(1) 指定的 n 个房间各有一个人住,其可能的选择方式为 n 个人的全排列 $n!$,于是

$$P_1=\frac{n!}{N^n};$$

(2) n 个房间可以在 N 个房间中任意选取,共有 C_N^n 种方式,对选定的 n 个房间,由前述可知共有 $n!$ 种分配方式,所以恰有 n 个房间其中各有一个人住的概率为

$$P_2=\frac{C_N^n n!}{N^n}=\frac{N!}{N^n(N-n)!};$$

(3) k 个人可以在 n 个人中任意选择,共有 C_n^k 种方式,另外$(n-k)$个人可以在其他房间中任意入住,共有$(N-1)^{n-k}$种方式,所以某指定的房间有 k 个人住的概率为

$$P_3=\frac{C_n^k(N-1)^{n-k}}{N^n}.$$

在统计力学中常把相空间分成数目很大的几个小区域或相格,因此,每个粒子总要落入一个相格中,这样整个系统的状态就可由粒子在相格中的分布确定.如果把粒子看作不可分辨的,那么上述例题的模型对应于玻色-爱因斯坦①(Bose-Einstein)统计;如果粒子是不可分辨物,并且每一个相格中最多只能放一个粒子,这就得到费米-狄拉克②(Fermi-Dirac)统计.

在古典概型中考虑的是试验结果为有限个的情形,这在实际应用中具有很大的局限性,还需要进一步考虑试验结果(即样本点数)有无穷多个的情形.

例如,试验 E 是向平面区域 Ω 内任意投点,点必须落在区域 Ω 内,并且落在 Ω 内任一点处都是等可能的.这里"等可能"的含义是:设在区域 Ω 中有任意一个小区域 A,如果它的面积是 S_A,则点落入 A 中的可能性大小仅与 S_A 成正比,而与 A 的位置和形状无关.于是,"点落入区域 A"这一事件的概率为

$$P=\frac{S_A}{S_\Omega}.$$

一般地,如果试验的样本空间含有无限多个样本点,但可以理解为一个可度量的几何图形,其度量值可以理解为一几何量(如长度、面积、体积等),并且试验中任一随机事件 A 发生的概率与表示 A 的子区域的几何度量 μ_A 成正比,则事件 A 发生的概率为

$$P(A)=\frac{\mu_A}{\mu_\Omega}=\frac{\text{区域}A\text{的几何度量}}{\text{区域}\Omega\text{的几何度量}},$$

这个定义称为概率的几何定义.这种类型的概率问题称为**几何概型**(Geometric Model of Probability).

例 8(会面问题) 甲乙两人相约 7 点到 8 点在某地会面,先到者等候另一人 20 分钟,如果超过 20 分钟对方仍未到达就离去不再等候,试求这两人能会面的概率.

解 设甲于 7 点 x 分到达会面地点,乙于 7 点 y 分到达会面地点.已知 $0\leqslant x\leqslant 60$, $0\leqslant y\leqslant 60$,所有可能的结果,即样本空间 Ω 可表示为

$$\{(x,y)\,|\,0\leqslant x\leqslant 60, 0\leqslant y\leqslant 60\}.$$

它在平面直角坐标系中对应于一个边长为 60 的正方形,面积为 $S_\Omega=60^2$.

设 A 是甲乙两人能会面的事件,两人能会面的充分必要条件为 $|x-y|\leqslant 20$,所以它可表示为 $A=\{(x,y)\,|\,|x-y|\leqslant 20, 0\leqslant x\leqslant 60, 0\leqslant y\leqslant 60\}$.与 A 对应的区域即图 1-1 中用阴影标出的部分,它的面积等于 $S_A=60^2-40^2$.

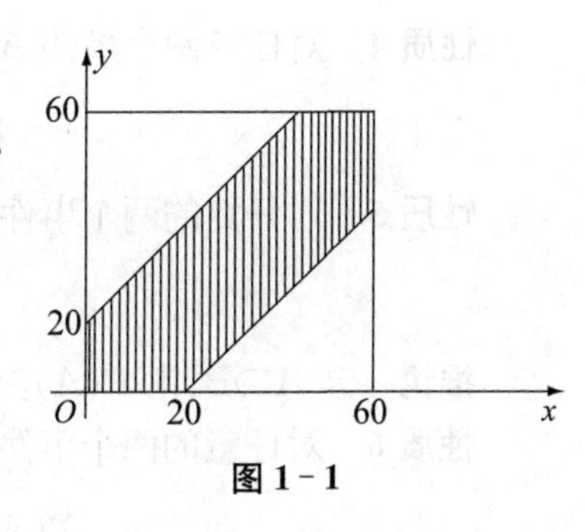

图 1-1

① 爱因斯坦(Albert Einstein,1879—1955 年),生于德国,1933 年加入美国国籍.爱因斯坦是 20 世纪最伟大的科学家之一,由于其对光电定律和理论物理方面的贡献,被授予 1921 年诺贝尔物理学奖.但其最重要的贡献是著名的爱因斯坦相对论.

② 保罗·狄拉克(Paul Adrie Maurice Dirac,1902—1984 年),英国理论物理学家量子力学奠基人之一,因狄拉克方程获 1933 年诺贝尔物理学奖.

根据几何概率的定义,所求概率为

$$P(A)=\frac{S_A}{S_\Omega}=\frac{60^2-40^2}{60^2}=\frac{5}{9}.$$

前面我们针对不同的问题,分别讨论了概率的频率定义,古典定义和几何定义及其计算方法.可以看到,它们有一些共同的属性:非负性、规范性、有限可加性.这些共同的属性为我们建立概率的公理化定义提供了理论基础.

下面我们引入柯尔莫哥洛夫①的概率公理化定义.

定义 3 设试验的样本空间为 Ω,对试验的任一随机事件 A,定义实值函数 $P(A)$,如果它满足如下三个公理:

公理 1(非负性) $P(A)\geqslant 0$;

公理 2(规范性) $P(\Omega)=1$;

公理 3(可列可加性) 对于可列无穷多个互不相容的随机事件 $A_1,A_2,\cdots,A_n,\cdots$,有

$$P(\bigcup_{i=1}^{\infty}A_i)=\sum_{i=1}^{\infty}P(A_i).$$

则称 $P(A)$ 为事件 A 发生的概率.

从概率的三个公理出发,可以证明它的一些重要性质.

性质 1 不可能事件的概率是 0,即

$$P(\varnothing)=0.$$

性质 2 (有限可加性)若随机事件 $A_1,A_2,\cdots,A_n$ 互不相容,则

$$P(\bigcup_{i=1}^{n}A_i)=\sum_{i=1}^{n}P(A_i).$$

性质 3 对任一事件 A,有

$$P(A)=1-P(\overline{A}).$$

性质 4 对任意两个事件 A、B,有

$$P(A-B)=P(A)-P(AB).$$

性质 5 对任意的两个事件 A、B,若 $A\supset B$,则

$$P(A-B)=P(A)-P(B).$$

推论 若 $A\supset B$,则 $P(A)\geqslant P(B)$.

性质 6 对任意的两个事件 A、B,有

$$P(A\cup B)=P(A)\cup P(B)-P(AB).$$

利用数学归纳法,可以将性质 6 推广到任意有限个事件的情形.

---

① 柯尔莫哥洛夫(Колмогоров, A. H,1903—1987 年),20 世纪最有影响的苏联数学家,在函数论、信息论、动力系统和有限自动机等研究领域都有突出贡献,在 20 世纪世界数学家排名的问卷调查中位居第一.在 1929 年发表的论文《测度的一般理论和概率论》中建立了概率论的公理化体系.

推论　对任意 n 个事件 $A_1, A_2, \cdots, A_n$，有

$$P(A_1 \cup A_2 \cup \cdots \cup A_n)=\sum_{i=1}^{n} P(A_i)-\sum_{1 \leqslant i<j \leqslant n} P(A_i A_j)+\cdots+(-1)^{n-1} P(\prod_{i=1}^{n} A_i).$$

这个公式称为概率的一般加法公式(Additive Law of Probability)，经常使用$n=3$时的公式

$$P(A \cup B \cup C)=P(A)+P(B)+P(C)-P(AB)-P(BC)-P(AC)+P(ABC).$$

利用这些基本性质，可以方便地计算某些事件的概率.

例 9　在所有的两位数 10～99 中任取一个数，求：(1) 这个数能被 2 但不能被 3 整除的概率；(2) 这个数能被 2 或 3 整除的概率.

解　设 $A=\{$所取数能被 2 整除$\}$，$B=\{$所取数能被 3 整除$\}$，则事件 $A-B$ 表示所取的数能被 2 但不能被 3 整除；又 AB 表示既能被 2 又能被 3 整除，即能被 6 整除的数. 因为所有的 90 个两位数中，能被 2 整除的有 45 个，能被 3 整除的有 30 个，能被 6 整除的有 15 个，所以我们有

$$P(A)=\frac{45}{90}, P(B)=\frac{30}{90}, P(AB)=\frac{15}{90}.$$

于是有

$$(1)\ P(A-B)=P(A)-P(AB)=\frac{45}{90}-\frac{15}{90}=\frac{1}{3};$$

$$(2)\ P(A \cup B)=P(A)+P(B)-P(AB)=\frac{45}{90}+\frac{30}{90}-\frac{15}{90}=\frac{2}{3}.$$

1.1.4　条件概率及独立性

在实际生活中，人们经常需要求解在特定前提条件下某个事件发生的概率问题. 例如，盒中有大小相同的 10 个球，其中 4 个红球，6 个白球，从盒中依次取出 2 个球，取后不放回. 设 A 为第二次取出的球为白球，根据抽签原理，$P(A)=\frac{6}{10}$. 如果已知第一次取出的球为红球，记为 B，在此前提下再求第二次取出的球为白球的概率，显然这个概率与无任何前提的事件 A 发生的概率是不同的，它与事件 A 和 B 都有关系，它是在 B 已经发生的条件下事件 A 发生的概率，记为 $P(A|B)$，它表示的是从 3 个红球和 6 个白球的盒中任取一球为白球的概率，即$P(A|B)=\frac{6}{9}$. 我们再来考察 $P(A|B)$ 与事件 A 与事件 B 的关系. 事实上，

$$P(AB)=\frac{4 \times 6}{10 \times 9}, \frac{P(AB)}{P(B)}=\frac{4 \times 6}{10 \times 9} / \frac{4}{10}=\frac{6}{9}=P(A|B).$$

定义 4　**设随机事件 B 的概率 $P(B)>0$，则在事件 B 发生的条件下，事件 A 发生的条件概率(Conditional Probability)$P(A|B)$为**

$$P(A|B)=\frac{P(AB)}{P(B)}.$$

不难验证,条件概率 $P(A|B)$ 满足概率的三个公理:

(1) 非负性　对任意的事件 A,$P(A|B)\geqslant 0$;

(2) 规范性　$P(\Omega|B)=1$;

(3) 可列可加性　对可列无穷多个两两互不相容的事件 $A_1,A_2,\cdots,A_n,\cdots$,有

$$P\left(\sum_{i=1}^{\infty}A_i \mid B\right)=\sum_{i=1}^{\infty}P(A_i \mid B).$$

并且当 $B=\Omega$ 时,$P(A|\Omega)=\dfrac{P(A)}{P(\Omega)}=P(A)$,因此,原来的概率是条件概率的极端情形.

由条件概率的公式,自然地得到概率的**乘法公式**(Probability Product Rule).

定理 1　设 A,B 为任意事件.若 $P(B)>0$,则

$$P(AB)=P(B)P(A|B).$$

事实上,当 $P(B)=0$ 时,上述公式也成立,因为此时有

$$0\leqslant P(AB)\leqslant P(B)=0.$$

乘法公式可以推广至多个随机事件的情形.

推论　设有 n 个事件,$A_1,A_2,\cdots,A_n$,则

$$P\left(\prod_{i=1}^{n}A_i\right)=P(A_1)P(A_2 \mid A_1)\cdots P(A_n \mid A_1\cdots A_{n-1}).$$

例 10　有 50 张订货单,其中 5 张是订购货物甲的.现从这些订货单中任取 3 张,问第三张才取得订购货物甲的订货单的概率是多少?

解　设 $A_i=\{$第 i 张订单是订购货物甲的$\}(i=1,2,3)$.按题意,所求事件为$\overline{A_1}\,\overline{A_2}A_3$.易知

$$P(\overline{A_1})=\frac{45}{50},P(\overline{A_2}|\overline{A_1})=\frac{44}{49},P(A_3|\overline{A_1}\,\overline{A_2})=\frac{5}{48},$$

故所求的概率为

$$P(\overline{A_1}\,\overline{A_2}A_3)=P(\overline{A_1})P(\overline{A_2}|\overline{A_1})P(A_3|\overline{A_1}\,\overline{A_2})=\frac{45}{50}\times\frac{44}{49}\times\frac{5}{48}\approx 0.084.$$

另解　此题属于古典概型,样本空间 Ω 中含中 P_{50}^{3} 个基本事件,有利于$\overline{A_1}\,\overline{A_2}A_3$ 的基本事件数为 $\mathrm{P}_{45}^{2}\mathrm{P}_{5}^{1}$,由古典概率得到

$$P(\overline{A_1}\,\overline{A_2}A_3)=\frac{\mathrm{P}_{45}^{2}\mathrm{P}_{5}^{1}}{\mathrm{P}_{30}^{3}}\approx 0.084.$$

可见,利用乘法公式求解事件的概率可以避免复杂的排列组合的计算,从而减少解题难度.根据乘法公式

$$P(AB)=P(B)P(A|B).$$

其中 $P(A|B)$为事件 B 发生条件下事件 A 发生的条件概率,如果事件 A 与事件 B 的发生互

不影响,例如,盒中有大小相同的 10 个球,分别为 4 个红球,6 个白球,有放回地依次取出 2 球,事件 A 为第二次取出的球为白球,B 为第一次取出的球为红球,因为是有放回地取球,事件 A 与事件 B 的发生互不影响,此时

$$P(A|B)=P(A)=\frac{6}{10};$$

$$P(BA)=\frac{4\times 6}{10\times 10}=\frac{4}{10}\times\frac{6}{10}=P(B)\times P(A).$$

定义 5 如果事件 A 与 B 满足

$$P(AB)=P(A)P(B),$$

则称 A 与 B 相互独立(Independent).

由定义 5 我们可以知道,必然事件 Ω 及不可能事件$\varnothing$与任一随机事件 A 都是相互独立的.

定理 2 如果事件 A 与 B 是相互独立的,则下列各对事件

$$A \text{ 与 } \overline{B},\ \overline{A} \text{ 与 } \overline{B},\ \overline{A} \text{ 与 } B$$

也是相互独立的.

证 $P(A\overline{B})=P(A-AB)=P(A)-P(AB)$

$$=P(A)-P(A)P(B)$$
$$=P(A)[1-P(B)]=P(A)P(\overline{B}),$$

由定义 5 可知 A 与 $\overline{B}$ 相互独立.

同理 $\overline{A}$ 与 $\overline{B}$ 也相互独立,$\overline{A}$ 与 $\overline{\overline{B}}$ 即 $\overline{A}$ 与 B 也相互独立.

另外必须注意:互不相容与独立是两个不同的概念. 事件 A 与 B 互不相容是指 A 与 B 不可能同时发生,成立加法公式 $P(A\cup B)=P(A)+P(B)$;而事件 A 与 B 独立是指事件 A 与 B 的发生互不影响,成立乘法公式 $P(AB)=P(A)P(B)$.

把两个事件的独立,推广到多个事件,有

定义 6 设 n 个事件 $A_1,A_2,\cdots,A_n$,如果对这 n 个事件中的任意 $m\,(2\leqslant m\leqslant n)$ 个事件 $A_{i_1},A_{i_2},\cdots,A_{i_m}$ 都成立

$$P(A_{i_1}A_{i_2}\cdots A_{i_m})=P(A_{i_1})P(A_{i_2})\cdots P(A_{i_m}),$$

则称这 n 个事件相互独立.

由定义可知,若 n 个事件相互独立,则它们之中任意 m 个事件也相互独立. 而反之,部分事件相互独立不能推出全部事件相互独立. 例如:假设在古典概型问题中,样本空间 $\Omega=\{\omega_1,\omega_2,\omega_3,\omega_4\}$,并且

$$P\{\omega_i\}=\frac{1}{4}(1\leqslant i\leqslant 4),$$

又假设随机事件 $A=\{\omega_1,\omega_2\}$,$B=\{\omega_1,\omega_3\}$,$C=\{\omega_1,\omega_4\}$,则有

$$P(A)=P(B)=P(C)=\frac{1}{2},$$

并且

$$P(AB)=P(BC)=P(AC)=\frac{1}{4},$$

即知事件 A,B,C 两两独立. 但 $ABC=\{\omega_1\}$,则

$$P(ABC)=\frac{1}{4}\neq P(A)P(B)P(C),$$

所以事件 A,B,C 不相互独立.

n 个相互独立的随机事件的乘积有如下公式.

定理 3 设 $A_1,A_2,\cdots,A_n$ 为 n 个相互独立的随机事件,则有

$$P(A_1A_2\cdots A_n)=P(A_1)P(A_2)\cdots P(A_n).$$

定理 4 如果事件 $A_1,A_2,\cdots,A_n$ 相互独立,则其中任何 $m(1\leqslant m\leqslant n)$ 个事件换成它们的对立事件后所得到的 n 个事件仍相互独立.

例 11 三人独立地破译一密码,他们能单独译出的概率分别为$\frac{1}{5}$、$\frac{1}{3}$、$\frac{1}{4}$,试求此密码被译出的概率.

解 设

$$B=\{密码被译出\},$$
$$A_i=\{第 i 人译出密码\}(i=1,2,3),$$

则 A_1,A_2,A_3 相互独立,且 $P(A_1)=\frac{1}{5}$,$P(A_2)=\frac{1}{3}$,$P(A_3)=\frac{1}{4}$,则

$$\begin{aligned}P(B)&=P(A_1\cup A_2\cup A_3)=1-P(\overline{A_1}\,\overline{A_2}\,\overline{A_3})\\&=1-P(\overline{A_1})P(\overline{A_2})P(\overline{A_3})\\&=1-\left(1-\frac{1}{5}\right)\times\left(1-\frac{1}{3}\right)\times\left(1-\frac{1}{4}\right)=\frac{3}{5}.\end{aligned}$$

有时为了计算较复杂的事件的概率,往往把它分解为若干个互斥的较简单的事件之和. 求出这些简单事件的概率,再利用加法公式及乘法公式得到所求事件的概率. 把这种方法一般化,便得到下列公式,这一公式称为**全概率公式**(Total Probability Formula).

定理 5 设 $B_1,B_2,\cdots,B_n$ 是一组互不相容的事件,即有

$$B_iB_j=\varnothing(1\leqslant i<j\leqslant n),$$

且 $P(B_i)>0(i=1,2,\cdots,n)$,事件 $A\subset\bigcup\limits_{i=1}^{n}B_i$,即 A 的发生总是与 $B_1,B_2,\cdots,B_n$ 之一同时发生,则对事件 A 有

$$P(A)=\sum_{i=1}^{n}P(B_i)P(A\mid B_i).$$

证 由于 $B_1,B_2,\cdots,B_n$ 是一组互不相容的事件,故 $AB_1,AB_2,\cdots,AB_n$ 也互不相容,又因为 $A\subset\bigcup\limits_{i=1}^{n}B_i$,故有 $A=A(\bigcup\limits_{i=1}^{n}B_i)$,所以

$$
\begin{aligned}
P(A) &= P\left(A \bigcup_{i=1}^{n} B_i\right) = P(A(B_1 \cup B_2 \cup \cdots \cup B_n)) \\
&= P(AB_1 \cup AB_2 \cup \cdots \cup AB_n) \\
&= \sum_{i=1}^{n} P(AB_i) = \sum_{i=1}^{n} P(B_i)P(A \mid B_i).
\end{aligned}
$$

例 12 某保险公司把被保险人分为三类:“安全的”“一般的”与“危险的”.统计资料表明,对于上述三种人而言,在一年期间内卷入某一次事故的概率依次为 0.05,0.15 与 0.30.如果在被保险人中“安全的”占 15%,“一般的”占 55%,“危险的”占 30%,试问:

(1) 任一被保险人在固定的一年中出事故的概率是多少?

(2) 如果某被保险人在某年发生了事故,他属于“安全的”一类的概率是多少?

解 (1) 设

A={被保险人出事故},

B_1={被保险人是“安全的”},

B_2={被保险人是“一般的”},

B_3={被保险人是“危险的”}.

易知

$$
\begin{gathered}
P(B_1)=15\%, P(B_2)=55\%, P(B_3)=30\%, \\
P(A|B_1)=0.05, P(A|B_2)=0.15, P(A|B_3)=0.30,
\end{gathered}
$$

故由全概率公式可得

$$
\begin{aligned}
P(A) &= P(B_1)P(A|B_1)+P(B_2)P(A|B_2)+P(B_3)P(A|B_3) \\
&= 15\% \times 0.05 + 55\% \times 0.15 + 30\% \times 0.30 \\
&= 18\%.
\end{aligned}
$$

(2) 由条件概率的定义可知,所求概率为

$$
\begin{aligned}
P(B_1 \mid A) &= \frac{P(AB_1)}{P(A)} = \frac{P(B_1)P(A \mid B_1)}{\sum_{i=1}^{3} P(B_i)P(A \mid B_i)} \\
&= \frac{15\% \times 0.05}{18\%} \approx 0.042.
\end{aligned}
$$

上述例题第二问中,在事件 A 已经发生的条件下,重新估计事件 B_i 的概率,事实上已经建立了一个十分有用的公式,称为**贝叶斯(Bayes)[①]公式**.

定理 6 **设 $B_1, B_2, \cdots, B_n$ 是一组互不相容的事件,即有**

$$
B_iB_j = \varnothing \quad (1 \leqslant i < j \leqslant n),
$$

---

① 贝叶斯(1702—1761 年),英国数学家,贝叶斯学派的代表,生前仅发表一部著作《流数学说引论》,其在概率论上的成就《论有关机遇问题的求解》去世后两年才发表.

且 $P(B_i)>0(i=1,2,\cdots,n)$，事件 $A\subset\bigcup_{i=1}^{n}B_i$，即 A 的发生总是与 $B_1,B_2,\cdots,B_n$ 之一同时发生，则对于在 A 已经发生的条件下 B_i 的条件概率，有

$$P(B_i|A)=\frac{P(B_i)P(A\mid B_i)}{\sum_{j=1}^{n}P(B_j)P(A\mid B_j)}\quad(i=1,2,\cdots,n).$$

在全概率公式中，事件 B_i 的概率 $P(B_i)(i=1,2,\cdots,n)$ 通常是在试验之前已知的，因此习惯上称之为**先验概率**(Prior Probability). 如果在一次试验中，已知事件 A 确已发生，再考察事件 B_i 的概率，即在事件 A 发生的条件下，计算事件 B_i 发生的条件概率 $P(B_i|A)$，它反映了在试验之后，A 发生的原因的各种可能性的大小，通常称之为**后验概率**(Posterior Probability).

例 13　已知在人群中肝癌患者占 0.4%. 用甲胎蛋白试验法进行普查，肝癌患者显示阳性反应的概率为 95%，非肝癌患者显示阳性反应的概率为 4%. 现有一个人用甲胎蛋白试验法检查，查出是阳性，计算其确定是肝癌患者的概率.

解　设 $A=\{$检查结果为阳性$\}$，$B=\{$是肝癌患者$\}$，$\overline{B}=\{$非肝癌患者$\}$，则

$$P(B)=0.4\%,P(\overline{B})=99.6\%,P(A|B)=95\%,P(A|\overline{B})=4\%,$$

由贝叶斯公式可得

$$P(B|A)=\frac{P(B)P(A|B)}{P(B)P(A|B)+P(\overline{B})P(A|\overline{B})}$$

$$=\frac{0.4\%\times95\%}{0.4\%\times95\%+99.6\%\times4\%}\approx8.71\%.$$

这个结果表明，即使查出是阳性，真正得肝癌的概率仍然是很小的.

1.2　随机变量及其分布

在上一节中我们讲到随机试验，比如掷一个骰子考察向上一面出现的点数，这个随机试验的结果可以用一个变量来表示，记为 ξ. 如 $\xi=1$ 表示向上一面的点数为 1，这是一个事件. $\xi<3$ 表示向上一面的点数小于 3，这也是一个事件. 这种用来表示随机试验结果的变量，我们称之为随机变量. 如果同时掷两个骰子，考察两个骰子出现的向上一面的点数，这个随机试验的结果就不能用一个变量来表示，而需要用两个变量 (ξ,η) 来表示. 我们称 (ξ,η) 为二维随机变量，类似地有三维随机变量、四维随机变量等. 此外，随机变量的取值一定在实数域 $\mathbf{R}$ 中，即一个数. 如果随机试验的结果不是数，比如抛一个硬币考察正面向上还是反面向上，此时，我们可以 $\xi=1$ 表示正面向上，$\xi=0$ 表示反面向上，这样 ξ 就成了表示抛币试验结果的随机变量. 按照随机试验所有基本结果即样本空间的不同，随机变量可分为离散型随机量变量(ξ 的取值是可以按一定次序编号的离散点)和连续型随机变量(ξ 的取值充满一个或多个连接的区间). 以下我们分类讨论.

1.2.1 离散型随机变量及其概率分布

有些随机变量,只能在离散点上取值,例如,掷一个骰子掷出的点数,同时抛两枚硬币出现正面向上的硬币个数,这种随机变量称为**离散型随机变量(Discrete Random Variable)**.

定义1 设ξ是离散型随机变量,将ξ可能取的所有的值以及它取这些值的概率一一列举出来,这样得到的一组概率,称为ξ的概率分布(Probability Distribution)(或分布列,分布律).

下面介绍几个常见的离散型随机变量的概率分布.

1. 离散均匀分布

如果ξ可能取的值为$1, 2, \cdots, r$,其中r是一个正整数,ξ的概率分布为

$$P\{\xi=k\}=\frac{1}{r},\ k=1,\ 2,\ \cdots,\ r,$$

则称ξ服从参数为r的**离散均匀分布**.

例1 一颗均匀的骰子掷出的点数ξ,它的概率分布为

$$P\{\xi=k\}=\frac{1}{6},\ k=1,\ 2,\cdots,\ 6,$$

ξ服从的就是$r=6$的离散均匀分布.

2. 二项分布(Binomial Distribution)

如果ξ可能取的值为$0, 1, 2, \cdots, n$,其中n是一个正整数,$0<p<1$是一个常数,ξ的概率分布为

$$P\{\xi=k\}=C_n^k p^k(1-p)^{n-k},\ k=0,\ 1,\ \cdots,\ n,$$

则称ξ为服从参数为n, p的**二项分布**,记为$\xi\sim b(n,\ p)$.

例2 同时抛n枚均匀的硬币,ξ为这n个硬币中出现正面向上的硬币个数,ξ的分布就是参数为n和$p=\frac{1}{2}$的二项分布,即有$\xi\sim b\left(n,\ \frac{1}{2}\right)$,$\xi$的概率分布为

$$P\{\xi=k\}=C_n^k\left(\frac{1}{2}\right)^k\left(1-\frac{1}{2}\right)^{n-k}=\frac{C_n^k}{2^n},\ k=0,\ 1,\ \cdots,\ n.$$

在二项分布中,如果$n=1$,即当$\xi\sim b(1,\ p)$时,ξ的概率分布简化为

$$P\{\xi=k\}=p^k(1-p)^{1-k},\ k=0,\ 1.$$

这时,ξ的值只能取0或1, $P\{\xi=0\}=1-p$, $P\{\xi=1\}=p$, 我们将ξ的分布称为**0-1分布**(或**两点分布**,**Bernoulli**[①] **分布**).

3. 几何分布(Geometric Distribution)

如果ξ可能取的值为$1, 2, 3, \cdots$, $0<p<1$是一个常数,ξ的概率分布为

---

① 雅科布·贝努里(Jacob Bernoulli,1654—1705年),瑞士数学家,莱布尼茨的学生,变分法创始人.贝努里家族有三个著名数学家,其他两人是雅科布·贝努里的弟弟约翰·贝努里及约翰·贝努里的儿子丹尼尔·贝努里.

$$P\{\xi=k\}=(1-p)^{k-1}p,\ k=1,\ 2,\ 3,\ \cdots,$$

则称 ξ 服从参数为 p 的**几何分布**,记为 $\xi\sim g(p)$.

例 3 向同一目标连续射击,直到击中目标为止. 设每次射击的命中率为 p, ξ 是到击中目标为止所需要的射击次数,ξ 服从的就是参数为 p 的几何分布,即有 $\xi\sim g(p)$,则

$$P\{\xi=k\}=(1-p)^{k-1}p,\ k=1,\ 2,\ 3,\ \cdots.$$

这从直观上很容易理解: 到第 k 次射击才击中,一定是前 $(k-1)$ 次都没有击中,这样的概率为 $(1-p)^{k-1}$,最后一次击中,概率为 p,把它们全部乘起来就是 $(1-p)^{k-1}p$.

例 4 设袋中有 10 个球,其中 3 个是红球,7 个是白球. 每次从中任意取 1 个球,取后仍放回. 设 ξ 是取到红球为止所需的取球次数,则有

$$P\{\xi=k\}=\left(\frac{7}{10}\right)^{k-1}\times\frac{3}{10},\ k=1,\ 2,\ 3,\ \cdots,$$

即 $\xi\sim g\left(\frac{3}{10}\right)$.

4. Poisson(普阿松,泊松[①])分布

如果 ξ 可能取的值为 $0,1,\ 2,\ \cdots,\ \lambda>0$ 是一个常数,ξ 的概率分布为

$$P\{\xi=k\}=\frac{\lambda^k}{k!}\mathrm{e}^{-\lambda},\ k=0,\ 1,\ 2,\ \cdots,$$

则称 ξ 服从参数为 λ 的 **Poisson 分布**,记为 $\xi\sim P(\lambda)$.

例如,单位时间内打来的电话数,单位时间内来到的顾客数,单位时间内观测到的放射性粒子数,一年内发生的交通事故数,每页书中的排版印刷错误数等,都服从或近似服从 Poisson 分布,参数 λ 就是 ξ 的平均值.

实际上,还可以有其他各种不同形式的概率分布.

有时,我们会遇到这样的问题: 只知道一个概率分布的形式,但分布中有些常数却不知道,需要我们来确定.

例 5 设 ξ 的概率分布为

$$P\{\xi=k\}=\frac{k}{A},\ k=1,\ 2,\ \cdots,\ r,$$

其中,r 是一个已知的正整数,A 是未知常数,求 A.

解 根据前面介绍过的概率的性质 $\sum\limits_{k=1}^{r}p_k=1$, 得

$$1=\sum_{k=1}^{r}P\{\xi=k\}=\sum_{k=1}^{r}\frac{k}{A}=\frac{1+2+\cdots+r}{A}=\frac{\frac{r(r+1)}{2}}{A},$$

① 泊松(Poisson,亦译作普阿松,1781—1840 年),法国力学家、物理学家、数学家等,一生发表过 300 余篇论文.

所以，$A=\dfrac{r(r+1)}{2}$，即

$$P\{\xi=k\}=\frac{k}{A}=\frac{2k}{r(r+1)},\ k=1,\ 2,\ \cdots,\ r.$$

1.2.2 连续型随机变量及其分布

有些随机变量，它们的取值范围是实数轴上的连续区间，例如，加工零件时的加工误差，炮弹落点到目标的距离，两次电话打来之间的时间间隔，它们都在连续区间上取值，这种随机变量称为**连续型随机变量(Continuous Random Variable)**.

连续型随机变量的取值不可能一一列举出来，所以不能用概率分布的形式给出它的分布. 要表达它的分布，必须采取其他的形式.

定义 2 设 ξ 是一个随机变量，称

$$F(x)=P\{\xi\leqslant x\},\ -\infty<x<+\infty,$$

为 ξ 的分布函数(Distribution Function).

如果存在一个函数 $\varphi(x)$，使得

$$F(x)=\int_{-\infty}^{x}\varphi(t)\mathrm{d}t,\ -\infty<x<+\infty,$$

则称 $\varphi(x)$ 是 ξ 的概率分布密度函数，简称概率密度(Probability Density)(或分布密度，密度函数)，此时称 ξ 为一个连续型随机变量.

概率密度 $\varphi(x)$ 的大小反映了 ξ 在 x 的邻域内取值的概率的大小.

下面不加证明地给出连续型随机变量的分布函数 $F(x)$ 和概率密度 $\varphi(x)$ 的一些性质.

性质 1 $F(x)$ 是单调非降连续函数，$F(-\infty)=0,\ F(+\infty)=1$.

性质 2 在 $\varphi(x)$ 的连续点上，有 $\varphi(x)=\dfrac{\mathrm{d}}{\mathrm{d}x}F(x)$.

性质 3 $\varphi(x)\geqslant 0,\ -\infty<x<+\infty$.

性质 4 $\displaystyle\int_{-\infty}^{+\infty}\varphi(x)\mathrm{d}x=1$.

性质 5 对于任何实数 $a\leqslant b$ ($a,\ b$ 也可以是无穷大)，有

$$\begin{aligned}P\{a<\xi<b\}&=P\{a\leqslant\xi<b\}=P\{a\leqslant\xi\leqslant b\}=P\{a<\xi\leqslant b\}\\&=\int_a^b\varphi(x)\mathrm{d}x=F(b)-F(a).\end{aligned}$$

例 6 设 ξ 的概率密度为

$$\varphi(x)=\begin{cases}\dfrac{A}{(1+2x)^2}, & \text{当 } x>0 \text{ 时},\\ 0, & \text{当 } x\leqslant 0 \text{ 时}.\end{cases}$$

其中 A 是未知常数.

求：(1) 常数 A；(2) 概率 $P\{\xi\geqslant 2\}$.

解 (1) 根据概率密度的性质，得

$$1=\int_{-\infty}^{+\infty}\varphi(x)\mathrm{d}x=\int_{-\infty}^{0}0\mathrm{d}x+\int_{0}^{+\infty}\frac{A}{(1+2x)^2}\mathrm{d}x$$

$$=0+\frac{A}{2}\int_{0}^{+\infty}\frac{1}{(1+2x)^2}\mathrm{d}(1+2x)$$

$$=\frac{A}{2}\left(-\frac{1}{1+2x}\right)\Big|_{0}^{+\infty}$$

$$=\frac{A}{2}\left(-0+\frac{1}{1+0}\right)=\frac{A}{2}.$$

所以 $A=2$,即有 $\varphi(x)=\begin{cases}\dfrac{2}{(1+2x)^2}, & 当\ x>0\ 时,\\ 0, & 当\ x\leqslant 0\ 时.\end{cases}$

(2) $P\{\xi\geqslant 2\}=P\{2\leqslant\xi<+\infty\}=\int_{2}^{+\infty}\varphi(x)\mathrm{d}x=\int_{2}^{+\infty}\frac{2}{(1+2x)^2}\mathrm{d}x$

$$=\int_{2}^{+\infty}\frac{1}{(1+2x)^2}\mathrm{d}(1+2x)$$

$$=-\frac{1}{1+2x}\Big|_{2}^{+\infty}=-0+\frac{1}{1+4}=\frac{1}{5}.$$

下面介绍几种常见的连续型随机变量的概率密度.

1. 均匀分布(Uniform Distribution)

如果 ξ 的概率密度为(其中 $a<b$ 为常数)

$$\varphi(x)=\begin{cases}\dfrac{1}{b-a}, & 当\ a\leqslant x\leqslant b\ 时,\\ 0, & 其他.\end{cases}$$

则称 ξ 服从区间 $[a,\ b]$ 上的(即参数为 $a,\ b$)的**均匀分布**,记为 $\xi\sim U(a,\ b)$.

均匀分布 $U(a,\ b)$ 的分布函数为

$$F(x)=\begin{cases}0, & 当\ x\leqslant a\ 时,\\ \dfrac{x-a}{b-a}, & 当\ a<x\leqslant b\ 时,\\ 1, & 当\ x>b\ 时.\end{cases}$$

例如,公交车固定每隔5分钟一辆,乘客可能在这5分钟内的任一时刻到达车站,乘客的等车时间就服从区间 $[0,\ 5]$ 上的均匀分布.

2. 指数分布(Exponential Distribution)

如果 ξ 的概率密度为(其中 $\lambda>0$ 为常数)

$$\varphi(x)=\begin{cases}\lambda\mathrm{e}^{-\lambda x}, & 当\ x>0\ 时,\\ 0, & 当\ x\leqslant 0\ 时.\end{cases}$$

则称 ξ 服从参数为 λ 的**指数分布**,记为 $\xi\sim E(\lambda)$.

指数分布 $E(\lambda)$的分布函数为

$$F(x)=\begin{cases}1-\mathrm{e}^{-\lambda x}, & \text{当 } x>0 \text{ 时},\\ 0, & \text{当 } x\leqslant 0 \text{ 时}.\end{cases}$$

例如,两个电话打来之间的时间间隔长度,两次交通事故发生之间的时间间隔长度,都服从指数分布.

3. 正态分布(Normal Distribution)

如果 ξ 的概率密度为(其中 μ, $\sigma>0$ 为常数)

$$\varphi(x)=\frac{1}{\sqrt{2\pi}\sigma}\mathrm{e}^{-\frac{(x-\mu)^2}{2\sigma^2}},\ -\infty<x<+\infty,$$

则称 ξ 服从参数为 μ, σ 的**正态分布**,记为 $\xi\sim N(\mu,\sigma^2)$.

正态分布 $N(\mu,\sigma^2)$的概率密度的图像如图 1-2 所示,且有以下性质:

(1) $\varphi(x)$关于 $x=\mu$ 左右对称.

(2) 当 $x\to\pm\infty$ 时, $\varphi(x)\to 0$.

(3) 当 $x=\mu$ 时, $\varphi(x)$取到最大值,最大值为$\dfrac{1}{\sqrt{2\pi}\sigma}$.

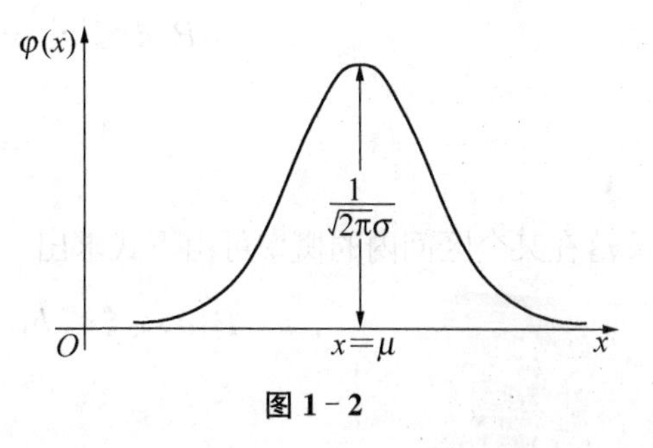

图 1-2

正态分布 $N(\mu,\sigma^2)$的分布函数为

$$F(x)=\int_{-\infty}^{x}\frac{1}{\sqrt{2\pi}\sigma}\mathrm{e}^{-\frac{(t-\mu)^2}{2\sigma^2}}\mathrm{d}t.$$

许多实际问题中的随机变量,如测量的误差、人的身高、加工产品的尺寸、农作物的产量等都服从正态分布或近似服从正态分布. 在概率论中有一个著名的"中心极限定理",这个定理告诉我们,一个随机变量,如果受到大量微小的、独立的随机因素的影响,那么这个随机变量的分布就会趋近于一个正态分布.

相互独立的正态分布随机变量的线性组合仍为正态分布随机变量,也就是说,如果 ξ_1, ξ_2, …, ξ_n 相互独立,都服从正态分布,且 a_0, a_1, a_2, …, a_n 是常数,那么

$$a_0+a_1\xi_1+a_2\xi_2+\cdots+a_n\xi_n$$

也服从正态分布.

当一个随机变量 ξ 服从参数 $\mu=0$, $\sigma=1$ 的正态分布,即 $\xi\sim N(0,1)$ 时,称 ξ 服从**标准正态分布(Standard Normal Distribution)**. 标准正态分布的概率密度为

$$\varphi(x)=\frac{1}{\sqrt{2\pi}}\mathrm{e}^{-\frac{x^2}{2}},\ -\infty<x<+\infty.$$

标准正态分布 $N(0,1)$的分布函数记为

$$\Phi(x)=\int_{-\infty}^{x}\frac{1}{\sqrt{2\pi}}\mathrm{e}^{-\frac{t^2}{2}}\mathrm{d}t.$$

从本书附录中的表 2 可以查到与 x 对应的 $\Phi(x)$的值,另外从表 3 中可以反过来查到与

$\Phi(x)$对应的x的值.

表中没有小于0的x值和小于0.5的$\Phi(x)$值,但是可以证明

$$\Phi(-x)=1-\Phi(x).$$

当$x<0$时,要求$\Phi(x)$的值,可以先将x变号,化为正的x,查表求出$\Phi(x)$后,再用1减去它.

当$\Phi(x)<0.5$时,要求x的值,可以先用1减去$\Phi(x)$,化为大于0.5的$\Phi(x)$,查表求出x后,再变号化为负值.

可以证明,若$\xi\sim N(\mu,\sigma^2)$,则$\frac{\xi-\mu}{\sigma}\sim N(0,1)$.所以当$\xi\sim N(\mu,\sigma^2)$时,$\xi$小于或等于某个值$x$的概率可由下式求出

$$\begin{aligned}P\{\xi\leqslant x\}&=P\left\{\frac{\xi-\mu}{\sigma}\leqslant\frac{x-\mu}{\sigma}\right\}\\&=\Phi\left(\frac{x-\mu}{\sigma}\right);\end{aligned}$$

ξ落在某个区间内的概率可由下式求出

$$\begin{aligned}P\{a<\xi\leqslant b\}&=P\{\xi\leqslant b\}-P\{\xi\leqslant a\}\\&=\Phi\left(\frac{b-\mu}{\sigma}\right)-\Phi\left(\frac{a-\mu}{\sigma}\right).\end{aligned}$$

例 7 已知$\xi\sim N(1,2^2)$,求:

(1) $P\{\xi\leqslant 2.4\}$; (2) $P\{\xi>1.2\}$; (3) $P\{|\xi-1|<1\}$.

解 因为$\xi\sim N(1,2^2)$,即有$\mu=1$, $\sigma=2$.

(1) $P\{\xi\leqslant 2.4\}=\Phi\left(\frac{2.4-1}{2}\right)=\Phi(0.7)=0.7580$;

(2) $$\begin{aligned}P\{\xi>1.2\}&=1-P\{\xi\leqslant 1.2\}\\&=1-\Phi\left(\frac{1.2-1}{2}\right)=1-\Phi(0.1)\\&=1-0.5398=0.4602;\end{aligned}$$

(3) $$\begin{aligned}P\{|\xi-1|<1\}&=P\{0<\xi<2\}=\Phi\left(\frac{2-1}{2}\right)-\Phi\left(\frac{0-1}{2}\right)\\&=\Phi(0.5)-\Phi(-0.5)\\&=\Phi(0.5)-[1-\Phi(0.5)]\\&=2\Phi(0.5)-1=2\times 0.6915-1=0.3830.\end{aligned}$$

1.2.3 多维随机变量及其函数的分布

在一个问题中,可能会同时出现多个随机变量.同时出现的多个随机变量,称为**多维随机变量**,记为$(\xi_1,\xi_2,\cdots,\xi_n)$.

定义 3 设$(\xi_1, \xi_2, \cdots, \xi_n)$是 n 维随机变量,则称

$$P\{\xi_1 = x_1, \xi_2 = x_2, \cdots, \xi_n = x_n\}$$

为$(\xi_1, \xi_2, \cdots, \xi_n)$的**联合概率分布(Joint Probability Distribution)**,称

$$F(x_1, x_2, \cdots, x_n) = P\{\xi_1 \leqslant x_1, \xi_2 \leqslant x_2, \cdots, \xi_n \leqslant x_n\}$$

为$(\xi_1, \xi_2, \cdots, \xi_n)$的**联合分布函数(Joint Distribution Function)**,

如果存在一个多元函数 $\varphi(x_1, x_2, \cdots, x_n)$,使得$(\xi_1,\xi_2,\cdots,\xi_n)$的联合分布函数 $F(x_1,x_2,\cdots,x_n)$ 满足

$$F(x_1,x_2,\cdots,x_n) = \int_{-\infty}^{x_1}\cdots\int_{-\infty}^{x_n}\varphi(t_1,t_2,\cdots,t_n)\mathrm{d}t_1\cdots\mathrm{d}t_n,$$

则称 $\varphi(x_1,x_2,\cdots,x_n)$为$(\xi_1,\xi_2,\cdots,\xi_n)$的**联合密度函数(Joint Probability Density)**.

多维随机变量的联合分布函数与联合密度函数也有类似一维随机变量对应的性质.以二维随机变量为例,有

$$F(+\infty,+\infty)=1,F(x,-\infty)=0,F(-\infty,y)=0,\varphi(x,y)\geqslant 0,\int_{-\infty}^{+\infty}\int_{-\infty}^{+\infty}\varphi(x,y)\mathrm{d}x\mathrm{d}y = 1,$$

各个随机变量各自的概率分布 $P\{\xi_i = x_i\}$,分布函数 $F_{\xi_i}(x_i) = P\{\xi_i \leqslant x_i\}$ 和概率密度 $\varphi_{\xi_i}(x_i) = \dfrac{\mathrm{d}}{\mathrm{d}x_i}F_{\xi_i}(x_i)$,分别称为**边缘概率分布**,**边缘分布函数**和**边缘概率密度(Marginal Probability Density)**.

如果随机变量 $\xi_1, \xi_2, \cdots, \xi_n$ 的取值互不影响,则称 $\xi_1,\xi_2,\cdots,\xi_n$ 相互独立.此时有

$$P\{\xi_1 = x_1, \xi_2 = x_2, \cdots, \xi_n = x_n\} = P\{\xi_1 = x_1\}P\{\xi_2 = x_2\}\cdots P\{\xi_n = x_n\},$$

$$F(x_1, x_2, \cdots, x_n) = F_{\xi_1}(x_1)F_{\xi_2}(x_2)\cdots F_{\xi_n}(x_n),$$

$$\varphi(x_1, x_2, \cdots, x_n) = \varphi_{\xi_1}(x_1)\varphi_{\xi_2}(x_2)\cdots\varphi_{\xi_n}(x_n).$$

例 8 据调查,市场上某商品,A 品牌的市场占有率为 50%,B 品牌的市场占有率为 20%,其他品牌的市场占有率总计为 30%.现从市场上随机调查两个购买该商品的顾客,设 ξ 和 η 分别表示购买 A 品牌和 B 品牌商品的人数,求(ξ,η)的二维联合概率分布及边缘分布.

解 ξ 和 η 的可能取值都是 0,1,2.当 $\xi=i,\eta=j$ 时显然有$(2-i-j)$个人购买了品牌 A 和 B 之外的其他品牌产品.于是有

$$P\{\xi=i,\eta=j\}=\mathrm{C}_2^i\mathrm{C}_{2-i}^j 0.5^i\ 0.2^j\ 0.3^{2-i-j}\ (i,j\geqslant 0,i+j\leqslant 2).$$

把计算结果用表格形式来表示得到

ξ \ η	0	1	2
0	0.09	0.12	0.04
1	0.3	0.2	0
2	0.25	0	0

于是,ξ和η的边缘分布分别为

ξ	0	1	2
P	0.25	0.5	0.25

η	0	1	2
P	0.64	0.32	0.04

例 9 设二维连续型随机变量(ξ,η)的概率密度为

$$\varphi(x,y)=\begin{cases} c\mathrm{e}^{-2(x+y)}, & 0<x,y<+\infty, \\ 0, & \text{其他}. \end{cases}$$

求:(1) c的值;(2) (ξ,η)的联合分布函数;(3) (ξ,η)落入如图 1－3 所示区域 D 内概率.

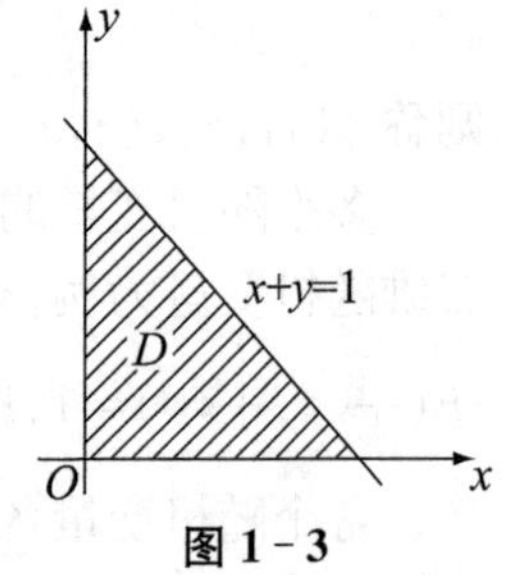

图 1－3

解 (1) 由$\int_{-\infty}^{+\infty}\int_{-\infty}^{+\infty}\varphi(x,y)\mathrm{d}x\mathrm{d}y=1$解得$c=4$;

(2) $F(x,y)=\int_{-\infty}^{x}\int_{-\infty}^{y}\varphi(u,v)\mathrm{d}u\mathrm{d}v$

$$=\begin{cases}(1-\mathrm{e}^{-2x})(1-\mathrm{e}^{-2y}), & 0<x,y<+\infty, \\ 0, & \text{其他};\end{cases}$$

(3) $P\{(\xi,\eta)\in D\}=\iint\limits_{D}\varphi(x,y)\mathrm{d}x\mathrm{d}y=1-3\mathrm{e}^{-2}$.

有时,已知随机变量ξ的分布或多维随机变量$(\xi_1,\xi_2,\cdots,\xi_n)$的联合分布,人们需要了解$\xi$或$(\xi_1,\xi_2,\cdots,\xi_n)$的函数$\eta$的分布.下面我们用实例来说明如何求解一维或多维随机变量函数的分布.

例 10 针对例 8 中的二维随机变量(ξ,η),设$\zeta=\xi+\eta$,求随机变量ζ的概率分布.

解 由例 8 知$0\leqslant\xi+\eta\leqslant 2$,故$\zeta$的可能取值为 0,1,2.

$$P\{\zeta=0\}=P\{\xi+\eta=0\}=P\{\xi=0,\eta=0\}=0.09,$$

$$P\{\zeta=1\}=P\{\xi+\eta=1\}=P\{\xi=0,\eta=1\}+P\{\xi=1,\eta=0\}=0.12+0.3=0.42,$$

$$P\{\zeta=2\}=P\{\xi+\eta=2\}=P\{\xi=0,\eta=2\}+P\{\xi=1,\eta=1\}+P\{\xi=2,\eta=0\}=0.49,$$

即

ζ	0	1	2
P	0.09	0.42	0.49

例 11 设随机变量$\xi_1,\xi_2,\cdots,\xi_n$相互独立,边缘分布函数分别为$F_1(x),F_2(x),\cdots,F_n(x)$,求它们的最大值$\max(\xi_1,\xi_2,\cdots,\xi_n)$的分布函数与最小值$\min(\xi_1,\xi_2,\cdots,\xi_n)$的分布函数.

解

$$\begin{aligned} F_{\max}(x) &= P\{\max(\xi_1,\xi_2,\cdots,\xi_n)\leqslant x\} \\ &= P\{\xi_1\leqslant x,\xi_2\leqslant x,\cdots,\xi_n\leqslant x\} \\ &= P\{\xi_1\leqslant x\}P\{\xi_2\leqslant x\}\cdots P\{\xi_n\leqslant x\} \end{aligned}$$

$$= F_1(x)F_2(x)\cdots F_n(x);$$

$$F_{\min}(x) = P\{\min(\xi_1, \xi_2, \cdots, \xi_n) \leqslant x\} = 1-P\{\min(\xi_1, \xi_2, \cdots, \xi_n) > x\}$$
$$= 1-P\{\xi_1 > x, \xi_2 > x, \cdots, \xi_n > x\}$$
$$= 1-P\{\xi_1 > x\}P\{\xi_2 > x\}\cdots P\{\xi_n > x\}$$
$$= 1-[1-P\{\xi_1 \leqslant x\}][1-P\{\xi_2 \leqslant x\}]\cdots[1-P\{\xi_n \leqslant x\}]$$
$$= 1-[1-F_1(x)][1-F_2(x)]\cdots[1-F_n(x)].$$

根据例 11 有,如果 $\xi_1, \xi_2, \cdots, \xi_n$ 相互独立,分布函数相同,都是 $F(x)$,则

$$F_{\max}(x) = P\{\max(\xi_1, \xi_2, \cdots, \xi_n) \leqslant x\} = [F(x)]^n,$$
$$F_{\min}(x) = P\{\min(\xi_1, \xi_2, \cdots, \xi_n) \leqslant x\} = 1-[1-F(x)]^n.$$

例 12 设 $\xi \sim N(\mu,\sigma^2)$,试证明 $\eta=a\xi+b(a\neq 0)$ 也服从正态分布.

证明 不妨设 $a>0$(当 $a<0$ 时同理可证),记 η 的分布函数为 $F_\eta(y)$,则

$$F_\eta(y) = P\{\eta \leqslant y\} = P\{a\xi+b \leqslant y\} = P\left\{\xi \leqslant \frac{y-b}{a}\right\}$$
$$= \int_{-\infty}^{\frac{y-b}{a}} \frac{1}{\sqrt{2\pi}\sigma} \mathrm{e}^{-\frac{(x-\mu)^2}{2\sigma^2}} \mathrm{d}x$$

故

$$\varphi_\eta(y)=F_\eta{}'(y)=\frac{1}{\sqrt{2\pi}\sigma}\mathrm{e}^{-\frac{\left(\frac{y-b}{a}-\mu\right)^2}{2\sigma^2}} \cdot \frac{1}{a}=\frac{1}{\sqrt{2\pi}(a\sigma)}\mathrm{e}^{-\frac{[y-(a\mu+b)]^2}{2(a\sigma)^2}} \quad (-\infty<y<+\infty).$$

即 $\eta=a\xi+b\sim N(a\mu+b,a^2\sigma^2)$.

由例 12,特别地,当 $a=\dfrac{1}{\sigma},b=-\dfrac{\mu}{\sigma}$ 时,$\eta=a\xi+b=\dfrac{\xi-\mu}{\sigma}$ 为 ξ 的标准化,即 $\eta\sim N(0,1)$.

例 13 设 ξ_1,ξ_2 相互独立,都服从标准正态分布,求 $\eta=\xi_1^2+\xi_2^2$ 的概率密度.

解 $F_\eta(y) = P\{\eta \leqslant y\} = P\{\xi_1^2+\xi_2^2 \leqslant y\}$.

显然,当 $y\leqslant 0$ 时,$F_\eta(y)=0$,

当 $y>0$ 时,$F_\eta(y)=\displaystyle\iint\limits_{x_1^2+x_2^2\leqslant y} \varphi_{\xi_1}(x_1)\varphi_{\xi_2}(x_2)\mathrm{d}x_1\mathrm{d}x_2 = \iint\limits_{x_1^2+x_2^2\leqslant y} \frac{1}{2\pi}\mathrm{e}^{-\frac{x_1^2+x_2^2}{2}}\mathrm{d}x_1\mathrm{d}x_2$

$$= \int_0^{2\pi}\mathrm{d}\theta\int_0^{\sqrt{y}} \frac{1}{2\pi}\mathrm{e}^{-\frac{r^2}{2}} \cdot r\mathrm{d}r=\int_0^{\sqrt{y}} r \cdot \mathrm{e}^{-\frac{r^2}{2}}\mathrm{d}r$$

故 $\varphi_\eta(y)=F_\eta{}'(y)=\begin{cases}\dfrac{1}{2}\mathrm{e}^{-\frac{y}{2}}, & y>0,\\ 0, & y\leqslant 0.\end{cases}$

本例中 η 的分布称为自由度为 2 的 χ^2 分布,记为 $\chi^2(2)$.

综上所述,求离散型随机变量函数的分布比较简单,根据函数求出其可能的取值再求出对应这些取值的概率即可.求连续型随机变量函数的分布,一般是从这个函数随机变量的分

布函数入手,把它表示为分布已知随机变量的密度函数在对应区域的积分,再通过对分布函数求导来求解随机变量函数的概率密度.

1.3 随机变量的数字特征

在实际问题中,我们往往希望用一两个简单的数字,将一个随机变量的分布的主要特征表达出来,这种能将随机变量的分布的主要特征表达出来的数字,称为**数字特征**(Numerical Characteristics).

下面介绍一些常用的数字特征.

1.3.1 数学期望(Expectation,均值)

定义 1 随机变量 ξ 的数学期望记为 $E\xi$. 若 ξ 是一个离散型随机变量,概率分布为 $P\{\xi=x_k\}$, $k=1, 2, \cdots$, 若 $\sum\limits_{k=1}^{\infty}|x_k|P\{\xi=x_k\}<+\infty$,则 $E\xi=\sum\limits_{k=1}^{+\infty}x_kP\{\xi=x_k\}$. 若 ξ 是一个连续型随机变量,概率密度为 $\varphi(x)$,若 $\int_{-\infty}^{+\infty}|x|\varphi(x)\mathrm{d}x<+\infty$, 则 $E\xi=\int_{-\infty}^{+\infty}x\varphi(x)\mathrm{d}x$.

例 1 设 $\xi\sim P(\lambda)$, 概率分布为 $P\{\xi=k\}=\dfrac{\lambda^k}{k!}\mathrm{e}^{-\lambda}$, $k=0, 1, 2, \cdots$, 求 $E\xi$.

解
$$E\xi=\sum_{k=0}^{\infty}kP\{\xi=k\}=\sum_{k=0}^{\infty}k\frac{\lambda^k}{k!}\mathrm{e}^{-\lambda}=0+\lambda\mathrm{e}^{-\lambda}+\frac{\lambda^2}{1!}\mathrm{e}^{-\lambda}+\frac{\lambda^3}{2!}\mathrm{e}^{-\lambda}+\cdots$$
$$=\lambda\mathrm{e}^{-\lambda}\left(1+\frac{\lambda}{1!}+\frac{\lambda^2}{2!}+\cdots\right)=\lambda\mathrm{e}^{-\lambda}\mathrm{e}^{\lambda}=\lambda.$$

例 2 设 $\xi\sim N(\mu, \sigma^2)$, ξ 的概率密度为 $\varphi(x)=\dfrac{1}{\sqrt{2\pi}\sigma}\mathrm{e}^{-\frac{(x-\mu)^2}{2\sigma^2}}$, 求 $E\xi$.

解
$$E\xi=\int_{-\infty}^{+\infty}x\varphi(x)\mathrm{d}x=\int_{-\infty}^{+\infty}x\frac{1}{\sqrt{2\pi}\sigma}\mathrm{e}^{-\frac{(x-\mu)^2}{2\sigma^2}}\mathrm{d}x.$$

令 $\dfrac{x-\mu}{\sigma}=t$, 得

$$E\xi=\frac{1}{\sqrt{2\pi}}\int_{-\infty}^{+\infty}(\sigma t+\mu)\mathrm{e}^{-\frac{t^2}{2}}\mathrm{d}t$$
$$=\frac{\sigma}{\sqrt{2\pi}}\int_{-\infty}^{+\infty}t\mathrm{e}^{-\frac{t^2}{2}}\mathrm{d}t+\frac{\mu}{\sqrt{2\pi}}\int_{-\infty}^{+\infty}\mathrm{e}^{-\frac{t^2}{2}}\mathrm{d}t=0+\mu=\mu.$$

下面不加证明地给出数学期望的一些性质.

性质 1 设 ξ 是随机变量, a, b 是常数,则

$$E(a\xi+b)=aE\xi+b.$$

性质 2 设 ξ, η 是两个随机变量,则

$$E(\xi\pm\eta)=E\xi\pm E\eta.$$

性质 3 设 ξ, η 是两个相互独立的随机变量,则

$$E(\xi\eta)=E\xi E\eta.$$

若已知随机变量 ξ 的分布,要求随机变量 $\eta=f(\xi)$ 的数学期望,可以证明:

定理 1 若 ξ 是一个离散型随机变量,概率分布为 $P\{\xi=x_k\}$, $k=1, 2, \cdots$, 若 $\sum_{k=1}^{+\infty}|f(x_k)|P\{\xi=x_k\}<+\infty$,则 $Ef(\xi)=\sum_{k=1}^{+\infty}f(x_k)P\{\xi=x_k\}$. 若 ξ 是一个连续型随机变量,概率密度为 $\varphi(x)$,若 $\int_{-\infty}^{+\infty}|f(x)|\varphi(x)\mathrm{d}x<+\infty$, 则 $Ef(\xi)=\int_{-\infty}^{+\infty}f(x)\varphi(x)\mathrm{d}x$.

定理 1 对多维随机变量函数的数学期望也成立. 例如 (ξ,η) 为二维连续型随机变量,则

$$Ef(\xi,\eta)=\int_{-\infty}^{+\infty}\int_{-\infty}^{+\infty}f(x,y)\varphi(x,y)\mathrm{d}x\mathrm{d}y.$$

特别地,我们称 $E(\xi^m)$ 为随机变量 ξ 的 **m 阶(原点)矩**. 若 ξ 是一个离散型随机变量,概率分布为 $P\{\xi=x_k\}$, $k=1, 2, \cdots$, 若 $\sum_{k=1}^{\infty}|x_k^m|P\{\xi=x_k\}<+\infty$,则 $E(\xi^m)=\sum_{k=1}^{+\infty}x_k^mP\{\xi=x_k\}$. 若 ξ 是一个连续型随机变量,概率密度为 $\varphi(x)$,且 $\int_{-\infty}^{+\infty}|x^m|\varphi(x)\mathrm{d}x<+\infty$, 则 $E(\xi^m)=\int_{-\infty}^{+\infty}x^m\varphi(x)\mathrm{d}x$.

例 3 设 $\xi\sim b(1, p)$, 概率分布为 $P\{\xi=k\}=p^k(1-p)^{1-k}$, $k=0, 1$, 求 $E(\xi^m)$.

解
$$\begin{aligned}E(\xi^m)&=\sum_{k=0}^{1}k^mP\{\xi=k\}=\sum_{k=0}^{1}k^mp^k(1-p)^{1-k}\\&=0^mp^0(1-p)^{1-0}+1^mp^1(1-p)^{1-1}=0+p=p.\end{aligned}$$

1.3.2 方差(Variance)和标准差(Standard Deviation)

定义 2 随机变量 $(\xi-E\xi)^2$ 的数学期望称为随机变量 ξ 的方差,记为 $D\xi$(或 $\mathrm{Var}\xi$).

根据定理 1,若 ξ 是一个离散型随机变量,概率分布为 $P\{\xi=x_k\}$, $k=1, 2, \cdots, r$,则 $D\xi=\sum_{k=1}^{r}(x_k-E\xi)^2P\{\xi=x_k\}$. 若 ξ 是一个连续型随机变量,概率密度为 $\varphi(x)$,则 $D\xi=\int_{-\infty}^{+\infty}(x-E\xi)^2\varphi(x)\mathrm{d}x$, 称 $\sigma_\xi=\sqrt{D\xi}$ 为 ξ 的标准差(或均方差,根方差).

例 4 设 $\xi\sim N(\mu, \sigma^2)$, 求 $D\xi$ 和 $\sqrt{D\xi}$.

解 前面例 2 中已求得 $E\xi=\mu$, 所以

$$\begin{aligned}D\xi&=\int_{-\infty}^{+\infty}(x-E\xi)^2\varphi(x)\mathrm{d}x\\&=\int_{-\infty}^{+\infty}(x-\mu)^2\varphi(x)\mathrm{d}x=\int_{-\infty}^{+\infty}(x-\mu)^2\frac{1}{\sqrt{2\pi}\sigma}\mathrm{e}^{-\frac{(x-\mu)^2}{2\sigma^2}}\mathrm{d}x.\end{aligned}$$

令 $\frac{x-\mu}{\sigma}=t$, 得

$$D\xi=\frac{\sigma^2}{\sqrt{2\pi}}\int_{-\infty}^{+\infty}t^2\mathrm{e}^{-\frac{t^2}{2}}\mathrm{d}t=-\frac{\sigma^2}{\sqrt{2\pi}}\int_{-\infty}^{+\infty}t\,\mathrm{d}\mathrm{e}^{-\frac{t^2}{2}}$$

$$=-\frac{\sigma^2}{\sqrt{2\pi}}t\mathrm{e}^{-\frac{t^2}{2}}\Big|_{-\infty}^{+\infty}+\frac{\sigma^2}{\sqrt{2\pi}}\int_{-\infty}^{+\infty}\mathrm{e}^{-\frac{t^2}{2}}\mathrm{d}t=0+\sigma^2=\sigma^2,$$

$$\sqrt{D\xi}=\sqrt{\sigma^2}=\sigma.$$

下面不加证明地给出方差的一些性质.

性质 4 设 ξ 是随机变量,则

$$D\xi=E(\xi^2)-(E\xi)^2.$$

性质 5 设 ξ 是随机变量,a, b 是常数,则

$$D(a\xi+b)=a^2D\xi.$$

性质 6 设 ξ, η 是两个相互独立的随机变量,则

$$D(\xi\pm\eta)=D\xi+D\eta.$$

例 5 设 ξ 为当同时抛两枚硬币时,出现正面向上的硬币个数,ξ 的概率分布为

$$P\{\xi=0\}=\frac{1}{4},\ P\{\xi=1\}=\frac{1}{2},\ P\{\xi=2\}=\frac{1}{4}.$$

求 $E\xi$, $E(\xi^2)$, $D\xi$ 和 $\sqrt{D\xi}$.

解 $E\xi=\sum\limits_{k=0}^{2}kP\{\xi=k\}=0\times\frac{1}{4}+1\times\frac{1}{2}+2\times\frac{1}{4}=1,$

$$E(\xi^2)=\sum_{k=0}^{2}k^2P\{\xi=k\}=0^2\times\frac{1}{4}+1^2\times\frac{1}{2}+2^2\times\frac{1}{4}=\frac{3}{2},$$

$$D\xi=E(\xi^2)-(E\xi)^2=\frac{3}{2}-1^2=\frac{1}{2},$$

$$\sqrt{D\xi}=\sqrt{\frac{1}{2}}=\frac{\sqrt{2}}{2}.$$

例 6 设 $\xi\sim U(a,b)$,概率密度为 $\varphi(x)=\begin{cases}\dfrac{1}{b-a}, & 当\ a\leqslant x\leqslant b\ 时,\\ 0, & 其他,\end{cases}$

求 $E\xi$, $E(\xi^2)$, $D\xi$ 和 $\sqrt{D\xi}$.

解 $E\xi=\int_{-\infty}^{+\infty}x\varphi(x)\mathrm{d}x=\int_a^b\frac{x}{b-a}\mathrm{d}x=\frac{1}{b-a}\cdot\frac{1}{2}x^2\Big|_a^b=\frac{a+b}{2},$

$$E(\xi^2)=\int_{-\infty}^{+\infty}x^2\varphi(x)\mathrm{d}x=\int_a^b\frac{x^2}{b-a}\mathrm{d}x=\frac{1}{b-a}\cdot\frac{1}{3}x^3\Big|_a^b$$

$$=\frac{b^2+ab+a^2}{3},$$

$$D\xi = E(\xi^2) - (E\xi)^2 = \frac{b^2+ab+a^2}{3} - \left(\frac{a+b}{2}\right)^2 = \frac{(b-a)^2}{12},$$

$$\sqrt{D\xi} = \sqrt{\frac{(b-a)^2}{12}} = \frac{b-a}{2\sqrt{3}}.$$

例 7 设随机变量 $\xi \sim N(\mu_1, \sigma_1^2)$，$\eta \sim N(\mu_2, \sigma_2^2)$，$\xi$ 与 η 相互独立，a、b、c 是常数，求 $a\xi \pm b\eta + c$ 的分布.

解 因为 ξ 与 η 相互独立，都服从正态分布，$a\xi \pm b\eta + c$ 是 ξ、η 的线性组合，所以 $a\xi \pm b\eta + c$ 也服从正态分布. 而且

$$E(a\xi \pm b\eta + c) = aE\xi \pm bE\eta + c = a\mu_1 \pm b\mu_2 + c,$$

$$D(a\xi \pm b\eta + c) = a^2 D\xi + b^2 D\eta = a^2\sigma_1^2 + b^2\sigma_2^2.$$

所以

$$a\xi \pm b\eta + c \sim N(a\mu_1 \pm b\mu_2 + c,\ a^2\sigma_1^2 + b^2\sigma_2^2).$$

例 8 设随机变量 ξ 的数学期望 $E\xi$ 和方差 $D\xi$ 都存在，$D\xi > 0$. 试证明：(1) ξ 的标准化 $\xi^* = \dfrac{\xi - E\xi}{\sqrt{D\xi}}$ 满足 $E\xi^* = 0$；$D\xi^* = 1$.

(2) 切比雪夫[①]不等式，即对 $\forall \varepsilon > 0$ 有

$$P\{|\xi - E\xi| \geqslant \varepsilon\} \leqslant \frac{D\xi}{\varepsilon^2}.$$

证明 (1) $E\xi^* = E\left[\dfrac{\xi - E\xi}{\sqrt{D\xi}}\right] = \dfrac{E(\xi - E\xi)}{\sqrt{D\xi}} = \dfrac{E\xi - E\xi}{\sqrt{D\xi}} = 0.$

$D\xi^* = D\left[\dfrac{\xi - E\xi}{\sqrt{D\xi}}\right] = \left[\dfrac{1}{\sqrt{D\xi}}\right]^2 D(\xi - E\xi) = \dfrac{D\xi}{D\xi} = 1.$

(2) 不妨设 ξ 为连续型随机变量，其密度函数为 $\varphi(x)$，

$$P\{|\xi - E\xi| \geqslant \varepsilon\} = \int\limits_{|x-E\xi| \geqslant \varepsilon} \varphi(x)\,\mathrm{d}x \leqslant \int\limits_{|x-E\xi| \geqslant \varepsilon} \left(\frac{x - E\xi}{\varepsilon}\right)^2 \varphi(x)\,\mathrm{d}x$$

$$\leqslant \frac{1}{\varepsilon^2}\int_{-\infty}^{+\infty} (x - E\xi)^2 \varphi(x)\,\mathrm{d}x = \frac{D\xi}{\varepsilon^2}.$$

1.3.3 协方差(Covariance)和相关系数(Correlation Coefficient)

定义 3 设 ξ, η 是两个随机变量，称

$$\mathrm{Cov}(\xi, \eta) = E[(\xi - E\xi)(\eta - E\eta)] = E(\xi\eta) - E\xi E\eta$$

---

① 切比雪夫(Чебышёв, 1821—1894 年)，俄国数学家，机械学家. 在概率论、数论、机械原理、函数论等领域都有重要贡献.

为 ξ, η 的协方差(或相关矩),且

$$\rho_{\xi\eta}=\frac{\mathrm{Cov}(\xi,\ \eta)}{\sqrt{D\xi D\eta}}$$

为 ξ, η 的相关系数.

下面不加证明地给出协方差和相关系数的一些性质.

性质 7 设 ξ,η 是随机变量,则

$$\begin{aligned}D(\xi\pm\eta)&=D\xi+D\eta\pm2\mathrm{Cov}(\xi,\eta)\\&=D\xi+D\eta\pm2\rho_{\xi\eta}\sqrt{D\xi D\eta}.\end{aligned}$$

性质 8 设 ξ, η 是随机变量,a、b、c、d 是常数,则

$$\mathrm{Cov}(a\xi+b,\ c\eta+d)=ac\mathrm{Cov}(\xi,\ \eta).$$

性质 9 设 $\rho_{\xi\eta}$ 是随机变量 ξ、η 的相关系数,则 $|\rho_{\xi\eta}|\leqslant1$.

性质 10 若随机变量 ξ, η 相互独立,则 $\mathrm{Cov}(\xi,\ \eta)=\rho_{\xi\eta}=0$,这时,称随机变量 ξ, η **互不相关(Uncorrelated)**.

事实上,

$$\rho_{\xi\eta}=0\Leftrightarrow\mathrm{Cov}(\xi,\eta)=0\Leftrightarrow D(\xi\pm\eta)=D\xi+D\eta\Leftrightarrow E(\xi\eta)=E\xi E\eta,$$

反之,随机变量互不相关,并不一定相互独立. 但是,对于服从正态分布的随机变量,如果互不相关,则一定相互独立.

例 9 已知二维均匀分布的概率密度为

$$\varphi(x,y)=\begin{cases}\dfrac{1}{\pi r^2}, & x^2+y^2\leqslant r^2,\\0, & 其他.\end{cases}$$

(1) 求 $\rho_{\xi\eta}$;(2) 讨论 ξ 与 η 的独立性.

解 (1) $E\xi=\int_{-\infty}^{+\infty}\int_{-\infty}^{+\infty}x\varphi(x,y)\mathrm{d}x\mathrm{d}y=\int_{-r}^{r}x\mathrm{d}x\int_{-\sqrt{r^2-x^2}}^{\sqrt{r^2-x^2}}\frac{1}{\pi r^2}\mathrm{d}y=0.$

$$E\eta=\int_{-\infty}^{+\infty}\int_{-\infty}^{+\infty}y\varphi(x,y)\mathrm{d}x\mathrm{d}y=\int_{-r}^{r}y\mathrm{d}y\int_{-\sqrt{r^2-y^2}}^{\sqrt{r^2-y^2}}\frac{1}{\pi r^2}\mathrm{d}x=0.$$

$$\mathrm{Cov}(\xi,\eta)=E(\xi-E\xi)(\eta-E\eta)=E\xi\eta=\int_{-r}^{r}x\mathrm{d}x\int_{-\sqrt{r^2-x^2}}^{\sqrt{r^2-x^2}}\frac{y}{\pi r^2}\mathrm{d}y=0.$$

所以 ξ 与 η 不相关,即 $\rho_{\xi\eta}=0$.

(2) 由边缘概率密度公式可知

$$\begin{aligned}\varphi_\xi(x)&=\int_{-\infty}^{+\infty}\varphi(x,y)\mathrm{d}y\\&=\begin{cases}\displaystyle\int_{-\sqrt{r^2-x^2}}^{\sqrt{r^2-x^2}}\frac{1}{\pi r^2}\mathrm{d}y=\frac{2\sqrt{r^2-x^2}}{\pi r^2}, & -r\leqslant x\leqslant r,\\0, & 其他,\end{cases}\end{aligned}$$

$$\varphi_\eta(y)=\int_{-\infty}^{+\infty}\varphi(x,y)\mathrm{d}x=\begin{cases}\int_{-\sqrt{r^2-y^2}}^{\sqrt{r^2-y^2}}\dfrac{1}{\pi r^2}\mathrm{d}x=\dfrac{2\sqrt{r^2-y^2}}{\pi r^2}, & -r\leqslant y\leqslant r,\\ 0, & \text{其他}.\end{cases}$$

这时 $\varphi(x,y)\neq\varphi_\xi(x)\varphi_\eta(y)$，故 ξ 与 η 不独立.

例 10　计算二维正态分布 $N(\mu_1,\sigma_1^2;\mu_2,\sigma_2^2;r)$ 的相关系数，并说明对服从二维正态分布的随机变量来说，ξ 与 η 独立和 ξ 与 η 不相关等价.

解　二维正态分布的概率密度为

$$\varphi(x,y)=\frac{1}{2\pi\sigma_1\sigma_2\sqrt{1-r^2}}\exp\left\{-\frac{1}{2(1-r^2)}\left[\frac{(x-\mu_1)^2}{\sigma_1^2}-\frac{2r(x-\mu_1)(y-\mu_2)}{\sigma_1\sigma_2}+\frac{(y-\mu_2)^2}{\sigma_2^2}\right]\right\},$$

$$\begin{aligned}\mathrm{Cov}(\xi,\eta)&=\int_{-\infty}^{+\infty}\int_{-\infty}^{+\infty}(x-\mu_1)(y-\mu_2)\varphi(x,y)\mathrm{d}x\mathrm{d}y\\&=\frac{1}{2\pi\sigma_1\sigma_2\sqrt{1-r^2}}\int_{-\infty}^{+\infty}\mathrm{e}^{-(y-\mu_2)^2/2\sigma_2^2}\mathrm{d}y\int_{-\infty}^{+\infty}(x-\mu_1)(y-\mu_2)\times\\&\exp\left\{-\frac{1}{2(1-r^2)}\left[\frac{x-\mu_1}{\sigma_1}-r\frac{y-\mu_2}{\sigma_2}\right]^2\right\}\mathrm{d}x.\end{aligned}$$

令 $z=\dfrac{1}{\sqrt{1-r^2}}\left(\dfrac{x-\mu_1}{\sigma_1}-r\dfrac{y-\mu_2}{\sigma_2}\right)$，$t=\dfrac{y-\mu_2}{\sigma_2}$，则

$$\mathrm{d}x\mathrm{d}y=\sqrt{1-r^2}\sigma_1\sigma_2\mathrm{d}z\mathrm{d}t,$$

$$\begin{aligned}\mathrm{Cov}(\xi,\eta)&=\frac{1}{2\pi}\int_{-\infty}^{+\infty}\int_{-\infty}^{+\infty}(\sqrt{1-r^2}z+rt)\sigma_1\sigma_2 t\mathrm{e}^{-\frac{z^2}{2}-\frac{t^2}{2}}\mathrm{d}z\mathrm{d}t\\&=\frac{\sigma_1\sigma_2\sqrt{1-r^2}}{2\pi}\int_{-\infty}^{+\infty}\int_{-\infty}^{+\infty}zt\mathrm{e}^{-\frac{z^2+t^2}{2}}\mathrm{d}z\mathrm{d}t+\frac{\sigma_1\sigma_2 r}{2\pi}\int_{-\infty}^{+\infty}\int_{-\infty}^{+\infty}t^2\mathrm{e}^{-\frac{z^2+t^2}{2}}\mathrm{d}z\mathrm{d}t\\&=\frac{\sigma_1\sigma_2\sqrt{1-r^2}}{2\pi}\int_{-\infty}^{+\infty}z\mathrm{e}^{-\frac{z^2}{2}}\mathrm{d}z\int_{-\infty}^{+\infty}t\mathrm{e}^{-\frac{t^2}{2}}\mathrm{d}t+\frac{\sigma_1\sigma_2 r}{2\pi}\int_{-\infty}^{+\infty}t^2\mathrm{e}^{-\frac{t^2}{2}}\mathrm{d}t\int_{-\infty}^{+\infty}\mathrm{e}^{-\frac{z^2}{2}}\mathrm{d}z\\&=0-\frac{\sigma_1\sigma_2 r}{\sqrt{2\pi}}\int_{-\infty}^{+\infty}t\mathrm{d}\mathrm{e}^{-\frac{t^2}{2}}=-\frac{\sigma_1\sigma_2 r}{\sqrt{2\pi}}t\mathrm{e}^{-\frac{t^2}{2}}\bigg|_{-\infty}^{+\infty}+\frac{\sigma_1\sigma_2 r}{\sqrt{2\pi}}\int_{-\infty}^{+\infty}\mathrm{e}^{-\frac{t^2}{2}}\mathrm{d}t\\&=0+\sigma_1\sigma_2 r=\sigma_1\sigma_2 r.\end{aligned}$$

而 ξ 的边缘分布函数为

$$F_\xi(x)=P\{\xi\leqslant x\}=P\{\xi\leqslant x,y\leqslant+\infty\}=\int_{-\infty}^{x}\int_{-\infty}^{+\infty}\varphi(u,v)\mathrm{d}u\mathrm{d}v,$$

故 $\varphi_\xi(x)=F_\xi(x)'=\int_{-\infty}^{+\infty}\varphi(x,v)\mathrm{d}v=\int_{-\infty}^{+\infty}\varphi(x,y)\mathrm{d}y.$

代入 $\varphi(x,y)$ 积分可得

$$\varphi_\xi(x)=\frac{1}{\sqrt{2\pi}\sigma_1}\mathrm{e}^{-\frac{(x-\mu_1)^2}{2\sigma_1^2}}\quad(-\infty<x<+\infty),$$

即 $\xi \sim N(\mu_1, \sigma_1^2)$

同理可证 $\eta \sim N(\mu_2, \sigma_2^2)$，于是

$$\rho_{\xi\eta} = \frac{\mathrm{Cov}(\xi,\eta)}{\sqrt{D\xi}\sqrt{D\eta}} = \frac{\sigma_1\sigma_2 r}{\sigma_1\sigma_2} = r.$$

这说明二维正态分布中的参数 r 正好是 ξ 与 η 的相关系数 $\rho_{\xi\eta}$.

当 $\rho_{\xi\eta}=0$ 时，即 $r=0$ 时

$$\begin{aligned}\varphi(x,y) &= \frac{1}{2\pi\sigma_1\sigma_2}\exp\left\{-\frac{1}{2}\left[\left(\frac{x-\mu_1}{\sigma_1}\right)^2+\left(\frac{y-\mu_2}{\sigma_2}\right)^2\right]\right\} \\ &= \frac{1}{\sqrt{2\pi}\sigma_1}\exp\left\{-\frac{(x-\mu_1)^2}{2\sigma_1^2}\right\}\cdot\frac{1}{\sqrt{2\pi}\sigma_2}\exp\left\{-\frac{(y-\mu_2)^2}{2\sigma_2^2}\right\} \\ &= \varphi_\xi(x)\varphi_\eta(y).\end{aligned}$$

得 ξ 与 η 独立.

1.4 随机变量序列的极限定理

1.4.1 大数定理

在 1.1 节中已经指出，在相同的条件下，进行大量重复试验时，随机现象具有一定的规律性，即随机现象的频率具有稳定性，稳定值为事件的概率，在实践中我们还认识到，大量测量值的算术平均值也具有稳定性，这就是大数定理的背景. 由此引出，以极限形式建立的概率趋近于 0(或 1)的规律，通常称为大数定理或大数法则.

定义 设 $\xi_1,\xi_2,\cdots,\xi_n\cdots$ 是随机变量序列，令

$$\eta_n = \frac{\xi_1+\xi_2+\cdots+\xi_n}{n},$$

如果存在常数序列 $a_1,a_2,\cdots,a_n,\cdots$，对任意的 $\varepsilon>0$，有

$$\lim_{n\to\infty}P\{|\eta_n-a_n|<\varepsilon\}=1,$$

则称随机变量序列 $\{\xi_n\}$ 服从大数定理(Law of Great Number).

随机变量序列 $\{\xi_n\}$ 服从大数定理表明 $\xi_1,\xi_2,\cdots,\xi_n$ 的平均结果 $\eta_n=\dfrac{\xi_1+\xi_2+\cdots+\xi_n}{n}$ 以概率收敛于一个数 a_n，很自然地，a_n 应该就是 η_n 的数学期望 $E\eta_n$. 下面介绍几个常用的大数定理.

定理 1 马尔可夫(Марков)[①]大数定理.

若随机变量序列 $\xi_1,\xi_2,\cdots,\xi_n\cdots$，其方差存在，且满足

---

① 马尔可夫(1856—1922 年)，苏联数学家，切比雪夫的学生，曾发表 70 余篇著作和论文，内容涉及数论、微分方程、函数近论、概率论等，开创了马尔可夫过程理论的研究.

$$\frac{1}{n^2}D\left(\sum_{i=1}^{n}\xi_i\right)\to 0 \quad (n\to\infty),$$

则对任意的 $\varepsilon>0$,有

$$\lim_{n\to\infty}P\left\{\left|\frac{1}{n}\sum_{i=1}^{n}\xi_i-\frac{1}{n}\sum_{i=1}^{n}E\xi_i\right|<\varepsilon\right\}=1.$$

证 由切比雪夫不等式得

$$P\left\{\left|\frac{1}{n}\sum_{i=1}^{n}\xi_i-\frac{1}{n}\sum_{i=1}^{n}E\xi_i\right|<\varepsilon\right\}\geqslant 1-\frac{D\left(\frac{1}{n}\sum_{i=1}^{n}\xi_i\right)}{\varepsilon^2}=1-\frac{D\sum_{i=1}^{n}\xi_i}{n^2\varepsilon^2},$$

当 n 趋于无穷时,上式右边趋于 1,即成立

$$\lim_{n\to\infty}P\left\{\left|\frac{1}{n}\sum_{i=1}^{n}\xi_i-\frac{1}{n}\sum_{i=1}^{n}E\xi_i\right|<\varepsilon\right\}=1.$$

定理 2 切比雪夫(Чебышёв)大数定理

若 $\xi_1,\xi_2,\cdots,\xi_n\cdots$ 是两两不相关的随机变量序列,方差存在且一致有界,即存在常数 C,使得

$$D\xi_i\leqslant C\ (i=1,2,\cdots).$$

则对任意的 $\varepsilon>0$,有

$$\lim_{n\to\infty}P\left\{\left|\frac{1}{n}\sum_{i=1}^{n}\xi_i-\frac{1}{n}\sum_{i=1}^{n}E\xi_i\right|<\varepsilon\right\}=1.$$

证 因为 $\xi_1,\xi_2,\cdots,\xi_n$ 两两不相关,故

$$\frac{1}{n^2}D\left(\sum_{i=1}^{n}\xi_i\right)=\frac{1}{n^2}\sum_{i=1}^{n}D\xi_i\leqslant\frac{C}{n}\to 0 \quad (n\to\infty),$$

所以马尔可夫条件成立,由此可得

$$\lim_{n\to\infty}P\left\{\left|\frac{1}{n}\sum_{i=1}^{n}\xi_i-\frac{1}{n}\sum_{i=1}^{n}E\xi_i\right|<\varepsilon\right\}=1.$$

切比雪夫大数定理是马尔可夫大数定理的推论.

定理 3 普阿松(Poisson)大数定理

如在一个独立试验序列中,事件 A 在第 k 次试验中发生的概率为 p_k,以 μ_n 记在前 n 次试验中事件 A 发生的次数,则对任意的 $\varepsilon>0$,有

$$\lim_{n\to\infty}P\left\{\left|\frac{\mu_n}{n}-\frac{p_1+p_2+\cdots+p_n}{n}\right|<\varepsilon\right\}=1.$$

证 定义

$$\xi_k=\begin{cases}1, & \text{第 } k \text{ 次试验事件 } A \text{ 发生},\\ 0, & \text{第 } k \text{ 次试验事件 } A \text{ 不发生},\end{cases}\quad (k=1,2,\cdots)$$

则

$$\mu_n=\xi_1+\xi_2+\cdots+\xi_n,$$

易得 $E\xi_k=p_k, D\xi_k=p_k(1-p_k)\leqslant\frac{1}{4}$.

由切比雪夫大数定理可得,对任意的 $\varepsilon>0$ 有

$$\lim_{n\to\infty}P\left\{\left|\frac{1}{n}\sum_{i=1}^{n}\xi_i-\frac{1}{n}\sum_{i=1}^{n}E\xi_i\right|<\varepsilon\right\}=1,$$

即

$$\lim_{n\to\infty}P\left\{\left|\frac{\mu_n}{n}-\frac{p_1+p_2+\cdots+p_n}{n}\right|<\varepsilon\right\}=1.$$

普阿松大数定理是切比雪夫大数定理的推论.

定理 4 贝努里(Bernoulli)大数定理

设 μ_n 是 n 次独立重复试验(n 重贝努里试验)中事件 A 发生的次数,p 是事件 A 在每次试验中发生的概率,则对任意的 $\varepsilon>0$,有

$$\lim_{n\to\infty}P\left\{\left|\frac{\mu_n}{n}-p\right|<\varepsilon\right\}=1.$$

证 由切比雪夫不等式可知

$$P\left\{\left|\frac{\mu_n}{n}-p\right|<\varepsilon\right\}\geqslant1-\frac{D\left(\frac{\mu_n}{n}\right)}{\varepsilon^2}=1-\frac{npq}{n^2\varepsilon^2}=1-\frac{pq}{n\varepsilon^2}$$

$$\geqslant1-\frac{1}{4n\varepsilon^2}\to1\quad(n\to\infty).$$

所以 $\lim\limits_{n\to\infty}\left\{\left|\frac{\mu_n}{n}-p\right|<\varepsilon\right\}=1$ 成立.

贝努里大数定理为普阿松大数定理的特例,即 $p_1=p_2=\cdots=p_n=p$ 的情形.贝努里大数定理是 1.1 节中定义 2 即概率的频率定义的理论基础.

上述大数定理的证明都是建立在切比雪夫不等式基础上的,故都要求方差存在,但是在独立同分布的场合并不需要有这个要求,这就是著名的辛钦大数定理,这里不加证明地叙述如下:

定理 5 辛钦(Хинчин)① 大数定理

设 $\xi_1,\xi_2,\cdots,\xi_n\cdots$ 是满足相互独立同分布的随机变量序列,且具有有限的数学期望 $E\xi_i=\mu(i=1,2,\cdots)$,则对任意的 $\varepsilon>0$,有

$$\lim_{n\to\infty}P\left\{\left|\frac{1}{n}\sum_{i=1}^{n}\xi_i-\mu\right|<\varepsilon\right\}=1.$$

---

① 辛钦(1897—1959 年),苏联数学家、教育家,苏联概率论学派的创始人之一,发表过 150 多篇关于数学及数学史的论文.

显然,贝努里大数定理是辛钦大数定理的特例.

从以上的大数定理可知,当 n 充分大时,$|\bar{\xi}-\mu|\geqslant\varepsilon$ 为小概率事件,故测量值的算术平均值有稳定性,$\bar{\xi}$ 的测量值将比较紧密地聚集在它的数学期望 $E\bar{\xi}$ 的附近. 这一结论是后面统计中参数矩法估计的理论基础.

例 1　试证明下列两两独立的随机变量序列 $\{\xi_n\}$ 满足大数定理.

ξ	$-\sqrt{\ln n}$	$\sqrt{\ln n}$
概率	$\frac{1}{2}$	$\frac{1}{2}$

$(n=1,2,\cdots)$

证　易知 $E\xi_n=\dfrac{-\sqrt{\ln n}}{2}+\dfrac{\sqrt{\ln n}}{2}=0,\ D\xi_n=\dfrac{\ln n}{2}+\dfrac{\ln n}{2}=\ln n\quad(n=1,2,\cdots).$

满足马尔可夫条件

$$\frac{1}{n^2}D\left(\sum_{i=1}^{n}\xi_i\right)\leqslant\frac{n\cdot\ln n}{n^2}=\frac{\ln n}{n}\to 0\quad(n\to\infty),$$

故满足大数定理.

例 2　设 $\{\xi_n\}$ 为独立同分布的随机变量序列,其概率分布为

$$P\left\{\xi_n=\frac{2^k}{k^2}\right\}=\frac{1}{2^k}\quad(k=1,2,\cdots).$$

试证 $\{\xi_n\}$ 满足大数定理.

证　由于 $\{\xi_n\}$ 为独立同分布随机变量序列,而

$$E\xi_n=\sum_{k=1}^{\infty}\frac{2^k}{k^2}\times\frac{1}{2^k}=\sum_{k=1}^{\infty}\frac{1}{k^2}<\infty,\text{收敛},$$

满足辛钦大数定理的条件,故大数定理成立.

1.4.2　中心极限定理

在随机变量的一切可能的分布中,正态分布在概率论和数理统计中占有特殊重要的地位和作用,实践中经常遇到的大量随机变量都服从于正态分布.

概率论中将有关论证随机变量和的概论分布是正态分布的那些定理通常称为**中心极限定理**(Central Limit Theorem).

自然有这样一个问题,为什么正态分布如此广泛地存在,应该如何解释大量随机现象中的这一客观规律性呢? 我们用下列的中心极限定理来描述.

定理 6　林德贝格[①]-列维(Lindeberg-Levy)中心极限定理(独立同分布中心极限定理)

设 $\xi_1,\xi_2,\cdots,\xi_n\cdots$ 是一独立同分布的随机变量序列,且

$$E\xi_i=\mu,D\xi_i=\sigma^2>0\quad(i=1,2,\cdots),$$

---

① 林德贝格(Jarl Waldemar Lindeberg,1876—1932 年),芬兰数学家.

则有

$$\lim_{n\to\infty}P\left\{\frac{\sum_{i=1}^{n}\xi_i-n\mu}{\sqrt{n}\sigma}<x\right\}=\frac{1}{\sqrt{2\pi}}\int_{-\infty}^{x}\mathrm{e}^{-\frac{t^2}{2}}\,\mathrm{d}t\,.$$

定理 6 说明,当 n 充分大时,$\dfrac{\sum_{i=1}^{n}\xi_i-n\mu}{\sqrt{n}\sigma}$ 近似服从 $N(0,1)$分布,从而可以推出 $\sum_{i=1}^{n}\xi_i$ 近似服从 $N(n\mu,n\sigma^2)$分布,换句话说,当 n 充分大时,近似地有

$$\sum_{i=1}^{n}\xi_i\sim N(n\mu,n\sigma^2)\,.$$

证　略.

林德贝格-列维中心极限定理的应用非常广泛,在实际工作中,当 n 足够大时,就可以用正态分布近似地替代独立同分布的随机变量之和的分布,这是数理统计中大样本问题研究的理论基础.

例 3　计算机在进行加法时,对每个加数取整(取为最接近于它的整数),设所有的取整误差是相互独立的,且它们都在$(-0.5,0.5)$上服从均匀分布.若取 1 500 个数相加,问误差总和的绝对值超过 15 的概率是多少?

解　设每个加数的取整误差为 $\xi_i(i=1,2,\cdots,n)$,其概率密度为

$$\varphi_{\xi_i}(x)=\begin{cases}1, & -0.5<x<0.5,\\ 0, & \text{其他},\end{cases}$$

由此可得

$$E\xi_i=0,D\xi_i=\frac{1}{12}\quad(i=1,2,\cdots,n).$$

令 $\xi=\sum_{i=1}^{1\,500}\xi_i$,则

$$\begin{aligned}P\{|\xi|>15\}&=1-P\{-15\leqslant\xi\leqslant15\}\\&=1-P\left\{\frac{-15}{\sqrt{1\,500}\times\sqrt{\frac{1}{12}}}\leqslant\frac{\xi-0}{\sqrt{1\,500}\times\sqrt{\frac{1}{12}}}\leqslant\frac{15}{\sqrt{1\,500}\times\sqrt{\frac{1}{12}}}\right\}\\&=1-P\left\{-1.342\leqslant\frac{\xi}{\sqrt{125}}\leqslant1.342\right\}\\&\approx1-[\Phi(1.342)-\Phi(-1.342)]\\&=2\times[1-\Phi(1.342)]=2\times[1-0.909\,9]=0.180\,2,\end{aligned}$$

故所有误差总和的绝对值超过 15 的概率为 0.180 2.

定理 7 德莫哇佛①-拉普拉斯②(De Moirve-Laplace)极限定理(二项分布中心极限定理)

若 μ_n 是 n 次独立重复试验(n 重贝努里试验)中事件 A 发生的次数,$0<p<1$ 是事件 A 在每次试验中发生的概率,则对任何 x,当 $n\to\infty$ 时,一致地有

$$\lim_{n\to\infty}P\left\{\frac{\mu_n-np}{\sqrt{np(1-p)}}\leqslant x\right\}=\frac{1}{\sqrt{2\pi}}\int_{-\infty}^{x}\mathrm{e}^{-\frac{t^2}{2}}\mathrm{d}t=\Phi(x).$$

显然,定理 7 是定理 6 的特例.

德莫哇佛-拉普拉斯极限定理说明,若 $\mu_n\sim b(n,p)$,当 n 充分大时 μ_n 还近似服从正态分布 $\mu_n\sim N(np,np(1-p))$.

根据德莫哇佛-拉普拉斯极限定理可以估计频率与概率误差的概率. 事实上有

$$\begin{aligned}P\left\{\left|\frac{\mu_n}{n}-p\right|\leqslant\varepsilon\right\}&=P\left\{\left|\frac{\mu_n-np}{\sqrt{np(1-p)}}\right|\leqslant\varepsilon\sqrt{\frac{n}{p(1-p)}}\right\}\\&\approx\int_{-\varepsilon\sqrt{\frac{n}{p(1-p)}}}^{\varepsilon\sqrt{\frac{n}{p(1-p)}}}\frac{1}{\sqrt{2\pi}}\mathrm{e}^{-\frac{x^2}{2}}\mathrm{d}x\\&=\Phi\left[\varepsilon\sqrt{\frac{n}{p(1-p)}}\right]-\Phi\left[-\varepsilon\sqrt{\frac{n}{p(1-p)}}\right]\\&=2\Phi\left[\varepsilon\sqrt{\frac{n}{p(1-p)}}\right]-1,\end{aligned}$$

则等价地有

$$P\left\{\left|\frac{\mu_n}{n}-p\right|>\varepsilon\right\}\approx2\left\{1-\Phi\left[\varepsilon\sqrt{\frac{n}{p(1-p)}}\right]\right\}.$$

1.5 延伸阅读

在本章中,我们讲到了离散型随机变量和连续型随机变量,除此之外,还有没有其他类型呢? 事实上还有一种随机变量叫奇异型,奇异型随机变量的分布函数是连续的,而分布函数的导数几乎处处为零. 可以证明,任何一个随机变量的分布函数都可以表示为离散型、连续型及奇异型随机变量的分布函数的线性组合(王梓坤. 概率论基础及其应用. 北京:科学出版社,1979.).

多维随机变量的边缘分布可以由联合分布唯一确定,但反之却不成立,即已知分量的分布不能确定它们的联合分布. 要确定联合分布不仅需要知道分量的边缘分布,还需要知道分量之间的关系,这个关系可用 Copula 函数来描述,所以 Copula 函数亦称连接函数.

---

① 德莫哇佛(1667—1754 年),法国数学家,是牛顿的好友. 1711 年在英国《皇家学会会报》连载论文《论赌博法》,最早给出了统计独立的定义.

② 拉普拉斯(1749—1827 年),法国天文学家、数学家、物理学家. 他以其提出的太阳系生成的星云假说而成为宇宙进化论的先驱. 他还是拉普拉斯变换的首创者.

Copula 函数理论在金融市场的相关性分析中有广泛应用，它是金融风险管理、资产定价的一个重要金融分析工具(韦艳华，张世英. Copula 理论及其在金融分析上的应用. 北京：清华大学出版社，2008.).

思考题

试构造一个既不是离散型又不是连续型的随机变量.

[提示：取一个离散型与一个连续型的极大值 $\max(\xi,\eta)$]

习　题　一

1.1　将下列事件用事件 A、B、C 表示出来：

(1) A 发生；　(2) A 不发生，但 B、C 至少有一个发生；

(3) 三个事件恰有一个发生；　(4) 三个事件至少有两个发生；

(5) 三个事件都不发生；　(6) 三个事件最多有一个发生；

(7) 三个事件不都发生.

1.2　某单位 n 个人参与抽奖，n 张奖券中 m 张上标有“中奖”，其余奖券标有“谢谢”. n 个人依次抽奖，求第 k 次($1\leqslant k\leqslant n$)抽奖的人抽到“中奖”的概率.

1.3　已知 $P(A)=a, P(B)=b, P(AB)=c$. 求：(1) $P(\overline{A}\cup\overline{B})$；(2) $P(\overline{A}\,\overline{B})$；(3) $P(\overline{A}B)$；(4) $P(\overline{A}\cup B)$.

1.4　向盛有 n 个球的器皿中投进一个白球，如果器皿中原来的白球数从 0 到 n 是等可能的. 现在再从器皿中取出一个球，试问这个球为白球的概率是多少？

1.5　无线电通信中，由于随机干扰，当发出信号为“·”时，收到信号为“·”“不清”“—”的概率分别为 0.7、0.2 和 0.1；当发出信号为“—”时，收到信号为“—”“不清”“·”的概率分别为 0.9、0.1 和 0. 如果整个发报过程中“·”“—”出现的概率分别为 0.6 和 0.4，当收到信号“不清”时，原发信号是什么？试加以推测.

1.6　设 A,B,C 相互独立，试证 $A-B$ 与 C 相互独立.

1.7　口袋中有 5 个球，分别标有号码 1、2、3、4、5，现从该口袋中任取 3 个球.

(1) 设 ξ 是取出球的号码中的最大值，求 ξ 的概率分布，并求出 $\xi\leqslant 4$ 的概率；

(2) 设 η 是取出球的号码中的最小值，求 η 的概率分布，并求出 $\eta>3$ 的概率；

(3) 若已知取到球的最小号码 $\eta=2$，求此时取到的最大号码 ξ 的条件分布.

1.8　设随机变量 ξ、η 都服从二项分布，$\xi\sim b(2,p)$，$\eta\sim b(3,p)$，已知 $P\{\xi\geqslant 1\}=\dfrac{5}{9}$，试求 $P\{\eta\geqslant 1\}$的值.

1.9　某商店出售某种贵重商品，据以往经验，月销售量服从普阿松分布 $P(2)$. 问月初进货多少件此种商品，才能以 65% 的概率充分满足顾客的需要？

1.10　随机变量 ξ 的概率密度为 $\varphi(x)=Ae^{-|x|}\quad(-\infty<x<+\infty)$. 求

(1) 系数 A 的值；(2) ξ 落入(0,1)区间内的概率；(3) ξ 的分布函数.

1.11　设连续型随机变量 ξ 的分布函数为

$$F(x)=\begin{cases}0, & x<0,\\ Ax^2, & 0\leqslant x<1,\\ 1, & x\geqslant 1.\end{cases}$$

求:(1) 系数 A 的值;(2) ξ 的概率密度 $\varphi(x)$;(3) $P\{-0.3<\xi<0.7\}$.

1.12 修理某机器所需时间(单位:小时)服从以 $\lambda=\dfrac{1}{2}$ 为参数的指数分布.试问:

(1) 修理时间超过 2 小时的概率是多少?

(2) 若已持续修理了 9 小时,总共需要至少 10 小时才能修好的条件概率是多少?

1.13 某地抽样调查结果表明,考生的外语成绩(百分制)近似服从于正态分布 $N(72,\sigma^2)$,96 分以上的考生占总数的 2.3%,试求考生的外语成绩在 60~84 分之间的概率.

1.14 设 $\xi\sim N(0,1)$.求:(1) $\eta=2\xi^2+1$ 的概率密度;(2) $\eta=|\xi|$ 的概率密度.

1.15 设口袋中有 5 个球,分别标号为 1、2、3、4、5,球的大小相同,现从这个口袋中任取 3 个球,记取出球的最大及最小标号分别为 ξ 和 η,求二维随机变量 (ξ,η) 的联合分布.

1.16 设二维随机变量 (ξ,η) 的联合分布函数为

$$F(x,y)=A\left(B+\arctan\frac{x}{2}\right)\left(c+\arctan\frac{y}{3}\right)$$

求:(1) 系数 A,B,C 的值;(2) (ξ,η) 的联合密度函数;(3) 边缘分布函数及边缘密度函数.

1.17 设随机变量 ξ 与 η 独立,ξ 服从 $[0,2]$ 上的均匀分布,η 服从指数分布 $E(2)$,求:(1) 二维随机变量 (ξ,η) 的联合密度函数;(2) $P\{\xi\leqslant\eta\}$ 的值.

1.18 设随机变量 $(\xi,\ \eta)$ 的联合概率密度为

$$p(x,\ y)=\begin{cases}\mathrm{e}^{-x}, & 0<y<x,\\ 0, & \text{其他}.\end{cases}$$

(1) 求随机变量 ξ 的边际概率密度;

(2) 在已知 $\xi=2$ 条件下,求随机变量 η 的取值不超过 1 的概率;

(3) 在已知 $\xi=x_0$ 条件下 $(x_0>0)$,求随机变量 η 的取值不超过 y 的概率(即条件分布函数,记为 $F_{\eta|\xi}(y\mid x_0)=P\{\eta\leqslant y\mid\xi=x_0\}$);

(4) 在已知 $\xi=x_0$ 条件下 $(x_0>0)$,求此时随机变量 η 的概率密度(即条件概率密度,记为 $p_{\eta|\xi}(y\mid x_0)$);

(5) 证明条件概率密度满足:$p_{\eta|\xi}(y\mid x)=\dfrac{p(x,\ y)}{p_\xi(x)}$.

1.19 已知 ξ_1 和 ξ_2 的分布分别为

ξ_1	-1	0	1
P	$\frac{1}{4}$	$\frac{1}{2}$	$\frac{1}{4}$

和

ξ_2	0	1
P	$\frac{1}{2}$	$\frac{1}{2}$

,并且 $P\{\xi_1\xi_2=0\}=1$.

(1) 求 ξ_1 与 ξ_2 的联合概率分布;(2) 问 ξ_1 与 ξ_2 是否独立?(3) 求 $\max(\xi_1,\xi_2)$ 的概率分布.

1.20 某工厂生产的一种产品的寿命ξ(单位:条)服从指数分布$E\left(\frac{1}{4}\right)$,工厂规定售出产品在一年内损坏可以调换.已知售出一个产品若一年内不损坏工厂可获利100元,若一年内损坏调换一个产品工厂净损失300元.试求该厂售出一个产品平均能获利多少.

1.21 设随机变量ξ的分布为

ξ	-2	0	2
P	0.4	0.3	0.3

.求$E\xi$、$D\xi$、$E(\xi^2+2)$的值.

1.22 已知(ξ,η)的联合密度函数为$\varphi(x,y)=\begin{cases}\frac{1}{8}(x+y), & 0<x<2,0<y<2,\\ 0, & \text{其他}.\end{cases}$

求$E\xi$、$E\eta$、$E(\xi\eta)$的值.

1.23 设(ξ,η)的联合分布为

ξ \ η	0	1	2	3
1	0	$\frac{3}{8}$	$\frac{3}{8}$	0
3	$\frac{1}{8}$	0	0	$\frac{1}{8}$

(1) 求$E\xi$、$E\eta$、$\mathrm{Cov}(\xi,\eta)$、$\rho_{\xi\eta}$的值;(2) 问ξ与η是否独立?

1.24 设$\xi_1\sim U(0,6)$,$\xi_2\sim N(0,4)$,$\xi_3\sim E(3)$且ξ_1,ξ_2,ξ_3相互独立,求$\eta=\xi_1-2\xi_2+3\xi_3$的期望及方差.

1.25 设$\{\xi_n\}$为独立同分布序列,$P\{\xi_n=\pm\lg k\}=\frac{1}{2}(n=1,2,\cdots)$,$k$为大于零的常数.试证明$\{\xi_n\}$满足大数定理.

1.26 一个复杂系统由多个独立工作的部件组成,运行期间每个部件损坏的概率都是0.1,为了使整个系统可靠地工作,必须至少有88%的部件起作用.(1) 已知系统中共有900个部件,求整个系统的可靠性(可靠地工作的概率);(2) 为了使整个系统的可靠性达到0.99,整个系统至少需要由多少个部件组成?

1.27 保险公司的一项人寿保险业务规定,参保者每人每年的保险费为20元,若参保者在一年内死亡其家属可向保险公司索赔8 000元.假设一年中有100 000人参加了这项保险,每个人一年内死亡的概率为2‰.试求:

(1) 保险公司亏本的概率;(2) 保险公司获利80 000元以上的概率.

2 抽样与抽样分布

在第 1 章中,我们讲到随机变量总是假设这个随机变量的分布是已知的,在此基础上可以求随机变量取特定值的概率,求随机变量的数字特征,讨论随机变量的性质等. 然而实际问题中,我们要考察的对象往往分布是未知的,或者分布中有未知的参数. 那么这种情况下,如何来推断作为我们考察对象的随机变量的分布及其性质呢? 数理统计就是研究如何有效地搜集整理数据,并通过对这些局部数据的分析来合理推断整体的情况的数学分支.

2.1 总体与样本

我们将讨论对象的全体称为**总体**或**母体**,总体中的每个元素称为**个体**. 有无穷多个个体的总体称为**无限总体**,只有有限个元素的总体称为**有限总体**.

例如,考察某厂生产灯管的寿命,这个厂家生产的全部灯管就是我们的研究对象,构成总体. 每个灯管都是一个个体. 显然,我们不可能对每个灯管测试其寿命,这具有破坏性. 但是不难想象,有的灯管寿命长,有的灯管寿命短,所有灯管的寿命其实就是一堆数字. 而这些数字有的出现频率高,有的出现频率低,它有一个自己的分布,这个分布称为总体的分布. 总体的分布可以用一个随机变量来描述. 设 ξ 为任取该厂一个灯管的寿命,因为不能确定取到的是哪一个灯管,故 ξ 是一个随机变量,ξ 的取值可能是这一堆数中的任何一个,因此随机变量 ξ 的分布就代表了总体的分布.

我们再用一个简单的例子来说明总体的分布. 假设某宿舍 4 名同学的英语成绩分别为 60 分、80 分、70 分和 80 分,这四名同学的英语成绩构成总体,其分布为

英语成绩	60	70	80
频率	$\frac{1}{4}$	$\frac{1}{4}$	$\frac{1}{2}$

记随机变量 ξ 为任意抽取该宿舍一名同学的英语成绩,显然 ξ 的分布列为

ξ	60	70	80
P	$\frac{1}{4}$	$\frac{1}{4}$	$\frac{1}{2}$

即ξ与总体具有相同的分布. 因此我们可以把总体视为一个随机变量,记为$\xi,\eta,\cdots$或$X,Y,\cdots$而总体的分布就是作为研究对象的这个随机变量的分布.

通常,我们是采用抽样试验的方法来研究总体的性质,即从总体中抽取一部分个体,然后再通过这一部分个体的试验结果来推断总体的性质. 从总体中抽取一部分个体的过程叫**抽样**,抽取的部分个体叫**样本**或**子样**. 样本中个体的数量叫**样本的容量**. 容量为n的样本一般记为$(X_1,X_2,\cdots,X_n)$,其中X_i表示对总体的第i次考察的结果,因为抽样前不能确定X_i的取值,因此X_i是一个随机变量. 而一旦抽样结束,就得到了样本$(X_1,X_2,\cdots,X_n)$的一组具体取值$(x_1,x_2,\cdots,x_n)$,这组数$(x_1,x_2,\cdots,x_n)$称为**样本观测值**.

为了使得从总体中抽取的样本具有代表性,数理统计中所采用的抽样方法叫**随机抽样**,这里所谓的随机是指总体中的每个个体都有相同的可能性被抽到. 随机抽样又分为有返回抽样和不返回抽样两类. 有返回抽样的样本$(X_1,X_2,\cdots,X_n)$满足$X_1,X_2,\cdots,X_n$相互独立,而不返回抽样中,$X_1,X_2,\cdots,X_n$不独立. 在实际应用中,如果总体是无限总体,或总体中的个体非常多,此时不返回抽样与有返回抽样差别不大,可以把不返回抽样作为有返回抽样来处理,即认为$X_1,X_2,\cdots,X_n$相互独立.

我们把满足如下两个性质的样本$(X_1,X_2,\cdots,X_n)$称为**简单随机样本**.

(1) 独立性 即$X_1,X_2,\cdots,X_n$相互独立;

(2) 代表性 即每个X_i都与总体具有相同的分布.

本书后面讲到的样本都是指简单随机样本,简称样本.

设$(X_1,X_2,\cdots,X_n)$为取自总体ξ的样本,总体ξ是随机变量,它有自己的分布. 样本$(X_1,X_2,\cdots,X_n)$作为n维的随机变量,它也有自己的分布.

如果总体ξ是离散型随机变量,概率分布为$P\{\xi=k\}$, $k=1, 2, 3, \cdots$,则样本$(X_1, X_2, \cdots, X_n)$的联合概率分布为

$$\begin{aligned} &P\{X_1=x_1, X_2=x_2, \cdots, X_n=x_n\} \\ &= P\{X_1=x_1\}P\{X_2=x_2\}\cdots P\{X_n=x_n\} \\ &= P\{\xi=x_1\}P\{\xi=x_2\}\cdots P\{\xi=x_n\} \\ &= \prod_{i=1}^{n} P\{\xi=x_i\},\ x_i=1,\ 2,\ 3,\ \cdots\ (i=1,\ 2,\ \cdots,\ n). \end{aligned}$$

如果总体ξ是连续型随机变量,概率密度为$\varphi(x)$,则样本$(X_1, X_2, \cdots, X_n)$的联合概率密度为

$$\begin{aligned} \varphi^*(x_1, x_2, \cdots, x_n) &= \varphi_{X_1}(x_1)\varphi_{X_2}(x_2)\cdots\varphi_{X_n}(x_n) \\ &= \varphi(x_1)\varphi(x_2)\cdots\varphi(x_n) \\ &= \prod_{i=1}^{n}\varphi(x_i). \end{aligned}$$

例 1 设总体$\xi\sim P(\lambda)$, (X_1, X_2, X_3)是ξ的样本,求(X_1, X_2, X_3)的联合概率分布.

解 因为$\xi\sim P(\lambda)$, ξ的概率分布为$P\{\xi=k\}=\dfrac{\lambda^k}{k!}\mathrm{e}^{-\lambda}$, $k=0, 1, 2, \cdots$所以

(X_1, X_2, X_3)的联合概率分布为

$$\prod_{i=1}^{3} P\{\xi = x_i\} = \prod_{i=1}^{3} \frac{\lambda^{x_i}}{x_i!} e^{-\lambda}$$
$$= \frac{\lambda^{\sum_{i=1}^{3} x_i}}{\prod_{i=1}^{3} x_i!} e^{-3\lambda},$$
$$x_i = 0, 1, 2, \cdots (i = 1, 2, 3).$$

例 2 设总体 $\xi \sim E(\lambda)$, (X_1, X_2, X_3)是ξ的样本,求(X_1, X_2, X_3)的联合概率密度.

解 因为$\xi \sim E(\lambda)$,概率密度为 $\varphi(x) = \begin{cases} \lambda e^{-\lambda x}, & \text{当 } x > 0 \text{ 时}, \\ 0, & \text{当 } x \leqslant 0 \text{ 时}, \end{cases}$ 所以(X_1, X_2, X_3)的联合概率密度为

$$\prod_{i=1}^{3} \varphi(x_i) = \begin{cases} \prod_{i=1}^{3} \lambda e^{-\lambda x_i}, & \text{当 } x_i > 0\ (i = 1, 2, 3) \text{ 时}, \\ 0, & \text{其他} \end{cases}$$

$$= \begin{cases} \lambda^3 e^{-\lambda \sum_{i=1}^{3} x_i}, & \text{当} \min_i x_i > 0 \text{ 时}, \\ 0, & \text{其他}. \end{cases}$$

2.2 总体分布的估计

2.2.1 经验分布函数

数理统计的一个主要任务,就是要用样本估计总体的分布.

设 $F(x) = P\{\xi \leqslant x\}$ 为总体 ξ 的分布函数,称

$$F_n(x) = \frac{\text{样本}(X_1, X_2, \cdots, X_n)\text{中} \leqslant x \text{ 的值的个数}}{\text{样本观测次数 } n}, -\infty < x < +\infty$$

为**经验分布函数**(或**样本分布函数**).

从这个定义可以看出,如果将样本观测值 $x_1, x_2, \cdots, x_n$ 按从小到大的次序排列成

$$x_{(1)} \leqslant x_{(2)} \leqslant \cdots \leqslant x_{(n)},$$

则

$$F_n(x) = \begin{cases} 0, & \text{当 } x < x_{(1)} \text{ 时}, \\ \dfrac{i}{n}, & \text{当 } x_{(i)} \leqslant x < x_{(i+1)},\ i = 1, 2, \cdots, n-1 \text{ 时}, \\ 1, & \text{当 } x \geqslant x_{(n)} \text{ 时}, \end{cases}$$

$F_n(x)$是一个单调非降的阶梯函数.

因为 $F_n(x) =$ 样本$(X_1, X_2, \cdots, X_n)$中观测值不超过 x 发生的频率

$$\approx \text{总体 } \xi \leqslant x \text{ 的概率} = P\{\xi \leqslant x\} = F(x),$$

所以当 n 充分大时,经验分布函数 $F_n(x)$是总体分布函数 $F(x)$的良好近似.

1933 年,苏联数学家格里文科(Гливенко)证明了

$$P\{\lim_{n\to\infty} \sup_{-\infty<x<+\infty} | F_n(x) - F(x) | = 0\} = 1,$$

即 $F_n(x)$以概率 1 一致收敛于 $F(x)$.

2.2.2 频率直方图

如果总体 ξ 是一个连续型随机变量,我们可以用下列方法来估计它的概率密度 $\varphi(x)$.

作分点 $a = a_0 < a_1 < a_2 < \cdots < a_r = b$, 将 ξ 的样本取值范围(a, b)分成 r 个区间. 设共进行了 n 次试验,落在区间$(a_{k-1}, a_k]$中的样本观测值的个数为 n_k, n_k 称为**频数**,$\frac{n_k}{n}$称为**频率**. 在每一个区间$(a_{k-1}, a_k]$上,以$\dfrac{\frac{n_k}{n}}{a_k - a_{k-1}}$为高度,作长方形,这样得到的一排长方形,称为**频率直方图**(图 2 - 1).

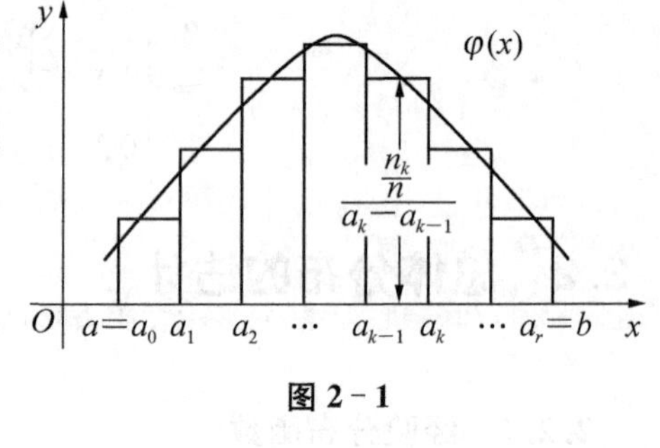

图 2 - 1

由于 区间$(a_{k-1}, a_k]$上频率直方图的面积

$$= \frac{\frac{n_k}{n}}{a_k - a_{k-1}}(a_k - a_{k-1}) = \frac{n_k}{n}$$

= 样本落在区间$(a_{k-1}, a_k]$中的频率≈总体落在区间$(a_{k-1}, a_k]$中的概率

$$= \int_{a_{k-1}}^{a_k} \varphi(x)\mathrm{d}x = \text{区间}(a_{k-1}, a_k]\text{上 } \varphi(x) \text{ 曲线下的曲边梯形的面积},$$

所以,可以用频率直方图来近似估计总体分布的概率密度 $\varphi(x)$.

如果总体 ξ 是一个离散型随机变量,我们可以用下列方法来估计它的概率分布 $P\{\xi = x_k\}$ $(k = 1, 2, \cdots)$:

设共进行了 n 次试验,取值为 x_k 的样本观测值的个数(频数)为 n_k.

由于 $\frac{n_k}{n} =$ 样本取值为 x_k 的频率 ≈ 总体取值为 x_k 的概率 $= P\{\xi = x_k\}$,所以可以用 $\frac{n_k}{n}$ 来近似估计总体的概率分布 $P\{\xi = x_k\}$ $(k = 1, 2, \cdots)$.

2.3 统计量

样本$(X_1, X_2, \cdots, X_n)$的不含未知参数的函数,称为**统计量**. 因为样本是随机变量,所以,作为样本的函数的统计量,也是随机变量. 用样本观测值$(x_1, x_2, \cdots, x_n)$代入统计量的表达式,得到统计量的具体数值,称为**统计量的观测值**.

常用的统计量有:

样本均值 $\overline{X} = \frac{1}{n}\sum_{i=1}^{n} X_i$;

样本方差 $S^2 = \frac{1}{n}\sum_{i=1}^{n}(X_i - \overline{X})^2 = \frac{1}{n}\sum_{i=1}^{n} X_i^2 - \overline{X}^2$;

样本标准差 $S = \sqrt{S^2} = \sqrt{\frac{1}{n}\sum_{i=1}^{n}(X_i - \overline{X})^2}$;

修正样本方差 $S^{*^2} = \frac{1}{n-1}\sum_{i=1}^{n}(X_i - \overline{X})^2 = \frac{n}{n-1}S^2$;

修正样本标准差 $S^* = \sqrt{S^{*^2}} = \sqrt{\frac{1}{n-1}\sum_{i=1}^{n}(X_i - \overline{X})^2} = \sqrt{\frac{n}{n-1}}S$;

样本 m 阶(原点)矩 $\overline{X^m} = \frac{1}{n}\sum_{i=1}^{n} X_i^m$.

这里有一点要着重说明,在各种数理统计教材中,关于"样本方差"和"样本标准差"的定义并不一致. 在有些教材中,定义

样本方差 $S^2 = \frac{1}{n-1}\sum_{i=1}^{n}(X_i - \overline{X})^2$;

样本标准差 $S = \sqrt{\frac{1}{n-1}\sum_{i=1}^{n}(X_i - \overline{X})^2}$.

即把我们定义的修正样本方差 S^{*^2} 称为样本方差,记为 S^2;把我们定义的修正样本标准差 S^* 称为样本标准差,记为 S. 在阅读数理统计文献时,必须注意其中样本方差的定义,以免发生混淆.

用带统计功能的函数型电子计算器可以很方便地计算出统计量的值. 常见的计算器有 SHARP(夏普)、TRULY(信利)、CASIO(卡西欧)等品牌. SHARP 计算器和 TRULY 计算器的用法完全相同,CASIO 计算器则与它们有所不同,而且 CASIO 计算器本身又有多种型号,用法也不尽相同. 下面以 SHARP 和 TRULY 计算器为例,说明怎样用计算器来计算统计量的值(同时对 CASIO 计算器与它们的不同之处,也在括号中稍加说明).

1. 进入统计状态

按[2ndF] [ON/C],进入统计状态,屏幕上出现 STAT(在 CASIO 计算器上,进入统计状

态后,屏幕上出现 SD).

2. 输入样本观测值(x_1, x_2, …, x_n)

输入数字 x_1 DATA x_2 DATA … x_n DATA.

如果某一个数字 x_i 输入错误,可通过输入 x_i 2ndF CD 将这个错误输入的数字去掉(在CASIO 计算器上,可通过输入 x_i Shift DATA 或 x_i Inv DATA 将这个错误输入的数字去掉).

3. 读出统计量的值

按 $\bar{x}$,显示样本均值$\overline{X}$的值;

(在 CASIO 计算器上,按 Shift $\bar{x}$ 或 Inv $\bar{x}$,显示样本均值$\overline{X}$的值)

按 S,显示修正样本标准差 S^* 的值;

(在 CASIO 计算器上,按 Shift σ_{n-1} 或 Inv σ_{n-1},显示修正样本标准差 S^* 的值)

按 S x^2,显示修正样本方差 S^{*^2} 的值;

按 2ndF σ,显示样本标准差 S 的值;

(在 CASIO 计算器上,按 Shift σ_n 或 Inv σ_n,显示样本标准差 S 的值)

按 2ndF σ x^2,显示样本方差 S^2 的值;

4. 清除之前输入的所有的样本观测值,为计算下一个样本的统计量做准备

按 2ndF ON/C,屏幕上 STAT 消失,退出统计状态,之前输入的样本观测值全部被清除. 如果要对下一个样本进行计算,则再按一次 2ndF ON/C 进入统计状态(在 CASIO 计算器上,按 Shift AC 或 Inv AC,可以不退出统计状态而清除之前输入的所有的样本观测值).

统计量作为样本的函数,它本身是一个随机变量,所以我们可以求它的数学期望和方差. 下面证明一个有关统计量的数学期望和方差的定理.

定理 **设总体 ξ 的数学期望 $E\xi$ 和方差 $D\xi$ 都存在,(X_1, X_2, …, X_n)是 ξ 的样本,$\overline{X}$是样本均值,S^2 是样本方差,S^{*^2} 是修正样本方差,则**

(1) $E\overline{X} = E\xi$; (2) $D\overline{X} = \dfrac{D\xi}{n}$; (3) $E(S^2) = \dfrac{n-1}{n}D\xi$; (4) $E(S^{*^2}) = D\xi$.

证

(1) $E\overline{X} = E\left(\dfrac{1}{n}\sum_{i=1}^{n} X_i\right) = \dfrac{1}{n}\sum_{i=1}^{n} EX_i = \dfrac{1}{n}\sum_{i=1}^{n} E\xi = E\xi$;

(2) $D\overline{X} = D\left(\dfrac{1}{n}\sum_{i=1}^{n} X_i\right) = \dfrac{1}{n^2}\sum_{i=1}^{n} DX_i = \dfrac{1}{n^2}\sum_{i=1}^{n} D\xi = \dfrac{D\xi}{n}$;

(3) $E(S^2) = E\left(\dfrac{1}{n}\sum_{i=1}^{n} X_i^2 - \overline{X}^2\right) = \dfrac{1}{n}\sum_{i=1}^{n} E(X_i^2) - E(\overline{X}^2)$

$$= E(\xi^2) - E(\overline{X}^2)$$

$$= [D\xi + (E\xi)^2] - [D\overline{X} + (E\overline{X})^2]$$

$$= [D\xi + (E\xi)^2] - \left[\frac{D\xi}{n} + (E\xi)^2\right] = \frac{n-1}{n}D\xi;$$

(4) $E(S^{*^2}) = E\left(\frac{n}{n-1}S^2\right) = \frac{n}{n-1}E(S^2)$

$$= \frac{n}{n-1} \times \frac{n-1}{n}D\xi = D\xi.$$

除了上面介绍的这些常用的统计量之外,还有一类在实际中有时会用到**次序统计量**,设$(X_1, X_2, \cdots, X_n)$是总体 ξ 的样本,将 $X_1, X_2, \cdots, X_n$ 按从小到大的次序排列成 $X_{(1)} \leqslant X_{(2)} \leqslant \cdots \leqslant X_{(n)}$,称 $X_{(i)}$ 为**第 i 个次序统计量**.

显然有 $X_{(1)} = \min\limits_i X_i$, $X_{(n)} = \max\limits_i X_i$.

称 $R = \max\limits_i X_i - \min\limits_i X_i = X_{(n)} - X_{(1)}$ 为**样本极差**.

称 $\mathrm{med}(X_1, X_2, \cdots, X_n) = \begin{cases} X_{\left(\frac{n+1}{2}\right)}, & \text{当 } n \text{ 为奇数时}, \\ \dfrac{X_{\left(\frac{n}{2}\right)} + X_{\left(\frac{n}{2}+1\right)}}{2}, & \text{当 } n \text{ 为偶数时} \end{cases}$ 为**样本中位数**.

次序统计量的优点是计算比较简单,而且具有较好的稳健性(Robustness),不易受数据中偶然产生的误差的干扰.

例 设有样本观测值 0.7、0.1、0.8、0.4,求样本均值$\overline{X}$、样本二阶矩$\overline{X^2}$、样本方差 S^2、样本标准差 S、修正样本方差 S^{*^2}、修正样本标准差 S^*、样本极差 R、样本中位数 $\mathrm{med}(X_1, X_2, \cdots, X_n)$的值.

解

$$\overline{X} = \frac{0.7 + 0.1 + 0.8 + 0.4}{4} = 0.5;$$

$$\overline{X^2} = \frac{0.7^2 + 0.1^2 + 0.8^2 + 0.4^2}{4} = 0.325;$$

$$S^2 = \overline{X^2} - \overline{X}^2 = 0.325 - 0.5^2 = 0.075;$$

$$S = \sqrt{S^2} = \sqrt{0.075} = 0.273\,861\,28;$$

$$S^{*^2} = \frac{n}{n-1}S^2 = \frac{4}{4-1} \times 0.075 = 0.1;$$

$$S^* = \sqrt{S^{*^2}} = \sqrt{0.1} = 0.316\,227\,77.$$

因为

$$X_{(1)} = 0.1 < X_{(2)} = 0.4 < X_{(3)} = 0.7 < X_{(4)} = 0.8,$$

所以

$$R = X_{(n)} - X_{(1)} = X_{(4)} - X_{(1)} = 0.8 - 0.1 = 0.7;$$

$$\text{med}(X_1, X_2, \cdots, X_n) = \frac{X_{(\frac{n}{2})} + X_{(\frac{n}{2}+1)}}{2} = \frac{X_{(2)} + X_{(3)}}{2}$$

$$= \frac{0.4 + 0.7}{2} = 0.55.$$

2.4 数理统计中的三大抽样分布

统计量是样本的不含未知参数的函数,它是对样本信息的提炼.因为样本是随机变量,因此统计量也是随机变量,统计量的分布称为**抽样分布**.下面介绍统计中常用的三大抽样分布.

2.4.1 χ^2 分布

定义 1　若有 $X_1, X_2, \cdots, X_n$ 相互独立,$X_i \sim N(0, 1)$, $i=1, 2, \cdots, n$,则称 $\sum_{i=1}^{n} X_i^2$ 所服从的分布为自由度是 n 的 χ^2 分布,记为 $\chi^2(n)$.

根据 1.2 节随机变量函数分布的求法,可得 χ^2 分布的概率密度为

$$\varphi(x) = \begin{cases} \dfrac{1}{2^{\frac{n}{2}}\Gamma\left(\dfrac{n}{2}\right)} x^{\frac{n}{2}-1} e^{-\frac{x}{2}}, & \text{当 } x > 0 \text{ 时}, \\ 0, & \text{当 } x \leqslant 0 \text{ 时}. \end{cases}$$

其中 $\Gamma(\alpha) = \int_0^{+\infty} x^{\alpha-1} e^{-x} dx$.

Γ 函数的性质:

(1) $\Gamma(k+1) = k\Gamma(k)$,特别地,当 k 为正整数时,$\Gamma(k+1) = k!$;

(2) $\Gamma(\frac{1}{2}) = \sqrt{\pi}$.

χ^2 分布的图像如图 2-2 所示.

χ^2 分布的概率密度 $\varphi(x)$ 有下列性质:

(1) 当 $x \leqslant 0$ 时,有 $\varphi(x) = 0$;

(2) 当 $x \to +\infty$ 时,有 $\varphi(x) \to 0$;

(3) 当 $x = n-2 \geqslant 0$ 时,$\varphi(x)$ 取到最大值.

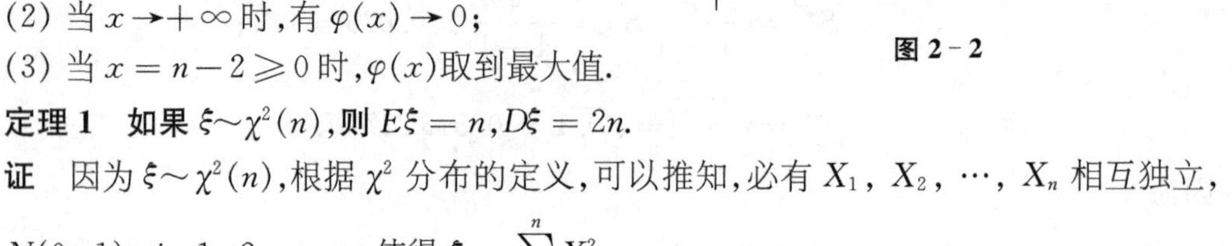

图 2-2

定理 1　如果 $\xi \sim \chi^2(n)$,则 $E\xi = n, D\xi = 2n$.

证　因为 $\xi \sim \chi^2(n)$,根据 χ^2 分布的定义,可以推知,必有 $X_1, X_2, \cdots, X_n$ 相互独立,$X_i \sim N(0, 1)$, $i=1, 2, \cdots, n$,使得 $\xi = \sum_{i=1}^{n} X_i^2$.

因为 $X_i \sim N(0, 1)$,所以

$$EX_i = 0,\ DX_i = 1,$$

$$E(X_i^2) = DX_i + (EX_i)^2 = 1 + 0^2 = 1,\ i = 1,\ 2,\ \cdots,\ n.$$

因此

$$E\xi = E\Big(\sum_{i=1}^{n} X_i^2\Big) = \sum_{i=1}^{n} E(X_i^2) = \sum_{i=1}^{n} 1 = n.$$

关于 $D\xi = 2n$ 的证明略.

定理 2　如果有 $\xi \sim \chi^2(m)$, $\eta \sim \chi^2(n)$,相互独立,则 $\xi + \eta \sim \chi^2(m+n)$. 即 χ^2 分布具有可加性.

证　因为 $\xi \sim \chi^2(m)$, $\eta \sim \chi^2(n)$, 根据 χ^2 分布的定义,可以推知,必有 $X_1,\ X_2,\ \cdots,\ X_m$ 相互独立,$X_i \sim N(0,\ 1)$, $i=1,\ 2,\ \cdots,\ m$,使得 $\xi = \sum\limits_{i=1}^{m} X_i^2$; 必有 $Y_1,\ Y_2,\ \cdots,\ Y_n$ 相互独立,$Y_j \sim N(0,\ 1)$, $j = 1,\ 2,\ \cdots,\ n$,使得 $\eta = \sum\limits_{j=1}^{n} Y_j^2$.

因为 ξ 与 η 相互独立,所以 $X_1,\ X_2,\ \cdots,\ X_m,\ Y_1,\ Y_2,\ \cdots,\ Y_n$ 相互独立.

这时 $\xi + \eta = \sum\limits_{i=1}^{m} X_i^2 + \sum\limits_{j=1}^{n} Y_j^2$ 是 $(m+n)$ 个相互独立的服从标准正态分布的随机变量的平方和,由 χ^2 分布的定义,可知 $\xi + \eta \sim \chi^2(m+n)$.

2.4.2　t 分布

定义 2　若有 $\xi \sim N(0,\ 1)$, $\eta \sim \chi^2(n)$, 相互独立,则称 $\dfrac{\xi}{\sqrt{\dfrac{\eta}{n}}}$ 所服从的分布为自由度是 n 的 t 分布,记为 $t(n)$.

t 分布的概率密度为

$$\varphi(x) = \frac{\Gamma\left(\dfrac{n+1}{2}\right)}{\sqrt{n\pi}\,\Gamma\left(\dfrac{n}{2}\right)}\left(1 + \frac{x^2}{n}\right)^{-\frac{n+1}{2}},\ -\infty < x < +\infty.$$

t 分布的图像如图 2-3 所示.

t 分布的概率密度 $\varphi(x)$ 有下列性质:

(1) $\varphi(x)$ 关于 $x = 0$ 左右对称.

(2) 当 $x \to \pm\infty$ 时,有 $\varphi(x) \to 0$.

(3) 当 $x = 0$ 时,$\varphi(x)$ 取到最大值.

(4) 当 $n \to \infty$ 时, $\varphi(x) \to \dfrac{1}{\sqrt{2\pi}} e^{-\frac{x^2}{2}}$, 换句话说,$n \to \infty$ 时,$t(n)$ 分布的极限就是 $N(0,1)$ 标准正态分布.

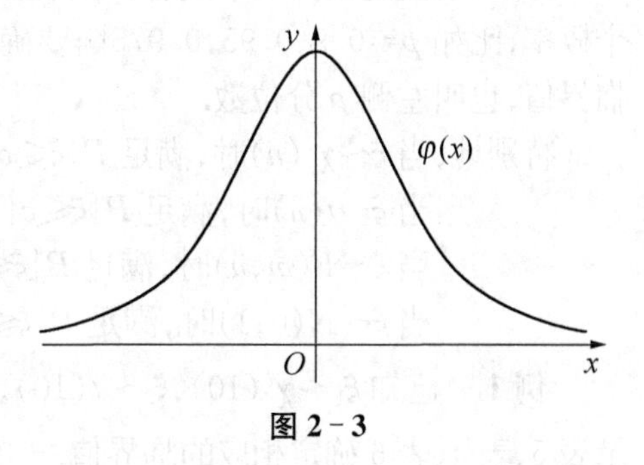

图 2-3

2.4.3　F 分布

定义 3　若有 $\xi\sim\chi^2(m)$, $\eta\sim\chi^2(n)$, 相互独立,则称 $\dfrac{\xi/m}{\eta/n}$ 所服从的分布为自由度是 (m, n) 的 F 分布,记为 $F(m, n)$.

F 分布的概率密度为

$$\varphi(x)=\begin{cases}\dfrac{\Gamma\left(\dfrac{m+n}{2}\right)}{\Gamma\left(\dfrac{m}{2}\right)\Gamma\left(\dfrac{n}{2}\right)}\times\dfrac{m^{\frac{m}{2}}n^{\frac{n}{2}}x^{\frac{m}{2}-1}}{(mx+n)^{\frac{m+n}{2}}}, & \text{当 } x>0 \text{ 时},\\ 0, & \text{当 } x\leqslant 0 \text{ 时}.\end{cases}$$

F 分布的概率密度的图像如图 2-4 所示.

F 分布的概率密度 $\varphi(x)$ 有下列性质:

(1) 当 $x\leqslant 0$ 时,有 $\varphi(x)=0$.

(2) 当 $x\to+\infty$ 时,有 $\varphi(x)\to 0$.

(3) 当 $x=\dfrac{1-\dfrac{2}{m}}{1+\dfrac{2}{n}}\geqslant 0$ 时,$\varphi(x)$ 取到最大值.

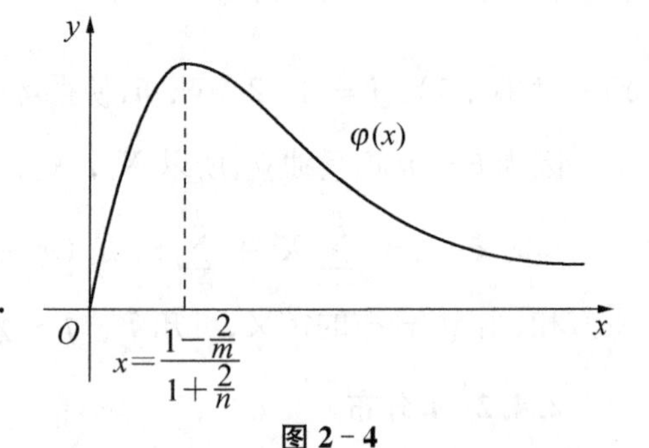

图 2-4

定理 3　如果 $F\sim F(m, n)$, 则必有 $\dfrac{1}{F}\sim F(n, m)$.

证　因为 $F\sim F(m, n)$,由 F 分布的定义可知,必有 $\xi\sim\chi^2(m)$, $\eta\sim\chi^2(n)$, 相互独立,使得 $F=\dfrac{\xi/m}{\eta/n}$. 这时 $\dfrac{1}{F}=\dfrac{\eta/n}{\xi/m}$, 根据 F 分布的定义,立即可推知 $\dfrac{1}{F}\sim F(n, m)$.

2.4.4　临界值

上述三大抽样分布的概率密度都比较复杂,但是在数理统计中又经常用到这三大分布. 有关这三大分布的概率计算可以直接查表求得,见附录表 4~表 6.

例如,已知 $\xi\sim t(11)$,要求 $P\{\xi\leqslant 1.7959\}$,直接查附录表 4 即可得到这个概率值为 0.95. 如果给出的数值表中没有,可以通过插值法求得. 在数理统计中更加常用的是,给定一个概率,比如 $p=0.9, 0.95, 0.975\cdots$要确定一个常数 c 使得 $P\{\xi\leqslant c\}=p$,这个 c 叫作(左侧)临界值,也叫左侧 p 分位数.

特别地,当 $\xi\sim\chi^2(n)$时,满足 $P\{\xi\leqslant c\}=p$ 的临界值 c 记为 $\chi_p^2(n)$;

当 $\xi\sim t(n)$时,满足 $P\{\xi\leqslant c\}=p$ 的临界值 c 记为 $t_p(n)$;

当 $\xi\sim F(m,n)$时,满足 $P\{\xi\leqslant c\}=p$ 的临界值 c 记为 $F_p(m,n)$;

当 $\xi\sim N(0,1)$时,满足 $P\{\xi\leqslant c\}=p$ 的临界值 c 记为 μ_p.

例 1　已知 $\xi_1\sim\chi^2(10)$, $\xi_2\sim t(10)$, $\xi_3\sim F(10,20)$对于给定的概率 $p=0.95$ 分别查附录表 5、表 4、表 6 确定相应的临界值.

解 $\chi^2_{0.95}(10)=18.307$；$t_{0.95}(10)=1.8125$；$F_{0.95}(10,20)=2.35$.

根据临界值的上述记法，不难证明：

(1) $u_{1-p}=-u_p$；

(2) $t_{1-p}(n)=-t_p(n)$；

(3) $F_{1-p}(m,n)=\dfrac{1}{F_p(n,m)}$.

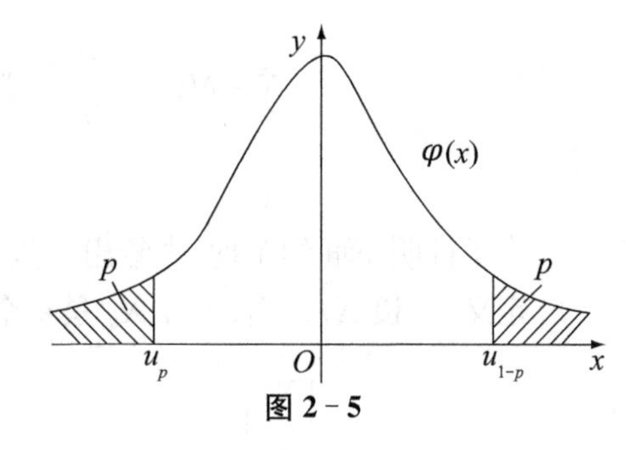

图 2-5

事实上，由标准正态分布概率密度的对称性（图 2-5），得

$$\begin{aligned}P\{\xi\leqslant u_{1-p}\}=1-p &\Leftrightarrow P\{\xi\geqslant u_{1-p}\}=p\\ &\Leftrightarrow P\{\xi\leqslant -u_{1-p}\}=p\\ &\Leftrightarrow u_{1-p}=-u_p.\end{aligned}$$

即(1)成立，(2)同理可证. 现证(3).

设 $\xi\sim F(n,m)$，由定理 3 知 $\dfrac{1}{\xi}\sim F(m,n)$，于是

$$\begin{aligned}P\{\xi\leqslant F_p(n,m)\}=p &\Leftrightarrow P\left\{\frac{1}{\xi}\geqslant\frac{1}{F_p(n,m)}\right\}=p\\ &\Leftrightarrow P\left\{\frac{1}{\xi}\leqslant\frac{1}{F_p(n,m)}\right\}=1-p\\ &\Leftrightarrow F_{1-p}(m,n)=\frac{1}{F_p(n,m)}.\end{aligned}$$

例 2 设 $\xi_1\sim N(0,1)$，$\xi_2\sim t(10)$，$\xi_3\sim F(10,20)$，试求相应的临界值 c_i，使得 $P\{\xi_i\leqslant c_i\}=0.05(i=1,2,3)$.

解 $c_1=u_{0.05}=-u_{1-0.05}=-u_{0.95}$，查附录表 3 得 $c_1=-1.6449$；

$c_2=t_{0.05}(10)=-t_{1-0.05}(10)=-t_{0.95}(10)$，查附录表 4 得 $c_2=-1.8125$；

$c_3=F_{0.05}(10,20)=\dfrac{1}{F_{1-0.05}(20,10)}=\dfrac{1}{F_{0.95}(20,10)}$，查附表 6 得 $c_3=\dfrac{1}{2.77}=0.3610$.

2.5 正态总体常用抽样分布

在做统计推断时，往往需要知道统计量的分布，而统计量的分布又与总体的分布有关. 在大多数实际问题中，可以认为或近似地认为总体服从正态分布. 服从正态分布的总体，称为**正态总体**. 下面给出几个有关正态总体统计量分布的定理.

定理 1 **设 $(X_1, X_2, \cdots, X_n)$ 是总体 $\xi\sim N(\mu, \sigma^2)$ 的样本，$\overline{X}$ 是样本均值，则 $\overline{X}\sim N\left(\mu, \dfrac{\sigma^2}{n}\right)$，即 $\dfrac{\overline{X}-\mu}{\sigma}\sqrt{n}\sim N(0, 1)$.**

证 $\overline{X}$ 是 $X_1, X_2, \cdots, X_n$ 的线性函数，而 $X_1, X_2, \cdots, X_n$ 中的每一个 X_i 都服从正态分布，且相互独立. 在概率论中，我们已经知道，相互独立的正态分布的线性组合仍为正态分布，因此，这里的 $\overline{X}$ 服从正态分布.

由前面2.3节的定理可知，$E\overline{X}=E\xi=\mu$，$D\overline{X}=\frac{D\xi}{n}=\frac{\sigma^2}{n}$，所以

$$\overline{X}\sim N\left(\mu,\ \frac{\sigma^2}{n}\right),\text{即}\frac{\overline{X}-\mu}{\sigma}\sqrt{n}=\frac{\overline{X}-\mu}{\sqrt{\frac{\sigma^2}{n}}}\sim N(0,\ 1).$$

为了证明下面的定理，先给出一些定义.

定义　设 X_1, X_2, $\cdots$, X_n 是 n 个随机变量. 称

$$\boldsymbol{X}=\begin{bmatrix}X_1\\X_2\\\vdots\\X_n\end{bmatrix}\text{为 } n \text{ 维随机向量},E\boldsymbol{X}=\begin{bmatrix}EX_1\\EX_2\\\vdots\\EX_n\end{bmatrix}\text{为 } \boldsymbol{X} \text{ 的数学期望向量},$$

$$\begin{aligned}D\boldsymbol{X}&=E[(\boldsymbol{X}-E\boldsymbol{X})(\boldsymbol{X}-E\boldsymbol{X})^{\mathrm{T}}]\\&=E\left[\begin{bmatrix}X_1-EX_1\\X_2-EX_2\\\vdots\\X_n-EX_n\end{bmatrix}[X_1-EX_1\ \cdots\ X_n-EX_n]\right]\\&=\begin{bmatrix}E(X_1-EX_1)^2&\cdots&E[(X_1-EX_1)(X_n-EX_n)]\\\vdots&\ddots&\vdots\\E[(X_n-EX_n)(X_1-EX_1)]&\cdots&E(X_n-EX_n)^2\end{bmatrix}\\&=\begin{bmatrix}DX_1&\cdots&\mathrm{Cov}(X_1,\ X_n)\\\vdots&\ddots&\vdots\\\mathrm{Cov}(X_n,\ X_1)&\cdots&DX_n\end{bmatrix}\end{aligned}$$

为 $\boldsymbol{X}$ 的**协方差矩阵**.

定理 2　**设** $\boldsymbol{X}=\begin{bmatrix}X_1\\X_2\\\vdots\\X_n\end{bmatrix}$ **为** n **维随机向量**，$\boldsymbol{A}=\begin{bmatrix}a_{11}&a_{12}&\cdots&a_{1n}\\a_{21}&a_{22}&\cdots&a_{2n}\\\vdots&\vdots&&\vdots\\a_{n1}&a_{n2}&\cdots&a_{nn}\end{bmatrix}$ **为** $n\times n$ **常数矩阵，**

则 $E(\boldsymbol{AX})=\boldsymbol{A}\,E\boldsymbol{X}$，$D(\boldsymbol{AX})=\boldsymbol{A}\ (D\boldsymbol{X})\ \boldsymbol{A}^{\mathrm{T}}$.

证　因为 $\boldsymbol{AX}=\begin{bmatrix}a_{11}&a_{12}&\cdots&a_{1n}\\a_{21}&a_{22}&\cdots&a_{2n}\\\vdots&\vdots&&\vdots\\a_{n1}&a_{n2}&\cdots&a_{nn}\end{bmatrix}\begin{bmatrix}X_1\\X_2\\\vdots\\X_n\end{bmatrix}=\begin{bmatrix}\sum\limits_{j=1}^{n}a_{1j}X_j\\\sum\limits_{j=1}^{n}a_{2j}X_j\\\vdots\\\sum\limits_{j=1}^{n}a_{nj}X_j\end{bmatrix}$，所以

$$E(\boldsymbol{AX})=\begin{bmatrix}\sum_{j=1}^{n}a_{1j}EX_j\\ \sum_{j=1}^{n}a_{2j}EX_j\\ \vdots\\ \sum_{j=1}^{n}a_{nj}EX_j\end{bmatrix}=\begin{bmatrix}a_{11}&a_{12}&\cdots&a_{1n}\\ a_{21}&a_{22}&\cdots&a_{2n}\\ \vdots&\vdots&&\vdots\\ a_{n1}&a_{n2}&\cdots&a_{nn}\end{bmatrix}\begin{bmatrix}EX_1\\ EX_2\\ \vdots\\ EX_n\end{bmatrix}=\boldsymbol{A}\,E\boldsymbol{X}.$$

$$\begin{aligned}E(\boldsymbol{X}^{\mathrm T}\boldsymbol{A}^{\mathrm T})&=E[(\boldsymbol{AX})^{\mathrm T}]=[E(\boldsymbol{AX})]^{\mathrm T}=(\boldsymbol{A}\,E\boldsymbol{X})^{\mathrm T}\\ &=(E\boldsymbol{X})^{\mathrm T}\boldsymbol{A}^{\mathrm T}=E(\boldsymbol{X}^{\mathrm T})\boldsymbol{A}^{\mathrm T}.\end{aligned}$$

$$\begin{aligned}D(\boldsymbol{AX})&=E[(\boldsymbol{AX}-\boldsymbol{A}\,E\boldsymbol{X})(\boldsymbol{AX}-\boldsymbol{A}\,E\boldsymbol{X})^{\mathrm T}]\\ &=E[\boldsymbol{A}(\boldsymbol{X}-E\boldsymbol{X})(\boldsymbol{X}-E\boldsymbol{X})^{\mathrm T}\boldsymbol{A}^{\mathrm T}]\\ &=\boldsymbol{A}\,E[(\boldsymbol{X}-E\boldsymbol{X})(\boldsymbol{X}-E\boldsymbol{X})^{\mathrm T}]\boldsymbol{A}^{\mathrm T}=\boldsymbol{A}\,(D\boldsymbol{X})\,\boldsymbol{A}^{\mathrm T}.\end{aligned}$$

定理 3(Cochran① 定理)　设 $X_i\sim N(0,1)$, $i=1,2,\cdots,n$, $X_1,X_2,\cdots,X_n$ 相互独立,$\sum_{i=1}^{n}X_i^2=Q=Q_1+Q_2+\cdots+Q_k$. 其中,$Q_1,Q_2,\cdots,Q_k$ 都是$X_1,X_2,\cdots,X_n$ 的线性组合的平方和,已知 Q_j 的自由度为 f_j, $j=1,2,\cdots,k$,则$Q_j\sim\chi^2(f_j)$, $j=1,2,\cdots,k$, 且 $Q_1,Q_2,\cdots,Q_k$ 相互独立的充分必要条件是

$$f_1+f_2+\cdots+f_k=n.$$

说明　"Q_j 的自由度"含义如下:如果 Q_j 是 m 项线性组合的平方和,而这 m 项线性组合又满足 l 个相互独立的线性关系式,Q_j 的自由度就是 $m-l$. 从代数观点看,因为 Q_j 是一个二次型,Q_j 的自由度就是这个二次型的秩.

例如, $Q_j=(X_1-X_2)^2+(X_2-X_3)^2+(X_3-X_1)^2$, 它是 3 项的平方和,但这 3 项又满足 1 个线性关系式: $(X_1-X_2)+(X_2-X_3)+(X_3-X_1)=0$, 所以,$Q_j$ 的自由度是 $3-1=2$.

又例如, $Q_j=(X_1+3X_2)^2+(X_1+3X_2)^2$. 可以把 Q_j 看作 2 项的平方和,但这 2 项又满足 1 个线性关系式: $(X_1+3X_2)-(X_1+3X_2)=0$,所以,Q_j 的自由度是 $2-1=1$. 也可以把 Q_j 看作$Q_j=2(X_1+3X_2)^2=(\sqrt{2}X_1+3\sqrt{2}X_2)^2$,它是 1 项的平方和,满足 0 个线性关系式,所以,Q_j 的自由度是 $1-0=1$. 尽管看法不同,Q_j 的自由度始终保持不变.

证　先证明必要性.

因为 $Q_j\sim\chi^2(f_j)$, $j=1,2,\cdots,k$, 且 $Q_1,Q_2,\cdots,Q_k$ 相互独立,由 χ^2 分布的可加性可知 $Q=Q_1+Q_2+\cdots+Q_k\sim\chi^2(f_1+f_2+\cdots+f_k)$.

另一方面,因为 $X_i\sim N(0,1)$, $i=1,2,\cdots,n$,且 X_i 相互独立,由 χ^2 分布的定义可知 $Q=\sum_{i=1}^{n}X_i^2\sim\chi^2(n)$.

---

① 威廉·科克伦(William Gemmell Cochran,1909—1980 年),生于苏格兰,后移居美国,著名统计学家,在实验设计等领域有重要贡献.

对比上面两式,可知必有 $f_1+f_2+\cdots+f_k=n$.

再证明充分性.

设已知有 $f_1+f_2+\cdots+f_k=n$. 因为 Q_j 是 $X_1,X_2,\cdots,X_n$ 的线性组合的平方和,不妨设

$$Q_j=Y_1^2+Y_2^2+\cdots+Y_{m_j}^2,$$

其中 Y_i 为 $X_1,X_2,\cdots,X_n$ 的线性组合($i=1,2,\cdots,m_j$),记为

$$Y_i=\boldsymbol{l}_i(X_1,X_2,\cdots,X_n)^{\mathrm{T}}\quad(i=1,2,\cdots,m_j,\boldsymbol{l}_i\text{ 为行向量}).$$

于是

$$\begin{bmatrix}Y_1\\Y_2\\\vdots\\Y_{m_j}\end{bmatrix}=\begin{bmatrix}\boldsymbol{l}_1\\\boldsymbol{l}_2\\\vdots\\\boldsymbol{l}_{m_j}\end{bmatrix}\begin{bmatrix}X_1\\X_2\\\vdots\\X_n\end{bmatrix}\triangleq A_j\begin{bmatrix}X_1\\X_2\\\vdots\\X_n\end{bmatrix}$$

$$\begin{aligned}Q_j&=Y_1^2+Y_2^2+\cdots+Y_{m_j}^2=[Y_1,Y_2,\cdots,Y_{m_j}][Y_1,Y_2,\cdots,Y_{m_j}]^{\mathrm{T}}\\&=[X_1,X_2,\cdots,X_n]A_j^{\mathrm{T}}A_j\begin{bmatrix}X_1\\X_2\\\vdots\\X_n\end{bmatrix}\end{aligned}$$

因为 Q_j 的自由度为 f_j,即 Q_j 可表示为 f_j 个相互独立的项的平方和.

故矩阵 A_j 的秩为 f_j. 又因为矩阵 A_j 与 $A_j^{\mathrm{T}}A_j$ 等秩,而 $A_j^{\mathrm{T}}A_j$ 为半正定的对称矩阵. 故存在正交矩阵 P_j,使得 $P_j^{\mathrm{T}}(A_j^{\mathrm{T}}A_j)P_j=\begin{bmatrix}\lambda_1&&&&&&\\&\lambda_2&&&&&\\&&\ddots&&&&\\&&&\lambda_{f_j}&&&\\&&&&0&&\\&&&&&\ddots&\\&&&&&&0\end{bmatrix}$. 其中 $\lambda_i>0$ 为 $A_j^{\mathrm{T}}A_j$ 的特征值($i=1,2,\cdots,f_j$).

令 $R_j=\begin{bmatrix}\sqrt{\lambda_1}&&&&&&\\&\sqrt{\lambda_2}&&&&&\\&&\ddots&&&&\\&&&\sqrt{\lambda_{f_j}}&&&\\&&&&0&&\\&&&&&\ddots&\\&&&&&&0\end{bmatrix}P_j^{\mathrm{T}}$,则 $A_j^{\mathrm{T}}A_j=R_j^{\mathrm{T}}\begin{bmatrix}I_{f_j}&0\\0&0\end{bmatrix}R_j$.

于是

$$Q_j=[X_1,X_2,\cdots,X_n]A_j^{\mathrm{T}}A_j\begin{bmatrix}X_1\\X_2\\\vdots\\X_n\end{bmatrix}=[Z_{1j},Z_{2j},\cdots,Z_{nj}]\begin{bmatrix}I_{f_j}&0\\0&0\end{bmatrix}\begin{bmatrix}Z_{1j}\\Z_{2j}\\\vdots\\Z_{nj}\end{bmatrix}=\sum_{i=1}^{f_j}Z_{ij}^2,$$

其中$[Z_{1j},Z_{2j},\cdots,Z_{nj}]=[X_1,X_2,\cdots,X_n]R_j^{\mathrm{T}}\quad(j=1,2,\cdots,k)$.

因此有 $Q=Q_1+Q_2+\cdots+Q_k=\sum_{j=1}^{k}\sum_{i=1}^{f_i}Z_{ij}^2$.

因为已知 $f_1+f_2+\cdots+f_k=n$,所以 Q 是 n 项 Z_{ij} 的平方和,可以将$Z_{ij}(i=1,2,\cdots,f_j,j=1,2,\cdots,k)$ 重新编号为$\tilde{Z}_1,\tilde{Z}_2,\cdots,\tilde{Z}_n$. 于是有$\sum_{i=1}^{n}X_i^2=Q=\sum_{i=1}^{n}\tilde{Z}_i^2$.

显然$\tilde{Z}_i$也是 $X_1,X_2,\cdots,X_n$ 的线性组合,令 $\begin{bmatrix}\tilde{Z}_1\\\tilde{Z}_2\\\vdots\\\tilde{Z}_n\end{bmatrix}=\boldsymbol{P}\begin{bmatrix}X_1\\X_2\\\vdots\\X_n\end{bmatrix}$,因

$$\tilde{Z}_1^2+\cdots+\tilde{Z}_n^2=[X_1\cdots X_n]P^{\mathrm{T}}P\begin{bmatrix}X_1\\\vdots\\X_n\end{bmatrix}=X_1^2+\cdots+X_n^2,\text{故有 }\boldsymbol{P}\boldsymbol{P}^{\mathrm{T}}=\boldsymbol{P}^{\mathrm{T}}\boldsymbol{P}=\boldsymbol{I}.$$

因为 $X_i\sim N(0,1)$, $i=1,2,\cdots,n$,相互独立,所以

$$E\begin{bmatrix}X_1\\X_2\\\vdots\\X_n\end{bmatrix}=\begin{bmatrix}EX_1\\EX_2\\\vdots\\EX_n\end{bmatrix}=\begin{bmatrix}0\\0\\\vdots\\0\end{bmatrix},$$

$$D\begin{bmatrix}X_1\\\vdots\\X_n\end{bmatrix}=\begin{bmatrix}DX_1&\cdots&\mathrm{Cov}(X_1,X_n)\\\vdots&\ddots&\vdots\\\mathrm{Cov}(X_n,X_1)&\cdots&DX_n\end{bmatrix}=\begin{bmatrix}1&\cdots&0\\\vdots&\ddots&\vdots\\0&\cdots&1\end{bmatrix}=\boldsymbol{I}.$$

由定理 2 可知,

$$E\begin{bmatrix}\tilde{Z}_1\\\vdots\\\tilde{Z}_n\end{bmatrix}=E\left(\boldsymbol{P}\begin{bmatrix}X_1\\\vdots\\X_n\end{bmatrix}\right)=\boldsymbol{P}E\begin{bmatrix}X_1\\\vdots\\X_n\end{bmatrix}=\boldsymbol{P}\begin{bmatrix}EX_1\\\vdots\\EX_n\end{bmatrix}=\boldsymbol{P}\begin{bmatrix}0\\\vdots\\0\end{bmatrix}=\begin{bmatrix}0\\\vdots\\0\end{bmatrix},$$

$$D\begin{bmatrix}\tilde{Z}_1\\\vdots\\\tilde{Z}_n\end{bmatrix}=D\left(\boldsymbol{P}\begin{bmatrix}X_1\\\vdots\\X_n\end{bmatrix}\right)=\boldsymbol{P}D\begin{bmatrix}X_1\\\vdots\\X_n\end{bmatrix}\boldsymbol{P}^{\mathrm{T}}=\boldsymbol{P}\,\boldsymbol{I}\,\boldsymbol{P}^{\mathrm{T}}=\boldsymbol{I}.$$

再加上$\tilde{Z}_1,\tilde{Z}_2,\cdots,\tilde{Z}_n$ 都是 $X_1,X_2,\cdots,X_n$ 的线性组合,都服从正态分布,所以有

$\tilde{Z}_i \sim N(0,\ 1)$, $i=1,\ 2,\ \cdots,\ n$,而且相互独立,即 $Z_{ij} \sim N(0,\ 1)$, $i=1,\ 2,\ \cdots,\ f_j$, $j=1,\ 2,\ \cdots,\ k$,而且相互独立.

所以,由 χ^2 分布定义可知, $Q_j = \sum\limits_{i=1}^{f_j} Z_{ij}^2 \sim \chi^2(f_j)$, $j=1,\ 2,\ \cdots,\ k$,而且 $Q_1,\ Q_2,\ \cdots,\ Q_k$ 相互独立.

定理 4(Fisher[①] 引理) 设 $(X_1,\ X_2,\ \cdots,\ X_n)$**是总体** $\xi \sim N(\mu,\ \sigma^2)$**的样本**, $\overline{X}$**是样本均值**, S^2 **是样本方差**, S^{*2} **是修正样本方差,则**

(1) $\overline{X}$**与** S^{*2} **(或与** S^2**)相互独立;**

(2) $\dfrac{(n-1)S^{*2}}{\sigma^2} = \dfrac{nS^2}{\sigma^2} \sim \chi^2(n-1)$.

证 因为 $(X_1,\ X_2,\ \cdots,\ X_n)$ 是 $\xi \sim N(\mu,\ \sigma^2)$ 的样本,所以 $X_i \sim N(\mu,\ \sigma^2)$, $\dfrac{X_i-\mu}{\sigma} \sim N(0,\ 1)$, $i=1,\ 2,\ \cdots,\ n$,且相互独立. 令

$$
\begin{aligned}
Q &= \sum_{i=1}^{n}\left(\frac{X_i-\mu}{\sigma}\right)^2 = \sum_{i=1}^{n}\left(\frac{X_i-\overline{X}+\overline{X}-\mu}{\sigma}\right)^2 \\
&= \sum_{i=1}^{n}\left(\frac{X_i-\overline{X}}{\sigma}\right)^2 + 2\sum_{i=1}^{n}\left(\frac{X_i-\overline{X}}{\sigma}\right)\left(\frac{\overline{X}-\mu}{\sigma}\right) + \sum_{i=1}^{n}\left(\frac{\overline{X}-\mu}{\sigma}\right)^2 \\
&= \sum_{i=1}^{n}\left(\frac{X_i-\overline{X}}{\sigma}\right)^2 + 0 + n\left(\frac{\overline{X}-\mu}{\sigma}\right)^2 \\
&= Q_1 + Q_2.
\end{aligned}
$$

显然 $Q \sim \chi^2(n)$,其中, $Q_1 = \sum\limits_{i=1}^{n}\left(\dfrac{X_i-\overline{X}}{\sigma}\right)^2$ 是 n 项的平方和,但这 n 项又满足 1 个线性关系式: $\sum\limits_{i=1}^{n}\left(\dfrac{X_i-\overline{X}}{\sigma}\right) = \dfrac{\sum\limits_{i=1}^{n} X_i - n\overline{X}}{\sigma} = 0$, 所以, Q_1 的自由度 $f_1 = n-1$.

$Q_2 = n\left(\dfrac{\overline{X}-\mu}{\sigma}\right)^2 = \left(\dfrac{\overline{X}-\mu}{\sigma}\sqrt{n}\right)^2$ 是 1 项的平方和,满足 0 个线性关系式,所以, Q_2 的自由度 $f_2 = 1$.

因为 $f_1 + f_2 = (n-1)+1 = n$, 所以由定理 3(Cochran 定理)可知

$$
Q_1 = \sum_{i=1}^{n}\left(\frac{X_i-\overline{X}}{\sigma}\right)^2 = \frac{(n-1)S^{*2}}{\sigma^2} = \frac{nS^2}{\sigma^2} \sim \chi^2(n-1),
$$

$$
Q_2 = \left(\frac{\overline{X}-\mu}{\sigma}\sqrt{n}\right)^2 \sim \chi^2(1),
$$

---

① 费歇尔(1890—1962 年),英国数学家、统计学家、遗传学家,数理统计的奠基人. 他对参数估计、试验设计、方差分析等都有重大贡献.

而且 Q_1 与 Q_2 相互独立，即$\overline{X}$与 S^{*2}（或与 S^2）相互独立.

定理 5　设$(X_1, X_2, \cdots, X_n)$是总体 $\xi \sim N(\mu, \sigma^2)$的样本，$\overline{X}$是样本均值，$S^2$ 是样本方差，则 $\dfrac{nS^2 + n(\overline{X}-\mu)^2}{\sigma^2} \sim \chi^2(n)$.

证　由定理 1 可知 $\dfrac{\overline{X}-\mu}{\sigma}\sqrt{n} \sim N(0, 1)$，根据 χ^2 分布的定义，得

$$\frac{n(\overline{X}-\mu)^2}{\sigma^2} = \left(\frac{\overline{X}-\mu}{\sigma}\sqrt{n}\right)^2 \sim \chi^2(1).$$

由定理 4 可知 $\dfrac{nS^2}{\sigma^2} \sim \chi^2(n-1)$，且$\overline{X}$与 S^2 相互独立，即$\dfrac{n(\overline{X}-\mu)^2}{\sigma^2}$与$\dfrac{nS^2}{\sigma^2}$相互独立，在 2.4 节的定理 2 中，我们证明了 χ^2 分布具有可加性，所以有

$$\frac{nS^2 + n(\overline{X}-\mu)^2}{\sigma^2} \sim \chi^2(n).$$

定理 6　设$(X_1, X_2, \cdots, X_n)$是总体 $\xi \sim N(\mu, \sigma^2)$的样本，$\overline{X}$是样本均值，$S^*$ 是修正样本标准差，则 $\dfrac{\overline{X}-\mu}{S^*}\sqrt{n} \sim t(n-1)$.

证　由定理 1 可知，$\dfrac{\overline{X}-\mu}{\sigma}\sqrt{n} \sim N(0, 1)$.

由定理 4 可知，$\dfrac{(n-1)S^{*2}}{\sigma^2} \sim \chi^2(n-1)$，且$\overline{X}$与 S^{*2} 相互独立，即$\dfrac{\overline{X}-\mu}{\sigma}\sqrt{n}$ 与 $\dfrac{(n-1)S^{*2}}{\sigma^2}$ 相互独立，所以，根据 t 分布的定义，得

$$\frac{\overline{X}-\mu}{S^*}\sqrt{n} = \frac{\dfrac{\overline{X}-\mu}{\sigma}\sqrt{n}}{\sqrt{\dfrac{\dfrac{(n-1)S^{*2}}{\sigma^2}}{n-1}}} \sim t(n-1).$$

定理 7　设$(X_1, X_2, \cdots, X_m)$是总体 $\xi \sim N(\mu_1, \sigma_1^2)$的样本，$(Y_1, Y_2, \cdots, Y_n)$是总体 $\eta \sim N(\mu_2, \sigma_2^2)$的样本，两个样本相互独立，$\overline{X}$，$\overline{Y}$是 ξ，η 的样本均值，则

$$\frac{(\overline{X}-\overline{Y})-(\mu_1-\mu_2)}{\sqrt{\dfrac{\sigma_1^2}{m}+\dfrac{\sigma_2^2}{n}}} \sim N(0, 1).$$

证　由定理 1 可知 $\overline{X} \sim N\left(\mu_1, \dfrac{\sigma_1^2}{m}\right)$，$\overline{Y} \sim N\left(\mu_2, \dfrac{\sigma_2^2}{n}\right)$，它们相互独立（因为两个样本相互独立），所以 $\overline{X}-\overline{Y} \sim N\left(\mu_1-\mu_2, \dfrac{\sigma_1^2}{m}+\dfrac{\sigma_2^2}{n}\right)$，即有

$$\frac{(\overline{X}-\overline{Y})-(\mu_1-\mu_2)}{\sqrt{\dfrac{\sigma_1^2}{m}+\dfrac{\sigma_2^2}{n}}}\sim N(0,\ 1).$$

定理 8 设$(X_1,\ X_2,\ \cdots,\ X_m)$是总体$\xi\sim N(\mu_1,\ \sigma_1^2)$的样本，$(Y_1,\ Y_2,\ \cdots,\ Y_n)$是总体$\eta\sim N(\mu_2,\ \sigma_2^2)$的样本，其中$\sigma_1=\sigma_2$，两个样本相互独立，$\overline{X}$, $\overline{Y}$是ξ, η的样本均值，S_x^{*2}, S_y^{*2}是ξ, η的修正样本方差，则

$$\frac{(\overline{X}-\overline{Y})-(\mu_1-\mu_2)}{S_w\sqrt{\dfrac{1}{m}+\dfrac{1}{n}}}\sim t(m+n-2),$$

其中，$S_w=\sqrt{\dfrac{(m-1)S_x^{*2}+(n-1)S_y^{*2}}{m+n-2}}$.

证 设$\sigma_1=\sigma_2=\sigma$. 由定理 7 可知

$$\frac{(\overline{X}-\overline{Y})-(\mu_1-\mu_2)}{\sqrt{\dfrac{\sigma^2}{m}+\dfrac{\sigma^2}{n}}}\sim N(0,\ 1).$$

另外由定理 4 可知

$$\frac{(m-1)S_x^{*2}}{\sigma^2}\sim\chi^2(m-1),\ \frac{(n-1)S_y^{*2}}{\sigma^2}\sim\chi^2(n-1),$$

它们相互独立(因为两个样本相互独立)，由于χ^2分布具有可加性，所以

$$\frac{(m-1)S_x^{*2}}{\sigma^2}+\frac{(n-1)S_y^{*2}}{\sigma^2}\sim\chi^2(m+n-2).$$

又因为$\overline{X}$与S_x^{*2}相互独立，$\overline{Y}$与S_y^{*2}相互独立，两个样本又相互独立，因此$\dfrac{(\overline{X}-\overline{Y})-(\mu_1-\mu_2)}{\sqrt{\dfrac{\sigma^2}{m}+\dfrac{\sigma^2}{n}}}$与$\dfrac{(m-1)S_x^{*2}}{\sigma^2}+\dfrac{(n-1)S_y^{*2}}{\sigma^2}$相互独立. 所以，根据$t$分布的定义，得

$$\frac{(\overline{X}-\overline{Y})-(\mu_1-\mu_2)}{S_w\sqrt{\dfrac{1}{m}+\dfrac{1}{n}}}=\frac{\dfrac{(\overline{X}-\overline{Y})-(\mu_1-\mu_2)}{\sqrt{\dfrac{\sigma^2}{m}+\dfrac{\sigma^2}{n}}}}{\sqrt{\dfrac{\dfrac{(m-1)S_x^{*2}}{\sigma^2}+\dfrac{(n-1)S_y^{*2}}{\sigma^2}}{m+n-2}}}\sim t(m+n-2).$$

定理 9 设$(X_1,\ X_2,\ \cdots,\ X_m)$是总体$\xi\sim N(\mu_1,\ \sigma_1^2)$的样本，$(Y_1,\ Y_2,\ \cdots,\ Y_n)$是总体

$\eta \sim N(\mu_2, \sigma_2^2)$**的样本,两个样本相互独立,**$\overline{X}, \overline{Y}$**是**$\xi, \eta$**的样本均值,**$S_x^2, S_y^2$**是**$\xi, \eta$**的样本方差,则**
$$\frac{\dfrac{S_x^2+(\overline{X}-\mu_1)^2}{\sigma_1^2}}{\dfrac{S_y^2+(\overline{Y}-\mu_2)^2}{\sigma_2^2}} \sim F(m, n).$$

证 由定理 5 可知

$$\frac{mS_x^2+m(\overline{X}-\mu_1)^2}{\sigma_1^2} \sim \chi^2(m), \quad \frac{nS_y^2+n(\overline{Y}-\mu_2)^2}{\sigma_2^2} \sim \chi^2(n),$$

它们相互独立(因为两个样本相互独立),所以,根据 F 分布的定义,得

$$\frac{\dfrac{S_x^2+(\overline{X}-\mu_1)^2}{\sigma_1^2}}{\dfrac{S_y^2+(\overline{Y}-\mu_2)^2}{\sigma_2^2}} = \frac{\dfrac{mS_x^2+m(\overline{X}-\mu_1)^2}{\sigma_1^2}\Big/m}{\dfrac{nS_y^2+n(\overline{Y}-\mu_2)^2}{\sigma_2^2}\Big/n} \sim F(m, n).$$

定理 10 **设**$(X_1, X_2, \cdots, X_m)$**是总体**$\xi \sim N(\mu_1, \sigma_1^2)$**的样本,**$(Y_1, Y_2, \cdots, Y_n)$**是总体**$\eta \sim N(\mu_2, \sigma_2^2)$**的样本,两个样本相互独立,**${S_x^*}^2, {S_y^*}^2$ **是**ξ, η**的修正样本方差,则** $\dfrac{{S_x^*}^2/\sigma_1^2}{{S_y^*}^2/\sigma_2^2} \sim F(m-1, n-1)$.

证 由定理 4 可知 $\dfrac{(m-1){S_x^*}^2}{\sigma^2} \sim \chi^2(m-1)$, $\dfrac{(n-1){S_y^*}^2}{\sigma^2} \sim \chi^2(n-1)$, 它们相互独立(因为两个样本相互独立),所以,根据 F 分布的定义,得

$$\frac{{S_x^*}^2/\sigma_1^2}{{S_y^*}^2/\sigma_2^2} = \frac{\dfrac{(m-1){S_x^*}^2}{\sigma_1^2}\Big/(m-1)}{\dfrac{(n-1){S_y^*}^2}{\sigma_2^2}\Big/(n-1)} \sim F(m-1, n-1).$$

2.6 延伸阅读

统计量是样本的函数,这个函数是对样本信息的加工和提炼,因此统计量具有数据压缩的功能. 另一方面,统计量这个样本的函数是不依赖于总体的分布的,因此,根据样本观测值可以直接代入求出统计量的观测值,从而可以对总体的性质进行推断.

如果一个统计量能够起到数据压缩的功能,而又不损失样本中的有关信息,这样的统计量称为充分统计量. 假设样本$(X_1,X_2,\cdots,X_n)$来自总体ξ,ξ的分布类型或分布函数已知,但其中含有未知参数 θ. 显然样本$(X_1, X_2, \cdots, X_n)$包含着参数 θ 的信息,而统计量$T(X_1,X_2,\cdots,X_n)$尽管函数中不含 θ,却也包含着 θ 的信息. 那么,如何刻画统计量$T(X_1,X_2,\cdots,X_n)$是否损失了样本中有关 θ 的信息呢? 这涉及 Fisher 信息量的定义. 直观地说,由样本可以构造出统计量,如果反过来也能由统计量恢复样本,那么这个统计量就没有损失样本的有关信息,就是充分统计量. 用公式来表示,即:若 $P_\theta(\xi=x|T=t)$这个条件概

率与参数 θ 无关,那么 $T(X_1,X_2,\cdots,X_n)$ 就是一个充分统计量(茆诗松,王静龙,濮晓龙.高等数理统计.北京:高等教育出版社,2004.).

思考题

设 $(X_1,X_2,\cdots,X_n)$ 是取自二点分布 $B(1,p)$ 的样本,其中 p 未知,问 $\overline{X}=\frac{1}{n}\sum_{i=1}^{n}X_i$ 是否为充分统计量?

(提示:求条件概率 $P_p\{\xi=k\mid\overline{X}=x\}$)

习 题 二

2.1 盒中有大小相同的三个球,其中两个球的标号为 0,另一个球的标号为 1,有放回地从盒中随机取球 2 次,记 (X_1,X_2) 为取到球的标号.

(1) 写出总体的分布,并求总体的期望和方差;

(2) 写出样本 (X_1,X_2) 的联合分布;

(3) 写出样本均值 $\overline{X}$ 的分布,并求 $\overline{X}$ 的期望和方差.

2.2 从一批铁钉中随机地抽取 16 枚,测得它们的长度(单位: cm)为

2.14, 2.10, 2.13, 2.15, 2.13, 2.12, 2.13, 2.10,

2.15, 2.12, 2.14, 2.10, 2.13, 2.11, 2.14, 2.11.

(1) 求样本均值 $\overline{X}$,修正样本方差 ${S^*}^2$,修正样本标准差 S^*,样本方差 S^2 和样本标准差 S 的观测值;

(2) 求样本极差 R 和样本中位数 $\mathrm{med}(X_1, X_2, \cdots, X_n)$ 的观测值.

2.3 设 $(X_1, X_2, \cdots, X_n)$, $(Y_1, Y_2, \cdots, Y_n)$ 是两个样本,它们之间有如下关系

$$Y_i=\frac{X_i-a}{b},\ i=1,2,\cdots,n,$$

其中,$a, b\neq 0$ 是常数.求:

(1) 它们的样本均值 $\overline{X}=\frac{1}{n}\sum_{i=1}^{n}X_i$ 与 $\overline{Y}=\frac{1}{n}\sum_{i=1}^{n}Y_i$ 之间的关系;

(2) 它们的样本方差 $S_x^2=\frac{1}{n}\sum_{i=1}^{n}(X_i-\overline{X})^2$ 与 $S_y^2=\frac{1}{n}\sum_{i=1}^{n}(Y_i-\overline{Y})^2$ 之间的关系.

2.4 设有样本 $(X_1, X_2, \cdots, X_n)$, $\overline{X}=\frac{1}{n}\sum_{i=1}^{n}X_i$ 是样本均值, $S^2=\frac{1}{n}\sum_{i=1}^{n}(X_i-\overline{X})^2$ 是样本方差,μ 是常数,证明:

$$\frac{1}{n}\sum_{i=1}^{n}(X_i-\mu)^2=S^2+(\overline{X}-\mu)^2.$$

2.5 设 $\overline{X}_n=\frac{1}{n}\sum_{i=1}^{n}X_i$ 和 $S_n^2=\frac{1}{n}\sum_{i=1}^{n}(X_i-\overline{X}_n)^2$ 分别是样本 $(X_1, X_2, \cdots, X_n)$ 的样本均

值和样本方差，现在样本中增加一个新观测值 X_{n+1}，样本均值和样本方差变为$\overline{X}_{n+1}=\dfrac{1}{n+1}\sum\limits_{i=1}^{n+1}X_i$ 和 $S_{n+1}^2=\dfrac{1}{n+1}\sum\limits_{i=1}^{n+1}(X_i-\overline{X}_{n+1})^2$，证明：

(1) $\overline{X}_{n+1}=\overline{X}_n+\dfrac{1}{n+1}(X_{n+1}-\overline{X}_n)$；

(2) $S_{n+1}^2=\dfrac{n}{n+1}\left[S_n^2+\dfrac{1}{n+1}(X_{n+1}-\overline{X}_n)^2\right]$.

2.6 已知总体 ξ 服从指数分布，概率密度为

$$\varphi(x)=\begin{cases}\lambda e^{-\lambda x}, & 当\ x>0\ 时,\\ 0, & 当\ x\leqslant 0\ 时,\end{cases}$$

其中，参数 $\lambda>0$，$(X_1, X_2, \cdots, X_n)$ 是ξ的样本，$\overline{X}$是样本均值，S^2 是样本方差，S^{*2} 是修正样本方差，求 $E\overline{X}$，$D\overline{X}$，$E(S^2)$ 和 $E(S^{*2})$.

2.7 设总体 ξ 的方差存在且非零 $(D\xi=\sigma^2>0)$，$(X_1, X_2, \cdots, X_n)$为取自总体 ξ 的样本，S^* 为修正样本标准差，证明：$ES^*\neq\sigma$.

2.8 设$(X_1, X_2, \cdots, X_n)$是总体 $\xi\sim N(\mu, \sigma^2)$的样本，$(Y_1, Y_2, \cdots, Y_n)$是总体 $\eta\sim N(\mu, \sigma^2)$的样本，两个样本相互独立，$\overline{X}=\dfrac{1}{n}\sum\limits_{i=1}^{n}X_i$，$\overline{Y}=\dfrac{1}{n}\sum\limits_{i=1}^{n}Y_i$ 是ξ, η的样本均值，求统计量 $\sum\limits_{i=1}^{n}(X_i+Y_i-\overline{X}-\overline{Y})^2$ 的数学期望.

2.9 设$(X_1, X_2, X_3, X_4, X_5)$是总体 $\xi\sim N(0, 1)$的样本.

(1) 求常数 a, b，使得 $a(X_1+X_2)^2+b(X_3+X_4+X_5)^2$ 服从 $\chi^2(2)$分布；

(2) 求常数 c，使得 $\dfrac{c(X_1^2+X_2^2)}{(X_3+X_4+X_5)^2}$ 服从 F 分布，并指出其自由度.

2.10 设$(X_1, X_2, \cdots, X_m)$是 $\xi\sim N(0, \sigma^2)$的样本，$(Y_1, Y_2, \cdots, Y_n)$是$\eta\sim N(0, \sigma^2)$的样本，两个样本相互独立，证明：

(1) $\dfrac{\sum\limits_{i=1}^{m}X_i^2+\sum\limits_{j=1}^{n}Y_j^2}{\sigma^2}\sim\chi^2(m+n)$；　　(2) $\dfrac{\sum\limits_{i=1}^{m}X_i}{\sqrt{\sum\limits_{j=1}^{n}Y_j^2}}\sqrt{\dfrac{n}{m}}\sim t(n)$.

2.11 证明：若 $T\sim t(n)$，则 $T^2\sim F(1, n)$.

2.12 设ξ 服从参数为 λ 的指数分布 $\xi\sim E(\lambda)$，试证明 ξ 的左侧 p 分位数$E_p(\lambda)=-\dfrac{1}{\lambda}\ln(1-p)$.

2.13 设$(X_1, X_2, \cdots, X_m, X_{m+1}, \cdots, X_{m+n})$是总体 $\xi\sim N(\mu, \sigma^2)$的样本，证明：

$$\frac{\dfrac{1}{m}\sum\limits_{i=1}^{m}(X_i-\mu)^2}{\dfrac{1}{n}\sum\limits_{i=m+1}^{m+n}(X_i-\mu)^2}\sim F(m, n).$$

2.14 设$(X_1, X_2, \cdots, X_m)$是总体$\xi \sim N(\mu, \sigma^2)$的样本,$\overline{X}$是样本均值,$S^{*2}$是修正样本方差,另有$X_{m+1} \sim N(\mu, \sigma^2)$,$X_{m+1}$与$X_1, X_2, \cdots, X_m$相互独立,证明:

$$\frac{\overline{X} - X_{m+1}}{S^*}\sqrt{\frac{m}{m+1}} \sim t(m-1).$$

2.15 设总体$\xi \sim N(\mu_1, a\sigma^2)$,$\eta \sim N(\mu_2, b\sigma^2)$,其中$a>0$,$b>0$是已知常数,$a \neq b$. $(X_1, X_2, \cdots, X_n)$是ξ的样本,$(Y_1, Y_2, \cdots, Y_n)$是η的样本,两个样本相互独立,$\overline{X} = \frac{1}{n}\sum_{i=1}^{n} X_i$,$\overline{Y} = \frac{1}{n}\sum_{j=1}^{n} Y_j$是$\xi$,$\eta$的样本均值,$S_x^{*2} = \frac{1}{n-1}\sum_{i=1}^{n}(X_i - \overline{X})^2$,$S_y^{*2} = \frac{1}{n-1}\sum_{j=1}^{n}(Y_j - \overline{Y})^2$是$\xi$,$\eta$的修正样本方差. 证明:

$$\frac{(\overline{X} - \overline{Y}) - (\mu_1 - \mu_2)}{\sqrt{\left(\frac{S_x^{*2}}{a} + \frac{S_y^{*2}}{b}\right)(a+b)}}\sqrt{2n} \sim t(2n-2).$$

2.16 设总体$\xi \sim N(\mu, 2^2)$,$(X_1, X_2, \cdots, X_n)$为其样本,问样本容量n至少为多大时,才能保证$P\{|\overline{X} - \mu| \leqslant 0.1\} \geqslant 0.95$?

2.17 设ξ服从自由度为n的χ^2分布,试证明:当n充分大时,对任意$c>0$有$P\{\xi \leqslant c\} \approx \Phi\left(\frac{c-n}{\sqrt{2n}}\right)$.

3 参数估计

数理统计的主要任务之一,是要用样本估计总体的分布. 在很多情况下,总体的分布属于什么形式往往是已知的,我们只是需要对总体分布中一些未知参数做出估计. 这种估计称为**参数估计(Parameter Estimation)**.

参数估计又可以分为两种,一种是点估计,另一种是区间估计.

所谓**点估计(Point Estimation)**,就是当总体 ξ 分布的形式已知、但其中的参数 $\theta_1, \theta_2, \cdots, \theta_m$ 未知时,从样本$(X_1, X_2, \cdots, X_n)$出发,求出 m 个统计量,作为未知参数$\theta_1, \theta_2, \cdots, \theta_m$ 的估计.

在数理统计中,通常用记号$\hat{\theta}$表示参数 θ 的估计.

这里的估计有两方面的意义:一方面,估计可以看作样本$(X_1, X_2, \cdots, X_n)$的函数,它是一个统计量,是随机变量,这样的估计也称为"**估计量**";另一方面,如果已经得到样本观测值$(x_1, x_2, \cdots, x_n)$,把它们代入估计量的函数的表达式,可以得到一个具体的数值,它是统计量的观测值,是一个数,这样的估计也称为"**估计值**". 通常所说的"估计",可以表示"估计量",也可以表示"估计值",具体指哪一个,从使用时的上下文不难区分.

下面介绍几种求点估计的方法.

3.1 矩法估计

矩法估计(Estimation by the Method of Moments)由卡尔·皮尔逊在 20 世纪提出,是一种古老而经典的点估计方法.

在很多总体分布中,要估计的未知参数,往往正好就是总体分布的矩(原点矩)$E(\xi^k)$ $(k=1, 2, \cdots)$. 另一方面,从样本我们可以算出样本矩$\overline{X^k}$ $(k=1, 2, \cdots)$. 根据 1.4 节的大数定理,当样本容量 n 充分大时,样本矩$\overline{X^k}$是总体矩$E(\xi^k)$的良好近似. 所以,我们很自然地会想到,用样本矩来作为总体矩的估计.

当然,也有一些要估计的未知参数,并不正好就是总体分布的矩,那又怎么办呢? 我们知道,总体矩是从总体分布中计算出来的,其中必然包含总体分布中的未知参数,所以,我们可以让总体矩的估计等于样本矩,列出若干个等式,组成一个含有未知参数的方程组. 一般来说,只要一个方程组中等式的个数等于未知数的个数,就可以从这个方程组中把未知数求解出来. 这就是矩法估计的基本思想.

求矩法估计的步骤如下.

(1) 计算总体分布的矩 $E(\xi^k)=f_k(\theta_1,\theta_2,\cdots,\theta_m)$, $k=1,2,\cdots,m$, 计算到 m 阶矩为止(m 是总体分布中未知参数的个数).

(2) 列方程

$$\begin{cases} f_1(\hat{\theta}_1,\hat{\theta}_2,\cdots,\hat{\theta}_m)=\hat{E\xi}=\overline{X}, \\ f_2(\hat{\theta}_1,\hat{\theta}_2,\cdots,\hat{\theta}_m)=\widehat{E(\xi^2)}=\overline{X^2}, \\ \qquad\vdots \\ f_m(\hat{\theta}_1,\hat{\theta}_2,\cdots,\hat{\theta}_m)=\widehat{E(\xi^m)}=\overline{X^m}. \end{cases}$$

从方程中解出 $\hat{\theta}_1,\hat{\theta}_2,\cdots,\hat{\theta}_m$,它们就是未知参数 $\theta_1,\theta_2,\cdots,\theta_m$ 的矩法估计.

例 1 设总体 $\xi\sim N(\mu,\sigma^2)$, $\mu,\sigma>0$ 是未知参数,$(X_1,X_2,\cdots,X_n)$ 是 ξ 的样本,求 μ,σ 的矩法估计.

解 先求总体分布的矩,得

$$E\xi=\mu,\ E(\xi^2)=D\xi+(E\xi)^2=\sigma^2+\mu^2.$$

再列方程

$$\begin{cases} \hat{\mu}=\hat{E\xi}=\overline{X}, & ① \\ \hat{\sigma}^2+\hat{\mu}^2=\widehat{E(\xi^2)}=\overline{X^2}. & ② \end{cases}$$

从式①,得 $\hat{\mu}=\overline{X}$. 代入式②,得 $\hat{\sigma}^2=\overline{X^2}-(\overline{X})^2=\dfrac{1}{n}\sum_{i=1}^{n}X_i^2-\overline{X}^2=S^2$. 开方,得 $\hat{\sigma}=\pm\sqrt{S^2}=\pm S$.

由于 $\sigma>0$, 舍去不符合题意的负根,最后得到 μ 和 σ 的矩法估计 $\hat{\mu}=\overline{X}$, $\hat{\sigma}=S$.

如果我们把 σ^2(而不是把 σ)作为一个未知参数,仍然可以用上面的方程求解,求得 σ^2 的矩法估计 $\hat{\sigma^2}=S^2$. 我们看到,有 $\hat{\sigma^2}=S^2=\hat{\sigma}^2$. 这个性质可以推广到一般情形,即一个参数的函数的矩法估计,就是这个参数的矩法估计的函数,即有 $\widehat{f(\theta)}=f(\hat{\theta})$.

例 2 设总体 ξ 服从$[0,\theta]$上的均匀分布,概率密度为

$$\varphi(x)=\begin{cases} \dfrac{1}{\theta}, & \text{当 } 0\leqslant x\leqslant\theta \text{ 时}, \\ 0, & \text{其他}. \end{cases}$$

其中,$\theta>0$ 是未知参数,$(X_1,X_2,\cdots,X_n)$ 是 ξ 的样本,求 θ 的矩法估计.

解 先求总体分布的矩 $E\xi=\displaystyle\int_{-\infty}^{+\infty}x\varphi(x)\mathrm{d}x=\int_0^{\theta}\frac{x}{\theta}\mathrm{d}x=\frac{\theta}{2}$.

再列方程 $\dfrac{\hat{\theta}}{2}=\hat{E\xi}=\overline{X}$. 解此方程,得到 θ 的矩法估计 $\hat{\theta}=2\overline{X}$.

例 3 设总体 ξ 的概率分布为 $P\{\xi=k\}=\dfrac{2k}{m(m+1)}$, $k=1,2,\cdots,m$,其中 $m>0$ 是未知正整数,$(X_1,X_2,\cdots,X_n)$ 是 ξ 的样本,求 m 的矩法估计.

解 先求总体分布的矩,得

$$E\xi=\sum_{k=1}^{m}kP\{X=k\}=\sum_{k=1}^{m}k\frac{2k}{m(m+1)}=\frac{2}{m(m+1)}\sum_{k=1}^{m}k^2$$

$$=\frac{2}{m(m+1)}(1^2+2^2+\cdots+m^2)$$

$$=\frac{2}{m(m+1)}\times\frac{m(m+1)(2m+1)}{6}=\frac{2m+1}{3}.$$

列方程 $\frac{2\hat{m}+1}{3}=\hat{E\xi}=\overline{X}$,解得 $\hat{m}=\frac{3\overline{X}-1}{2}$,就是 m 的矩法估计.

矩法估计的优点是计算简单,但是,它也有以下一些缺点.

(1) 矩法估计有时会得到不合理的解.

例如,在例 2 中,设有样本观测值 $(X_1, X_2, \cdots, X_5)=(1, 2, 3, 5, 9)$,按上面的计算可得矩法估计 $\hat{\theta}=2\overline{X}=2\times\frac{1+2+3+5+9}{5}=8$,也就是说,我们估计总体服从的是$[0, 8]$上的均匀分布. 可是,实际上我们已知有一个样本观测值 $X_5=9$,所以,总体分布的上界不应该小于 9,显然,估计 $\hat{\theta}=8$ 是不合理的.

又例如,在例 3 中,参数 m 必须是一个正整数,我们得到的矩法估计 $\hat{m}=\frac{3\overline{X}-1}{2}$ 却不一定是正整数,显然,这样的估计也是不合理的.

(2) 求矩法估计时,不同的做法会得到不同的解.

通常我们规定,求矩法估计时,要尽量使用低阶矩. 但是,也没有什么充分理由禁止使用高阶矩. 值得注意的是,使用低阶矩与使用高阶矩可能会得出不同的解.

例如,在例 2 中,如果不是求总体的一阶矩,而是求总体的二阶矩,则

$$\widehat{E(\xi^2)}=\int_{-\infty}^{+\infty}x^2\varphi(x)\mathrm{d}x=\int_0^{\theta}\frac{x^2}{\theta}\mathrm{d}x=\frac{\theta^2}{3}.$$

解方程 $\frac{\hat{\theta}^2}{3}=\widehat{E(\xi^2)}=\overline{X^2}$,得 $\hat{\theta}=\sqrt{3\overline{X^2}}$,显然,它与$\hat{\theta}=2\overline{X}$ 是两个完全不同的解.

(3) 总体分布的矩不一定存在,所以矩法估计不一定有解.

例如,设总体的概率密度为

$$\varphi(x)=\begin{cases}\dfrac{2\theta}{\pi(x^2+\theta^2)}, & \text{当 } x>0 \text{ 时},\\ 0, & \text{当 } x\leqslant 0 \text{ 时}.\end{cases}$$

其中,$\theta>0$ 是未知参数.

而总体的一阶矩为

$$E\xi=\int_{-\infty}^{+\infty}x\varphi(x)\mathrm{d}x=\int_0^{+\infty}\frac{2\theta x}{\pi(x^2+\theta^2)}\mathrm{d}x=\frac{\theta}{\pi}\int_0^{+\infty}\frac{\mathrm{d}(x^2+\theta^2)}{x^2+\theta^2}$$

$$=\frac{\theta}{\pi}\ln(x^2+\theta^2)\Big|_0^{+\infty}.$$

这个积分发散,所以一阶矩不存在,矩法估计当然也就无解了.

3.2 极大似然估计

极大似然估计(Maximum Likelihood Estimation)最初由德国数学家高斯[①]在 1821 年提出,一百年后,经过费歇尔的工作,才使之得到广泛的应用.

为了说明极大似然估计的基本思想,我们来看一个实际的例子.

某射手向一个目标连续射击,他每次射击时的命中率为 $p\ (0<p<1)$,是一个未知常数.设有一个随机变量 ξ,当射手射击命中目标时,它取值为 1,当射手射击没有击中目标时,它取值为 0.显然,ξ 服从 0-1 分布,概率分布为$P\{\xi=k\}=p^k(1-p)^{1-k}$, $k=0, 1$,即有 $P\{\xi=0\}=1-p$, $P\{\xi=1\}=p$.

现在让这个射手向目标试射 5 次,结果前 2 次没有命中目标,后 3 次都命中目标,要求对他的命中率 p 做出估计.

这可以看作一个点估计问题.随机变量 ξ 可以看作一个服从 0-1 分布的总体,命中率 p 是总体分布中的未知参数.已知有样本观测值$(X_1, X_2, X_3, X_4, X_5)=(0, 0, 1, 1, 1)$,要求未知参数 p 的估计.

参数 p 的取值,在(0, 1)区间的每一点上都是有可能的,但从抽样的结果来看,参数 p 取各种值的可能性的大小(即概率)是不一样的.下面列出一个表.

命中率 p	命中率为 p 时,得到样本观测值(0, 0, 1, 1, 1)的概率 $P\{X_1=0, X_2=0, X_3=1, X_4=1, X_5=1\}=(1-p)^2p^3$
0.2	$0.8^2\times 0.2^3=0.005\,12$
0.4	$0.6^2\times 0.4^3=0.023\,04$
0.6	$0.4^2\times 0.6^3=0.034\,56$
0.8	$0.2^2\times 0.8^3=0.020\,48$

从表中可以看出,命中率 p 取各种值时,得到样本(0, 0, 1, 1, 1)的概率大小不一样,其中 $p=0.6$ 时概率最大.事实上,可以证明,函数 $(1-p)^2p^3$ 当且仅当 $p=0.6$ 时取到最大值.此时我们会很自然地想到,既然 p 取值为 0.6 的概率(即可能性)最大,那么 p 的估计值就应该取为 0.6 .这就是极大似然估计的基本思想.

如果总体 ξ 是离散型随机变量,概率分布为 $P\{\xi=k\}$,样本取值为$(x_1, x_2, \cdots, x_n)$的概率就是样本联合概率分布

$$P\{X_1=x_1, X_2=x_2, \cdots, X_n=x_n\}=\prod_{i=1}^{n}P\{\xi=x_i\}.$$

如果总体 ξ 是连续型随机变量,概率密度为 $\varphi(x)$,样本在$(x_1, x_2, \cdots, x_n)$这一点的邻域取值的概率越大,则样本联合概率密度

① 高斯(Gauss,1777—1855 年),德国数学家、物理学家、天文学家.他 11 岁时发现二项式定理,建立了最小二乘法,他还是非欧几何学及近代微分几何的开拓者.

$$\varphi^*(x_1, x_2, \cdots, x_n) = \prod_{i=1}^{n} \varphi(x_i)$$

的取值越大,它们是正相关的.

我们把样本联合概率分布或样本联合概率密度称为**似然函数**,记为 L. 求极大似然估计,就是要求出未知参数取什么值能够使似然函数 L 取到最大值.

设总体 ξ 的分布中,有 m 个未知参数 $\theta_1, \theta_2, \cdots, \theta_m$,它们的取值范围是 Θ. 求极大似然估计的步骤如下.

(1) 写出似然函数 L 的表达式.

如果总体 ξ 离散,概率分布为 $P\{\xi = k\}$,那么 $L = \prod_{i=1}^{n} P\{\xi = x_i\}$;

如果总体 ξ 连续,概率密度为 $\varphi(x)$,那么 $L = \prod_{i=1}^{n} \varphi(x_i)$.

(2) 在 $\theta_1, \theta_2, \cdots, \theta_m$ 的取值范围 Θ 内,求出使得似然函数 L 达到最大的参数估计值 $\hat{\theta}_1, \hat{\theta}_2, \cdots, \hat{\theta}_m$,它们就是未知参数的极大似然估计.

通常的做法是,先取对数 $\ln L$(因为当 $\ln L$ 达到最大时,L 也达到最大). 然后令 $\ln L$ 关于 $\theta_1, \theta_2, \cdots, \theta_m$ 的偏导数等于 0,得到方程组

$$\begin{cases} \dfrac{\partial \ln L}{\partial \theta_1} = 0, \\ \dfrac{\partial \ln L}{\partial \theta_2} = 0, \\ \quad \vdots \\ \dfrac{\partial \ln L}{\partial \theta_m} = 0. \end{cases}$$

可以证明,如果已知一个可导函数能在某个区域内取到最大值,而在这区域内部只有一个使函数的一阶偏导数都等于 0 的点,那么这个点就是函数的最大值点. 由此可见,如果上面这个方程组在 Θ 内有唯一解 $\hat{\theta}_1, \hat{\theta}_2, \cdots, \hat{\theta}_m$,而我们又知道似然函数 L 的最大值(等价于 $\ln L$ 的最大值)能在 Θ 内部取到,那么我们可以肯定,方程组的解一定就是那个能使似然函数取到最大值的解. 所以,按照定义,$\hat{\theta}_1, \hat{\theta}_2, \cdots, \hat{\theta}_m$ 就是未知参数 $\theta_1, \theta_2, \cdots, \theta_m$ 的极大似然估计.

例 1 设总体 ξ 服从 0-1 分布,ξ 的概率分布为 $P\{\xi = k\} = p^k(1-p)^{1-k}$, $k = 0, 1$, $0 < p < 1$ 是未知参数,$(X_1, X_2, \cdots, X_n)$ 是 ξ 的样本,求 p 的极大似然估计.

解 先求似然函数

$$L = \prod_{i=1}^{n} P\{\xi = x_i\} = \prod_{i=1}^{n} p^{x_i}(1-p)^{1-x_i} = p^{\sum_{i=1}^{n} x_i}(1-p)^{n-\sum_{i=1}^{n} x_i}.$$

再取对数,得 $\ln L = \sum_{i=1}^{n} x_i \ln p + (n - \sum_{i=1}^{n} x_i)\ln(1-p)$.

求导后列方程,得 $\dfrac{\mathrm{d}\ln L}{\mathrm{d}p} = \dfrac{1}{p}\sum_{i=1}^{n} x_i - \dfrac{1}{1-p}(n - \sum_{i=1}^{n} x_i) = 0$.

从方程中可解得 $p=\frac{1}{n}\sum_{i=1}^{n}x_i$，说明当样本观测值为$(x_1, x_2, \cdots, x_n)$时，参数 p 取值 $\frac{1}{n}\sum_{i=1}^{n}x_i$，可以使 $\ln L$ 达到最大，$p=\frac{1}{n}\sum_{i=1}^{n}x_i$ 是极大似然估计值. 把式子中的 x_i 换成 X_i，就得到了 p 的极大似然估计量 $\hat{p}=\frac{1}{n}\sum_{i=1}^{n}X_i=\overline{X}$.

例 2　设总体 $\xi\sim N(\mu, \sigma^2)$，μ, $\sigma>0$ 是未知参数. $(X_1, X_2, \cdots, X_n)$是 ξ 的样本. 求 μ, σ 的极大似然估计.

解　先求似然函数

$$L=\prod_{i=1}^{n}\varphi(x_i)=\prod_{i=1}^{n}\frac{1}{\sqrt{2\pi}\sigma}\mathrm{e}^{-\frac{(x_i-\mu)^2}{2\sigma^2}}=\frac{1}{(2\pi)^{\frac{n}{2}}\sigma^n}\mathrm{e}^{-\frac{1}{2\sigma^2}\sum\limits_{i=1}^{n}(x_i-\mu)^2}.$$

再取对数，得　$\ln L=-\frac{n}{2}\ln(2\pi)-n\ln\sigma-\frac{1}{2\sigma^2}\sum_{i=1}^{n}(x_i-\mu)^2$.

求导后列方程，得

$$\begin{cases}\dfrac{\partial\ln L}{\partial\mu}=-\dfrac{-2}{2\sigma^2}\sum\limits_{i=1}^{n}(x_i-\mu)=\dfrac{1}{\sigma^2}\left(\sum\limits_{i=1}^{n}x_i-n\mu\right)=0, & ① \\ \dfrac{\partial\ln L}{\partial\sigma}=-\dfrac{n}{\sigma}+\dfrac{1}{\sigma^3}\sum\limits_{i=1}^{n}(x_i-\mu)^2=0. & ②\end{cases}$$

从式①解得 $\mu=\frac{1}{n}\sum_{i=1}^{n}x_i=\overline{x}$，代入式②解得 $\sigma^2=\frac{1}{n}\sum_{i=1}^{n}(x_i-\overline{x})^2=s^2$. 开方，得 $\sigma=\pm\sqrt{s^2}=\pm s$. 由于 $\sigma>0$，舍去不符合题意的负根，得到 $\sigma=s$.

它们使 $\ln L$ 达到最大，所以，μ 和 σ 的极大似然估计为 $\begin{cases}\hat{\mu}=\overline{X}, \\ \hat{\sigma}=S.\end{cases}$

$\sigma=s$ 使 L 达到最大，也就是 $\sigma^2=s^2$ 使 L 达到最大，所以，顺便还可以推导出 σ^2 的极大似然估计为 $\widehat{\sigma^2}=S^2$. 我们看到，有 $\widehat{\sigma^2}=S^2=\hat{\sigma}^2$. 这个性质可以推广到一般情形，即一个参数的函数的极大似然估计，就是这个参数的极大似然估计的函数，即 $\widehat{f(\theta)}=f(\hat{\theta})$.

例 3　设总体 ξ 服从$[0, \theta]$上的均匀分布，概率密度为

$$\varphi(x)=\begin{cases}\dfrac{1}{\theta}, & \text{当 } 0\leqslant x\leqslant\theta \text{ 时}, \\ 0, & \text{其他}.\end{cases}$$

其中，$\theta>0$ 是未知参数，$(X_1, X_2, \cdots, X_n)$是 ξ 的样本，求 θ 的极大似然估计.

解　先求似然函数

$$L=\prod_{i=1}^{n}\varphi(x_i)=\begin{cases}\prod\limits_{i=1}^{n}\dfrac{1}{\theta}, & \text{当 } 0\leqslant x_i\leqslant\theta\ (i=1, 2, \cdots, n) \text{ 时}, \\ 0, & \text{其他},\end{cases}$$

$$=\begin{cases}\dfrac{1}{\theta^n}, & 当 0\leqslant \min\limits_i x_i\leqslant \max\limits_i x_i\leqslant \theta 时,\\ 0, & 其他.\end{cases}$$

当 $L\neq 0$ 时,对 L 取对数,得 $\ln L=\ln\left(\dfrac{1}{\theta^n}\right)=-n\ln\theta$.

对它求导后列出的方程 $\dfrac{\mathrm{d}\ln L}{\mathrm{d}\theta}=-\dfrac{n}{\theta}=0$ 显然无解,这说明当 $L\neq 0$ 时,不存在导数为 0 的点.

但是,不存在导数为 0 的点,不等于 L 没有最大值. 从 $L=\dfrac{1}{\theta^n}$ 可以看出,θ 的值越小,L 的值越大. 但 θ 不能无限小下去,此式成立的条件是 $\theta\geqslant \max\limits_i x_i$, 在其他情况下有 $L=0$, 所以,只有当 $\theta=\max\limits_i x_i$ 时,似然函数 L 才能取到最大值. 因此,根据极大似然估计的定义,θ 的极大似然估计是 $\hat{\theta}=\max\limits_i X_i$.

例 4 设总体 ξ 的概率分布可以写成

$$P\{\xi=k\}=a(k)\frac{\theta^k}{f(\theta)},\ k=0,\ 1,\ 2,\ \cdots,$$

其中,$\theta>0$ 是未知参数,$a(k)$ 是 k 的函数,$f(\theta)$ 是 θ 的函数,有连续的导数.

证明: θ 的矩法估计和极大似然估计相同,都是方程 $\dfrac{\hat{\theta}f'(\hat{\theta})}{f(\hat{\theta})}=\overline{X}$ 的一个解.

证 先推导几个等式,因为

$$1=\sum_{k=0}^{\infty}P\{\xi=k\}=\sum_{k=0}^{\infty}a(k)\frac{\theta^k}{f(\theta)}=\frac{1}{f(\theta)}\sum_{k=0}^{\infty}a(k)\theta^k,$$

所以

$$f(\theta)=\sum_{k=0}^{\infty}a(k)\theta^k.$$

对等式两边求关于 θ 的导数,得

$$f'(\theta)=\sum_{k=0}^{\infty}ka(k)\theta^{k-1}.$$

总体分布的一阶矩为

$$E\xi=\sum_{k=0}^{\infty}kP\{\xi=k\}=\sum_{k=0}^{\infty}ka(k)\frac{\theta^k}{f(\theta)}$$
$$=\frac{\theta}{f(\theta)}\sum_{k=0}^{\infty}ka(k)\theta^{k-1}=\frac{\theta f'(\theta)}{f(\theta)}.$$

列方程,得

$$\frac{\hat{\theta} f'(\hat{\theta})}{f(\hat{\theta})} = \hat{E\xi} = \overline{X}.$$

从中求出一个解,就是 θ 的矩法估计.

似然函数为

$$L = \prod_{i=1}^{n} P\{\xi = x_i\} = \prod_{i=1}^{n} a(x_i) \frac{\theta^{x_i}}{f(\theta)} = \prod_{i=1}^{n} a(x_i) \frac{\theta^{\sum\limits_{i=1}^{n} x_i}}{[f(\theta)]^n},$$

$$\ln L = \sum_{i=1}^{n} \ln a(x_i) + \sum_{i=1}^{n} x_i \ln \theta - n \ln f(\theta).$$

求导后列方程,得

$$\frac{\mathrm{d} \ln L}{\mathrm{d}\theta} = \frac{\sum\limits_{i=1}^{n} x_i}{\theta} - \frac{n f'(\theta)}{f(\theta)} = 0,$$

$$\frac{\theta f'(\theta)}{f(\theta)} = \frac{1}{n} \sum_{i=1}^{n} x_i = \overline{x}.$$

从中求出一个解,就是 θ 的极大似然估计值. 把 $\overline{x}$ 换为 $\overline{X}$ 代入方程得到的就是 θ 的极大似然估计量.

3.3 点估计的评价

对于同一个总体分布的同一个参数,可能得到各种不同的点估计. 那么,怎样来衡量点估计的好坏呢? 通常有下列三种标准.

(1) 无偏性

我们知道,参数 θ 的点估计 $\hat{\theta}$ 是样本的函数,它是一个随机变量,它有自己的分布,从它的分布可以求出一个平均值,即数学期望. 既然 $\hat{\theta}$ 是 θ 的估计,我们自然希望 $\hat{\theta}$ 的数学期望(均值)正好等于 θ. 这就是无偏性.

定义 1　设 $\hat{\theta}$ 是参数 θ 的估计,如果有 $E\hat{\theta} = \theta$,则称 $\hat{\theta}$ 是 θ 的无偏估计.

例 1　设总体 $\xi \sim N(\mu, \sigma^2)$,前面我们已求得 μ 的估计 $\hat{\mu} = \overline{X}$,σ^2 的估计 $\hat{\sigma}^2 = S^2$,问 $\hat{\mu} = \overline{X}$ 和 $\hat{\sigma}^2 = S^2$ 是不是 μ 和 σ^2 的无偏估计?

解　由 2.3 节的定理可知,$E\hat{\mu} = E\overline{X} = E\xi = \mu$,所以 $\hat{\mu} = \overline{X}$ 是 μ 的无偏估计.

而 $E(\hat{\sigma}^2) = E(S^2) = \dfrac{n-1}{n} D\xi = \dfrac{n-1}{n} \sigma^2 \neq \sigma^2$,所以 $\hat{\sigma}^2 = S^2$ 不是 σ^2 的无偏估计.

但是,只要对它稍作修正,用修正样本方差

$$S^{*^2} = \frac{1}{n-1} \sum_{i=1}^{n} (X_i - \overline{X})^2 = \frac{n}{n-1} S^2$$

代替 S^2 作为 σ^2 的估计,由于 $E(S^{*^2}) = D\xi = \sigma^2$,所以 S^{*^2} 是 σ^2 的无偏估计.

例 2　设总体 ξ 服从 $[0, \theta]$ 上的均匀分布,前面已求得 θ 的矩法估计 $\hat{\theta} = 2\overline{X}$,极大似

然估计 $\hat{\theta}_L = \max\limits_i X_i$，它们是不是 θ 的无偏估计？

解 因为 $\xi \sim U(0, \theta)$，它的数学期望为 $E\xi = \dfrac{\theta}{2}$，而且由 2.3 节的定理可知，$E\overline{X} = E\xi$，因此

$$E(\hat{\theta}) = E(2\overline{X}) = 2E\overline{X} = 2E\xi = 2 \cdot \frac{\theta}{2} = \theta,$$

所以 $\hat{\theta} = 2\overline{X}$ 是 θ 的无偏估计.

因为 $\xi \sim U(0, \theta)$，ξ 的概率密度为 $\varphi(x) = \begin{cases} \dfrac{1}{\theta}, & \text{当 } 0 \leqslant x \leqslant \theta \text{ 时}, \\ 0, & \text{其他}. \end{cases}$

ξ 的分布函数为

$$F(x) = P\{\xi \leqslant x\} = \int_{-\infty}^{x} \varphi(x)\mathrm{d}x = \begin{cases} 0, & \text{当 } x \leqslant 0 \text{ 时}, \\ \dfrac{x}{\theta}, & \text{当 } 0 < x \leqslant \theta \text{ 时}, \\ 1, & \text{当 } x > \theta \text{ 时}. \end{cases}$$

$\hat{\theta}_L = \max\limits_i X_i$ 的分布函数为

$$\begin{aligned} F_{\max}(x) &= P\{\max_i X_i \leqslant x\} = P\{X_1 \leqslant x, X_2 \leqslant x, \cdots, X_n \leqslant x\} \\ &= P\{X_1 \leqslant x\}P\{X_2 \leqslant x\}\cdots P\{X_n \leqslant x\} \\ &= P\{\xi \leqslant x\}P\{\xi \leqslant x\}\cdots P\{\xi \leqslant x\} \\ &= \prod_{i=1}^{n} P\{\xi \leqslant x\} = [F(x)]^n = \begin{cases} 0, & \text{当 } x \leqslant 0 \text{ 时}, \\ \dfrac{x^n}{\theta^n}, & \text{当 } 0 < x \leqslant \theta \text{ 时}, \\ 1, & \text{当 } x > \theta \text{ 时}. \end{cases} \end{aligned}$$

$\hat{\theta}_L = \max\limits_i X_i$ 的概率密度为

$$\varphi_{\max}(x) = \frac{\mathrm{d}}{\mathrm{d}x}F_{\max}(x) = \begin{cases} \dfrac{nx^{n-1}}{\theta^n}, & \text{当 } 0 < x \leqslant \theta \text{ 时}, \\ 0, & \text{其他}. \end{cases}$$

$\hat{\theta}_L = \max\limits_i X_i$ 的数学期望为

$$\begin{aligned} E(\hat{\theta}_L) &= E(\max_i X_i) = \int_{-\infty}^{+\infty} x\varphi_{\max}(x)\mathrm{d}x \\ &= \int_0^{\theta} x\frac{nx^{n-1}}{\theta^n}\mathrm{d}x = \frac{n\theta}{n+1} \neq \theta, \end{aligned}$$

所以 $\hat{\theta}_L = \max\limits_i X_i$ 不是 θ 的无偏估计.

但是，我们可以对它做一点修正，令 $\hat{\theta}^* = \dfrac{n+1}{n}\hat{\theta}_L = \dfrac{n+1}{n}\max\limits_i X_i$，这时

$$E(\hat{\theta}^*)=E\left(\frac{n+1}{n}\hat{\theta}_L\right)=\frac{n+1}{n}E(\hat{\theta}_L)=\frac{n+1}{n}\times\frac{n\theta}{n+1}=\theta,$$

所以 $\hat{\theta}^*=\frac{n+1}{n}\max\limits_i X_i$ 是 θ 的无偏估计.

(2) 有效性

同样是无偏估计,也可以比较好坏,无偏而且方差小显然要比无偏但是方差大来得好.

定义 2　设 $\hat{\theta}_1$, $\hat{\theta}_2$ 都是参数 θ 的无偏估计,如果有 $D(\hat{\theta}_1)\leqslant D(\hat{\theta}_2)$,则称 $\hat{\theta}_1$ 比 $\hat{\theta}_2$ 有效.

例 3　设总体 $\xi\sim N(\mu,\sigma^2)$, (X_1, X_2)是 ξ 的一个样本,证明

$$\hat{\mu}_1=\frac{2}{3}X_1+\frac{1}{3}X_2,\ \hat{\mu}_2=\frac{1}{2}X_1+\frac{1}{2}X_2$$

都是 μ 的无偏估计,并比较哪一个估计更有效.

解　因为　$E\hat{\mu}_1=\frac{2}{3}EX_1+\frac{1}{3}EX_2=\frac{2}{3}E\xi+\frac{1}{3}E\xi=E\xi=\mu,$

$$E\hat{\mu}_2=\frac{1}{2}EX_1+\frac{1}{2}EX_2=\frac{1}{2}E\xi+\frac{1}{2}E\xi=E\xi=\mu,$$

所以 $\hat{\mu}_1$, $\hat{\mu}_2$ 都是 μ 的无偏估计.

因为　$D\hat{\mu}_1=\frac{4}{9}DX_1+\frac{1}{9}DX_2=\frac{4}{9}D\xi+\frac{1}{9}D\xi=\frac{5}{9}D\xi=\frac{5}{9}\sigma^2,$

$$D\hat{\mu}_2=\frac{1}{4}DX_1+\frac{1}{4}DX_2=\frac{1}{4}D\xi+\frac{1}{4}D\xi=\frac{1}{2}D\xi=\frac{1}{2}\sigma^2,$$

而 $\frac{1}{2}\sigma^2<\frac{5}{9}\sigma^2$,即 $D\hat{\mu}_2<D\hat{\mu}_1$,所以 $\hat{\mu}_2$ 比 $\hat{\mu}_1$ 更有效.

例 4　设总体 ξ 服从$[0,\theta]$上的均匀分布,$\hat{\theta}=2\overline{X}$和$\hat{\theta}^*=\frac{n+1}{n}\max\limits_i X_i$ 都是 θ 的无偏估计,它们哪一个更有效?

解　因为 $\xi\sim U(0,\theta)$, ξ 的概率密度为 $\varphi(x)=\begin{cases}\frac{1}{\theta}, & \text{当 } 0\leqslant x\leqslant\theta \text{ 时},\\ 0, & \text{其他}.\end{cases}$

ξ 的数学期望为 $E\xi=\frac{\theta}{2}$,而 $E(\xi^2)=\int_{-\infty}^{+\infty}x^2\varphi(x)\mathrm{d}x=\int_0^\theta\frac{x^2}{\theta}\mathrm{d}x=\frac{\theta^2}{3}$,所以 ξ 的方差为

$$D\xi=E(\xi^2)-(E\xi)^2=\frac{\theta^2}{3}-\left(\frac{\theta}{2}\right)^2=\frac{\theta^2}{12}.$$

$\hat{\theta}=2\overline{X}$ 的方差为

$$D(\hat{\theta})=D(2\overline{X})=4D\overline{X}=4\,\frac{D\xi}{n}=4\cdot\frac{\frac{\theta^2}{12}}{n}=\frac{\theta^2}{3n}.$$

$\hat{\theta}_L = \max\limits_i X_i$ 的概率密度为 $\varphi_{\max}(x) = \begin{cases} \dfrac{nx^{n-1}}{\theta^n}, & 当 0 < x \leqslant \theta 时, \\ 0, & 其他. \end{cases}$

$\hat{\theta}_L = \max\limits_i X_i$ 的数学期望为 $E(\hat{\theta}_L) = \dfrac{n\theta}{n+1}$，而

$$E(\hat{\theta}_L^2) = \int_{-\infty}^{+\infty} x^2 \varphi_{\max}(x)\mathrm{d}x = \int_0^\theta x^2 \frac{nx^{n-1}}{\theta^n}\mathrm{d}x = \frac{n\theta^2}{n+2},$$

所以，$\hat{\theta}_L = \max\limits_i X_i$ 的方差为

$$D(\hat{\theta}_L) = E(\hat{\theta}_L^2) - [E(\hat{\theta}_L)]^2 = \frac{n\theta^2}{n+2} - \left(\frac{n\theta}{n+1}\right)^2$$

$$= \frac{n(n+1)^2 - n^2(n+2)}{(n+2)(n+1)^2}\theta^2$$

$$= \frac{n^3+2n^2+n-n^3-2n^2}{(n+2)(n+1)^2}\theta^2 = \frac{n\theta^2}{(n+2)(n+1)^2}.$$

$\hat{\theta}^* = \dfrac{n+1}{n} \max\limits_i X_i$ 的方差为

$$D(\hat{\theta}^*) = D\left(\frac{n+1}{n}\max_i X_i\right) = D\left(\frac{n+1}{n}\hat{\theta}_L\right) = \frac{(n+1)^2}{n^2}D(\hat{\theta}_L)$$

$$= \frac{(n+1)^2}{n^2} \cdot \frac{n\theta^2}{(n+2)(n+1)^2} = \frac{\theta^2}{n(n+2)}.$$

因为 $n \geqslant 1$，$\dfrac{\theta^2}{n(n+2)} \leqslant \dfrac{\theta^2}{3n}$，　即 $D(\hat{\theta}^*) \leqslant D(\hat{\theta})$，所以 $\hat{\theta}^* = \dfrac{n+1}{n}\max\limits_i X_i$ 比 $\hat{\theta} = 2\overline{X}$ 更有效.

(3) 均方误准则

参数 θ 的点估计 $\hat{\theta}$ 是无偏的，是指这个估计的偏差 $E(\hat{\theta})-\theta$ 为零，而估计 θ 的有效性是指 $\hat{\theta}$ 的方差 $D\hat{\theta}$ 较小. 一个同时考虑了估计的偏差和抽样方差 $D\hat{\theta}$ 的指标叫均方误，用 MSE (Mean Squared Error)表示.

定义 3　设 $\hat{\theta}$ 是参数 θ 的估计，称 $\mathrm{MSE}(\hat{\theta}) = E(\hat{\theta}-\theta)^2$ 为这个估计的均方误差，简称均方误.

显然，$\mathrm{MSE}(\hat{\theta}) = E(\hat{\theta}-\theta)^2 = E[(\hat{\theta}-E\hat{\theta})+(E\hat{\theta}-\theta)]^2 = D\hat{\theta}+(E\hat{\theta}-\theta)^2$. 按均方误准则，一个估计的均方误越小越好. 均方误最小的估计就是最优的估计. 然而，遗憾的是，可以证明这样的最优估计并不存在. 于是，人们转而在无偏估计中来寻找方差最小的，这样的估计就是最小方差无偏估计.

(4) 相合性(一致性)

定义 4　设 $\hat{\theta}$ 是参数 θ 的估计，n 是样本容量，如果任何 $\varepsilon > 0$，都有

$$\lim_{n\to\infty} P\{|\hat{\theta}-\theta| < \varepsilon\} = 1,$$

则称 $\hat{\theta}$ 是 θ 的相合估计(一致估计).

可以证明,矩法估计都是相合估计. 除了极个别的例外,极大似然估计也大多是相合估计.

3.4 区间估计

前面我们介绍了参数的点估计,所谓点估计,就是用一个统计量 $\hat{\theta}$ 来作为总体分布中未知参数 θ 的估计. 既然是估计,当然不可能完全精确,只能说 $\hat{\theta}$ 分布在 θ 的附近. 但是,“附近”是一个很模糊的概念,我们无法知道估计的精确程度究竟如何.

如果我们能给出一个区间$[\underline{\theta}, \overline{\theta}]$,并且能够保证未知参数以某个给定的较大的概率(例如 95%、99%)落在这个区间中,这显然要比点估计好得多,我们不仅可以知道未知参数近似值的大小,还可以知道估计的精确程度如何. 这样的估计,就叫作**区间估计(Interval Estimation)**.

定义 **设 θ 是总体分布中的未知参数,如果对于一个事先给定的概率 $1-\alpha$(例如 $1-\alpha=0.90$ 或 $1-\alpha=0.95$),能够找到样本统计量 $\underline{\theta}$ 和 $\overline{\theta}$,使得 $P\{\underline{\theta}\leqslant\theta\leqslant\overline{\theta}\}\geqslant 1-\alpha$,则称$[\underline{\theta}, \overline{\theta}]$为未知参数 θ 的置信区间,称概率 $1-\alpha$ 为置信水平,称 $\underline{\theta}$ 为置信下限,称 $\overline{\theta}$ 为置信上限.**

尽管定义中 $P\{\underline{\theta}\leqslant\theta\leqslant\overline{\theta}\}\geqslant 1-\alpha$,一般在求 θ 的置信区间时我们还是取等号来确定$[\underline{\theta},\overline{\theta}]$. 式中的 $1-\alpha$ 表示了区间估计的把握性、可靠性,也叫信度. 而置信区间的长度 $\overline{\theta}-\underline{\theta}$ 则表示区间估计的精度,$\overline{\theta}-\underline{\theta}$ 越大表示估计的精度就越低,$\overline{\theta}-\underline{\theta}$ 越小表示估计的精度越高. 特别地,当置信区间收缩为一个点,即 $\underline{\theta}=\theta=\overline{\theta}$ 时,θ 的区间估计就退化为 θ 的点估计.

我们讲到 θ 的区间估计,当然希望信度越高越好,精度也越高越好,然而,这是两个矛盾的指标. 一般说来信度提高了精度就会降低,而精度提高了信度就会降低. 那么如何处理这个矛盾呢?

事实上,区间估计的定义就指明了处理的方法,即在保证信度的条件下($1-\alpha$ 是事先给定的),来寻找精度尽可能高的置信区间.

3.4.1 单个总体,方差已知时,均值的置信区间

问题 设总体 $\xi\sim N(\mu, \sigma^2)$,已知其中 $\sigma=\sigma_0$, $(X_1, X_2, \cdots, X_n)$ 是 ξ 的样本,要求 μ 的置信水平为 $1-\alpha$ 的置信区间.

分析推导 因为 $\xi\sim N(\mu, \sigma^2)$,由 2.5 节的定理 1 可知,这时有

$$\frac{\overline{X}-\mu}{\sigma}\sqrt{n}\sim N(0, 1),$$

其中,$\overline{X}$是样本均值.

由于已知 $\sigma=\sigma_0$,所以也就是有 $\dfrac{\overline{X}-\mu}{\sigma_0}\sqrt{n}\sim N(0, 1)$.

现在 $\dfrac{\overline{X}-\mu}{\sigma_0}\sqrt{n}\sim N(0, 1)$,对于给定的概率 $1-\alpha$,可以算出 $p=1-\dfrac{\alpha}{2}$,从附表 3 中

可以查到 $u_{1-\frac{\alpha}{2}}$，使得

$$P\left\{\frac{\overline{X}-\mu}{\sigma_0}\sqrt{n}\leqslant u_{1-\frac{\alpha}{2}}\right\}=1-\frac{\alpha}{2}.$$

由于 $N(0,\ 1)$分布的概率密度曲线关于 $x=0$ 是左右对称的，所以

$$P\left\{-u_{1-\frac{\alpha}{2}}\leqslant\frac{\overline{X}-\mu}{\sigma_0}\sqrt{n}\leqslant u_{1-\frac{\alpha}{2}}\right\}=1-\alpha,$$

即

$$P\left\{\overline{X}-u_{1-\frac{\alpha}{2}}\frac{\sigma_0}{\sqrt{n}}\leqslant\mu\leqslant\overline{X}+u_{1-\frac{\alpha}{2}}\frac{\sigma_0}{\sqrt{n}}\right\}=1-\alpha.$$

令 $\underline{\theta}=\overline{X}-u_{1-\frac{\alpha}{2}}\frac{\sigma_0}{\sqrt{n}}$，$\overline{\theta}=\overline{X}+u_{1-\frac{\alpha}{2}}\frac{\sigma_0}{\sqrt{n}}$，则有 $P\{\underline{\theta}\leqslant\mu\leqslant\overline{\theta}\}=1-\alpha$.

按照定义，$[\underline{\theta},\ \overline{\theta}]$就是 μ 的置信水平为 $1-\alpha$ 的置信区间.

例 1 设某厂炼出铁水中的百分含碳量 $\xi\sim N(\mu,\ \sigma^2)$，已知其中 $\sigma=0.12$，现抽查 4 炉铁水，测得含碳量为 4.28，4.40，4.42，4.36. 求平均含碳量 μ 的置信水平为 95%的置信区间.

解 $n=4$，$\overline{X}=4.365$，$1-\alpha=0.95$，$\alpha=0.05$，$1-\frac{\alpha}{2}=0.975$，查$N(0,\ 1)$分布的分位数表，可得 $u_{1-\frac{\alpha}{2}}=u_{0.975}=1.960\,0$.

$$u_{1-\frac{\alpha}{2}}\frac{\sigma_0}{\sqrt{n}}=1.960\,0\times\frac{0.12}{\sqrt{4}}=0.117\,6,$$

$$\underline{\theta}=\overline{X}-u_{1-\frac{\alpha}{2}}\frac{\sigma_0}{\sqrt{n}}=4.365-0.117\,6=4.247\,4,$$

$$\overline{\theta}=\overline{X}+u_{1-\frac{\alpha}{2}}\frac{\sigma_0}{\sqrt{n}}=4.365+0.117\,6=4.482\,6.$$

所以平均含碳量 μ 的水平为 95%的置信区间为[4.247 4, 4.482 6].

3.4.2 单个总体，方差未知时，均值的置信区间

问题 设总体 $\xi\sim N(\mu,\ \sigma^2)$，其中 $\sigma>0$ 未知，$(X_1,\ X_2,\ \cdots,\ X_n)$是 ξ 的样本，要求 μ 的置信水平为 $1-\alpha$ 的置信区间.

分析推导 因为 $\xi\sim N(\mu,\ \sigma^2)$，由 2.5 节的定理 6 可知，这时有

$$\frac{\overline{X}-\mu}{S^*}\sqrt{n}\sim t(n-1),$$

其中，$\overline{X}$是样本均值，S^* 是修正样本标准差.

现在 $\frac{\overline{X}-\mu}{S^*}\sqrt{n}\sim t(n-1)$，对于给定的置信水平 $1-\alpha$，可以算出 $p=1-\frac{\alpha}{2}$，从书后

附表 4 中可以查到 $t_{1-\frac{\alpha}{2}}(n-1)$，使得

$$P\left\{\frac{\overline{X}-\mu}{S^*}\sqrt{n}\leqslant t_{1-\frac{\alpha}{2}}(n-1)\right\}=1-\frac{\alpha}{2}.$$

由于 t 分布的概率密度曲线关于 $x=0$ 是左右对称的,所以

$$P\{-t_{1-\frac{\alpha}{2}}(n-1)\leqslant\frac{\overline{X}-\mu}{S^*}\sqrt{n}\leqslant t_{1-\frac{\alpha}{2}}(n-1)\}=1-\alpha,$$

即

$$P\left\{\overline{X}-t_{1-\frac{\alpha}{2}}(n-1)\frac{S^*}{\sqrt{n}}\leqslant\mu\leqslant\overline{X}+t_{1-\frac{\alpha}{2}}(n-1)\frac{S^*}{\sqrt{n}}\right\}=1-\alpha.$$

令 $\underline{\theta}=\overline{X}-t_{1-\frac{\alpha}{2}}(n-1)\frac{S^*}{\sqrt{n}}$，$\bar{\theta}=\overline{X}+t_{1-\frac{\alpha}{2}}(n-1)\frac{S^*}{\sqrt{n}}$，按照定义，$[\underline{\theta},\ \bar{\theta}]$就是 μ 的置信水平为 $1-\alpha$ 的置信区间.

例 2　从一批垫圈中随机地抽取 10 只,测得它们的厚度(单位: mm)为

$$1.23,\ 1.24,\ 1.26,\ 1.27,\ 1.32,\ 1.30,\ 1.25,\ 1.24,\ 1.31,\ 1.28.$$

设厚度 $\xi\sim N(\mu,\ \sigma^2)$，求 μ 的置信水平为 95%的置信区间.

解　$n=10$，$\overline{X}=1.27$，$S^*=0.031\,623$. 对 $1-\alpha=0.95$，$1-\frac{\alpha}{2}=0.975$，查 t 分布的分位数表,得 $t_{1-\frac{\alpha}{2}}(n-1)=t_{0.975}(9)=2.262\,2$.

$$t_{1-\frac{\alpha}{2}}(n-1)\frac{S^*}{\sqrt{n}}=2.262\,2\times\frac{0.031\,623}{\sqrt{10}}=0.022\,622,$$

$$\underline{\theta}=\overline{X}-t_{1-\frac{\alpha}{2}}(n-1)\frac{S^*}{\sqrt{n}}=1.27-0.022\,622=1.247\,4,$$

$$\bar{\theta}=\overline{X}+t_{1-\frac{\alpha}{2}}(n-1)\frac{S^*}{\sqrt{n}}=1.27+0.022\,622=1.292\,6.$$

所以 μ 的水平为 95%的置信区间为[1.247 4, 1.292 6].

3.4.3　单个总体,均值未知时,方差的置信区间

问题　设总体 $\xi\sim N(\mu,\ \sigma^2)$，其中 μ 未知，$(X_1,\ X_2,\ \cdots,\ X_n)$是 ξ 的样本,要求 σ^2 的置信水平为 $1-\alpha$ 的置信区间.

分析推导　因为 $\xi\sim N(\mu,\ \sigma^2)$，由 2.5 节的定理 4 可知,这时有

$$\frac{(n-1){S^*}^2}{\sigma^2}\sim\chi^2(n-1),$$

其中，${S^*}^2$ 是修正样本方差.

现在 $\frac{(n-1){S^*}^2}{\sigma^2}\sim\chi^2(n-1)$，对于给定的置信水平 $1-\alpha$，可以算出 $p=\frac{\alpha}{2}$ 和

$p=1-\frac{\alpha}{2}$，查表可得 χ^2 分布的分位数 $\chi^2_{\frac{\alpha}{2}}(n-1)$ 和 $\chi^2_{1-\frac{\alpha}{2}}(n-1)$，使得

$$P\left\{\frac{(n-1)S^{*^2}}{\sigma^2}\leqslant\chi^2_{\frac{\alpha}{2}}(n-1)\right\}=\frac{\alpha}{2}$$

及

$$P\left\{\frac{(n-1)S^{*^2}}{\sigma^2}\leqslant\chi^2_{1-\frac{\alpha}{2}}(n-1)\right\}=1-\frac{\alpha}{2},$$

所以 $$P\{\chi^2_{\frac{\alpha}{2}}(n-1)\leqslant\frac{(n-1)S^{*^2}}{\sigma^2}\leqslant\chi^2_{1-\frac{\alpha}{2}}(n-1)\}=1-\alpha,$$

即有 $$P\left\{\frac{(n-1)S^{*^2}}{\chi^2_{1-\frac{\alpha}{2}}(n-1)}\leqslant\sigma^2\leqslant\frac{(n-1)S^{*^2}}{\chi^2_{\frac{\alpha}{2}}(n-1)}\right\}=1-\alpha.$$

令 $\underline{\theta}=\frac{(n-1)S^{*^2}}{\chi^2_{1-\frac{\alpha}{2}}(n-1)}$，$\bar{\theta}=\frac{(n-1)S^{*^2}}{\chi^2_{\frac{\alpha}{2}}(n-1)}$，则 $P\{\underline{\theta}\leqslant\sigma^2\leqslant\bar{\theta}\}=1-\alpha$，按照定义，$[\underline{\theta},\bar{\theta}]$ 就是 σ^2 的置信水平为 $1-\alpha$ 的置信区间.

同时，由 $P\{\underline{\theta}\leqslant\sigma^2\leqslant\bar{\theta}\}=1-\alpha$ 可知 $P\{\sqrt{\underline{\theta}}\leqslant\sigma\leqslant\sqrt{\bar{\theta}}\}=1-\alpha$，所以，顺便还可推出，$\sigma$ 的置信水平为 $1-\alpha$ 的置信区间为 $[\sqrt{\underline{\theta}},\sqrt{\bar{\theta}}]$.

例 3 设垫圈的厚度 $\xi\sim N(\mu,\sigma^2)$，对容量为 $n=10$ 的样本，已求得修正样本标准差 $S^*=0.031\,623$，求 σ^2 和 σ 的水平为 95%的置信区间.

解 $n=10$，$S^*=0.031\,623$，则

$$(n-1)S^{*^2}=(10-1)\times0.031\,623^2=0.009.$$

对 $1-\alpha=0.95$，$\frac{\alpha}{2}=0.025$，$1-\frac{\alpha}{2}=0.975$，查 χ^2 分布表，得

$$\chi^2_{\frac{\alpha}{2}}(n-1)=\chi^2_{0.025}(9)=2.700,\ \chi^2_{1-\frac{\alpha}{2}}(n-1)=\chi^2_{0.975}(9)=19.023.$$

$$\underline{\theta}=\frac{(n-1)S^{*^2}}{\chi^2_{1-\frac{\alpha}{2}}(n-1)}=\frac{0.009}{19.023}=0.000\,473\,1,$$

$$\bar{\theta}=\frac{(n-1)S^{*^2}}{\chi^2_{\frac{\alpha}{2}}(n-1)}=\frac{0.009}{2.700}=0.003\,333.$$

所以，σ^2 的水平为 95%的置信区间为 $[0.000\,473\,1,\ 0.003\,333]$. 又因为

$$\sqrt{\underline{\theta}}=\sqrt{0.000\,473\,1}=0.021\,75,\ \sqrt{\bar{\theta}}=\sqrt{0.003\,333}=0.057\,73,$$

所以，σ 的水平为 95%的置信区间为 $[0.021\,75,\ 0.057\,73]$.

3.4.4 两个总体，方差未知但相等时，均值之差的置信区间

问题 设总体 $\xi\sim N(\mu_1,\sigma_1^2)$，$\eta\sim N(\mu_2,\sigma_2^2)$，其中 σ_1，σ_2 都未知，但已知 $\sigma_1=\sigma_2$，

$(X_1, X_2, \cdots, X_m)$, $(Y_1, Y_2, \cdots, Y_n)$分别是ξ, η的样本,两个样本相互独立,要求$\mu_1-\mu_2$的置信水平为$1-\alpha$的置信区间.

分析推导 因为$\xi\sim N(\mu_1, \sigma_1^2)$, $\eta\sim N(\mu_2, \sigma_2^2)$,而且$\sigma_1=\sigma_2$,由2.5节的定理8可知,这时

$$\frac{(\overline{X}-\overline{Y})-(\mu_1-\mu_2)}{S_w\sqrt{\dfrac{1}{m}+\dfrac{1}{n}}}\sim t(m+n-2),$$

其中,$\overline{X}$, $\overline{Y}$是ξ, η的样本均值,$S_w=\sqrt{\dfrac{(m-1)S_x^{*^2}+(n-1)S_y^{*^2}}{m+n-2}}$, $S_x^{*^2}$, $S_y^{*^2}$是ξ, η的修正样本方差.

对于给定的置信水平$1-\alpha$,从t分布的分位数表可以查到$t_{1-\frac{\alpha}{2}}(m+n-2)$,使得

$$P\left\{\frac{(\overline{X}-\overline{Y})-(\mu_1-\mu_2)}{S_w\sqrt{\dfrac{1}{m}+\dfrac{1}{n}}}\leqslant t_{1-\frac{\alpha}{2}}(m+n-2)\right\}=1-\frac{\alpha}{2}.$$

由于t分布的概率密度曲线关于$x=0$是左右对称的,所以

$$P\left\{-t_{1-\frac{\alpha}{2}}(m+n-2)\leqslant\frac{(\overline{X}-\overline{Y})-(\mu_1-\mu_2)}{S_w\sqrt{\dfrac{1}{m}+\dfrac{1}{n}}}\leqslant t_{1-\frac{\alpha}{2}}(m+n-2)\right\}=1-\alpha,$$

即

$$P\left\{\overline{X}-\overline{Y}-t_{1-\frac{\alpha}{2}}S_w\sqrt{\frac{1}{m}+\frac{1}{n}}\leqslant\mu_1-\mu_2\leqslant\overline{X}-\overline{Y}+t_{1-\frac{\alpha}{2}}S_w\sqrt{\frac{1}{m}+\frac{1}{n}}\right\}=1-\alpha.$$

令$\underline{\theta}=\overline{X}-\overline{Y}-t_{1-\frac{\alpha}{2}}S_w\sqrt{\dfrac{1}{m}+\dfrac{1}{n}}$, $\overline{\theta}=\overline{X}-\overline{Y}+t_{1-\frac{\alpha}{2}}S_w\sqrt{\dfrac{1}{m}+\dfrac{1}{n}}$,按照定义,$[\underline{\theta}, \overline{\theta}]$就是$\mu_1-\mu_2$的置信水平为$1-\alpha$的置信区间.

例4 对矿石中的含铁量,用方法A测量5次,测得样本均值$\overline{X}=34.6$,修正样本标准差$S_x^*=0.48$;用方法B测量6次,测得样本均值$\overline{Y}=33.9$,修正样本标准差$S_y^*=0.25$;设用这两种方法测得的含铁量分别为$\xi\sim N(\mu_1, \sigma_1^2)$和$\eta\sim N(\mu_2, \sigma_2^2)$,其中$\sigma_1=\sigma_2$,求$\mu_1-\mu_2$的置信水平为95%的置信区间.

解 $m=5$, $\overline{X}=34.6$, $S_x^*=0.48$, $n=6$, $\overline{Y}=33.9$, $S_y^*=0.25$,则

$$\begin{aligned}S_w&=\sqrt{\frac{(m-1)S_x^{*^2}+(n-1)S_y^{*^2}}{m+n-2}}\\&=\sqrt{\frac{(5-1)\times0.48^2+(6-1)\times0.25^2}{5+6-2}}\\&=0.3703.\end{aligned}$$

对 $1-\alpha=0.95$, $1-\frac{\alpha}{2}=0.975$, 自由度 $m+n-2=9$, 查 t 分布的分位数表,得 $t_{1-\frac{\alpha}{2}}(m+n-2)=t_{0.975}(9)=2.2622$.

$$t_{1-\frac{\alpha}{2}}(m+n-2)S_w\sqrt{\frac{1}{m}+\frac{1}{n}}=2.2622\times 0.3703\times\sqrt{\frac{1}{5}+\frac{1}{6}}=0.507,$$

$$\underline{\theta}=\overline{X}-\overline{Y}-t_{1-\frac{\alpha}{2}}S_w\sqrt{\frac{1}{m}+\frac{1}{n}}=34.6-33.9-0.507=0.193,$$

$$\overline{\theta}=\overline{X}-\overline{Y}+t_{1-\frac{\alpha}{2}}S_w\sqrt{\frac{1}{m}+\frac{1}{n}}=34.6-33.9+0.507=1.207.$$

所以 $\mu_1-\mu_2$ 的水平为95%的置信区间为[0.193, 1.207].

3.4.5 两个总体,均值未知时,方差之比的置信区间

问题 设总体 $\xi\sim N(\mu_1, \sigma_1^2)$, $\eta\sim N(\mu_2, \sigma_2^2)$,其中 μ_1, μ_2 都未知,$(X_1, X_2, \cdots, X_m)$, $(Y_1, Y_2, \cdots, Y_n)$分别是 ξ, η 的样本,两个样本相互独立,要求$\frac{\sigma_1^2}{\sigma_2^2}$的水平为 $1-\alpha$ 的置信区间.

分析推导 因为 $\xi\sim N(\mu_1, \sigma_1^2)$, $\eta\sim N(\mu_2, \sigma_2^2)$,由2.5节的定理10可知,这时

$$\frac{S_x^{*^2}/\sigma_1^2}{S_y^{*^2}/\sigma_2^2}\sim F(m-1, n-1),$$

其中,$S_x^{*^2}$ 是 ξ 的修正样本方差,$S_y^{*^2}$ 是 η 的修正样本方差.

现在 $\frac{S_x^{*^2}/\sigma_1^2}{S_y^{*^2}/\sigma_2^2}\sim F(m-1, n-1)$, 对于给定的置信水平 $1-\alpha$, 查 F 分布的分位数表并通过计算可得到 $F_{\frac{\alpha}{2}}(m-1, n-1)$ 和 $F_{1-\frac{\alpha}{2}}(m-1, n-1)$, 使得

$$P\left\{\frac{S_x^{*^2}/\sigma_1^2}{S_y^{*^2}/\sigma_2^2}<F_{\frac{\alpha}{2}}(m-1, n-1)\right\}=\frac{\alpha}{2},$$

$$P\left\{\frac{S_x^{*^2}/\sigma_1^2}{S_y^{*^2}/\sigma_2^2}\leqslant F_{1-\frac{\alpha}{2}}(m-1, n-1)\right\}=1-\frac{\alpha}{2},$$

即
$$P\left\{F_{\frac{\alpha}{2}}(m-1, n-1)\leqslant\frac{S_x^{*^2}/\sigma_1^2}{S_y^{*^2}/\sigma_2^2}\leqslant F_{1-\frac{\alpha}{2}}(m-1, n-1)\right\}=1-\alpha,$$

$$P\left\{\frac{S_x^{*^2}/S_y^{*^2}}{F_{1-\frac{\alpha}{2}}(m-1, n-1)}\leqslant\frac{\sigma_1^2}{\sigma_2^2}\leqslant\frac{S_x^{*^2}/S_y^{*^2}}{F_{\frac{\alpha}{2}}(m-1, n-1)}\right\}=1-\alpha.$$

令 $\underline{\theta}=\dfrac{S_x^{*2}/S_y^{*2}}{F_{1-\frac{\alpha}{2}}}$，$\bar{\theta}=\dfrac{S_x^{*2}/S_y^{*2}}{F_{\frac{\alpha}{2}}}$，则有 $P\left\{\underline{\theta}\leqslant\dfrac{\sigma_1^2}{\sigma_2^2}\leqslant\bar{\theta}\right\}=1-\alpha$，按照定义，$[\underline{\theta}, \bar{\theta}]$就是 $\dfrac{\sigma_1^2}{\sigma_2^2}$的水平为 $1-\alpha$ 的置信区间.

同时，由 $P\left\{\underline{\theta}\leqslant\dfrac{\sigma_1^2}{\sigma_2^2}\leqslant\bar{\theta}\right\}=1-\alpha$ 可知，$P\left\{\sqrt{\underline{\theta}}\leqslant\dfrac{\sigma_1}{\sigma_2}\leqslant\sqrt{\bar{\theta}}\right\}=1-\alpha$，所以，顺便还可推出，$\dfrac{\sigma_1}{\sigma_2}$ 的置信水平为 $1-\alpha$ 的置信区间为$[\sqrt{\underline{\theta}}, \sqrt{\bar{\theta}}]$.

例 5 对甲、乙两厂生产的电池进行抽查，测得使用寿命(单位：h)如下：

甲厂电池寿命	550, 540, 600, 510
乙厂电池寿命	635, 580, 595, 660, 640

设甲、乙两厂生产的电池，使用寿命分别为 $\xi\sim N(\mu_1, \sigma_1^2)$ 和 $\eta\sim N(\mu_2, \sigma_2^2)$，求：

(1) $\dfrac{\sigma_1^2}{\sigma_2^2}$ 的置信水平为 95%的置信区间；

(2) $\dfrac{\sigma_1}{\sigma_2}$ 的置信水平为 95%的置信区间.

解 $m=4$, $S_x^{*2}=1\,400$, $n=5$, $S_y^{*2}=1\,107.5$，则

$$\frac{S_x^{*2}}{S_y^{*2}}=\frac{1\,400}{1\,107.5}=1.264.$$

对 $1-\alpha=0.95$，$1-\dfrac{\alpha}{2}=0.975$，自由度$(m-1, n-1)=(3, 4)$，查 F 分布表，得

$$F_{1-\frac{\alpha}{2}}(m-1, n-1)=F_{0.975}(3, 4)=9.98,$$

$$F_{\frac{\alpha}{2}}(m-1, n-1)=\frac{1}{F_{1-\frac{\alpha}{2}}(n-1, m-1)}=\frac{1}{F_{0.975}(4, 3)}=\frac{1}{15.1}=0.066\,2.$$

$$\underline{\theta}=\frac{S_x^{*2}/S_y^{*2}}{F_{1-\frac{\alpha}{2}}}=\frac{1.264}{9.98}=0.126\,7,$$

$$\bar{\theta}=\frac{S_x^{*2}/S_y^{*2}}{F_{\frac{\alpha}{2}}}=\frac{1.264}{0.066\,2}=19.09.$$

$\dfrac{\sigma_1^2}{\sigma_2^2}$的水平为 95%的置信区间为[0.126 7, 19.09]. 又因为

$$\sqrt{\underline{\theta}}=\sqrt{0.126\,7}=0.356, \sqrt{\bar{\theta}}=\sqrt{19.09}=4.369,$$

所以，$\dfrac{\sigma_1}{\sigma_2}$的水平为 95%的置信区间为[0.356, 4.369].

作为总结，我们在表 3－1 中列出了在各种情形下求正态总体参数的置信区间的公式. 其中大多数情形已经在前面作了介绍. 对于前面没有讲到过的情况，当我们需要求置信区间时，可以直接按照表 3－1 中的公式进行计算. 有兴趣的读者，可以根据 2.5 节中的定理，将表中我们未曾推导过的公式自行推导出来.

表 3－1 正态总体参数的置信区间

	待估参数	条 件	置信区间$[\underline{\theta}, \bar{\theta}]$	分 布
单个总体	μ	已知 $\sigma=\sigma_0$	$\underline{\theta}, \bar{\theta}=\bar{X}\mp u_{1-\frac{\alpha}{2}}\dfrac{\sigma_0}{\sqrt{n}}$	$N(0, 1)$
		σ 未知	$\underline{\theta}, \bar{\theta}=\bar{X}\mp t_{1-\frac{\alpha}{2}}\dfrac{S^*}{\sqrt{n}}$	$t(n-1)$
	σ^2	已知 $\mu=\mu_0$	$\underline{\theta}=\dfrac{nS^2+n(\bar{X}-\mu_0)^2}{\chi^2_{1-\frac{\alpha}{2}}}$ $\bar{\theta}=\dfrac{nS^2+n(\bar{X}-\mu_0)^2}{\chi^2_{\frac{\alpha}{2}}}$	$\chi^2(n)$
		μ 未知	$\underline{\theta}=\dfrac{(n-1)S^{*2}}{\chi^2_{1-\frac{\alpha}{2}}}, \bar{\theta}=\dfrac{(n-1)S^{*2}}{\chi^2_{\frac{\alpha}{2}}}$	$\chi^2(n-1)$
两个总体	$\mu_1-\mu_2$	σ_1, σ_2 已知	$\underline{\theta}, \bar{\theta}=\bar{X}-\bar{Y}\mp u_{1-\frac{\alpha}{2}}\sqrt{\dfrac{\sigma_1^2}{m}+\dfrac{\sigma_2^2}{n}}$	$N(0, 1)$
		σ_1, σ_2 未知 但有 $\sigma_1=\sigma_2$	$\underline{\theta}, \bar{\theta}=\bar{X}-\bar{Y}\mp t_{1-\frac{\alpha}{2}}S_w\sqrt{\dfrac{1}{m}+\dfrac{1}{n}}$	$t(m+n-2)$
	$\dfrac{\sigma_1^2}{\sigma_2^2}$	μ_1, μ_2 已知	$\underline{\theta}=\dfrac{S_x^2+(\bar{X}-\mu_1)^2}{S_y^2+(\bar{Y}-\mu_2)^2}\times\dfrac{1}{F_{1-\frac{\alpha}{2}}}$ $\bar{\theta}=\dfrac{S_x^2+(\bar{X}-\mu_1)^2}{S_y^2+(\bar{Y}-\mu_2)^2}\times\dfrac{1}{F_{\frac{\alpha}{2}}}$	$F(m, n)$
		μ_1, μ_2 未知	$\underline{\theta}=\dfrac{S_x^{*2}/S_y^{*2}}{F_{1-\frac{\alpha}{2}}}, \bar{\theta}=\dfrac{S_x^{*2}/S_y^{*2}}{F_{\frac{\alpha}{2}}}$	$F(m-1, n-1)$

3.5 延伸阅读

德军坦克数量的点估计：

二战中盟军发现德军的坦克是从 1 开始连续编号的. 为了估计德军坦克的总数,他们把战场上遇到的德军坦克序号记录下来. 通过分析,他们非常准确地估计了德军的坦克总数. 他们是怎样估计的呢? 假设德军的坦克总数为 N,已经出现被记录下的不同编号的个数为 n,其中被记录下的最大编号为 M. 再假设样本即 n 个不同的坦克编号是随机的. 若令 ξ 为 n 个编号中的最大号码,则显然

$$P\{\xi=k\}=\frac{C_{k-1}^{n-1}}{C_N^n}\quad (k=n,n+1,\cdots,N)$$

于是

$$E\xi=\sum_{k=n}^{N}kP\{\xi=k\}=\sum_{k=n}^{N}\frac{k!/(n-1)!(n-k)!}{C_N^n}=\sum_{k=n}^{N}\frac{nC_k^n}{C_N^n}=\frac{nC_{N+1}^{n+1}}{C_N^n}$$

(因为从 $1\sim N+1$ 中任取 $n+1$ 的方案数为 C_{N+1}^{n+1},而取到的最大号码只可能为 $n+1,n+2,\cdots,N+1$,方案数分别为 $C_n^n,C_{n+1}^n,\cdots,C_N^n$. 故有 $\sum\limits_{k=n}^{N}C_k^n=C_{N+1}^{n+1}$). 根据矩法估计的思想,令 $E\xi=\overline{X}$,注意这里对应总体 ξ 的样本就是已记录的最大编号 M.
于是有

$$\frac{nC_{N+1}^{n+1}}{C_N^n}=M,\ 即\ \frac{n(N+1)!}{(n+1)!(N-n)!}=M\frac{N!}{n!(N-n)!}$$

解之得 $\hat{N}=\left(1+\frac{1}{n}\right)M-1$. 这个结果与当时盟军用最小方差无偏估计方法得到的结果是一致的. 对于这个问题,还有没有其他的估计方法呢? 当然有,比如也可用极大似然估计,甚至先求记录下来的几个不同号码的平均值,用 2 倍的样本均值来估计坦克的总数(缺点是 2 倍均值可能小于 M). 总之,点估计的方法有很多,并不局限于我们教材讲到的矩法估计和极大似然估计. 评价点估计的标准无偏性,有效性等有时理论上的证明比较困难,还可以通过随机模拟的方法来验证. 比如本例中,取定 $N=1\,000$,利用 Excel 的 RANDBETWEEN (1,1 000)生成一组 $n=100$ 的随机数,找到其中最大的随机数 M. 代入

$$\hat{N}=\left(1+\frac{1}{n}\right)M-1=\left(1+\frac{1}{100}\right)M-1,$$

比较 $\hat{N}$ 与 $N=1\,000$ 的大小. 重复若干次试验,若这些 $\hat{N}$ 的平均值约等于 N,那么这个 $\hat{N}$ 就是 N 的无偏估计. 若各次试验结果发现 $\hat{N}$ 比 N 偏大,就需要根据试验结果对 $\hat{N}$ 进行修正,比如乘上一个小于 1 的系数. 以上这种随机模拟的方法,也称蒙特卡罗方法,在实践中有着广泛的应用(埃维森. 统计学. 吴喜之,等译. 北京:高等教育出版社,2000.).

思考题

3.4 节中关于正态总体方差 σ^2 的区间估计能否保证是置信水平 $1-\alpha$ 下精度最高的区间估计?

习 题 三

3.1 设 ξ 的概率密度为 $\varphi(x)=\begin{cases}\theta(\theta+1)x^{\theta-1}(1-x), & \text{当 } 0<x<1 \text{ 时},\\ 0, & \text{其他},\end{cases}$

其中,$\theta>0$ 是未知参数,$(X_1, X_2, \cdots, X_n)$是 ξ 的样本,求 θ 的矩法估计.

3.2 设 ξ 的概率密度为 $\varphi(x)=\begin{cases}\theta x^{\theta-1}, & \text{当 } 0<x<1 \text{ 时},\\ 0, & \text{其他},\end{cases}$ 其中,$\theta>0$ 是未知参数,$(X_1, X_2, \cdots, X_n)$是 ξ 的样本,求:

(1) θ 的矩法估计; (2) θ 的极大似然估计.

3.3 设总体 ξ 服从 Poisson 分布,概率分布为

$$P\{\xi=k\}=\frac{\lambda^k}{k!}\mathrm{e}^{-\lambda},\ k=0,1,2,\cdots,$$

其中,$\lambda>0$ 是未知参数,$(X_1, X_2, \cdots, X_n)$是 ξ 的样本,求:

(1) λ 的矩法估计; (2) λ 的极大似然估计.

3.4 设总体 ξ 服从几何分布,概率分布为

$$P\{\xi=k\}=(1-p)^{k-1}p,\ k=1,2,\cdots,$$

其中,$0<p<1$ 是未知参数,$(X_1, X_2, \cdots, X_n)$ 是 ξ 的样本,求 p 的极大似然估计.

3.5 设总体 ξ 服从$[a, b]$上的均匀分布,概率密度为

$$\varphi(x)=\begin{cases}\dfrac{1}{b-a}, & \text{当 } a\leqslant x\leqslant b \text{ 时},\\ 0, & \text{其他}.\end{cases}$$

其中,$a<b$ 是未知参数,$(X_1, X_2, \cdots, X_n)$是 ξ 的样本,求:

(1) a, b 的矩法估计; (2) a, b 的极大似然估计.

3.6 已知总体 ξ 服从 Laplace 分布,概率密度为 $\varphi(x)=\frac{1}{2\sigma}\mathrm{e}^{-\frac{|x|}{\sigma}}$,其中,$\sigma>0$ 是未知参数,$(X_1, X_2, \cdots, X_n)$是 ξ 的样本,求 σ 的极大似然估计.

3.7 已知总体 ξ 服从 Maxwell 分布,概率密度为

$$\varphi(x)=\begin{cases}\dfrac{4x^2}{a^3\sqrt{\pi}}\mathrm{e}^{-\frac{x^2}{a^2}}, & \text{当 } x>0 \text{ 时},\\ 0, & \text{当 } x\leqslant 0 \text{ 时}.\end{cases}$$

其中,$a>0$ 是未知参数,$(X_1, X_2, \cdots, X_n)$是 ξ 的样本,求 a 的极大似然估计.

3.8 设总体 ξ 服从对数正态分布,概率密度为

$$\varphi(x)=\begin{cases}\dfrac{1}{\sqrt{2\pi}\sigma x}\exp\left[-\dfrac{(\ln x-\mu)^2}{2\sigma^2}\right], & \text{当 } x>0 \text{ 时},\\ 0, & \text{当 } x\leqslant 0 \text{ 时}.\end{cases}$$

其中,μ, σ^2都未知,$(X_1, X_2, \cdots, X_n)$是ξ的样本,求μ和σ^2的极大似然估计.

3.9 设总体ξ服从$[\mu-1, \mu+1]$上的均匀分布,概率密度为

$$\varphi(x)=\begin{cases}\dfrac{1}{2}, & \text{当 } \mu-1\leqslant x\leqslant\mu+1 \text{ 时},\\ 0, & \text{其他}.\end{cases}$$

其中,μ是未知参数,$(X_1, X_2, \cdots, X_n)$是ξ的样本,求μ的极大似然估计.

3.10 设总体ξ的概率分布为

ξ	0	1	2
$P\{\xi=k\}$	$1-3\theta$	θ	2θ

其中,$\theta\left(0<\theta<\dfrac{1}{3}\right)$是未知参数,利用总体$\xi$的如下样本观测值

$$1, 0, 1, 2, 1,$$

求θ的矩法估计值和极大似然估计值.

3.11 已知总体ξ的概率密度为$\varphi(x)=\begin{cases}\dfrac{4x^3}{\theta^4}, & \text{当 } 0\leqslant x\leqslant\theta \text{ 时},\\ 0, & \text{其他},\end{cases}$

其中,$\theta>0$是未知参数,$(X_1, X_2, \cdots, X_n)$是ξ的样本.

(1) 求θ的矩法估计$\hat{\theta}$. 问:这个矩法估计$\hat{\theta}$是不是θ的无偏估计?

(2) 求θ的极大似然估计$\hat{\theta}_L$.

3.12 设$(X_1, X_2, \cdots, X_n)$是总体$\xi\sim N(0, \sigma^2)$的样本,其中σ^2未知,求常数c,使$c\sum\limits_{i=1}^{n}X_i^2$是$\sigma^2$的无偏估计.

3.13 设$(X_1, X_2, \cdots, X_n)$是总体$\xi\sim N(\mu, \sigma^2)$的样本,其中μ, σ^2未知,求常数c,使$c\sum\limits_{i=1}^{n-1}(X_{i+1}-X_i)^2$是$\sigma^2$的无偏估计.

3.14 设总体$\xi\sim N(\mu, \sigma^2)$, (X_1, X_2, X_3)是ξ的样本,证明下列统计量都是μ的无偏估计,并比较哪一个估计最有效:

$$\hat{\mu}_1=\frac{2}{5}X_1+\frac{1}{5}X_2+\frac{2}{5}X_3,$$

$$\hat{\mu}_2=\frac{1}{6}X_1+\frac{1}{3}X_2+\frac{1}{2}X_3,$$

$$\hat{\mu}_3=\frac{2}{3}X_1+\frac{1}{4}X_2+\frac{1}{12}X_3.$$

3.15 设$\hat{\theta}_1$和$\hat{\theta}_2$是参数θ的两个相互独立的无偏估计,而且已知有$D(\hat{\theta}_1)=2D(\hat{\theta}_2)$. 试求常数$a$、$b$,使得$a\hat{\theta}_1+b\hat{\theta}_2$是$\theta$的无偏估计,且在一切这样的线性估计类中方差最小.

3.16 设总体 ξ 的概率密度为 $\varphi(x)=\begin{cases}\dfrac{\theta}{x^2}, & 当\ x\geqslant\theta\ 时,\\ 0, & 当\ x<\theta\ 时,\end{cases}$ 其中,$\theta>0$ 是未知参数,$(X_1, X_2, \cdots, X_n)$ 是 ξ 的容量为 n $(n>2)$ 的样本.

(1) 求 θ 的极大似然估计 $\hat{\theta}$; (2) 求总体 ξ 的分布函数 $F(x)$;

(3) 求 $\hat{\theta}$ 的分布函数 $F_{\hat{\theta}}(x)$; (4) $\hat{\theta}$ 是不是 θ 的无偏估计?

(5) 求 $\hat{\theta}$ 的方差 $D(\hat{\theta})$.

3.17 设随机地从一批钉子中抽取 8 枚,测得它们的长度(单位: cm) 分别为

$$2.14, 2.10, 2.13, 2.15, 2.12, 2.16, 2.13, 2.11.$$

设钉子的长度 $\xi\sim N(\mu, \sigma^2)$,求在以下两种情况下长度的平均值 μ 的置信水平为 95% 的置信区间:

(1) 已知 $\sigma=0.01$ cm; (2) σ 未知.

3.18 对铝的密度(单位: g/cm^3)进行 16 次测量,测得样本均值 $\overline{X}=2.705$,样本标准差 $S=0.029$. 设样本来自正态总体 $\xi\sim N(\mu, \sigma^2)$,求:

(1) 总体均值 μ 的置信水平为 95%的置信区间;

(2) 总体标准差 σ 的置信水平为 95%的置信区间.

3.19 从自动车床生产的螺丝钉中抽取 9 枚,测得质量(单位: g)如下:

$$5.42, 5.29, 5.40, 5.24, 5.58, 5.21, 5.44, 5.49, 5.53.$$

设螺丝钉的质量 $\xi\sim N(\mu, \sigma^2)$,求:

(1) μ 的置信水平为 95%的置信区间;

(2) σ 的置信水平为 95%的置信区间.

3.20 某种炮弹的炮口速度服从正态分布 $N(\mu, \sigma^2)$,随机地取 9 发炮弹做试验,测得炮口速度的修正样本标准差 $S^*=11$(m/s),求 σ^2 和 σ 的置信水平为 95%的置信区间.

3.21 设总体 $\xi\sim N(\mu, 4)$,样本均值为 $\overline{X}$,要使得总体均值 μ 的置信水平为 95% 的置信区间为 $[\overline{X}-0.560, \overline{X}+0.560]$,样本容量(样本观测次数)$n$ 必须是多少?

3.22 设用原料 A 和原料 B 生产的两种电子管的使用寿命(单位: h)分别为 $\xi\sim N(\mu_1, \sigma_1^2)$ 和 $\eta\sim N(\mu_2, \sigma_2^2)$,其中 σ_1, σ_2 都未知,但已知 $\sigma_1=\sigma_2$. 现对这两种电子管的使用寿命进行测试,测得结果如下:

原料 A	1 460, 1 550, 1 640, 1 600, 1 620, 1 660, 1 740, 1 820
原料 B	1 580, 1 640, 1 750, 1 640, 1 700

求 $\mu_1-\mu_2$ 的置信水平为 95%的置信区间.

3.23 甲、乙两人相互独立地对一种聚合物的含氯量用相同的方法各做 10 次测定,测定值的样本方差分别为 $S_x^2=0.5419$ 和 $S_y^2=0.6050$,设测定值服从正态分布,求他们测定值的方差之比的置信水平为 95%的置信区间.

3.24 设甲、乙两种灯泡的使用寿命(单位: h)分别为 $\xi\sim N(\mu_1, \sigma_1^2)$ 和 $\eta\sim N(\mu_2, \sigma_2^2)$. 从甲种灯泡中任取 5 只,测得样本均值 $\overline{X}=1000$,修正样本标准差 $S_x^*=20$; 从乙种灯泡

中任取 7 只,测得样本均值 $\overline{Y}=980$,修正样本标准差 $S_y^*=21$.

(1) 假定已知 $\sigma_1=\sigma_2$,求 $\mu_1-\mu_2$ 的置信水平为 95%的置信区间;

(2) 求 $\frac{\sigma_1}{\sigma_2}$ 的置信水平为 95%的置信区间.

3.25 某汽车租赁公司欲估计顾客租赁汽车后的平均行驶里程,随机抽查了 200 名顾客,根据行驶记录计算得平均行驶里程 $\overline{x}=325$(公里),修正标准差 $S^*=60$(公里),求平均行驶里程置信水平为 90%的置信区间(提示:中心极限定理).

4 假设检验

4.1 假设检验的基本思想

为了说明假设检验的基本思想,先看下面几个例子.

例 1 某车间用包装机装葡萄糖,按照标准,每袋平均净重应为 0.5 kg,现抽查 9 袋,测得净重(单位: kg)为

$$0.497,\ 0.506,\ 0.516,\ 0.524,\ 0.481,\ 0.511,\ 0.510,\ 0.515,\ 0.512.$$

问包装机工作是否正常?

可以认为,每袋糖的净重 ξ 服从正态分布 $N(\mu, \sigma^2)$,平均净重就是总体 ξ 的均值 μ,包装机工作正常时,应该有 $\mu=0.5$. 所以,这相当于先提出了一个假设 $H_0:\mu=0.5$,然后要求我们根据实际测得的样本数据,检验它是否成立.

例 2 对于某种针织品的强度,在 80℃时,抽取 5 个样品,测得样本均值 $\overline{X}=19.6$,修正样本标准差 $S_X^*=0.42$;在 70℃时,抽取 6 个样品,测得样本均值 $\overline{Y}=20.3$,修正样本标准差 $S_Y^*=0.30$. 设这种针织品的强度服从正态分布,问在 80℃和 70℃时的平均强度是否相同?

设针织品在 80℃和 70℃时的强度为 $\xi\sim N(\mu_1, \sigma_1^2)$ 和 $\eta\sim N(\mu_2, \sigma_2^2)$,平均强度就是两个总体的均值 μ_1 和 μ_2. 所以,问题相当于要求从样本观测值出发,检验假设 $H_0:\mu_1=\mu_2$ 是否成立.

例 3 已知某班学生的一次考试成绩,问学生的考试成绩 ξ 是否服从正态分布?

学生的考试成绩可以看作总体 ξ 的样本观测值,问题相当于提出了这样一个假设 $H_0:\xi\sim N(\mu, \sigma^2)$,然后要求从样本出发,检验它是否成立.

这三个例子有一个共同的特点,它们都是先提出了一个假设,然后要求从样本出发检验它是否成立. 这种问题称为假设检验问题.

在假设检验中,提出要求检验的假设,称为**原假设**,记为 H_0. 原假设如果不成立,就要接受另一个假设,这另一个假设称为**备选假设**,记为 H_1.

例如,在例 1 中,原假设是 $H_0:\mu=0.5$,备选假设是 $H_1:\mu\neq 0.5$;在例 2 中,原假设是 $H_0:\mu_1=\mu_2$,备选假设是 $H_1:\mu_1\neq\mu_2$;在例 3 中,原假设是 $H_0:\xi\sim N(\mu, \sigma^2)$,备选假设是

$H_1:\xi$ 不服从正态分布.

为了便于做假设检验,一般总是用带等号的式子作为原假设.当原假设与备选假设正好相反时,通常只写出原假设,备选假设就不写出来了.

假设检验是如何进行的呢?下面以一种简单的情况为例,推导出这种情况下的检验方法,并以此说明假设检验的基本思想和原理.

问题 设总体 $\xi \sim N(\mu, \sigma^2)$,已知其中 $\sigma = \sigma_0$, $(X_1, X_2, \cdots, X_n)$ 是 ξ 的样本,要检验 $H_0:\mu = \mu_0$(其中 μ_0 是某个已知常数).

分析推导 因为 $\xi \sim N(\mu, \sigma_0^2)$,由 2.5 节的定理 1 可知,这时 $\frac{\overline{X}-\mu}{\sigma_0}\sqrt{n} \sim N(0, 1)$,其中 $\overline{X}$ 是样本均值.

取一个统计量 $U = \frac{\overline{X}-\mu_0}{\sigma_0}\sqrt{n} = \frac{\overline{X}-\mu}{\sigma_0}\sqrt{n} + \frac{\mu-\mu_0}{\sigma_0}\sqrt{n}.$

若 $H_0:\mu = \mu_0$ 为真,则 $\frac{\mu-\mu_0}{\sigma_0}\sqrt{n} = 0$,则

$$U = \frac{\overline{X}-\mu_0}{\sigma_0}\sqrt{n} = \frac{\overline{X}-\mu}{\sigma_0}\sqrt{n} \sim N(0, 1).$$

若 $H_0:\mu=\mu_0$ 不真,则 $\frac{\mu-\mu_0}{\sigma_0}\sqrt{n} \neq 0$,这时,$U$ 这个随机变量等于一个服从 $N(0, 1)$ 分布的随机变量,再加上一个不等于 0 的项,所以,这时统计量 U 的分布,相对于 $N(0, 1)$ 分布来说,峰值位置会有一个向左或向右的偏移(图 4-1).

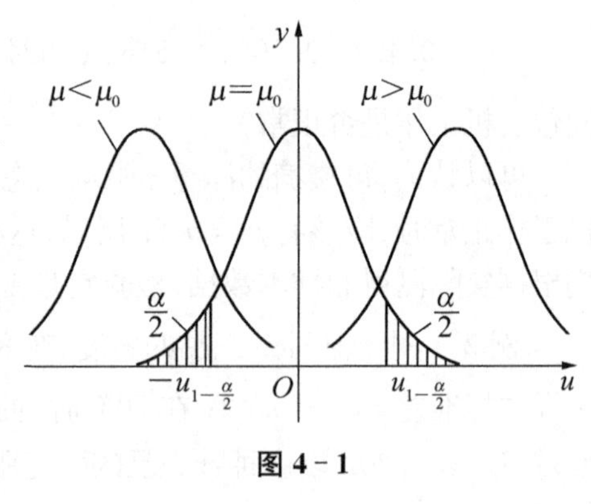

图 4-1

从样本可以算出 U 的值,如果 U 的值落在中间,绝对值较小,显然 H_0 为真的可能性比较大,为不真的可能性比较小,这时应该接受 H_0;如果 U 的值落在两边,绝对值偏大,则 H_0 为不真的可能性比较大,为真的可能性比较小,这时应该拒绝 H_0.

那么,如何来区分"中间"与"两边"呢?如果事先给定一个很小的概率 α(例如 $\alpha=0.01$, 0.05, 0.1, …),让 U 落入两侧的概率总和等于或不超过这个给定的概率 α.根据正态分布的对称性,统计量 U 落入左侧或右侧的概率就都是 $\frac{\alpha}{2}$.由此可确定正态分布的左侧分位数 $u_{1-\frac{\alpha}{2}}$,它把 U 的取值分成两个区域,即

$$W_0=\left\{U \middle| \, |U| \leqslant u_{1-\frac{\alpha}{2}}\right\} \text{和} W_1=\left\{U \middle| \, |U| > u_{1-\frac{\alpha}{2}}\right\}.$$

于是,当原假设 H_0 为真时,$P\{U\in W_1\}=\alpha$.根据小概率事件原理,即"一个概率很小的事件在一次试验中是几乎不可能发生的",若小概率事件"$U\in W_1$"发生了,此时我们应该拒绝原假设 H_0(否则与小概率事件原理矛盾).反之,当 U 的观测值落入 W_0 时,应该接受原假设 H_0.

因此,我们把 W_1 和 W_0 分别称为原假设 H_0 的**拒绝域**和**接受域**,即统计量 U 的观测值

落入 W_1 时就拒绝 H_0,落入 W_0 时就接受 H_0.

那么,当统计量 U 的观测值落入 W_1 时是否意味着 H_0 一定为假呢?从图4-1可以看出,显然不是.不过,原假设 H_0 为真时,U 的观测值落入两侧即 W_1 的概率很小,它就等于事先给定的很小的数 α(后面讲到的单侧检验可以证明:H_0 为真时统计量落入拒绝域 W_1 的概率不超过 α).

这个事先给定的一个很小的概率 α 叫**显著性水平**,当 H_0 为真时而拒绝 H_0 所犯的错误叫**第一类错误**,因为显著性水平 α 是事先给定的,故假设检验犯第一类错误的概率是可以控制的,即 $P\{拒绝\ H_0 \mid H_0\ 为真\} \leqslant \alpha$.

当 H_0 为假时而接受 H_0 所犯的错误叫**第二类错误**,犯第二类错误的概率记为 β,即 $P\{接受\ H_0 \mid H_0\ 为假\} = \beta$.

我们当然希望犯第一类错误和第二类错误的概率都尽可能地小.但是这又是两个矛盾的指标.一般地,犯第一类错误的概率小了,犯第二类错误的概率就会变大.而犯第二类错误的概率小了,犯第一类错误的概率会变大.通常,我们是限定犯第一类错误的概率不超过给定的 α,使犯第二类错误的概率尽可能地小,由此,根据显著性水平 α 来确定分位数,划分 H_0 的接受域 W_0 和拒绝域 W_1,这样的检验称为**显著性检验**(Test of Significance).

	统计量落入 W_0(接受 H_0)	统计量落入 W_1(拒绝 H_0)
H_0 为真	正确(概率为 1-犯第一类错误的概率)	犯第一类错误(概率不超过 α)
H_0 不真	犯第二类错误(概率为 β)	正确(概率为 $1-\beta$)

例如在上面的问题中,设显著水平为 α,则有

$$\alpha = P\{U \in W_1 \mid H_0\ 为真\} = P\left\{ |U| > u_{1-\frac{\alpha}{2}} \,\middle|\, H_0\ 为真 \right\}.$$

H_0 为真时,$U = \dfrac{\overline{X} - \mu_0}{\sigma_0}\sqrt{n} \sim N(0,\ 1)$,由于 $N(0,\ 1)$分布的概率密度曲线关于 $x = 0$ 左右对称,所以由 $P\{|U| > u_{1-\frac{\alpha}{2}}\} = \alpha$ 可知,有 $P\{U > u_{1-\frac{\alpha}{2}}\} = \dfrac{\alpha}{2}$,即 $P\{U \leqslant u_{1-\frac{\alpha}{2}}\} = 1 - \dfrac{\alpha}{2}$.满足这一式子的分位数 $u_{1-\frac{\alpha}{2}}$ 可从附录中$N(0,\ 1)$分布的分位数表中查到.

因此,可得到如下检验方法:

从样本求出统计量 $U = \dfrac{\overline{X} - \mu_0}{\sigma_0}\sqrt{n}$ 的值.对于给定的显著水平 α,查附录中 $N(0,\ 1)$分布的分位数表,可以求出分位数 $u_{1-\frac{\alpha}{2}}$,使得 $P\{U \leqslant u_{1-\frac{\alpha}{2}}\} = 1 - \dfrac{\alpha}{2}$.将统计量 U 的值与分位数比较,如果 $|U| > u_{1-\frac{\alpha}{2}}$ 就拒绝 H_0;如果 $|U| \leqslant u_{1-\frac{\alpha}{2}}$ 就接受 H_0.

4.2 正态总体参数的假设检验

4.2.1 单个总体,方差已知时均值的检验

问题 设总体 $\xi \sim N(\mu,\ \sigma^2)$,已知其中 $\sigma = \sigma_0$,$(X_1,\ X_2,\ \cdots,\ X_n)$ 是 ξ 的样本,要检验

$H_0:\mu=\mu_0$.

在 4.1 节中,我们已经推导出这种情形下的检验方法,下面看一个例子.

例 1 某厂生产的纽扣,其直径(单位:mm) $\xi\sim N(\mu,\sigma^2)$,已知$\sigma=4.2$ mm,现从中抽查 100 颗,测得样本均值 $\overline{X}=26.56$ mm. 已知在标准情况下,纽扣直径的平均值应该是 27 mm,问:是否可以认为这批纽扣的直径符合标准(显著水平 $\alpha=0.05$)?

解 问题相当于要检验 $H_0:\mu=27$.

$$U=\frac{\overline{X}-\mu_0}{\sigma_0}\sqrt{n}=\frac{26.56-27}{4.2}\sqrt{100}=-1.048.$$

对 $\alpha=0.05$,查 $N(0,1)$分布的分位数表,可得分位数 $u_{1-\frac{\alpha}{2}}=1.9600$,因为 $|U|=|-1.048|=1.048<1.9600$,所以接受 $H_0:\mu=27$,可以认为这批纽扣的直径符合标准.

4.2.2 单个总体,方差未知时均值的检验

问题 设总体 $\xi\sim N(\mu,\sigma^2)$,其中 $\sigma>0$ 未知,$(X_1,X_2,\cdots,X_n)$是 ξ 的样本,要检验 $H_0:\mu=\mu_0$.

分析推导 因为$\xi\sim N(\mu,\sigma_0^2)$,由 2.5 节的定理 6 可知,这时 $\frac{\overline{X}-\mu}{S^*}\sqrt{n}\sim t(n-1)$,其中,$\overline{X}$是样本均值,$S^*$ 是修正样本标准差.

取一个统计量 $T=\frac{\overline{X}-\mu_0}{S^*}\sqrt{n}=\frac{\overline{X}-\mu}{S^*}\sqrt{n}+\frac{\mu-\mu_0}{S^*}\sqrt{n}$.

若 $H_0:\mu=\mu_0$ 为真,则$\frac{\mu-\mu_0}{S^*}\sqrt{n}=0$,显然有

$$T=\frac{\overline{X}-\mu_0}{S^*}\sqrt{n}=\frac{\overline{X}-\mu}{S^*}\sqrt{n}\sim t(n-1).$$

若 $H_0:\mu=\mu_0$ 不真,则$\frac{\mu-\mu_0}{S^*}\sqrt{n}\neq 0$,即 T 这个随机变量,等于一个服从 $t(n-1)$ 分布的随机变量,再加上一个不等于 0 的项,所以,这时统计量 T 的分布,相对于 $t(n-1)$ 分布来说,峰值位置会有一个向左或向右的偏移.

因此可得到如下检验方法:

从样本求出统计量 $T=\frac{\overline{X}-\mu_0}{S^*}\sqrt{n}$ 的值,对于给定的显著水平 α,查 t 分布的分位数表,可以求出分位数 $t_{1-\frac{\alpha}{2}}(n-1)$,将统计量 T的值与分位数$t_{1-\frac{\alpha}{2}}(n-1)$比较,当$|T|>t_{1-\frac{\alpha}{2}}(n-1)$时拒绝 H_0,否则接受 H_0.

例 2 某车间用包装机装葡萄糖,每袋糖的净重$\xi\sim N(\mu,\sigma^2)$,包装机工作正常时,应该有 $\mu=0.5$. 现抽查 9 袋,测得净重为

$$0.497,\ 0.506,\ 0.516,\ 0.524,\ 0.481,\ 0.511,\ 0.510,\ 0.515,\ 0.512.$$

问包装机工作是否正常(显著水平 $\alpha=0.05$)?

解 问题相当于要检验 $H_0:\mu=0.5$.

样本容量 $n=9$,样本均值 $\overline{X}=0.508$,修正样本标准差 $S^*=0.01251$,则

$$T=\frac{\overline{X}-\mu_0}{S^*}\sqrt{n}=\frac{0.508-0.5}{0.01251}\times\sqrt{9}=1.9185.$$

对 $\alpha=0.05$, 查 t 分布的分位数表, 得 $t_{1-\frac{\alpha}{2}}(n-1)=t_{0.975}(8)=2.3060$. 由于 $|T|=|1.9185|=1.9185<2.3060$,因此接受 $H_0:\mu=0.5$, 可以认为包装机工作正常.

4.2.3 单个总体,均值未知时方差的检验

问题 设总体 $\xi\sim N(\mu,\sigma^2)$, 其中 μ 未知,$(X_1, X_2, \cdots, X_n)$是 ξ 的样本,要检验 $H_0:\sigma^2=\sigma_0^2$(或 $\sigma=\sigma_0$).

分析推导 因为 $\xi\sim N(\mu,\sigma^2)$, 由 2.5 节的定理 4 可知,这时有

$$\frac{(n-1)S^{*2}}{\sigma^2}\sim\chi^2(n-1),$$

其中 S^{*2} 是修正样本方差.

取一个统计量 $\chi^2=\frac{(n-1)S^{*2}}{\sigma_0^2}=\frac{(n-1)S^{*2}}{\sigma^2}\times\frac{\sigma^2}{\sigma_0^2}$.

若 $H_0:\sigma^2=\sigma_0^2$ 为真,则 $\frac{\sigma^2}{\sigma_0^2}=1$, 显然有

$$\chi^2=\frac{(n-1)S^{*2}}{\sigma_0^2}=\frac{(n-1)S^{*2}}{\sigma^2}\sim\chi^2(n-1);$$

若 $H_0:\sigma^2=\sigma_0^2$ 不真,则 $\frac{\sigma^2}{\sigma_0^2}\neq 1$,$\chi^2$ 这个随机变量,等于一个服从 $\chi^2(n-1)$ 分布的随机变量,再乘以一个不等于 1 的项,所以,这时统计量 χ^2 的分布,相对于 $\chi^2(n-1)$ 分布来说,峰值位置会有一个向左或向右的偏移.

因此可得到如下检验方法:

从样本求出统计量 $\chi^2=\frac{(n-1)S^{*2}}{\sigma_0^2}$ 的值. 查附录中 χ^2 分布的分位数表,可以求出分位数 $\chi^2_{\frac{\alpha}{2}}(n-1)$ 和 $\chi^2_{1-\frac{\alpha}{2}}(n-1)$,将统计量 χ^2 的值与分位数 $\chi^2_{\frac{\alpha}{2}}(n-1)$ 和 $\chi^2_{1-\frac{\alpha}{2}}(n-1)$ 比较,当 $\chi^2<\chi^2_{\frac{\alpha}{2}}(n-1)$ 或 $\chi^2>\chi^2_{1-\frac{\alpha}{2}}(n-1)$ 时拒绝 H_0,否则接受 H_0.

例 3 某厂生产的维尼纶的纤度 $\xi\sim N(\mu,\sigma^2)$,已知在正常情况下有 $\sigma=0.048$. 现从中抽查 5 根,测得纤度为 1.32, 1.55, 1.36, 1.40, 1.44,问: ξ 的标准差 σ 是否发生了显著的变化(显著水平 $\alpha=0.05$)?

解 问题相当于要检验 $H_0:\sigma=0.048$.

样本容量 $n=5$,修正样本方差 $S^{*2}=0.00778$,则

$$\chi^2=\frac{(n-1)S^{*2}}{\sigma_0^2}=\frac{(5-1)\times 0.00778}{0.048^2}=13.51.$$

对 $\alpha=0.05$,查 χ^2 分布的分位数表,得

$$\chi^2_{\frac{\alpha}{2}}(n-1)=\chi^2_{0.025}(4)=0.484$$

及 $$\chi^2_{1-\frac{\alpha}{2}}(n-1)=\chi^2_{0.975}(4)=11.143.$$

由于 $\chi^2=13.51>11.143$,所以拒绝 $H_0:\sigma=0.048$.

所以纤度的标准差发生了显著的变化.

4.2.4 两个总体,方差未知但相等时均值是否相等的检验

问题 设总体 $\xi\sim N(\mu_1,\sigma_1^2)$, $\eta\sim N(\mu_2,\sigma_2^2)$,其中 σ_1, σ_2 都未知,但已知$\sigma_1=\sigma_2$, $(X_1,X_2,\cdots,X_m)$, $(Y_1,Y_2,\cdots,Y_n)$ 分别是 ξ, η 的样本,两个样本相互独立,要检验 $H_0:\mu_1=\mu_2$.

分析推导 因为$\xi\sim N(\mu_1,\sigma_1^2)$, $\eta\sim N(\mu_2,\sigma_2^2)$,而且$\sigma_1=\sigma_2$,由 2.5 节的定理 8 可知,这时

$$\frac{(\overline{X}-\overline{Y})-(\mu_1-\mu_2)}{S_w\sqrt{\dfrac{1}{m}+\dfrac{1}{n}}}\sim t(m+n-2),$$

其中,$\overline{X}$, $\overline{Y}$是ξ, η的样本均值, $S_w=\sqrt{\dfrac{(m-1)S_x^{*2}+(n-1)S_y^{*2}}{m+n-2}}$, S_x^{*2}, S_y^{*2} 是ξ, η的修正样本方差.

取一个统计量

$$T=\frac{\overline{X}-\overline{Y}}{S_w\sqrt{\dfrac{1}{m}+\dfrac{1}{n}}}=\frac{(\overline{X}-\overline{Y})-(\mu_1-\mu_2)}{S_w\sqrt{\dfrac{1}{m}+\dfrac{1}{n}}}+\frac{\mu_1-\mu_2}{S_w\sqrt{\dfrac{1}{m}+\dfrac{1}{n}}}.$$

若 $H_0:\mu_1=\mu_2$ 为真,则$\dfrac{\mu_1-\mu_2}{S_w\sqrt{\dfrac{1}{m}+\dfrac{1}{n}}}=0$,显然有

$$T=\frac{\overline{X}-\overline{Y}}{S_w\sqrt{\dfrac{1}{m}+\dfrac{1}{n}}}=\frac{(\overline{X}-\overline{Y})-(\mu_1-\mu_2)}{S_w\sqrt{\dfrac{1}{m}+\dfrac{1}{n}}}\sim t(m+n-2).$$

若 $H_0:\mu_1=\mu_2$ 不真,则$\dfrac{\mu_1-\mu_2}{S_w\sqrt{\dfrac{1}{m}+\dfrac{1}{n}}}\neq 0$,即随机变量 T,等于一个服从 $t(m+n-2)$ 分布的随机变量,再加上一个不等于 0 的项,所以这时统计量 T 的分布,相对于 $t(m+n-2)$ 分布来说,峰值位置会有一个向左或向右的偏移.

因此可得到如下检验方法:

从样本求出统计量 $T=\dfrac{\overline{X}-\overline{Y}}{S_w\sqrt{\dfrac{1}{m}+\dfrac{1}{n}}}$的值. 对于给定的显著水平 α,查附录中 t 分布的分位数表,可求得分位数 $t_{1-\frac{\alpha}{2}}(m+n-2)$,将统计量 T 的值与分位数$t_{1-\frac{\alpha}{2}}(m+n-2)$ 比较,当 $|T|>t_{1-\frac{\alpha}{2}}(m+n-2)$ 时拒绝 H_0,否则接受 H_0.

例 4 设某种针织品在 80℃和 70℃时的强度分别为$\xi\sim N(\mu_1,\sigma_1^2)$和$\eta\sim N(\mu_2,\sigma_2^2)$,假

设已知有 $\sigma_1=\sigma_2$. 在 80℃时,抽取 5 个样品,测得样本均值 $\overline{X}=19.6$, 修正样本标准差 $S_x^*=0.42$; 在 70℃时,抽取 6 个样品,测得样本均值 $\overline{Y}=20.3$, 修正样本标准差 $S_y^*=0.30$. 问这种针织品在 80℃和 70℃时的平均强度是否相同(显著水平 $\alpha=0.05$)?

解 问题相当于要求检验 $H_0:\mu_1=\mu_2$.

$$m=5,\ \overline{X}=19.6,\ S_X^*=0.42,\ n=6,\ \overline{Y}=20.3,\ S_Y^*=0.30,\text{则}$$

$$S_w=\sqrt{\frac{(m-1)S_x^{*2}+(n-1)S_y^{*2}}{m+n-2}}$$

$$=\sqrt{\frac{(5-1)\times 0.42^2+(6-1)\times 0.30^2}{5+6-2}}$$

$$=0.358\,33,$$

$$T=\frac{\overline{X}-\overline{Y}}{S_w\sqrt{\frac{1}{m}+\frac{1}{n}}}=\frac{19.6-20.3}{0.358\,33\times\sqrt{\frac{1}{5}+\frac{1}{6}}}$$

$$=-3.226.$$

对 $\alpha=0.05$, 查 t 分布表,得 $t_{1-\frac{\alpha}{2}}(m+n-2)=t_{0.975}(9)=2.262\,2$.

由于 $|T|=|-3.226|=3.226>2.262\,2$,因此拒绝 $H_0:\mu_1=\mu_2$. 所以这种针织品在 80℃和 70℃时的平均强度不能认为是相同的.

4.2.5 两个总体,均值未知时方差是否相等的检验

在求解上面的问题时,我们假设已知有 $\sigma_1=\sigma_2$, 到底是不是这样,最好还要检验一下.

问题 设总体 $\xi\sim N(\mu_1,\sigma_1^2)$, $\eta\sim N(\mu_2,\sigma_2^2)$,其中 μ_1, μ_2 都未知,$(X_1,X_2,\cdots,X_m)$, $(Y_1,Y_2,\cdots,Y_n)$ 分别是 ξ, η 的样本,两个样本相互独立,要检验 $H_0:\sigma_1^2=\sigma_2^2$(或 $\sigma_1=\sigma_2$).

分析推导 因为 $\xi\sim N(\mu_1,\sigma_1^2)$, $\eta\sim N(\mu_2,\sigma_2^2)$,由 2.5 节的定理 10 可知,这时

$$\frac{S_x^{*2}/\sigma_1^2}{S_y^{*2}/\sigma_2^2}\sim F(m-1,n-1),$$

其中,S_x^{*2}是 ξ 的修正样本方差,S_y^{*2}是 η 的修正样本方差.

取一个统计量 $F=\frac{S_x^{*2}}{S_y^{*2}}=\frac{S_x^{*2}/\sigma_1^2}{S_y^{*2}/\sigma_2^2}\times\frac{\sigma_1^2}{\sigma_2^2}$.

若 $H_0:\sigma_1^2=\sigma_2^2$为真,则 $\frac{\sigma_1^2}{\sigma_2^2}=1$, 这时

$$F=\frac{S_x^{*2}}{S_y^{*2}}=\frac{S_x^{*2}/\sigma_1^2}{S_y^{*2}/\sigma_2^2}\sim F(m-1,n-1).$$

若 $H_0:\sigma_1^2=\sigma_2^2$不真,则$\frac{\sigma_1^2}{\sigma_2^2}\neq 1$,即 F 等于一个服从$F(m-1,n-1)$ 分布的随机变量,再乘以一个不等于 1 的项. 所以,这时统计量 F 的分布,相对于 $F(m-1,n-1)$ 分布来说,峰

值位置会有一个向左或向右的偏移.

因此可得到如下检验方法:

从样本求出 $F=\dfrac{S_x^{*2}}{S_y^{*2}}$ 的值. 对于给定的显著水平 α,查 F 分布的分位数表,得分位数 $F_{\frac{\alpha}{2}}(m-1,\ n-1)$ 和 $F_{1-\frac{\alpha}{2}}(m-1,\ n-1)$. 当 $F<F_{\frac{\alpha}{2}}(m-1,\ n-1)$ 或 $F>F_{1-\frac{\alpha}{2}}(m-1,\ n-1)$ 时拒绝 H_0,否则接受 H_0.

例 5　设某种针织品在 80℃和 70℃时的强度为 $\xi\sim N(\mu_1,\ \sigma_1^2)$ 和 $\eta\sim N(\mu_2,\ \sigma_2^2)$. 在 80℃时,抽取 5 个样品,测得修正样本标准差 $S_x^*=0.42$; 在 70℃时,抽取 6 个样品,测得修正样本标准差 $S_y^*=0.30$. 要求检验 $H_0:\sigma_1=\sigma_2$(显著水平 $\alpha=0.05$).

解　$F=\dfrac{S_x^{*2}}{S_y^{*2}}=\dfrac{0.42^2}{0.30^2}=1.96.$

对 $\alpha=0.05$,查 F 分布表,得 $F_{1-\frac{\alpha}{2}}(m-1,\ n-1)=F_{0.975}(4,\ 5)=7.39$,

$$F_{\frac{\alpha}{2}}(m-1,\ n-1)=\frac{1}{F_{1-\frac{\alpha}{2}}(n-1,\ m-1)}=\frac{1}{F_{0.975}(5,\ 4)}=\frac{1}{9.36}=0.1068.$$

因为 $0.1068<F=1.96<7.39$,所以接受 $H_0:\sigma_1=\sigma_2$, 可以认为在 80℃和 70℃时针织品强度的方差相等.

4.2.6　单侧检验

前面介绍的检验,都是**双侧检验**. 比如,螺栓厂为配套的螺母厂生产螺栓,螺栓的直径太大或太小都无法与螺母配套,都不符合要求,此时,要检验的原假设 H_0 是一个等式,备选假设 H_1 是与 H_0 相反的不等式. 做检验时,接受域 W_0 在中间,拒绝域 W_1 在两侧,检验统计量落在中间就接受 H_0,落在两边就拒绝 H_0. 但这样的检验对有些实际问题并不适用,例如:

设某厂生产的灯泡寿命(单位:h)$\xi\sim N(\mu,\ \sigma^2)$,现从中抽取 20 只测试寿命,测得样本均值 $\overline{X}=1960$, 修正样本标准差 $S^*=200$, 问: 能否认为灯泡的平均寿命已达到 2 000 h?

在这个问题中,如果我们将原假设定为 $H_0:\mu=2000$, 将备选假设定为 $H_1:\mu\neq 2000$, 也就是说,只有当 μ 等于 2 000 才接受,当 μ 大于 2 000 或小于 2 000 都要拒绝,这样做,显然是不符合实际的,灯泡寿命越长越好,为什么大于 2 000 反而要拒绝呢?

所以正确的做法应该是,将原假设定为 $H_0:\mu\geqslant 2000$,将备选假设定为 $H_1:\mu<2000$. 只有当 μ 小于 2 000 时才拒绝,当 μ 大于 2 000 或等于 2 000 时都应该接受.

类似这样的拒绝域在单侧的检验,称为**单侧检验**. 下面用一些例子,说明单侧检验是如何进行的.

问题　设总体 $\xi\sim N(\mu,\ \sigma^2)$,其中 $\sigma>0$ 未知,$(X_1,\ X_2,\ \cdots,\ X_n)$ 是 ξ 的样本,要检验 $H_0:\mu\geqslant\mu_0$(备选假设 $H_1:\mu<\mu_0$).

检验方法　因为 $\xi\sim N(\mu,\ \sigma^2)$,由 2.5 节的定理 6 可知, 这时 $\dfrac{\overline{X}-\mu}{S^*}\sqrt{n}\sim t(n-1)$.

取一个统计量 $T=\dfrac{\overline{X}-\mu_0}{S^*}\sqrt{n}=\dfrac{\overline{X}-\mu}{S^*}\sqrt{n}+\dfrac{\mu-\mu_0}{S^*}\sqrt{n}.$

若 $H_0:\mu\geqslant\mu_0$ 为真,则 $\dfrac{\mu-\mu_0}{S^*}\sqrt{n}\geqslant 0$,即 T 这个随机变量,等于一个服从 $t(n-1)$ 分布

的随机变量,再加上一个大于等于 0 的项,此时统计量 T 的分布函数为

$$F_T(x)=P\{T\leqslant x\}=P\left\{\frac{\overline{X}-\mu}{S^*}\sqrt{n}+\frac{\mu-\mu_0}{S^*}\sqrt{n}\leqslant x\right\}$$

$$=P\left\{\frac{\overline{X}-\mu}{S^*}\sqrt{n}\leqslant x-\frac{\mu-\mu_0}{S^*}\sqrt{n}\right\}$$

$$=\int_{-\infty}^{x-\frac{\mu-\mu_0}{S^*}\sqrt{n}}\varphi(x)\mathrm{d}x,$$

其中 $\varphi(x)$为分布 $t(n-1)$的概率密度.

故 T 的概率密度为 $\varphi_T(x)=F_T{}'(x)=\varphi\left(x-\frac{\mu-\mu_0}{S^*}\sqrt{n}\right)$,而$\frac{\mu-\mu_0}{S^*}\sqrt{n}\geqslant 0$,所以,这时统计量 T 的分布,相对于 $t(n-1)$ 分布来说,峰值位置或者相同,或者有一个向右的偏移.

若 $H_0:\mu\geqslant\mu_0$ 不真,则$\frac{\mu-\mu_0}{S^*}\sqrt{n}<0$, 即 T 这个随机变量,等于一个服从 $t(n-1)$ 分布的随机变量,再加上一个小于 0 的项,所以,这时统计量 T 的分布,相对于 $t(n-1)$ 分布来说,峰值位置会有一个向左的偏移.

因此可得到如下检验方法:

从样本求出 $T=\frac{\overline{X}-\mu_0}{S^*}\sqrt{n}$ 的值. 对于给定的显著水平 α,查 t 分布的分位数表,得分位数 $t_{1-\alpha}(n-1)$,使得 $P\{T<-t_{1-\alpha}(n-1)\}=\alpha$. 当 $T<-t_{1-\alpha}(n-1)$ 时拒绝 H_0, 否则接受 H_0.

例 6 设灯泡寿命(单位:h) $\xi\sim N(\mu,\sigma^2)$,抽取一个容量为 $n=20$ 的样本,测得$\overline{X}=1\,960$, $S^*=200$, 问: 能否认为灯泡的平均寿命已达到 2 000 h(显著水平 $\alpha=0.05$)?

解 问题相当于要检验 $H_0:\mu\geqslant 2\,000$(备选假设 $H_1:\mu<2\,000$).

已知 $n=20$, $\overline{X}=1\,960$, $S^*=200$, 求得

$$T=\frac{\overline{X}-\mu_0}{S^*}\sqrt{n}=\frac{1\,960-2\,000}{200}\times\sqrt{20}=-0.894\,4.$$

对 $\alpha=0.05$, 查 t 分布表, 得分位数 $t_{1-\alpha}(n-1)=t_{0.95}(19)=1.729\,1$. 由于 $T=-0.894\,4>-1.729\,1=-t_{1-\alpha}(n-1)$,因此接受 $H_0:\mu\geqslant 2\,000$, 可以认为灯泡的平均寿命已达到 2 000 h.

下面再看一种单侧检验的情形.

问题 设总体 $\xi\sim N(\mu_1,\sigma_1^2)$, $\eta\sim N(\mu_2,\sigma_2^2)$,其中 μ_1, μ_2 都未知,$(X_1, X_2, \cdots, X_m)$, $(Y_1, Y_2, \cdots, Y_n)$ 分别是 ξ, η 的样本,两个样本相互独立,要检验 $H_0:\sigma_1^2\leqslant\sigma_2^2$(备选假设 $H_1:\sigma_1^2>\sigma_2^2$).

检验方法 因为 $\xi\sim N(\mu_1,\sigma_1^2)$, $\eta\sim N(\mu_2,\sigma_2^2)$,由 2.5 节定理 10 可知,这时

$$\frac{S_x^{*2}/\sigma_1^2}{S_y^{*2}/\sigma_2^2}\sim F(m-1,n-1),$$

其中,S_x^{*2}是 ξ 的修正样本方差,S_y^{*2}是 η 的修正样本方差.

取一个统计量 $F=\dfrac{S_x^{*2}}{S_y^{*2}}=\dfrac{S_x^{*2}/\sigma_1^2}{S_y^{*2}/\sigma_2^2}\times\dfrac{\sigma_1^2}{\sigma_2^2}$.

若 $H_0:\sigma_1^2\leqslant\sigma_2^2$ 为真,则 $\dfrac{\sigma_1^2}{\sigma_2^2}\leqslant 1$,即 F 等于一个服从 $F(m-1,\ n-1)$ 分布的随机变量,再乘以一个小于或等于 1 的项,所以,这时统计量 F 的分布,相对于 $F(m-1,\ n-1)$ 分布来说,峰值位置或者相同,或者有一个向左的偏移.

若 $H_0:\sigma_1^2\leqslant\sigma_2^2$ 不真,则 $\dfrac{\sigma_1^2}{\sigma_2^2}>1$,即 F 等于一个服从 $F(m-1,\ n-1)$ 分布的随机变量,再乘以一个大于 1 的项,所以,这时统计量 F 的分布,相对于 $F(m-1,\ n-1)$ 分布来说,峰值位置会有一个向右的偏移.

因此可得到如下检验方法:

从样本求出 $F=\dfrac{S_x^{*2}}{S_y^{*2}}$ 的值,对于给定的显著水平 α,自由度 $(m-1,\ n-1)$,查 F 分布表,得 $F_{1-\alpha}(m-1,\ n-1)$,使得 $P\{F>F_{1-\alpha}(m-1,\ n-1)\}=\alpha$,当 $F>F_{1-\alpha}(m-1,\ n-1)$ 时拒绝 H_0,否则接受 H_0.

例 7 对铁矿石中的含铁量,用旧方法测量 6 次,测量值的修正样本标准差 $S_x^*=5.68$;用新方法测量 7 次,测量值的修正样本标准差 $S_y^*=3.02$. 设用旧方法和新方法测得的含铁量分别为 $\xi\sim N(\mu_1,\ \sigma_1^2)$ 和 $\eta\sim N(\mu_2,\ \sigma_2^2)$,问:新方法测得数据的方差是否显著地小于旧方法(显著水平 $\alpha=0.05$)?

解 如果我们将原假设定为 $H_0:\sigma_1^2>\sigma_2^2$,备选假设定为 $H_1:\sigma_1^2\leqslant\sigma_2^2$. 由于原假设中没有等号,难以给出合适的检验方法. 所以,我们把上面的原假设 H_0 与备选假设 H_1 颠倒一下,将问题改为要检验 $H_0:\sigma_1^2\leqslant\sigma_2^2$(备选假设 $H_1:\sigma_1^2>\sigma_2^2$).

$$F=\frac{S_x^{*2}}{S_y^{*2}}=\frac{5.68^2}{3.02^2}=3.54.$$

对显著水平 $\alpha=0.05$,自由度 $(m-1,\ n-1)=(5,\ 6)$,查 F 分布表,得分位数 $F_{1-\alpha}(m-1,\ n-1)=F_{0.95}(5,\ 6)=4.39$.

因为 $F=3.54<4.39=F_{1-\alpha}(m-1,\ n-1)$,所以接受 $H_0:\sigma_1^2\leqslant\sigma_2^2$,拒绝 $H_1:\sigma_1^2>\sigma_2^2$,结论是:不能认为新方法测得数据的方差显著地小于旧方法.

从上面两个例子可以看出,单侧检验与双侧检验有很多相似之处,同时,单侧检验又有它本身的特点和规律. 下面把单侧检验与双侧检验的相同和不同之处,简要地列举了出来. 我们只要掌握这些规律,就能完成各种情形下的单侧检验.

单侧检验与双侧检验的异同如下:

(1) 单侧检验与对应的双侧检验,检验时所用的统计量完全相同,统计量服从的分布和自由度也完全相同.

(2) 双侧检验中查分布表求分位数时,$p=1-\dfrac{\alpha}{2}$ 或 $p=\dfrac{\alpha}{2}$;单侧检验中查分布表求分位数时,$p=1-\alpha$ 或 $p=\alpha$,而且只要查出单侧的一个分位数就可以了.

(3) 设在单侧检验中,要检验 $H_0: * \leqslant *$(备选假设 $H_1: * > *$),这时,如果检验时

所用的统计量>右侧的分位数,就拒绝 H_0,否则就接受 H_0.

(4) 设在单侧检验中,要检验 $H_0: * \geqslant *$(备选假设 $H_1: * < *$),这时,如果检验时所用的统计量<左侧的分位数,就拒绝 H_0,否则就接受 H_0.

在这一节里,介绍了许多双侧的、单侧的参数检验. 作为总结,我们在表 4-1 中列出了在各种情形下,正态总体参数的检验方法. 其中大多数情形,我们在前面已经做了介绍,但还有几种情况,前面没有讲到. 如果在实际中遇到这样的情况,我们可按照表中给出的检验方法进行检验. 这些情形下的检验方法,虽然我们没有做过推导,但有兴趣的读者不难从 2.5 节中相应的定理出发,自行推导.

表 4-1 正态总体参数的假设检验

	检验 H_0	条 件	检验时所用的统计量	分 布
单个总体	$\mu=\mu_0$	已知 $\sigma=\sigma_0$	$U=\dfrac{\overline{X}-\mu_0}{\sigma_0}\sqrt{n}$	$N(0, 1)$
		σ 未知	$T=\dfrac{\overline{X}-\mu_0}{S^*}\sqrt{n}$	$t(n-1)$
	$\sigma^2=\sigma_0^2$	已知 $\mu=\mu_0$	$\chi^2=\dfrac{nS^2+n(\overline{X}-\mu_0)^2}{\sigma_0^2}$	$\chi^2(n)$
		μ 未知	$\chi^2=\dfrac{(n-1)S^{*2}}{\sigma_0^2}$	$\chi^2(n-1)$
两个总体	$\mu_1=\mu_2$	σ_1, σ_2 已知	$U=\dfrac{\overline{X}-\overline{Y}}{\sqrt{\dfrac{\sigma_1^2}{m}+\dfrac{\sigma_2^2}{n}}}$	$N(0, 1)$
		σ_1, σ_2 未知 但有 $\sigma_1=\sigma_2$	$T=\dfrac{\overline{X}-\overline{Y}}{S_w\sqrt{\dfrac{1}{m}+\dfrac{1}{n}}}$	$t(m+n-2)$
	$\sigma_1^2=\sigma_2^2$	μ_1, μ_2 已知	$F=\dfrac{S_x^2+(\overline{X}-\mu_1)^2}{S_y^2+(\overline{Y}-\mu_2)^2}$	$F(m, n)$
		μ_1, μ_2 未知	$F=\dfrac{S_x^{*2}}{S_y^{*2}}$	$F(m-1, n-1)$

$$\left(\text{其中 } S_w=\sqrt{\frac{(m-1)S_x^{*2}+(n-1)S_y^{*2}}{m+n-2}}\right)$$

4.3 广义似然比检验

在 4.2 节中讲到的参数检验有个前提,总体都是正态总体. 因此,检验统计量可以使用 2.5 节中正态总体常用的抽样分布. 那么,对于非正态总体,如何进行参数的检验呢? 在大样本的情况下,根据中心极限定理,样本均值近似服从正态分布,此时检验统计量还是很好构造的,但这种方法对小样本不适用. 针对一般的情况,Neyman 和 Pearson 在 1928 年提出了一种通过似然函数的比值来构造检验统计量的方法,即广义似然比检验(Generalized Likelihood Ratio Test). 其基本思想类似于极大似然估计中的极大似然原理,即从考虑当前样本出现的可能性出发,通过原假设参数子空间的似然函数与整个参数空间的似然函数的极大值之比,来构造检验统计量进行检验的方法.

定义 设$(X_1,X_2,\cdots,X_n)$为取自总体ξ的样本,$(x_1,x_2,\cdots,x_n)$为对应的样本观测值. 总体ξ的密度函数或分布列为$p(x,\theta),\theta\in\Theta$,其中$\Theta=\Theta_0\cup\Theta_1$为参数$\theta$的取值空间,且$\Theta_0\cap\Theta_1=\varnothing$. 对参数$\theta$的检验问题:$H_0:\theta\in\Theta_0,H_1:\theta\in\Theta_1$,令

$$\lambda(x_1,x_2,\cdots,x_n)=\frac{\sup\limits_{\theta\in\Theta_0}L(\theta)}{\sup\limits_{\theta\in\Theta}L(\theta)}$$

其中,$L(\theta)=\prod\limits_{i=1}^{n}p(x_i,\theta)$为参数$\theta$的似然函数. 称$\lambda(x_1,x_2,\cdots,x_n)$为上述对应检验问题的广义似然比,称$\lambda(X_1,X_2,\cdots,X_n)$为对应检验问题的广义似然比统计量.

需要说明的是,$\lambda(X_1,X_2,\cdots,X_n)$是一个关于样本$(X_1,X_2,\cdots,X_n)$的函数,并且与参数$\theta$无关,因此,它是一个统计量. 而$\lambda(x_1,x_2,\cdots,x_n)$是统计量$\lambda(X_1,X_2,\cdots,X_n)$在对应样本观测值$(x_1,x_2,\cdots,x_n)$上的取值. 为叙述方便起见,有时$\lambda(X_1,X_2,\cdots,X_n)$和$\lambda(x_1,x_2,\cdots,x_n)$不加区分,统称为广义似然比,简称似然比.

其次,$\lambda(x_1,x_2,\cdots,x_n)$的分子是似然函数$L(\theta)$在原假设$H_0:\theta\in\Theta_0$上的极大值,即把参数$\theta$在参数子空间$\Theta_0$上的极大似然估计$\hat{\theta}$代入似然函数$L(\theta)$的结果,$\sup\limits_{\theta\in\Theta_0}L(\theta)=L(\hat{\theta})$. 而似然比$\lambda(x_1,x_2,\cdots,x_n)$的分母是似然函数$L(\theta)$在整个参数空间$\Theta=\Theta_0\cup\Theta_1$上的极大值. 因此,$0<\lambda(x_1,x_2,\cdots,x_n)\leqslant 1$.

我们知道,参数θ的极大似然估计是使似然函数$L(\theta)$取极大值的解,而似然函数$L(\theta)=\prod\limits_{i=1}^{n}p(x_i,\theta)$在一定程度上表示样本观测值$(x_1,x_2,\cdots,x_n)$出现的可能性(见 3.2 节). 因此,似然比$\lambda(x_1,x_2,\cdots,x_n)$越大,即分子$\sup\limits_{\theta\in\Theta_0}L(\theta)$也相对越大,这说明在原假设$H_0:\theta\in\Theta_0$为真时,样本观测值$(x_1,x_2,\cdots,x_n)$出现的可能性越大. 反之,似然比$\lambda(x_1,x_2,\cdots,x_n)$越小,说明分子$\sup\limits_{\theta\in\Theta_0}L(\theta)$相对于分母$\sup\limits_{\theta\in\Theta}L(\theta)$越小,即$H_0:\theta\in\Theta_0$为真时样本观测值$(x_1,x_2,\cdots,x_n)$出现的可能性越小. 因此,当似然比$\lambda(x_1,x_2,\cdots,x_n)$取值较大时应该接受$H_0:\theta\in\Theta_0$,而当$\lambda(x_1,x_2,\cdots,x_n)$取值较小时应该拒绝$H_0:\theta\in\Theta_0$. 于是,对于给定的显著性水平$\alpha$,可确定临界值$\lambda_\alpha$,使得

$$P_\theta\{\lambda(X_1,X_2,\cdots,X_n)<\lambda_\alpha\}\leqslant\alpha \qquad (\forall\,\theta\in\Theta_0).$$

当统计量的观测值$\lambda(x_1,x_2,\cdots,x_n)$小于临界值$\lambda_\alpha$时,拒绝原假设$H_0:\theta\in\Theta_0$. 反之,则接受原假设$H_0:\theta\in\Theta_0$. 这种在给定显著性水平下根据似然比统计量来确定拒绝域的检验方法称为水平为α的广义似然比检验. 即在广义似然比检验中,原假设$H_0:\theta\in\Theta_0$的拒绝域为$W_1=(0,\lambda_\alpha)$,接受域为$W_0=[\lambda_\alpha,1]$.

例 1 设总体$\xi\sim N(\mu,\sigma^2)$,其中σ^2已知,$(X_1,X_2,\cdots,X_n)$为取自总体ξ的样本. 在显

著性水平 α 下,检验 $H_0:\mu=\mu_0$, $H_1:\mu\neq\mu_0$.

解 (1) 提出假设

$H_0:\mu=\mu_0$; $H_1:\mu\neq\mu_0$. 其中,$\Theta=\mathbf{R}$, $\Theta_0=\{\mu_0\}$, $\Theta_1=\mathbf{R}-\{\mu_0\}$

(2) 构造似然比

$$L(x_1,x_2,\cdots,x_n;\mu)=\prod_{i=1}^{n}p(x_i;\theta)=\left(\frac{1}{\sqrt{2\pi}\sigma}\right)^n\exp\left\{-\frac{1}{2\sigma^2}\sum_{i=1}^{n}(x_i-\mu)^2\right\}$$
$$=\left(\frac{1}{\sqrt{2\pi}\sigma}\right)^n\exp\left\{-\frac{1}{2\sigma^2}\left[\sum_{i=1}^{n}(x_i-\overline{x})^2+n(\overline{x}-\mu)^2\right]\right\}$$

因在参数空间 Θ 上 μ 的极大似然估计为 $\overline{x}$,故似然比的分母为

$$\sup_{\mu\in\Theta}L(x_1,x_2,\cdots,x_n;\mu)=\left(\frac{1}{\sqrt{2\pi}\sigma}\right)^n\exp\left\{-\frac{1}{2\sigma^2}\left[\sum_{i=1}^{n}(x_i-\overline{x})^2\right]\right\}.$$

而似然比的分子为

$$\sup_{\mu\in\Theta_0}L(x_1,x_2,\cdots,x_n;\mu)=\left(\frac{1}{\sqrt{2\pi}\sigma}\right)^n\exp\left\{-\frac{1}{2\sigma^2}\left[\sum_{i=1}^{n}(x_i-\overline{x})^2+n(\overline{x}-\mu_0)^2\right]\right\}.$$

于是,似然比统计量为

$$\lambda(X_1,X_2,\cdots,X_n)=\frac{\sup\limits_{\theta\in\Theta_0}L(\theta)}{\sup\limits_{\theta\in\Theta}L(\theta)}=\exp\left[-\frac{n(\overline{X}-\mu_0)^2}{2\sigma^2}\right]$$

代入 $P_\theta\{\lambda(X_1,X_2,\cdots,X_n)<\lambda_\alpha\}\leqslant\alpha$,得

$$P_{\mu_0}\left\{\exp\left(-\frac{n(\overline{X}-\mu_0)^2}{2\sigma^2}\right)<\lambda_\alpha\right\}\leqslant\alpha\Leftrightarrow P_{\mu_0}\left\{\left|\frac{\overline{X}-\mu_0}{\sigma/\sqrt{n}}\right|>\sqrt{-2\ln\lambda_\alpha}\right\}\leqslant\alpha$$
$$(\ln\lambda_\alpha\leqslant 0,\text{因为 }0<\lambda_\alpha\leqslant 1)$$

注意到当 $H_0:\mu=\mu_0$ 为真时,$\dfrac{\overline{X}-\mu_0}{\sigma/\sqrt{n}}\sim N(0,1)$,故有 $\sqrt{-2\ln\lambda_\alpha}=u_{1-\frac{\alpha}{2}}$,解之得 $\lambda_\alpha=\exp\left(-\dfrac{1}{2}u_{1-\frac{\alpha}{2}}^2\right)$.

即原假设 $H_0:\mu=\mu_0$ 的拒绝域为 $W_1=\left(0,\exp\left(-\dfrac{1}{2}u_{1-\frac{\alpha}{2}}^2\right)\right)$.

本例中,不难看出 $\lambda(X_1,X_2,\cdots,X_n)<\exp\left(-\dfrac{1}{2}u_{1-\frac{\alpha}{2}}^2\right)$ 与 $\left|\dfrac{\overline{X}-\mu_0}{\sigma/\sqrt{n}}\right|>u_{1-\frac{\alpha}{2}}$ 等价. 因此,这个广义似然比检验的结果与4.1节中给出的检验结果完全相同. 事实上,可以证明,4.2节中关于正态总体均值的检验,都可以用广义似然比检验的方法,并且检验的结果也完全一致.

例 2 设总体 ξ 的密度函数为

$$p(x)=\begin{cases}\exp[-(x-\mu)], & x\geqslant\mu\\ 0, & x<\mu\end{cases},\text{其中 }-\infty<\mu<+\infty\text{ 为未知参数.}$$

$(X_1,X_2,\cdots,X_n)$ 为取自总体 ξ 的样本. 在显著性水平 α 下,检验 $H_0:\mu=0$, $H_1:\mu\neq 0$.

解 由题目易知,参数 μ 在整个参数空间 $(-\infty<\mu<+\infty)$ 的极大似然估计为最小次序统计量 $X_{(1)}$. 于是,广义似然比统计量为

$$\lambda(X_1,X_2,\cdots,X_n)=\frac{\sup\limits_{\mu=0}L(\mu)}{\sup\limits_{-\infty<\mu<+\infty}L(\mu)}=\frac{\exp\left(-\sum X_i\right)}{\exp\left[-\sum(X_i-X_{(1)})\right]}=\exp(-nX_{(1)})$$

代入 $P_\theta\{\lambda(X_1,X_2,\cdots,X_n)<\lambda_\alpha\}\leqslant\alpha$,得

$$P_{\mu=0}\{\exp(-nX_{(1)})<\lambda_\alpha\}\leqslant\alpha\Leftrightarrow P_{\mu=0}\left\{X_{(1)}>-\frac{1}{n}\ln\lambda_\alpha\right\}\leqslant\alpha\Leftrightarrow P_{\mu=0}\left\{X_{(1)}\leqslant-\frac{1}{n}\ln\lambda_\alpha\right\}\geqslant 1-\alpha.$$

根据 1.2 节的例 11,最小次序统计量 $X_{(1)}$ 的分布函数为 $F_{\min}(x)=1-[1-F(x)]^n$,于是,在 $H_0:\mu=0$ 为真时,$X_{(1)}$ 的密度函数为

$$p_{\min}(x)=[F_{\min}(x)]'=\begin{cases}n\exp(-nx), & x\geqslant 0\\ 0, & x<0\end{cases}$$

即 $X_{(1)}\sim E(n)$. 再根据习题 2.12 的结果,得:$-\frac{1}{n}\ln\lambda_\alpha=-\frac{1}{n}\ln\alpha$,即 $\lambda_\alpha=\alpha$.

综上可见,广义似然比检验给出了构造检验统计量的一般方法,所以应用非常广泛,不仅适用于对参数的检验,有时也适用于对非参数的检验. 下一节将要介绍的总体分布的检验也可以使用广义似然比检验的方法.

4.4 总体分布的拟合检验

前面讲到的假设检验,都是**参数检验**,也就是说,检验时,总体分布的形式是已知的,只是要对分布中一些未知参数做检验.

但是,有时情况并非如此,在有些问题中,总体服从什么分布是未知的,我们的任务就是要对总体是否服从某个分布做检验. 这样的检验,称为**总体分布的检验**,它是一种**非参数检验**.

4.4.1 不含未知参数的总体分布的检验

前面第 2 章 2.2 节介绍过一种非参数估计方法,即用频率直方图来估计总体 ξ 的分布. 它的做法是:

作分点 $a=a_0<a_1<a_2<\cdots<a_r=b$, 将 ξ 的取值范围 $(a,\ b)$ 分成 r 个区间. 设共进行了 n 次试验,落在区间 $(a_{k-1},\ a_k]$ 中的样本观测值的个数为 n_k, n_k,称为**频数**;$\frac{n_K}{n}$ 称为**频率**. 在每一个区间 $(a_{k-1},\ a_k]$ 上,以 $\frac{n_k/n}{a_k-a_{k-1}}$ 为高度,作长方形. 这样得到的一排长方形,称为**频率直方图**.

设 $p_k=P\{a_{k-1}<\xi\leqslant a_k\}$ 是总体 ξ 落在区间 $(a_{k-1},\ a_k]$ 中的概率, 由于样本落在区间

$(a_{k-1}, a_k]$中的频率≈总体落在区间$(a_{k-1}, a_k]$中的概率,所以,有$\frac{n_k}{n} \approx p_k$, $k = 1, 2, \cdots, r$.

现在,我们的问题是要检验总体ξ是否服从某个已知的分布$F_0(x)$. 一方面,我们可以从ξ的样本求出概率$\frac{n_k}{n}$;另一方面,我们可以从$F_0(x)$求出概率$p_k = P\{a_{k-1} < \xi \leqslant a_k\}$. 如果$\xi$服从$F_0(x)$,则有$\frac{n_k}{n} \approx p_k$,即$n_k \approx np_k$;如果$\xi$不服从$F_0(x)$,则$n_k$与$np_k$的差别就会很大. 正是从这一思想出发,产生了下列检验一个总体是否服从某个已知分布的一种检验方法,习惯上称之为分布的拟合检验.

问题 设n_k是总体ξ的样本落在区间$(a_{k-1}, a_k]$中的频数, $k = 1, 2, \cdots, r$, 要检验$H_0: \xi \sim F_0(x)$,其中, $F_0(x)$是某个已知的不含未知参数的分布.

检验方法 从$F_0(x)$求出$p_k = P\{a_{k-1} < \xi \leqslant a_k\}$, $k = 1, 2, \cdots, r$.

可以证明(Karl Pearson),若H_0为真,则当ξ的样本观测次数$n \to \infty$时,有

$$\chi^2 = \sum_{k=1}^{r} \frac{(n_k - np_k)^2}{np_k} \sim \chi^2(r-1);$$

若H_0不真,则χ^2的值会偏大,统计量χ^2的分布,相对于$\chi^2(r-1)$分布来说,峰值位置会有一个向右的偏移.

因此可得到如下检验方法:

从样本求出χ^2的值. 对于给定的显著水平α,查χ^2分布的分位数表,得分位数$\chi^2_{1-\alpha}(r-1)$,使得$P\{\chi^2 > \chi^2_{1-\alpha}(r-1)\} = \alpha$,当$\chi^2 > \chi^2_{1-\alpha}(r-1)$时拒绝$H_0$,否则接受$H_0$.

注意

(1) 查χ^2分布表求分位数时,在自由度$k = r-1$与$p = 1-\alpha$相交处查得$\chi^2_{1-\alpha}(r-1)$;

(2) 为了保证检验结果比较可靠,最好有$n \geqslant 50$, $n_k \geqslant 5$, $k = 1, 2, \cdots, r$, 如果有一些$n_k < 5$, 可将相邻的区间合并成一个区间;

(3) 计算χ^2时,可以用简化公式$\chi^2 = \frac{1}{n}\sum_{k=1}^{r}\frac{n_k^2}{p_k} - n$. 为什么可以这样简化? 下面给出证明.

证 $$\chi^2 = \sum_{k=1}^{r} \frac{(n_k - np_k)^2}{np_k} = \sum_{k=1}^{r} \frac{n_k^2 - 2n_k np_k + (np_k)^2}{np_k}$$

$$= \frac{1}{n}\sum_{k=1}^{r}\frac{n_k^2}{p_k} - 2\sum_{k=1}^{r} n_k + n\sum_{k=1}^{r} p_k = \frac{1}{n}\sum_{k=1}^{r}\frac{n_k^2}{p_k} - n.$$

例 1 开奖机中有编号为1, 2, 3, 4的四种奖球,在过去已经开出的100个号码中,出现号码1, 2, 3, 4的次数依次为36次,27次,22次和15次,问:这台开奖机开出各种号码的概率是否相等(显著水平$\alpha = 0.05$)?

解 开奖机开出的号码可以看作一个总体ξ,问题相当于要检验假设

$$H_0: \xi \sim P\{\xi = k\} = \frac{1}{4}, \ k = 1, 2, 3, 4.$$

作分点$0.5 < 1.5 < 2.5 < 3.5 < 4.5$, 把$\xi$的取值范围分成下列4个区间

$$(k-0.5,\ k+0.5],\ k=1,\ 2,\ 3,\ 4.$$

H_0 为真时,ξ 落在各区间中的概率为

$$p_k = P\{k-0.5<\xi\leqslant k+0.5\} = P\{\xi=k\} = \frac{1}{4},\ k=1,\ 2,\ 3,\ 4.$$

区　间	(0.5, 1.5]	(1.5, 2.5]	(2.5, 3.5]	(3.5, 4.5]
频数 n_k	36	27	22	15
概率 p_k	$\frac{1}{4}$	$\frac{1}{4}$	$\frac{1}{4}$	$\frac{1}{4}$

$$\chi^2 = \frac{1}{n}\sum_{k=1}^{r}\frac{n_k^2}{p_k}-n = \frac{1}{100}\times\left(\frac{36^2}{1/4}+\frac{27^2}{1/4}+\frac{22^2}{1/4}+\frac{15^2}{1/4}\right)-100 = 9.36.$$

对显著水平 $\alpha=0.05$,查 χ^2 分布表,得 $\chi^2_{1-\alpha}(r-1)=\chi^2_{0.95}(3)=7.815$. 由于

$$\chi^2 = 9.36 > 7.815,\text{拒绝 } H_0:\xi\sim P\{\xi=k\}=\frac{1}{4},$$

所以,检验的结论是:这台开奖机开出各种号码的概率并不相等.

4.4.2　含有未知参数的总体分布的检验

问题　设 n_k 是总体 ξ 的样本落在区间 $(a_{k-1},\ a_k]$ 中的频数,$k=1,\ 2,\ \cdots,\ r$,要检验 $H_0:\xi\sim F_0(x)$,这里,$F_0(x)$是某个形式已知的分布,其中含有 m 个未知参数 $\theta_1,\ \theta_2,\ \cdots,\ \theta_m$.

检验方法　求出 $\theta_1,\ \theta_2,\ \cdots,\ \theta_m$ 的极大似然估计 $\hat{\theta}_1,\ \hat{\theta}_2,\ \cdots,\ \hat{\theta}_m$,用它们代入 $F_0(x)$,计算出总体 ξ 落在各个区间 $(a_{k-1},\ a_k]$ 中的概率的估计值

$$\hat{p}_k = \hat{P}\{a_{k-1}<\xi\leqslant a_k\},\ k=1,\ 2,\ \cdots,\ r.$$

可以证明,若 H_0 为真,则当 ξ 的样本观测次数 $n\to\infty$ 时,有

$$\chi^2 = \frac{1}{n}\sum_{k=1}^{r}\frac{n_k^2}{\hat{p}_k}-n\sim\chi^2(r-m-1);$$

若 H_0 不真,则 χ^2 的值会偏大,统计量 χ^2 的分布,相对于 $\chi^2(r-m-1)$ 分布来说,峰值位置会有一个向右的偏移.

因此可得到如下检验方法:

从样本求出 χ^2 的值,对于给定的显著水平 α,查 χ^2 分布的分位数表,得分位数 $\chi^2_{1-\alpha}(r-m-1)$,使得 $P\{\chi^2>\chi^2_{1-\alpha}(r-m-1)\}=\alpha$. 当 $\chi^2>\chi^2_{1-\alpha}(r-m-1)$ 时拒绝 H_0,否则接受 H_0.

例 2　一本书共 200 页,对每一页上的错字个数统计如下:

每一页上的错字个数 X_k	0	1	2	3
出现这种情况的页数 n_k	132	51	12	5

问: 每一页上的错字个数 ξ 是否服从 Poisson 分布(显著水平 $\alpha = 0.05$)?

解 问题相当于要检验 $H_0:\xi \sim P(\lambda)$,其中含有一个未知参数 λ.

首先,求 λ 的极大似然估计. 在习题三的 3.3 题中,我们已经推导出,当总体服从 Poisson 分布时,未知参数 λ 的极大似然估计为 $\hat{\lambda} = \overline{X}$. 所以

$$\hat{\lambda} = \overline{x} = \frac{1}{n}\sum_{k=1}^{r} n_k x_k = \frac{1}{200} \times (132 \times 0 + 51 \times 1 + 12 \times 2 + 5 \times 3)$$
$$= 0.45.$$

作分点 $-0.5 < 0.5 < 1.5 < 2.5 < +\infty$, 把 ξ 的取值范围分成 4 个区间.

H_0 为真时, ξ 落在各区间中的概率的估计值为

$$\hat{p}_1 = \hat{P}\{-0.5 < \xi \leqslant 0.5\} = \hat{P}\{\xi = 0\} = \frac{\hat{\lambda}^0}{0!}e^{-\hat{\lambda}} = \frac{0.45^0}{0!}e^{-0.45} = 0.637\,63,$$

$$\hat{p}_2 = \hat{P}\{0.5 < \xi \leqslant 1.5\} = \hat{P}\{\xi = 1\} = \frac{\hat{\lambda}^1}{1!}e^{-\hat{\lambda}} = \frac{0.45^1}{1!}e^{-0.45} = 0.286\,93,$$

$$\hat{p}_3 = \hat{P}\{1.5 < \xi \leqslant 2.5\} = \hat{P}\{\xi = 2\} = \frac{\hat{\lambda}^2}{2!}e^{-\hat{\lambda}} = \frac{0.45^2}{2!}e^{-0.45} = 0.064\,56,$$

$$\hat{p}_4 = \hat{P}\{2.5 < \xi < +\infty\} = 1 - \hat{P}\{\xi \leqslant 2.5\} = 1 - \hat{p}_1 - \hat{p}_2 - \hat{p}_3$$
$$= 1 - 0.637\,63 - 0.286\,93 - 0.064\,56 = 0.010\,88.$$

则 $\chi^2 = \frac{1}{n}\sum_{k=1}^{r}\frac{n_k^2}{\hat{p}_k} - n$

$$= \frac{1}{200} \times \left(\frac{132^2}{0.637\,63} + \frac{51^2}{0.286\,93} + \frac{12^2}{0.064\,56} + \frac{5^2}{0.010\,88}\right) - 200$$
$$= 4.598.$$

对 $\alpha = 0.05$, $r - m - 1 = 2$, 查 χ^2 分布表, 得 $\chi^2_{1-\alpha}(r-m-1) = \chi^2_{0.95}(2) = 5.991$, 由于 $\chi^2 = 4.598 < 5.991$, 因此接受 $H_0:\xi \sim P(\lambda)$, 可以认为每一页上的错字个数服从 Poisson 分布.

例 3 某班 50 个学生的一次考试成绩统计如下:

成 绩	60 分以下	60~70 分	70~80 分	80~90 分	90 分以上
人 数	6	8	12	14	10

已经计算出学生考试成绩的样本均值为 $\overline{X} = 77.52$, 样本标准差为 $S = 14.71$. 问: 学生的考试成绩 ξ 是否服从正态分布(显著水平 $\alpha = 0.05$)?

解 问题相当于要检验 $H_0:\xi \sim N(\mu, \sigma^2)$, 其中, 参数 μ, σ 都未知.

先求正态分布未知参数 μ, σ 的极大似然估计. 在 3.1 节的例 2 中, 我们已经推导出, μ,

σ 的极大似然估计分别是$\overline{X}$和 S,所以

$$\hat{\mu}=\overline{X}=77.52,\ \hat{\sigma}=S=14.71.$$

作分点 $-\infty<60<70<80<90<+\infty$, 把 ξ 的取值范围分成 5 个区间.

总体 ξ 落在各个区间$(a_{k-1},\ a_k]$中的概率的估计值$\hat{p}_k$ 可由下式求出

$$\hat{p}_k=\hat{P}\{a_{k-1}<\xi\leqslant a_k\}=\Phi\left(\frac{a_k-\hat{\mu}}{\hat{\sigma}}\right)-\Phi\left(\frac{a_{k-1}-\hat{\mu}}{\hat{\sigma}}\right).$$

用本题的数据代入,得计算结果如下:

$(a_{k-1},\ a_k]$	$(-\infty,\ 60]$	$(60,\ 70]$	$(70,\ 80]$	$(80,\ 90]$	$(90,\ +\infty)$
n_k	6	8	12	14	10
$\hat{p}_k$	0.116 82	0.187 78	0.262 34	0.234 95	0.198 11

$$\begin{aligned}\chi^2&=\frac{1}{n}\sum_{k=1}^{r}\frac{n_k^2}{\hat{p}_k}-n\\&=\frac{1}{50}\times\left(\frac{6^2}{0.116\,82}+\frac{8^2}{0.187\,78}+\frac{12^2}{0.262\,34}+\frac{14^2}{0.234\,95}+\frac{10^2}{0.198\,11}\right)-50\\&=0.738.\end{aligned}$$

对 $\alpha=0.05$, 查 χ^2 分布表,得到 $\chi^2_{1-\alpha}(r-m-1)=\chi^2_{0.95}(2)=5.991$. 由于 $\chi^2=0.738<5.991$,因此接受 $H_0:\xi\sim N(\mu,\ \sigma^2)$, 可以认为学生的考试成绩服从正态分布.

4.5　正态分布的概率纸检验

在实际问题中,常常要检验总体是否服从正态分布,当然,可以用前一节介绍的 χ^2 检验法来做总体是否服从正态分布的检验. 但是,如果不用计算机而用手工计算,要完成这样的检验,计算工作量非常大,还需要查找位数比较多,比较精确的 $N(0,\ 1)$分布表(这样的表很难找到),总之是十分困难的. 而且,检验的结果也不能用图像直观地表示出来.

下面介绍的正态分布的概率纸检验,是一种既简单又比较直观的检验方法.

问题　设对总体 ξ 进行了 n 次观测,$(x_1,\ x_2,\ \cdots,\ x_n)$是总体 ξ 的样本观测值,要检验 $H_0:\xi\sim N(\mu,\ \sigma^2)$,其中,参数 μ, σ 都未知.

分析推导　前面第 2 章 2.2 节介绍过一种非参数估计方法,即用经验分布函数 $F_n(x)$ 来估计总体 ξ 的分布函数 $F(x)$. 当 n 充分大时,经验分布函数 $F_n(x)$是总体分布函数 $F(x)$ 的良好近似.

经验分布函数 $F_n(x)$是一个阶梯函数,正态分布的分布函数 $F(x)$图像是一条连续曲线. 概率纸检验的想法是: 同时作出 $F_n(x)$和 $F(x)$的图像,如果两者很接近,就接受假设 H_0;如果两者相差很大,就拒绝 H_0. 但是,由于 $F(x)$的图像是一条连续曲线,$F_n(x)$与 $F(x)$ 的图像是否符合,很难看清楚,所以,进一步的想法是,通过函数变换,把曲线变成直线,把阶梯函数变成一串点,把问题变成看一串点是不是在一条直线上,这样就很容易看清楚了.

正态分布的分布函数

$$F(x)=P\{\xi\leqslant x\}=P\left\{\frac{\xi-\mu}{\sigma}\leqslant\frac{x-\mu}{\sigma}\right\}=\Phi\left(\frac{x-\mu}{\sigma}\right).$$

其中,$\Phi(x)$是$N(0, 1)$标准正态分布的分布函数,取它的反函数

$$y=\Phi^{-1}(F(x))=\Phi^{-1}\left(\Phi\left(\frac{x-\mu}{\sigma}\right)\right)=\frac{x-\mu}{\sigma},$$

就把$F(x)$变成了一条直线$y=\frac{x-\mu}{\sigma}$,这条直线的斜率为$\frac{1}{\sigma}$,直线与x轴的交点坐标为$(\mu, 0)$.

由经验分布函数的定义可知,如果将样本观测值$x_1, x_2, \cdots, x_n$按从小到大的次序排列成

$$x_{(1)}\leqslant x_{(2)}\leqslant\cdots\leqslant x_{(n)},$$

则

$$F_n(x)=\begin{cases}0, & \text{当 } x<x_{(1)} \text{ 时},\\ \dfrac{i}{n}, & \text{当 } x_{(i)}\leqslant x<x_{(i+1)},\ i=1, 2, \cdots, n-1 \text{ 时},\\ 1, & \text{当 } x\geqslant x_{(n)} \text{ 时},\end{cases}$$

在点$x_{(i)}$的左侧邻域,$F_n(x)=\frac{i-1}{n}$;在点$x_{(i)}$的右侧邻域,$F_n(x)=\frac{i}{n}$. 为了把$F_n(x)$变成一串点,在点$x_{(i)}$处,令$F_n(x_{(i)})=\frac{i-\frac{1}{2}}{n}$,对它也取$\Phi(x)$的反函数,令

$$y_{(i)}=\Phi^{-1}(F_n(x_{(i)}))=\Phi^{-1}\left(\frac{i-\frac{1}{2}}{n}\right),\ i=1, 2, \cdots$$

以$(x_{(i)}, y_{(i)})$为坐标,作一串点,这就是变换以后的代表经验分布函数$F_n(x)$的点.

如果这一串点近似在一条直线上,就接受H_0:$\xi\sim N(\mu, \sigma^2)$,而且可以认为这条直线的方程就是$y=\frac{x-\mu}{\sigma}$. 从这条直线的斜率可以求出σ的估计$\hat{\sigma}$;从这条直线与x轴的交点可以求出μ的估计$\hat{\mu}$. 如果这一串点明显地不在一条直线上,就拒绝H_0.

在上面介绍的检验法中,关键的一步是求$\Phi(x)$的反函数,在没有计算机的年代,这是很难求的. 为此,人们发明了一种"正态概率纸",在x轴方向,刻度是等间距的;在y轴方向,刻度是不等间距的,中间密,两头疏. 按照"正态概率纸"上的刻度,画一串坐标为$\left(x_{(i)}, \frac{i-\frac{1}{2}}{n}\right)$的点,实际得到的是坐标为$\left(x_{(i)}, \Phi^{-1}\left(\frac{i-\frac{1}{2}}{n}\right)\right)$的点.

现在,现成的“正态概率纸”已经很难买到,但是,我们可以利用计算机软件,画出正态概率纸上的点,完成正态分布的概率纸检验.

正态分布的概率纸检验,它的优点是简单、直观,但是,它也有缺点,即检验全凭主观感觉,看点是否在一直线上,缺少客观的标准.

下面看一个例子.

例 从某小学五年级男生中抽取 72 人,测量身高(单位:cm),得到数据如下:

128.1, 144.4, 150.3, 146.2, 140.6, 139.7, 134.1, 124.3, 147.9, 143.0, 143.1, 142.7, 126.0, 125.6, 127.7, 154.4, 142.7, 141.2, 133.4, 131.0, 125.4, 130.3, 146.3, 146.8, 142.7, 137.6, 136.9, 122.7, 131.8, 147.7, 135.8, 134.8, 139.1, 139.0, 132.3, 134.7, 150.4, 142.7, 144.3, 136.4, 134.5, 132.3, 152.7, 148.1, 139.6, 138.9, 136.1, 135.9, 142.2, 152.1, 142.4, 142.7, 136.2, 135.0, 154.3, 147.9, 141.3, 143.8, 138.1, 139.7, 127.4, 146.0, 155.8, 141.2, 146.4, 139.4, 140.8, 127.7, 150.7, 160.3, 148.5, 147.5.

要求检验学生身高是否服从正态分布 $N(\mu, \sigma^2)$.

采用正态分布的概率纸检验,画出的图像如图 4-2 所示.

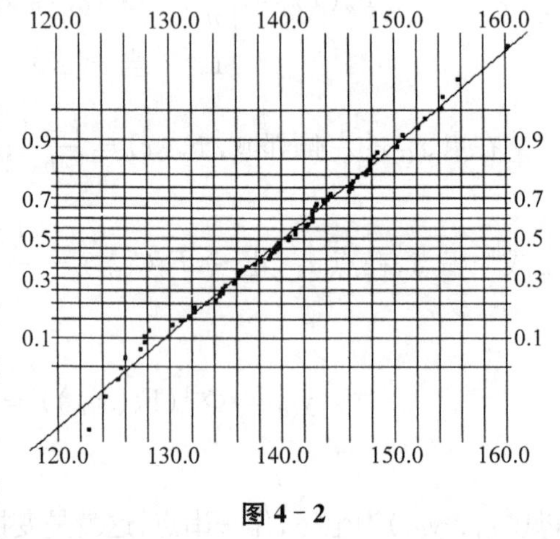

图 4-2

从图 4-2 可以看出,这一串点几乎落在一条直线上,所以,可以认为学生身高服从正态分布 $N(\mu, \sigma^2)$. 而且还可以估计出 $\hat{\mu} = 140.133$, $\hat{\sigma} = 8.293$.

如果已知的不是具体的样本观测值,而是落在各个区间中的频数,也可以做正态分布的概率纸检验. 作分点 $a = a_0 < a_1 < a_2 < \cdots < a_r = b$, 将总体 ξ 的取值范围 (a, b) 分成 r 个区间. 设共进行了 n 次试验,落在区间 $(a_{k-1}, a_k]$ 中的频数(样本观测值的个数)为 n_k, $k = 1, 2, \cdots, r$. 这时,在点 a_k 的左侧邻域,经验分布函数 $F_n(x) = \frac{1}{n}\sum_{i=1}^{k} n_i$, 在点 a_k 的右侧邻域, $F_n(x) = \frac{1}{n}\sum_{i=1}^{k+1} n_i$, 所以,在点 a_k 处,令 $F_n(a_k) = \frac{1}{n}\sum_{i=1}^{k} n_i + \frac{n_{k+1}}{2n}$, $k = 1, 2, \cdots, r-1$. 做正态分布的概率纸检验时,只需要作一串坐标为 $\left(a_k, \Phi^{-1}\left(\frac{1}{n}\sum_{i=1}^{k} n_i + \frac{n_{k+1}}{2n}\right)\right)$ 的点就可以了.

4.6 独立性的检验

在概率论中,我们介绍过随机变量的独立性的概念. 在某些特殊的情况下,可以很方便地直接判断出两个随机变量是否相互独立;但是,在更多的实际问题中,两个随机变量是否相互独立,往往就不那么容易判断了.例如,癌症是否与遗传有关?色盲是否与性别有关?气管炎是否与吸烟有关?儿童智商是否与营养状况有关?股市的涨跌是否与物价的高低有关?显然,这些都不是一眼就能看出来的.

下面,我们介绍一种可以用来检验随机变量的独立性的检验方法,它也是一种非参数检验.

问题 设有两个总是同时出现的随机变量 ξ 和 η. ξ 可能处于 r 种不同的状态:$A_1, A_2, \cdots, A_r$; η 可能处于 s 种不同的状态:$B_1, B_2, \cdots, B_s$.

现在共进行了 n 次观测,在这 n 次观测中,出现状态组合 (A_i, B_j) 的频数为 n_{ij}, $i=1, 2, \cdots, r$; $j=1, 2, \cdots, s$, 即

	B_1	$\cdots$	B_j	$\cdots$	B_s	总和
A_1	n_{11}	$\cdots$	n_{1j}	$\cdots$	n_{1s}	$n_{1\cdot}$
$\vdots$	$\vdots$		$\vdots$		$\vdots$	$\vdots$
A_i	n_{i1}	$\cdots$	n_{ij}	$\cdots$	n_{is}	$n_{i\cdot}$
$\vdots$	$\vdots$		$\vdots$		$\vdots$	$\vdots$
A_r	n_{r1}	$\cdots$	n_{rj}	$\cdots$	n_{rs}	$n_{r\cdot}$
总 和	$n_{\cdot 1}$	$\cdots$	$n_{\cdot j}$	$\cdots$	$n_{\cdot s}$	n

其中,

$$n_{i\cdot} = \sum_{j=1}^{s} n_{ij}, \ i = 1, 2, \cdots, r,$$

$$n_{\cdot j} = \sum_{i=1}^{r} n_{ij}, \ j = 1, 2, \cdots, s,$$

$$n = \sum_{i=1}^{r} n_{i\cdot} = \sum_{j=1}^{s} n_{\cdot j}.$$

这个表称为**联立表**(或**列联表**).

要检验 H_0:ξ 与 η 独立这一假设是否成立.

检验方法 如果 H_0 为真,ξ 与 η 独立,显然应该有

$$P\{\xi \in A_i, \eta \in B_j\} = P\{\xi \in A_i\} P\{\eta \in B_j\},$$

因为 $P\{\xi \in A_i, \eta \in B_j\} \approx \dfrac{n_{ij}}{n}$, $P\{\xi \in A_i\} \approx \dfrac{n_{i\cdot}}{n}$, $P\{\eta \in B_j\} \approx \dfrac{n_{\cdot j}}{n}$, 所以

$$\frac{n_{ij}}{n} \approx \frac{n_{i\cdot}}{n} \frac{n_{\cdot j}}{n}, \text{即 } n_{ij} \approx \frac{n_{i\cdot} n_{\cdot j}}{n};$$

反之,如果 H_0 不真,ξ 与 η 不独立,则 n_{ij} 与 $\dfrac{n_{i\cdot} n_{\cdot j}}{n}$ 的差别就会很大.

可以证明,若 H_0 为真,则当观测次数 $n \to \infty$ 时,有

$$\chi^2=\sum_{i=1}^{r}\sum_{j=1}^{s}\frac{\left(n_{ij}-\frac{n_{i.}n_{.j}}{n}\right)^2}{\frac{n_{i.}n_{.j}}{n}}\sim\chi^2((r-1)(s-1));$$

若 H_0 不真,则 χ^2 的值会偏大,统计量 χ^2 的分布,相对于 $\chi^2((r-1)(s-1))$ 分布来说,峰值位置会有一个向右的偏移.

因此可得到如下检验方法:

从样本求出 χ^2 的值.对于给定的显著水平 α,自由度 $(r-1)(s-1)$,查 χ^2 分布表得分位数 $\chi^2_{1-\alpha}((r-1)(s-1))$,使 $P\{\chi^2>\chi^2_{1-\alpha}((r-1)(s-1))\}=\alpha$,当 $\chi^2>\chi^2_{1-\alpha}((r-1)(s-1))$ 时拒绝 H_0,否则接受 H_0.

注意

(1) 查 χ^2 分布表求分位数时,在自由度 $k=(r-1)(s-1)$ 与 $p=1-\alpha$ 相交处查得分位表 $\chi^2_{1-\alpha}((r-1)(s-1))$;

(2) 计算 χ^2 时,可以用简化公式 $\chi^2=n\left(\sum_{i=1}^{r}\sum_{j=1}^{s}\frac{n_{ij}^2}{n_{i.}n_{.j}}-1\right)$. 为什么可以这样简化?下面给出证明.

证

$$\chi^2=\sum_{i=1}^{r}\sum_{j=1}^{s}\frac{\left(n_{ij}-\frac{n_{i.}n_{.j}}{n}\right)^2}{\frac{n_{i.}n_{.j}}{n}}$$

$$=\sum_{i=1}^{r}\sum_{j=1}^{s}\frac{n_{ij}^2-2n_{ij}\frac{n_{i.}n_{.j}}{n}+\frac{n_{i.}^2n_{.j}^2}{n^2}}{\frac{n_{i.}n_{.j}}{n}}$$

$$=n\sum_{i=1}^{r}\sum_{j=1}^{s}\frac{n_{ij}^2}{n_{i.}n_{.j}}-2\sum_{i=1}^{r}\sum_{j=1}^{s}n_{ij}+\frac{\sum_{i=1}^{r}n_{i.}\sum_{j=1}^{s}n_{.j}}{n}$$

$$=n\sum_{i=1}^{r}\sum_{j=1}^{s}\frac{n_{ij}^2}{n_{i.}n_{.j}}-2n+\frac{n^2}{n}=n\left(\sum_{i=1}^{r}\sum_{j=1}^{s}\frac{n_{ij}^2}{n_{i.}n_{.j}}-1\right).$$

例 为研究气管炎与吸烟的关系,对 339 人做调查,得到结果如下:

	B_1 不吸烟	B_2 每日吸烟 20 支以下	B_3 每日吸烟 20 支以上	总 和
A_1 有气管炎	13	20	23	56
A_2 无气管炎	121	89	73	283
总 和	134	109	96	339

问:气管炎是否与吸烟有关(显著水平 $\alpha=0.05$)?

解 设 ξ 为患气管炎的状况,η 为吸烟状况,问题相当于要检验 H_0:ξ 与 η 独立.

$$\chi^2=n\left(\sum_{i=1}^{r}\sum_{j=1}^{s}\frac{n_{ij}^2}{n_{i.}n_{.j}}-1\right)$$

$$= 339 \times \left(\frac{13^2}{56 \times 134} + \frac{20^2}{56 \times 109} + \frac{23^2}{56 \times 96} + \frac{121^2}{283 \times 134} + \frac{89^2}{283 \times 109} + \frac{73^2}{283 \times 96} - 1\right)$$

$$= 8.634.$$

对显著水平 $\alpha = 0.05$，自由度 $(r-1)(s-1) = 2$，查 χ^2 分布的分位数表，得分位数 $\chi^2_{1-\alpha}((r-1)(s-1)) = \chi^2_{0.95}(2) = 5.991$，由于 $\chi^2 = 8.634 > 5.991$，所以拒绝假设 H_0：ξ 与 η 独立，检验的结论是：气管炎与吸烟有关.

4.7 延伸阅读

假设检验在生产实践中的一个重要应用是质量控制. 1924 年美国贝尔电话实验室的休哈特(W. A. Shewhart)根据假设检验的方法首创了质量控制图，它以随机因素引起的质量指标波动为基准来检验质量指标异常波动的系统原因，以起到稳定生产，保证质量的作用. 下面我们以产品不合格率 p 的控制图为例加以说明.

设某厂产品的不合格率为 p，该厂生产的产品可视为无限总体，从中抽取 n 个检测，当 n 充分大时根据中心极限定理，样本中的不合格率近似服从正态分布，即 $\overline{P} \sim N\left(p, \frac{p(1-p)}{n}\right)$. 根据正态分布的 3δ 的原则，$\overline{P}$ 以 99.74% 的概率落入 p 为中心的三倍标准差 $\sqrt{\frac{p(1-p)}{n}}$ 以内. 因为 p 未知，以 $\overline{P}$ 代替 p 可得 p 的信度为 99.74% 的控制上限，$UCL = \overline{P} + 3\sqrt{\frac{\overline{P}(1-\overline{P})}{n}}$ 和控制下限 $LCL = \overline{P} - 3\sqrt{\frac{\overline{P}(1-\overline{P})}{n}}$，其中当 LCL 小于 0 时取为 0，控制中心线为 $CL = \overline{P}$. 质量控制图见图 4-3.

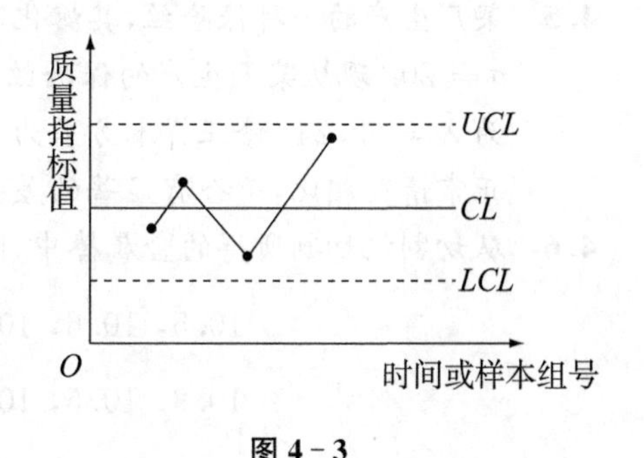

图 4-3

正常情况下的生产过程比较稳定，产品不合格率应该在控制线以内的很小范围内波动. 若某个分组样本数据的不合格率超出了控制线，则说明生产过程发生了异常变化，即警示设备需要调整(王式安. 数理统计方法及应用模型. 北京：北京科学技术出版社，1992.).

思考题

不难发现，关于参数的假设检验与求参数的置信区间在方法上很相似. 问假设检验和区间估计这两者有何联系？(提示：参见习题 4.3)

从某单位的产品中随机抽取 200 个产品进行检验，结果发现有 3 个次品，求该单位产品次品率 p 的置信水平为 95% 的置信区间，并问能否认为该单位产品的次品率不超过 1%？(提示：参见本节延伸阅读)

习　题　四

4.1　设$(X_1, X_2, \cdots, X_{16})$是取自正态总体$N(\mu, 1)$的样本,设$H_0: \mu=0, H_1: \mu \neq 0$.
试分别求以下列集合为拒绝域的检验犯第一类错误的概率.
(1) $\{(x_1, x_2, \cdots, x_{16}) \mid 4\bar{x} < -1.6449\}$;
(2) $\{(x_1, x_2, \cdots, x_{16}) \mid 2.08 < 4\bar{x} < 2.21\}$.

4.2　设$(X_1, X_2, \cdots, X_{16})$是取自正态总体$N(\mu, 1)$的样本,在显著性水平$\alpha=0.05$下检验$H_0: \mu=0; H_1: \mu \neq 0$. 若正态总体的期望的真值为$\mu=0.08$,试求该检验犯第二类错误的概率.

4.3　设总体$\xi \sim N(\mu, \sigma^2)$,已知,其中$\sigma=\sigma_0$, $(X_1, X_2, \cdots, X_n)$是ξ的样本,μ的置信水平为$1-\alpha$的置信区间为$[\underline{\theta}, \bar{\theta}]$,其中$\underline{\theta}, \bar{\theta}=\overline{X} \mp u_{1-\frac{\alpha}{2}} \dfrac{\sigma_0}{\sqrt{n}}$;检验$H_0: \mu=\mu_0$的统计量$U=\dfrac{\overline{X}-\mu_0}{\sigma_0}\sqrt{n}$. 证明: 在显著水平$\alpha$下,拒绝假设$H_0: \mu=\mu_0$的充分必要条件是$\mu_0 \notin [\underline{\theta}, \bar{\theta}]$. 这说明参数的区间估计与参数的假设检验有一一对应的关系,可以用参数的区间估计代替参数的假设检验.

4.4　某车间加工的钢轴直径ξ服从正态分布$N(\mu, \sigma^2)$,根据长期积累的资料,已知其中$\sigma=0.012$ cm. 按照设计要求,钢轴直径的均值μ应该是0.150 cm. 现从一批钢轴中抽查75件,测得它们直径的样本均值为0.154 cm,问: 这批钢轴的直径是否符合设计要求(显著水平$\alpha=0.05$)?

4.5　某厂生产的一种保险丝,其熔化时间(单位: ms)$\xi \sim N(\mu, \sigma^2)$,在正常情况下,标准差$\sigma=20$. 现从某天生产的保险丝中抽取25个样品,测量熔化时间,计算得到样本均值为$\overline{X}=62.24$,修正样本方差为$S^{*2}=404.77$,问: 这批保险丝熔化时间的标准差,与正常情况相比,是否有显著的差异(显著水平$\alpha=0.05$)?

4.6　从切割机切割所得的金属棒中,随机抽取15根,测得长度(单位: cm)为

$$10.5, 10.6, 10.1, 10.4, 10.5, 10.3, 10.3, 10.2,$$
$$10.9, 10.6, 10.8, 10.5, 10.7, 10.2, 10.7.$$

设金属棒长度$\xi \sim N(\mu, \sigma^2)$. 问:
(1) 是否可以认为金属棒长度的平均值$\mu=10.5$(显著水平$\alpha=0.05$)?
(2) 是否可以认为金属棒长度的标准差$\sigma=0.15$(显著水平$\alpha=0.05$)?

4.7　某化工产品的含硫量$\xi \sim N(\mu, \sigma^2)$,其中$\mu$、$\sigma>0$都未知,取5个样品,测得含硫量为

$$4.28, 4.40, 4.42, 4.35, 4.37.$$

(1) 检验假设$H_0: \mu=4.50$(显著水平$\alpha=0.05$);
(2) 检验假设$H_0: \sigma=0.04$(显著水平$\alpha=0.05$).

4.8　用甲、乙两台机床生产同一种型号的滚珠. 从甲机床生产的滚珠中抽取8颗,测得滚珠直径的样本均值为$\overline{X}=15.012$,滚珠直径的修正样本标准差为$S_x^*=0.309$;从乙机

床生产的滚珠中抽取 9 颗，测得滚珠直径的样本均值为 $\overline{Y}=14.989$，滚珠直径的修正样本标准差为 $S_y^*=0.162$. 设两台机床生产的滚珠直径都服从正态分布，而且方差相等. 问：这两台机床生产滚珠直径的平均值是否有显著的差异(显著水平 $\alpha=0.05$)?

4.9 用甲、乙两台机床加工同一种零件，从这两台机床加工的零件中，随机抽取一些样品，测得它们的外径(单位：mm)如下：

机床甲	20.5, 19.8, 19.7, 20.4, 20.1, 20.0, 19.0, 19.9
机床乙	19.7, 20.8, 20.5, 19.8, 19.4, 20.6, 19.2

假定零件的外径服从正态分布，问：

(1) 是否可以认为甲、乙两台机床加工零件外径的方差相等(显著水平 $\alpha=0.05$)?

(2) 是否可以认为甲、乙两台机床加工零件外径的均值相等(显著水平 $\alpha=0.05$)?

4.10 按两种不同的配方生产橡胶，测得橡胶伸长率(单位：%)如下：

配方一	540, 533, 525, 520, 544, 531, 536, 529, 534
配方二	565, 577, 580, 575, 556, 542, 560, 532, 570, 561

如果橡胶的伸长率服从正态分布，两种配方生产的橡胶伸长率的标准差是否有显著差异(显著水平 $\alpha=0.05$)?

4.11 设一种元件的寿命服从正态分布 $N(\mu,\sigma^2)$，如果平均寿命不低于 1 000 h 则为合格品，现从这批元件中随机地抽取了 25 件，测得样本的平均寿命为 966 h.

(1) 如果已知 $\sigma=100$ h，问在显著水平 $\alpha=0.05$ 下，能否认为这批元件是合格的?

(2) 假如 σ 未知，但已知所抽取的样本的修正标准差 $S^*=100$ h，结论又是什么?

4.12 设锰的熔点(单位：℃)服从正态分布，进行 5 次试验，测得锰的熔点如下：

$$1\,269,\ 1\,271,\ 1\,256,\ 1\,265,\ 1\,254.$$

是否可以认为锰的熔点显著高于 1 250℃(显著水平 $\alpha=0.05$)?

4.13 某种导线的电阻(单位：Ω)服从正态分布，按照规定，电阻的标准差不得超过 0.005. 今在一批导线中任取 9 根，测得电阻的修正样本标准差 $S^*=0.007$，这批导线的电阻的标准差，比起规定的电阻的标准差，是否显著偏大(显著水平 $\alpha=0.05$)?

4.14 某厂从用旧工艺和新工艺生产的灯泡中，各取 10 只进行寿命试验，测得旧工艺生产的灯泡寿命的样本均值为 2 460 h，修正样本标准差为 56 h；新工艺生产的灯泡寿命的样本均值为 2 550 h，修正样本标准差为 48 h. 设新、旧工艺生产的灯泡寿命都服从正态分布，而且方差相等. 问：能否认为采用新工艺后，灯泡的平均寿命有显著的提高(显著水平 $\alpha=0.05$)?

4.15 某厂从用新、旧工艺生产的灯泡中各取 n 只测试其寿命，设新、旧工艺生产的灯泡寿命分别为 $\xi\sim N(\mu_1,\sigma_1^2)$ 和 $\eta\sim N(\mu_2,\sigma_2^2)$，其样本分别记为 $(X_1,X_2,\cdots,X_n)$ 和 $(Y_1,Y_2,\cdots,Y_n)$. 令 $Z_i=X_i-Y_i(i=1,2,\cdots,n)$；$Z_i$ 的均值记为 $\overline{Z}$；样本修正方差记为 ${S_z^*}^2$.

(1) 证明 $\dfrac{\overline{Z}-(\mu_1-\mu_2)}{S_z^*}\sqrt{n}\sim t(n-1)$；

(2) 求显著性水平 α 下，$H_0:\mu_1=\mu_2$ 的拒绝域.

4.16 用甲、乙两台车床生产的滚珠的直径(单位：mm)都服从正态分布，现从两台车床生产的滚珠中分别抽取 8 颗和 9 颗，测得直径如下：

甲车床生产的滚珠	15.0，14.5，15.2，15.5，14.8，15.1，15.2，14.8
乙车床生产的滚珠	15.2，15.0，14.8，15.2，15.0，15.0，14.8，15.1，14.8

问：乙车床生产滚珠直径的方差是否显著地小于甲车床生产滚珠直径的方差(显著水平 $\alpha=0.05$)?

4.17 设$(X_1,X_2,\cdots,X_n)$为取自正态总体 $N(\mu,\sigma_0^2)$的样本，其中 σ_0^2 已知. 求 $H_0:\mu\leqslant\mu_0$，$H_1:\mu>\mu_0$在显著性水平 α 下广义似然比检验的拒绝域 W_1.

4.18 一颗六面体的骰子掷了 300 次，出现各种点数的频数统计如下：

点　数	1	2	3	4	5	6
频　数	43	49	56	45	66	41

是否可以认为这颗骰子是均匀的(显著水平 $\alpha=0.05$)?

4.19 在圆周率 $\pi=3.141\,592\,653\,5\cdots$的前 800 位小数中，数字 0，1，2，…，9 出现的频数统计如下：

数　字	0	1	2	3	4	5	6	7	8	9
频　数	74	92	83	79	80	73	77	75	76	91

是否可以认为各种数字出现的可能性是相同的(显著水平 $\alpha=0.05$)?

4.20 某电话总机在一天中各个时间段内接到的电话数统计如下：

时间段	0:00～9:00	9:00～12:00	12:00～15:00	15:00～24:00
电话数	189	132	121	198

问：是否可以认为接到电话的时刻 ξ 服从[0, 24]上的均匀分布(显著水平 $\alpha=0.05$)?

4.21 一颗四面体的骰子，四面分别涂上红、黄、蓝、白四种颜色，任意抛掷，直到白色一面朝下为止，记录下所需的抛掷次数，做这样的试验 200 次，得到结果如下：

到白色一面朝下为止所需的抛掷次数	1	2	3	4	≥5
出现这种结果的频数	56	48	32	28	36

问：是否可以认为这颗四面体骰子是均匀的(显著水平 $\alpha=0.05$)?

4.22 从某厂生产的布匹中抽查 50 匹，查得布匹上的疵点数如下：

疵点数	0	1	2	3	≥4
频　数	20	16	8	6	0

问：是否可以认为每匹布上的疵点数 ξ 服从 Poisson 分布(显著水平 $\alpha = 0.05$)?

4.23 从某车床生产的滚珠中，抽取 50 颗，测得它们的直径(单位：mm)落在各区间中的频数为

区 间	(14.14, 14.51]	(14.51, 14.88]	(14.88, 15.25]	(15.25, 15.62]	(15.62, 15.99]
频 数	6	8	20	11	5

已知滚珠直径的样本均值为 $\overline{X} = 15.078$，样本标准差为 $S = 0.428\,154$.

问：滚珠的直径 ξ 是否服从正态分布(显著水平 $\alpha = 0.05$)?

4.24 为研究色盲与性别的关系，对 1 000 人做统计，得到结果如下：

	男	女
色　盲	38	6
正　常	442	514

问：色盲是否与性别有关(显著水平 $\alpha = 0.05$)?

4.25 为研究青少年犯罪与家庭状况的关系，对 1 154 名青少年进行调查，得到统计结果如下：

	无犯罪记录	有犯罪记录
双亲完整家庭	973	88
单亲残缺家庭	70	23

问：青少年犯罪是否与家庭状况有关(显著水平 $\alpha = 0.05$)?

4.26 为研究地下水位变化与地震的关系，某地震观测站收集了如下 1 700 个观测结果：

	有 地 震	无 地 震
水位有变化	98	902
水位无变化	82	618

问：地下水位变化是否与地震有关(显著水平 $\alpha = 0.05$)?

4.27 为研究儿童智力发育与营养的关系，抽查了 950 名小学生，得到统计数据如下：

	智 商			
	<80	80～89	90～99	≥100
营养良好	245	228	177	219
营养不良	31	27	13	10

问：儿童的智力发育是否与营养状况有关(显著水平 $\alpha = 0.05$)?

5

回 归 分 析

5.1 回归分析的基本概念

在实际问题中,我们会遇到各种变量,在变量与变量之间,往往存在着各种关系.

有些变量之间的关系是确定性的函数关系,例如,圆的半径 R 与圆面积 S 之间的关系 $S=\pi R^2$,自由落体落下的时间 t 与落体落下的距离 h 之间的关系 $h=\frac{1}{2}gt^2$ 等. 在这些关系中,只要自变量的值确定了,因变量的值也就随之确定了.

但是,有些变量之间的关系就不是这样,例如,农作物的施肥量 x 与农作物的产量 y 之间的关系,商品的价格 x 与商品的销售量 y 之间的关系,家庭的收入 x 与家庭的支出 y 之间的关系,父亲的身高 x 与儿子的身高 y 之间的关系等. 在这些关系中,自变量 x 的值确定了,因变量 y 的值并不完全随之确定,可能有上下起伏的变化. 同时,在这些关系中,自变量 x 与因变量 y 又不是完全无关的,通过大量的统计数据,可以发现,它们之间确实存在着某种关系. 我们把这样的关系,称为**统计相关关系**.

回归分析(Regression Analysis),就是研究变量之间的统计相关关系的一种统计方法. 它从自变量和因变量的一组观测数据出发,寻找一个函数式,将变量之间的统计相关关系近似地表达出来. 这个能够近似表达自变量与因变量之间关系的函数式,称为**回归方程**或**回归函数**.

回归方程,可以是线性的,也可以是非线性的,当回归方程为线性时,称为**线性回归**(Linear Regression);当回归方程为非线性时,称为**非线性回归**(Nonlinear Regression). 在回归方程中,可以只有一个自变量,也可以有多个自变量,只有一个自变量的回归称为**一元回归**(Simple Regression),有多个自变量的回归称为**多元回归**(Multiple Regression).

5.2 一元线性回归

5.2.1 一元线性回归的数学模型

设自变量 x 与因变量 y 之间,有下列关系:

$$y=\beta_0+\beta_1 x+\varepsilon,$$

其中,β_0, β_1是常数,ε是表示误差的随机变量,一般总是设$\varepsilon \sim N(0, \sigma^2)$.

对x, y进行n次观测,得到一组观测值:

$$(x_i, y_i), i = 1, 2, \cdots, n,$$

即

$$y_i = \beta_0 + \beta_1 x_i + \varepsilon_i, \varepsilon_i \sim N(0, \sigma^2), i = 1, 2, \cdots, n.$$

其中,ε_1, ε_2, $\cdots$, ε_n相互独立,而且是各次观测时产生的随机误差,它们可以看作总体$\varepsilon \sim N(0, \sigma^2)$的样本.

我们把x_1, x_2, $\cdots$, x_n看作常数,这样y_1, y_2, $\cdots$, y_n就是ε_1, ε_2, $\cdots$, ε_n的函数,因而它们都是随机变量.而且,可以推知$y_i \sim N(\beta_0 + \beta_1 x_i, \sigma^2)$, $i = 1, 2, \cdots, n$,且y_1, y_2, $\cdots$, y_n相互独立.这就是一元线性回归的数学模型.

在上述关系式中,常数β_0, β_1是未知的.我们要做的一元线性回归,就是要求出β_0, β_1的估计值$\hat{\beta}_0$, $\hat{\beta}_1$,使得回归方程$\hat{y} = \hat{\beta}_0 + \hat{\beta}_1 x$能够尽可能精确地将自变量$x$与因变量$y$之间的统计相关关系表达出来.

我们可以用数学语言,把它转化成下面这样一个问题:

问题 已知(x_i, y_i), $i = 1, 2, \cdots, n$,求常数β_0, β_1的估计$\hat{\beta}_0$, $\hat{\beta}_1$,使得当$\beta_0 = \hat{\beta}_0$, $\beta_1 = \hat{\beta}_1$时,$Q = \sum_{i=1}^{n}(y_i - \beta_0 - \beta_1 x_i)^2$达到最小.

分析推导 Q是β_0, β_1的函数,所以这实际上是一个二元函数求最小值的问题,我们可以通过求偏导数、解方程组的方法,来确定Q的最小值点.

$$\begin{cases} \dfrac{\partial Q}{\partial \beta_0} = -2\sum_{i=1}^{n}(y_i - \beta_0 - \beta_1 x_i) = 0, \\ \dfrac{\partial Q}{\partial \beta_1} = -2\sum_{i=1}^{n}x_i(y_i - \beta_0 - \beta_1 x_i) = 0. \end{cases}$$

$$\begin{cases} \sum_{i=1}^{n}y_i - \beta_0\sum_{i=1}^{n}1 - \beta_1\sum_{i=1}^{n}x_i = 0, \\ \sum_{i=1}^{n}x_i y_i - \beta_0\sum_{i=1}^{n}x_i - \beta_1\sum_{i=1}^{n}x_i^2 = 0. \end{cases}$$

$$\begin{cases} n\beta_0 + \beta_1\sum_{i=1}^{n}x_i = \sum_{i=1}^{n}y_i, & ① \\ \beta_0\sum_{i=1}^{n}x_i + \beta_1\sum_{i=1}^{n}x_i^2 = \sum_{i=1}^{n}x_i y_i. & ② \end{cases}$$

这个方程称为**正规方程**.

从式①,得

$$\beta_0 = \frac{1}{n}\sum_{i=1}^{n}y_i - \frac{\beta_1}{n}\sum_{i=1}^{n}x_i = \overline{y} - \beta_1\overline{x}. \quad ③$$

代入式②,得

$$(\overline{y}-\beta_1\overline{x})n\overline{x}+\beta_1\sum_{i=1}^{n}x_i^2=\sum_{i=1}^{n}x_iy_i,$$

$$\beta_1\left(\sum_{i=1}^{n}x_i^2-n\overline{x}^2\right)=\sum_{i=1}^{n}x_iy_i-n\overline{x}\,\overline{y},$$

$$\beta_1=\frac{\sum_{i=1}^{n}x_iy_i-n\overline{x}\,\overline{y}}{\sum_{i=1}^{n}x_i^2-n\overline{x}^2}=\frac{\sum_{i=1}^{n}(x_i-\overline{x})(y_i-\overline{y})}{\sum_{i=1}^{n}(x_i-\overline{x})^2}.$$

把这里求出的β_1的值,再代入上面的式③,就可以求出β_0的值.不难看出,这个解也就是使Q达到最小的解.如果令

$$L_{xx}=\sum_{i=1}^{n}x_i^2-n\overline{x}^2=\sum_{i=1}^{n}(x_i-\overline{x})^2,$$

$$L_{yy}=\sum_{i=1}^{n}y_i^2-n\overline{y}^2=\sum_{i=1}^{n}(y_i-\overline{y})^2,$$

$$L_{xy}=\sum_{i=1}^{n}x_iy_i-n\overline{x}\,\overline{y}=\sum_{i=1}^{n}(x_i-\overline{x})(y_i-\overline{y}),$$

还可以把这个解写成更简单的形式:

$$\begin{cases}\hat{\beta}_1=\dfrac{L_{xy}}{L_{xx}},\\ \hat{\beta}_0=\overline{y}-\hat{\beta}_1\,\overline{x}.\end{cases}$$

这样得到的估计$\hat{\beta}_0$, $\hat{\beta}_1$,使得$Q=\sum_{i=1}^{n}(y_i-\beta_0-\beta_1x_i)^2$达到最小,$Q$是一个平方和,而平方又称为“二乘”,所以,这个估计称为**最小二乘估计**(Least Squares Estimator,LSE).

于是,可以写出自变量x与因变量y的回归方程$\hat{y}=\hat{\beta}_0+\hat{\beta}_1x$,对一个给定的自变量取值$x_i$,代入回归方程可得对应的因变量估计值$\hat{y}_i=\hat{\beta}_0+\hat{\beta}_1x_i$.可以证明,所有$\hat{y}_i$的平均值就等于所有因变量$y$观测值$y_i$的平均值.事实上,

$$\frac{1}{n}\sum_{i=1}^{n}\hat{y}_i=\frac{1}{n}\sum_{i=1}^{n}(\hat{\beta}_0+\hat{\beta}_1x_i)=\frac{1}{n}\sum_{i=1}^{n}(\overline{y}-\hat{\beta}_1\overline{x}+\hat{\beta}_1x_i)=\overline{y}-\hat{\beta}_1\overline{x}+\hat{\beta}_1\frac{1}{n}\sum_{i=1}^{n}x_i=\overline{y}.$$

把求出的$\hat{\beta}_0$和$\hat{\beta}_1$代入Q,即得到Q的极小值,这个Q的极小值称为**残差平方和**(Residual Sum of Squares,也叫剩余平方和),记为SS_e.

即$SS_e=\sum_{i=1}^{n}(y_i-\hat{y}_i)^2=\sum_{i=1}^{n}(y_i-\hat{\beta}_0-\hat{\beta}_1x_i)^2$.

此外,称$\sum_{i=1}^{n}(y_i-\overline{y})^2$为总离差平方和,记为$SS_T$,即$SS_T=L_{yy}$,

称$\sum_{i=1}^{n}(\hat{y}_i-\overline{y})^2$为回归平方和,记为$SS_R$.

可以证明,它们之间满足离差分解公式,即$SS_T=SS_R+SS_e$.

证明 $$SS_T=\sum_{i=1}^{n}(y_i-\overline{y})^2=\sum_{i=1}^{n}[(y_i-\hat{y}_i)^2+(\hat{y}_i-\overline{y})]^2$$
$$=\sum_{i=1}^{n}(y_i-\hat{y}_i)^2+2\sum_{i=1}^{n}(y_i-\hat{y}_i)(\hat{y}_i-\overline{y})+\sum_{i=1}^{n}(\hat{y}_i-\overline{y})^2$$
$$=SS_e+2\sum_{i=1}^{n}(y_i-\hat{y}_i)(\hat{\beta}_0+\hat{\beta}_1x_i-\overline{y})+SS_R.$$

右式的中间一项,代入 $\hat{\beta}_0=\overline{y}-\hat{\beta}_1\overline{x}$ 得 $2\sum_{i=1}^{n}(y_i-\hat{y}_i)\hat{\beta}_1(x_i-\overline{x})$,根据正规方程化简知该项为 0,故有 $SS_T=SS_R+SS_e$.

在求解残差平方和 SS_e 时,我们还经常用到 $SS_e=L_{yy}-\hat{\beta}_1L_{xy}$ 这个公式.事实上,

$$SS_e=Q_{\min}=\sum_{i=1}^{n}(y_i-\hat{\beta}_0-\hat{\beta}_1x_i)^2=\sum_{i=1}^{n}[y_i-(\overline{y}-\hat{\beta}_1\overline{x})-\hat{\beta}_1x_i]^2$$
$$=\sum_{i=1}^{n}[(y_i-\overline{y})-\hat{\beta}_1(x_i-\overline{x})]^2=L_{yy}-2\hat{\beta}_1L_{xy}+\hat{\beta}_1^2L_{xx}.$$

由于 $\hat{\beta}_1=\dfrac{L_{xy}}{L_{xx}}$, $\hat{\beta}_1L_{xy}=\hat{\beta}_1^2L_{xx}$,因此

$$SS_e=L_{yy}-\hat{\beta}_1L_{xy}\ \text{或}\ SS_e=L_{yy}-\hat{\beta}_1^2L_{xx}.$$

SS_e 是 Q 的最小值,所以 SS_e 越小,说明回归方程表达变量之间统计相关关系的精确程度越高,也就是回归分析的效果越好.

除了 SS_e 以外,还可以用统计量 $\hat{\sigma}=\sqrt{\dfrac{SS_e}{n-2}}$ 来衡量回归分析的效果,$\hat{\sigma}$ 称为**估计的标准差**(或**残差标准差**).显然,$\hat{\sigma}$ 越小,说明 SS_e 越小,回归分析的效果也就越好.SS_e 的大小还与观测次数 n 有关,而 $\hat{\sigma}$ 的大小基本上与 n 无关.

另外,还可以定义一个统计量 r,称为**样本相关系数**,它的定义是

$$r=\frac{\sum_{i=1}^{n}(x_i-\overline{x})(y_i-\overline{y})}{\sqrt{\sum_{i=1}^{n}(x_i-\overline{x})^2\sum_{i=1}^{n}(y_i-\overline{y})^2}}=\frac{L_{xy}}{\sqrt{L_{xx}L_{yy}}}.$$

因为

$$r^2=\frac{L_{xy}^2}{L_{xx}L_{yy}}=\frac{\hat{\beta}_1L_{xy}}{L_{yy}}=1-\frac{L_{yy}-\hat{\beta}_1L_{xy}}{L_{yy}}=1-\frac{SS_e}{L_{yy}},$$

即 $r^2=\dfrac{L_{yy}-SS_e}{L_{yy}}=\dfrac{SS_R}{SS_T}$,$r^2$ 通常称为**判定系数**.

由离差分解公式知 $SS_R\leqslant SS_T$,故 $0\leqslant r^2\leqslant 1$,即 $|r|\leqslant 1$.

$|r|$ 越接近 1,说明 SS_e 越小,回归分析的效果也就越好.用样本相关系数 r 来衡量回归分析的效果还有一个好处,即 $\hat{\sigma}$ 是一个有量纲的量(与因变量 y 同一量纲),而 r 是一个量纲为 1 的量.

本节,我们给出了一元线性回归的参数最小二乘估计公式,可以证明,用极大似然估计

方法求出的结果与用最小二乘法求出的结果完全相同(见习题 5.1),此外,要区分样本相关系数与 1.3 节中随机变量相关系数的不同及联系. 事实上,本节样本相关系数 r 就是把 (x,y)视为二维随机变量时 x 与 y 相关系数的矩法估计(见习题 5.2).

5.2.2 一元线性回归的具体计算步骤

从上面推导出的计算公式可以看到,在一元线性回归中,关键是要求出$\overline{x}$, $\overline{y}$, L_{xx}, L_{yy}, L_{xy}这 5 个统计量的值. 在具有统计功能的函数型计算器上,可以很容易地将它们计算出来.

把 x 的观测数据 $x_1, x_2, \cdots, x_n$ 看作一组样本观测值, $\overline{x}=\dfrac{1}{n}\sum\limits_{i=1}^{n}x_i$ 就是样本均值, $L_{xx}=\sum\limits_{i=1}^{n}(x_i-\overline{x})^2$ 就是样本方差 $S_x^2=\dfrac{1}{n}\sum\limits_{i=1}^{n}(x_i-\overline{x})^2$ 再乘以观测次数n $\Big($或修正样本方差 $S_x^{*2}=\dfrac{1}{n-1}\sum\limits_{i=1}^{n}(x_i-\overline{x})^2$ 再乘以 $n-1\Big)$. 所以,在计算器上计算时,只要像计算样本统计量那样,求出样本均值就是$\overline{x}$,求出样本方差再乘以 n(或求出修正样本方差再乘以 $n-1$) 就是 L_{xx}.

同样,把 y 的观测数据 $y_1, y_2, \cdots, y_n$ 看作一组样本观测值, $\overline{y}=\dfrac{1}{n}\sum\limits_{i=1}^{n}y_i$ 就是样本均值,$L_{yy}=\sum\limits_{i=1}^{n}(y_i-\overline{y})^2$ 就是样本方差 $S_y^2=\dfrac{1}{n}\sum\limits_{i=1}^{n}(y_i-\overline{y})^2$ 再乘以观测次数n $\Big($或修正样本方差 $S_y^{*2}=\dfrac{1}{n-1}\sum\limits_{i=1}^{n}(y_i-\overline{y})^2$ 再乘以 $n-1\Big)$.

计算 L_{xy},可以用公式 $L_{xy}=\sum\limits_{i=1}^{n}x_iy_i-n\overline{x}\,\overline{y}$, 在计算器上的具体操作步骤如下:

按 x_1 $\boxed{\times}$ y_1 $\boxed{+}$ x_2 $\boxed{\times}$ y_2 $\boxed{+}$ $\cdots$ $\boxed{+}$ x_n $\boxed{\times}$ y_n $\boxed{-}$ n $\boxed{\times}$ $\overline{x}$ $\boxed{\times}$ $\overline{y}$ $\boxed{=}$, 这时显示出来的就是 L_{xy} 的值.

求出了$\overline{x}$, $\overline{y}$, L_{xx}, L_{yy}, L_{xy},再代入前面推导出的其他计算公式,就可以把一元线性回归中要计算的各种量逐一计算出来.

在有些比较高级的计算器中,还有直接进行一元线性回归分析计算的功能,使得计算更加方便. 但因为各种型号的计算器用法各不相同,这里就不详细介绍了.

例 1 测量上海市 1~3 岁男孩的平均体重,得到数据如下:

年龄 x_i/岁	1.0	1.5	2.0	2.5	3.0
体重 y_i/kg	9.75	10.81	12.07	12.88	13.74

设 $y_i=\beta_0+\beta_1x_i+\varepsilon_i$, $\varepsilon_i\sim N(0,\sigma^2)$, $i=1,2,\cdots,5$, $\varepsilon_1,\varepsilon_2,\cdots,\varepsilon_5$ 相互独立.
求: (1) β_0, β_1的最小二乘估计$\hat{\beta}_0$, $\hat{\beta}_1$;

(2) 残差平方和 SS_e,估计的标准差$\hat{\sigma}$和样本相关系数 r.

解 $n=5$, $\overline{x}=2$, $L_{xx}=2.5$, $\overline{y}=11.85$, $L_{yy}=10.173$,

$$L_{xy}=\sum_{i=1}^{n}x_iy_i-n\overline{x}\,\overline{y}=123.525-5\times 2\times 11.85=5.025.$$

(1) $\hat{\beta}_1=\dfrac{L_{xy}}{L_{xx}}=\dfrac{5.025}{2.5}=2.01$,

$\hat{\beta}_0=\overline{y}-\hat{\beta}_1\overline{x}=11.85-2.01\times 2=7.83.$

所以,回归方程为$\hat{y}=\hat{\beta}_0+\hat{\beta}_1x=7.83+2.01x.$

(2) $SS_e=L_{yy}-\hat{\beta}_1L_{xy}=10.173-2.01\times 5.025=0.072\,75$,

$$\hat{\sigma}=\sqrt{\frac{SS_e}{n-2}}=\sqrt{\frac{0.072\,75}{5-2}}=0.155\,7,$$

$$r=\frac{L_{xy}}{\sqrt{L_{xx}L_{yy}}}=\frac{5.025}{\sqrt{2.5\times 10.173}}=0.996\,4.$$

5.2.3 一元线性回归中一些统计量的分布

下面,我们来推导一些有关一元线性回归统计量分布的定理.

定理 1 $E(\hat{\beta}_1)=\beta_1$, $D(\hat{\beta}_1)=\dfrac{\sigma^2}{L_{xx}}$.

证 因为 $y_i\sim N(\beta_0+\beta_1x_i,\sigma^2)$, $i=1,2,\cdots,n$, 且 $y_1,y_2,\cdots,y_n$ 相互独立,所以 $E(y_i)=\beta_0+\beta_1x_i$, $D(y_i)=\sigma^2$, $i=1,2,\cdots,n$.

$$E(\overline{y})=E\Big(\frac{1}{n}\sum_{i=1}^{n}y_i\Big)=\frac{1}{n}\sum_{i=1}^{n}E(y_i)=\frac{1}{n}\sum_{i=1}^{n}(\beta_0+\beta_1x_i)=\beta_0+\beta_1\overline{x},$$

$$D(\overline{y})=D\Big(\frac{1}{n}\sum_{i=1}^{n}y_i\Big)=\frac{1}{n^2}\sum_{i=1}^{n}D(y_i)=\frac{1}{n^2}\sum_{i=1}^{n}\sigma^2=\frac{\sigma^2}{n}.$$

$$E(\hat{\beta}_1)=E\Big(\frac{L_{xy}}{L_{xx}}\Big)=E\left[\frac{\sum_{i=1}^{n}(x_i-\overline{x})(y_i-\overline{y})}{L_{xx}}\right]=\frac{\sum_{i=1}^{n}(x_i-\overline{x})[E(y_i)-E(\overline{y})]}{L_{xx}}$$

$$=\frac{\sum_{i=1}^{n}(x_i-\overline{x})[(\beta_0+\beta_1x_i)-(\beta_0+\beta_1\overline{x})]}{L_{xx}}$$

$$=\frac{\sum_{i=1}^{n}(x_i-\overline{x})\beta_1(x_i-\overline{x})}{L_{xx}}=\frac{\beta_1L_{xx}}{L_{xx}}=\beta_1,$$

即$\hat{\beta}_1$ 是 β_1的无偏估计.

$$D(\hat{\beta}_1)=D\Big(\frac{L_{xy}}{L_{xx}}\Big)=D\left[\frac{\sum_{i=1}^{n}(x_i-\overline{x})(y_i-\overline{y})}{L_{xx}}\right]$$

$$= D\left[\frac{\sum_{i=1}^{n}(x_i - \overline{x})y_i - \overline{y}\sum_{i=1}^{n}(x_i - \overline{x})}{L_{xx}}\right]$$

$$= D\left[\frac{\sum_{i=1}^{n}(x_i - \overline{x})y_i}{L_{xx}}\right] = \frac{\sum_{i=1}^{n}(x_i - \overline{x})^2 D(y_i)}{L_{xx}^2}$$

$$= \frac{\sum_{i=1}^{n}(x_i - \overline{x})^2\sigma^2}{L_{xx}^2} = \frac{\sigma^2 L_{xx}}{L_{xx}^2} = \frac{\sigma^2}{L_{xx}}.$$

定理 2 $\text{Cov}(\overline{y},\ \hat{\beta}_1) = 0$.

证 由于 $y_1, y_2, \cdots, y_n$ 相互独立,所以

$$\text{Cov}(y_i,\ y_j) = \begin{cases} D(y_i), & \text{当 } i = j \text{ 时}, \\ 0, & \text{当 } i \neq j \text{ 时}, \end{cases}$$

因此

$$\text{Cov}(\overline{y},\ \hat{\beta}_1) = \text{Cov}\left(\frac{\sum_{i=1}^{n} y_i}{n},\ \frac{\sum_{i=1}^{n}(x_i - \overline{x})y_i}{L_{xx}}\right) = \frac{\sum_{i=1}^{n}(x_i - \overline{x})D(y_i)}{nL_{xx}}$$

$$= \frac{\sum_{i=1}^{n}(x_i - \overline{x})\sigma^2}{nL_{xx}} = \frac{\left(\sum_{i=1}^{n} x_i - n\overline{x}\right)\sigma^2}{nL_{xx}} = 0.$$

定理 3 $E(\hat{\beta}_0) = \beta_0,\ D(\hat{\beta}_0) = \left(\frac{1}{n} + \frac{\overline{x}^2}{L_{xx}}\right)\sigma^2$.

证 $E(\hat{\beta}_0) = E(\overline{y} - \hat{\beta}_1\overline{x}) = E(\overline{y}) - E(\hat{\beta}_1)\overline{x} = (\beta_0 + \beta_1\overline{x}) - \beta_1\overline{x} = \beta_0$,
即 $\hat{\beta}_0$ 是 β_0 的无偏估计.

$$\begin{aligned} D(\hat{\beta}_0) &= D(\overline{y} - \hat{\beta}_1\overline{x}) = \text{Cov}(\overline{y} - \hat{\beta}_1\overline{x},\ \overline{y} - \hat{\beta}_1\overline{x}) \\ &= \text{Cov}(\overline{y},\ \overline{y}) - 2\text{Cov}(\overline{y},\ \hat{\beta}_1)\overline{x} + \text{Cov}(\hat{\beta}_1,\ \hat{\beta}_1)\overline{x}^2 \\ &= D(\overline{y}) - 0 + D(\hat{\beta}_1)\overline{x}^2 \\ &= \frac{\sigma^2}{n} + \frac{\sigma^2}{L_{xx}}\overline{x}^2 = \left(\frac{1}{n} + \frac{\overline{x}^2}{L_{xx}}\right)\sigma^2. \end{aligned}$$

定理 4 $\hat{\beta}_1 \sim N\left(\beta_1,\ \frac{\sigma^2}{L_{xx}}\right),\ \hat{\beta}_0 \sim N\left(\beta_0,\ \left(\frac{1}{n} + \frac{\overline{x}^2}{L_{xx}}\right)\sigma^2\right)$.

证 因为 $\hat{\beta}_1 = \frac{L_{xy}}{L_{xx}} = \frac{\sum_{i=1}^{n}(x_i - \overline{x})y_i}{L_{xx}}$ 和 $\hat{\beta}_0 = \overline{y} - \hat{\beta}_1\overline{x}$ 都是 $y_1, y_2, \cdots, y_n$ 的线性函数,而 $y_1, y_2, \cdots, y_n$ 相互独立,都服从正态分布,所以 $\hat{\beta}_1$ 和 $\hat{\beta}_0$ 也都服从正态分布.

由定理 1 可知,$E(\hat{\beta}_1) = \beta_1,\ D(\hat{\beta}_1) = \frac{\sigma^2}{L_{xx}}$,因此 $\hat{\beta}_1 \sim N\left(\beta_1,\ \frac{\sigma^2}{L_{xx}}\right)$.

由定理 3 可知，$E(\hat{\beta}_0)=\beta_0$，$D(\hat{\beta}_0)=\left(\frac{1}{n}+\frac{\overline{x}^2}{L_{xx}}\right)\sigma^2$，因此

$$\hat{\beta}_0 \sim N\left(\beta_0,\left(\frac{1}{n}+\frac{\overline{x}^2}{L_{xx}}\right)\sigma^2\right).$$

定理 5 $\frac{SS_e}{\sigma^2}\sim\chi^2(n-2)$**，而且** SS_e**，**$\hat{\beta}_1$**，**$\overline{y}$ **相互独立.**

证 因为 $y_i=\beta_0+\beta_1 x_i+\varepsilon_i$，$i=1, 2, \cdots, n$，所以

$$\varepsilon_i=y_i-\beta_0-\beta_1 x_i,\ i=1,2,\cdots,n.$$

$$\overline{\varepsilon}=\frac{1}{n}\sum_{i=1}^{n}\varepsilon_i=\frac{1}{n}\sum_{i=1}^{n}(y_i-\beta_0-\beta_1 x_i)=\overline{y}-\beta_0-\beta_1\overline{x}.$$

$$\begin{aligned}\sum_{i=1}^{n}(\varepsilon_i-\overline{\varepsilon})^2&=\sum_{i=1}^{n}[(y_i-\beta_0-\beta_1 x_i)-(\overline{y}-\beta_0-\beta_1\overline{x})]^2\\&=\sum_{i=1}^{n}[(y_i-\overline{y})-\beta_1(x_i-\overline{x})]^2\\&=\sum_{i=1}^{n}(y_i-\overline{y})^2-2\beta_1\sum_{i=1}^{n}(y_i-\overline{y})(x_i-\overline{x})+\beta_1^2\sum_{i=1}^{n}(x_i-\overline{x})^2\\&=L_{yy}-2\beta_1 L_{xy}+\beta_1^2 L_{xx}\\&=L_{yy}-\hat{\beta}_1^2 L_{xx}+\hat{\beta}_1^2 L_{xx}-2\beta_1\hat{\beta}_1 L_{xx}+\beta_1^2 L_{xx}\\&=(L_{yy}-\hat{\beta}_1^2 L_{xx})+(\hat{\beta}_1^2-2\beta_1\hat{\beta}_1+\beta_1^2)L_{xx}\\&=SS_e+(\hat{\beta}_1-\beta_1)^2 L_{xx}.\end{aligned}$$

因为 $\varepsilon_i\sim N(0,\sigma^2)$，$i=1, 2, \cdots, n$，且 $\varepsilon_1, \varepsilon_2, \cdots, \varepsilon_n$ 相互独立，所以 $\frac{\varepsilon_i}{\sigma}\sim N(0, 1)$，$i=1, 2, \cdots, n$，$\frac{\varepsilon_1}{\sigma}, \frac{\varepsilon_2}{\sigma}, \cdots, \frac{\varepsilon_n}{\sigma}$ 相互独立.

$$\begin{aligned}\sum_{i=1}^{n}\left(\frac{\varepsilon_i}{\sigma}\right)^2&=\frac{\sum_{i=1}^{n}\varepsilon_i^2}{\sigma^2}=\frac{\sum_{i=1}^{n}(\varepsilon_i-\overline{\varepsilon})^2+n\overline{\varepsilon}^2}{\sigma^2}=\frac{SS_e+(\hat{\beta}_1-\beta_1)^2 L_{xx}+n\overline{\varepsilon}^2}{\sigma^2}\\&=\frac{SS_e}{\sigma^2}+\frac{(\hat{\beta}_1-\beta_1)^2 L_{xx}}{\sigma^2}+\frac{n\overline{\varepsilon}^2}{\sigma^2}=Q_1+Q_2+Q_3.\end{aligned}$$

其中，$Q_1=\frac{SS_e}{\sigma^2}=\frac{\sum_{i=1}^{n}(y_i-\hat{\beta}_0-\hat{\beta}_1 x_i)^2}{\sigma^2}$ 是 n 项的平方和，但这 n 项又满足以下两个线性关系式

$$\sum_{i=1}^{n}(y_i-\hat{\beta}_0-\hat{\beta}_1 x_i)=\sum_{i=1}^{n}y_i-n\hat{\beta}_0-\hat{\beta}_1\sum_{i=1}^{n}x_i=0,$$

$$\sum_{i=1}^{n}x_i(y_i-\hat{\beta}_0-\hat{\beta}_1 x_i)=\sum_{i=1}^{n}x_i y_i-\hat{\beta}_0\sum_{i=1}^{n}x_i-\hat{\beta}_1\sum_{i=1}^{n}x_i^2=0.$$

$$\left(\text{因为}\hat{\beta}_0,\ \hat{\beta}_1\text{ 是正规方程}\begin{cases} n\beta_0+\beta_1\sum_{i=1}^{n}x_i=\sum_{i=1}^{n}y_i, \\ \beta_0\sum_{i=1}^{n}x_i+\beta_1\sum_{i=1}^{n}x_i^2=\sum_{i=1}^{n}x_iy_i \end{cases}\text{的解}\right)$$

所以 Q_1 的自由度 $f_1=n-2$.

$Q_2=\dfrac{(\hat{\beta}_1-\beta_1)^2L_{xx}}{\sigma^2}=\left(\dfrac{\hat{\beta}_1-\beta_1}{\sigma}\sqrt{L_{xx}}\right)^2$ 是 1 项的平方和,所以 Q_2 的自由度 $f_2=1$.

$Q_3=\dfrac{n\bar{\varepsilon}^2}{\sigma^2}=\left(\dfrac{\bar{\varepsilon}\sqrt{n}}{\sigma}\right)^2$ 是 1 项的平方和,所以 Q_3 的自由度 $f_3=1$.

因为 $f_1+f_2+f_3=(n-2)+1+1=n$, 所以由 Cochran 定理可知

$$Q_1=\frac{SS_e}{\sigma^2}\sim\chi^2(n-2),\ Q_2=\left(\frac{\hat{\beta}_1-\beta_1}{\sigma}\sqrt{L_{xx}}\right)^2\sim\chi^2(1),$$

$$Q_3=\left(\frac{\bar{\varepsilon}\sqrt{n}}{\sigma}\right)^2\sim\chi^2(1),$$

而且 Q_1, Q_2, Q_3 相互独立,所以 SS_e, $\hat{\beta}_1$, $\bar{\varepsilon}=\bar{y}-\beta_0-\beta_1\bar{x}$ 相互独立,即 SS_e, $\hat{\beta}_1$, $\bar{y}$ 相互独立.

定理 6　$E(SS_e)=(n-2)\sigma^2$, $E(\hat{\sigma}^2)=\sigma^2$.

证　在第 2 章 2.4 节的定理 1 中,我们证明了,如果随机变量 ξ 服从自由度为 n 的 χ^2 分布,即 $\xi\sim\chi^2(n)$,那么,它的数学期望就等于 n,即 $E\xi=n$.

由定理 5 可知, $\dfrac{SS_e}{\sigma^2}\sim\chi^2(n-2)$,所以 $E\left(\dfrac{SS_e}{\sigma^2}\right)=n-2$, 因此

$$E(SS_e)=E\left(\frac{SS_e}{\sigma^2}\sigma^2\right)=E\left(\frac{SS_e}{\sigma^2}\right)\sigma^2=(n-2)\sigma^2;$$

$$E(\hat{\sigma}^2)=E\left(\frac{SS_e}{n-2}\right)=\frac{E(SS_e)}{n-2}=\frac{(n-2)\sigma^2}{n-2}=\sigma^2,$$

即 $\hat{\sigma}^2=\dfrac{SS_e}{n-2}$ 是 σ^2的无偏估计.

定理 7　$\dfrac{\hat{\beta}_1-\beta_1}{\hat{\sigma}}\sqrt{L_{xx}}\sim t(n-2)$, $\dfrac{\hat{\beta}_0-\beta_0}{\hat{\sigma}\sqrt{\dfrac{1}{n}+\dfrac{\bar{x}^2}{L_{xx}}}}\sim t(n-2)$.

证　由定理 4 可知, $\hat{\beta}_1\sim N\left(\beta_1,\ \dfrac{\sigma^2}{L_{xx}}\right)$,即$\dfrac{\hat{\beta}_1-\beta_1}{\sqrt{\dfrac{\sigma^2}{L_{xx}}}}\sim N(0,\ 1)$.

又由定理 5 可知, $\dfrac{SS_e}{\sigma^2}\sim\chi^2(n-2)$,而且$\hat{\beta}_1$ 与 SS_e 相互独立,即$\dfrac{\hat{\beta}_1-\beta_1}{\sqrt{\dfrac{\sigma^2}{L_{xx}}}}$ 与$\dfrac{SS_e}{\sigma^2}$ 相互独立.

所以,由 t 分布的定义便可推出

$$\frac{\hat{\beta}_1-\beta_1}{\hat{\sigma}}\sqrt{L_{xx}}=\frac{\dfrac{\hat{\beta}_1-\beta_1}{\sqrt{\dfrac{\sigma^2}{L_{xx}}}}}{\sqrt{\dfrac{\dfrac{SS_e}{\sigma^2}}{n-2}}}\sim t(n-2).$$

由定理 4 可知，$\hat{\beta}_0\sim N\Big(\beta_0,\ \Big(\dfrac{1}{n}+\dfrac{\overline{x}^2}{L_{xx}}\Big)\sigma^2\Big)$,即

$$\frac{\hat{\beta}_0-\beta_0}{\sigma\sqrt{\dfrac{1}{n}+\dfrac{\overline{x}^2}{L_{xx}}}}\sim N(0,\ 1).$$

又由定理 5 可知，$\dfrac{SS_e}{\sigma^2}\sim\chi^2(n-2)$,而且$\hat{\beta}_1$, $\overline{y}$与SS_e相互独立,即$\dfrac{\hat{\beta}_0-\beta_0}{\sigma\sqrt{\dfrac{1}{n}+\dfrac{\overline{x}^2}{L_{xx}}}}$与$\dfrac{SS_e}{\sigma^2}$相互独立.

所以,由 t 分布的定义便可推出

$$\frac{\hat{\beta}_0-\beta_0}{\hat{\sigma}\sqrt{\dfrac{1}{n}+\dfrac{\overline{x}^2}{L_{xx}}}}=\frac{\dfrac{\hat{\beta}_0-\beta_0}{\sigma\sqrt{\dfrac{1}{n}+\dfrac{\overline{x}^2}{L_{xx}}}}}{\sqrt{\dfrac{\dfrac{SS_e}{\sigma^2}}{n-2}}}\sim t(n-2).$$

5.2.4 一元线性回归中的区间估计

前面求出的$\hat{\beta}_1$, $\hat{\beta}_0$,相当于β_1, β_0的点估计,我们还可以求β_1, β_0的区间估计.

问题 在一元线性回归模型中,求β_1, β_0的置信水平为$1-\alpha$的置信区间.

分析推导 由定理 7 可知，$\dfrac{\hat{\beta}_1-\beta_1}{\hat{\sigma}}\sqrt{L_{xx}}\sim t(n-2)$.

对于给定的置信水平$1-\alpha$, 从 t 分布的分位数表可以查到$t_{1-\frac{\alpha}{2}}(n-2)$, 使得

$$P\left\{\left|\frac{\hat{\beta}_1-\beta_1}{\hat{\sigma}}\sqrt{L_{xx}}\right|\leqslant t_{1-\frac{\alpha}{2}}(n-2)\right\}=1-\alpha,$$

即

$$P\left\{\hat{\beta}_1-t_{1-\frac{\alpha}{2}}(n-2)\frac{\hat{\sigma}}{\sqrt{L_{xx}}}\leqslant\beta_1\leqslant\hat{\beta}_1+t_{1-\frac{\alpha}{2}}(n-2)\frac{\hat{\sigma}}{\sqrt{L_{xx}}}\right\}=1-\alpha.$$

令$\underline{\theta}=\hat{\beta}_1-t_{1-\frac{\alpha}{2}}(n-2)\dfrac{\hat{\sigma}}{\sqrt{L_{xx}}}$, $\overline{\theta}=\hat{\beta}_1+t_{1-\frac{\alpha}{2}}(n-2)\dfrac{\hat{\sigma}}{\sqrt{L_{xx}}}$,按照定义,$[\underline{\theta},\ \overline{\theta}]$就是$\beta_1$的置信水平为$1-\alpha$的置信区间.

由定理 7 可知，$\dfrac{\hat{\beta}_0-\beta_0}{\hat{\sigma}\sqrt{\dfrac{1}{n}+\dfrac{\overline{x}^2}{L_{xx}}}}\sim t(n-2)$.

对于给定的置信水平 $1-\alpha$,从 t 分布的分位数表可以查到 $t_{1-\frac{\alpha}{2}}(n-2)$, 使得

$$P\left\{\left|\frac{\hat{\beta}_0-\beta_0}{\hat{\sigma}\sqrt{\frac{1}{n}+\frac{\overline{x}^2}{L_{xx}}}}\right|\leqslant t_{1-\frac{\alpha}{2}}(n-2)\right\}=1-\alpha,$$

即

$$P\left\{\hat{\beta}_0-t_{1-\frac{\alpha}{2}}(n-2)\hat{\sigma}\sqrt{\frac{1}{n}+\frac{\overline{x}^2}{L_{xx}}}\leqslant\beta_0\leqslant\hat{\beta}_0+t_{1-\frac{\alpha}{2}}(n-2)\hat{\sigma}\sqrt{\frac{1}{n}+\frac{\overline{x}^2}{L_{xx}}}\right\}$$
$$=1-\alpha.$$

令 $\underline{\theta}=\hat{\beta}_0-t_{1-\frac{\alpha}{2}}(n-2)\hat{\sigma}\sqrt{\frac{1}{n}+\frac{\overline{x}^2}{L_{xx}}}$, $\overline{\theta}=\hat{\beta}_0+t_{1-\frac{\alpha}{2}}(n-2)\hat{\sigma}\sqrt{\frac{1}{n}+\frac{\overline{x}^2}{L_{xx}}}$, 按照定义, $[\underline{\theta},\overline{\theta}]$ 就是 β_0 的置信水平为 $1-\alpha$ 的置信区间.

例 2 在例 1 中, 已经求得 $n=5$, $\overline{x}=2$, $L_{xx}=2.5$, $\hat{\beta}_1=2.01$, $\hat{\beta}_0=7.83$, $\hat{\sigma}=0.1557$. 求 β_1, β_0 的置信水平为 95%的置信区间.

解 对 $1-\alpha=0.95$,查 t 分布表,得 $t_{1-\frac{\alpha}{2}}(n-2)=t_{0.975}(3)=3.1824$,

$$t_{1-\frac{\alpha}{2}}(n-2)\frac{\hat{\sigma}}{\sqrt{L_{xx}}}=3.1824\times\frac{0.1557}{\sqrt{2.5}}=0.313,$$

$$\underline{\theta}=\hat{\beta}_1-t_{1-\frac{\alpha}{2}}(n-2)\frac{\hat{\sigma}}{\sqrt{L_{xx}}}=2.01-0.313=1.697,$$

$$\overline{\theta}=\hat{\beta}_1+t_{1-\frac{\alpha}{2}}(n-2)\frac{\hat{\sigma}}{\sqrt{L_{xx}}}=2.01+0.313=2.323.$$

所以 β_1 的置信水平为 95%的置信区间为[1.697, 2.323].

$$t_{1-\frac{\alpha}{2}}(n-2)\hat{\sigma}\sqrt{\frac{1}{n}+\frac{\overline{x}^2}{L_{xx}}}=3.1824\times0.1557\times\sqrt{\frac{1}{5}+\frac{2^2}{2.5}}=0.665,$$

$$\underline{\theta}=\hat{\beta}_0-t_{1-\frac{\alpha}{2}}(n-2)\hat{\sigma}\sqrt{\frac{1}{n}+\frac{\overline{x}^2}{L_{xx}}}=7.83-0.665=7.165,$$

$$\overline{\theta}=\hat{\beta}_0+t_{1-\frac{\alpha}{2}}(n-2)\hat{\sigma}\sqrt{\frac{1}{n}+\frac{\overline{x}^2}{L_{xx}}}=7.83+0.665=8.495.$$

所以 β_0 的置信水平为 95%的置信区间为[7.165, 8.495].

5.2.5 一元线性回归中的假设检验

对一元线性回归的结果还可以进行假设检验.

为什么要进行假设检验? 因为前面推导出来的一元线性回归中求最小二乘估计的计算公式,对于自变量 x 和因变量 y 的任何一组数据 (x_i, y_i), $i=1, 2, \cdots, n$, 都是适用的. 即使自变量 x 与因变量 y 之间毫无关系,也可以用这套公式求出回归方程,但是,这样求出的

回归方程,显然是没有意义的.所以,求得一元线性回归分析的回归方程后,往往还需要检验一下自变量 x 与因变量 y 之间是否具有统计线性相关关系.

检验 x 与 y 是否统计线性相关,相当于要检验这样一个假设 $H_0:\beta_1=0$. 这是因为,我们设 $y=\beta_0+\beta_1x+\varepsilon,\ \varepsilon\sim N(0,\ \sigma^2)$,如果假设 H_0 不真,即 $\beta_1\neq 0$,则 x 当然与 y 有关;如果假设 H_0 为真,即 $\beta_1=0$,则 $y=\beta_0+\varepsilon,\ \varepsilon\sim N(0,\ \sigma^2)$,说明 x 与 y 无关.

问题 已知 $y_i=\beta_0+\beta_1x_i+\varepsilon_i,\ \varepsilon_i\sim N(0,\ \sigma^2),\ i=1,\ 2,\ \cdots,\ n,\ \varepsilon_1,\ \varepsilon_2,\ \cdots,\ \varepsilon_n$ 相互独立,要检验 $H_0:\beta_1=0$.

检验方法一(t 检验)

由定理 7 可知,$\dfrac{\hat{\beta}_1-\beta_1}{\hat{\sigma}}\sqrt{L_{xx}}\sim t(n-2)$.

取一个统计量 $T=\dfrac{\hat{\beta}_1}{\hat{\sigma}}\sqrt{L_{xx}}=\dfrac{\hat{\beta}_1-\beta_1}{\hat{\sigma}}\sqrt{L_{xx}}+\dfrac{\beta_1}{\hat{\sigma}}\sqrt{L_{xx}}$.

若 $H_0:\beta_1=0$ 为真,则 $\dfrac{\beta_1}{\hat{\sigma}}\sqrt{L_{xx}}=0$,有

$$T=\frac{\hat{\beta}_1}{\hat{\sigma}}\sqrt{L_{xx}}=\frac{\hat{\beta}_1-\beta_1}{\hat{\sigma}}\sqrt{L_{xx}}\sim t(n-2);$$

若 $H_0:\beta_1=0$ 不真,则 $\dfrac{\beta_1}{\hat{\sigma}}\sqrt{L_{xx}}\neq 0$,即 T 这个随机变量,等于一个服从$t(n-2)$ 分布的随机变量,再加上一个不等于 0 的项,统计量 T 的分布,相对于 $t(n-2)$ 分布来说,峰值的位置会有一个向左或向右的偏移.

因此可得到如下检验方法:

从观测数据求出统计量 $T=\dfrac{\hat{\beta}_1}{\hat{\sigma}}\sqrt{L_{xx}}$ 的值,对于给定的显著水平 α,从 t 分布表查出分位数 $t_{1-\frac{\alpha}{2}}(n-2)$,使得 $P\{|T|>t_{1-\frac{\alpha}{2}}(n-2)\}=\alpha$. 将统计量 T 的绝对值与分位数比较,当 $|T|>t_{1-\frac{\alpha}{2}}(n-2)$ 时拒绝 H_0,否则接受 H_0.

检验方法二(F 检验)

取一个统计量 $F=T^2=\left(\dfrac{\hat{\beta}_1}{\hat{\sigma}}\sqrt{L_{xx}}\right)^2=\dfrac{\hat{\beta}_1^2L_{xx}}{\hat{\sigma}^2}=\dfrac{L_{yy}-SS_e}{\dfrac{SS_e}{n-2}}$.

在习题二的 2.10 题中,我们证明了,若 $T\sim t(n)$,则 $T^2\sim F(1,\ n)$,而由上面的"检验方法一"可知,若 $H_0:\beta_1=0$ 为真,则 $T\sim t(n-2)$,显然,这时应该有 $F=T^2\sim F(1,\ n-2)$.

若 $H_0:\beta_1=0$ 不真,则 T 的绝对值会偏大,相应地,$F=T^2$ 的值也会偏大,这时统计量 F 的分布,相对于 $F(1,\ n-2)$分布来说,峰值的位置会有一个向右的偏移.

因此可得到如下检验方法:

从观测数据求出 $F=\dfrac{L_{yy}-SS_e}{\dfrac{SS_e}{n-2}}$ 的值,对于给定的显著水平 α,从 F 分布表查出分位数 $F_{1-\alpha}(1,\ n-2)$,使得 $P\{F>F_{1-\alpha}(1,\ n-2)\}=\alpha$,将统计量 F 的值与分位数比较,当 $F>F_{1-\alpha}(1,\ n-2)$ 时拒绝 H_0,否则接受 H_0.

例 3 在例 1 中，已经计算出 $n=5$, $L_{xx}=2.5$, $L_{yy}=10.173$, $\hat{\beta}_1=2.01$, $SS_e=0.07275$, $\hat{\sigma}=0.1557$.

要检验 $H_0:\beta_1=0$ (显著水平 $\alpha=0.05$).

解 下面分别用两种方法做检验(实际上只要做一种检验就可以了).

用 t 分布检验：

$$T=\frac{\hat{\beta}_1}{\hat{\sigma}}\sqrt{L_{xx}}=\frac{2.01}{0.1557}\times\sqrt{2.5}=20.41.$$

对 $\alpha=0.05$, 查 t 分布的分位数表，得 $t_{1-\frac{\alpha}{2}}(n-2)=T_{0.975}(3)=3.1824$, 因为 $|T|=|20.41|=20.41>3.1824$,所以拒绝 $H_0:\beta_1=0$, 说明自变量 x 与因变量 y 之间有显著的统计线性相关关系.

用 F 分布检验：

$$F=\frac{L_{yy}-SS_e}{\frac{SS_e}{n-2}}=\frac{10.173-0.07275}{\frac{0.07275}{5-2}}=416.5.$$

对 $\alpha=0.05$,查 F 分布的分位数表，得 $F_{1-\alpha}(1,\ n-2)=F_{0.95}(1,\ 3)=10.1$,因为 $F=416.5>10.1$,所以结论也是拒绝 $H_0:\beta_1=0$.

5.2.6 一元线性回归中的预测和预测区间

回归分析的最终目的，是要用回归方程做预测. 例如，研究商品价格与销售量的关系，求出了回归方程，就可以从商品的价格预测未来商品的销售量；研究父亲身高与儿子身高的关系，求出了回归方程，就可以从父亲的身高预测未来儿子的身高.

问题一 设自变量 x 的取值为 x_0，与 $x=x_0$ 对应的因变量 y 的取值为

$$y_0=\beta_0+\beta_1x_0+\varepsilon_0,\ \varepsilon_0\sim N(0,\ \sigma^2),\ \varepsilon_0 \text{ 与 } \varepsilon_1,\ \varepsilon_2,\ \cdots,\ \varepsilon_n \text{ 相互独立}.$$

求因变量的预测值，也就是要求 y_0 的估计 $\hat{y}_0$.

分析推导 求出回归方程 $\hat{y}=\hat{\beta}_0+\hat{\beta}_1x$, 将自变量的值 $x=x_0$ 代入回归方程 $\hat{y}=\hat{\beta}_0+\hat{\beta}_1x$,得到 $\hat{y}_0=\hat{\beta}_0+\hat{\beta}_1x_0$,就是 y_0 的估计.

这样求出的估计，相当于 y_0 的点估计，我们还希望进一步求出 y_0 的区间估计.

问题二 设自变量 x 的取值为 x_0，与 $x=x_0$ 对应的因变量 y 的取值为

$$y_0=\beta_0+\beta_1x_0+\varepsilon_0,\ \varepsilon_0\sim N(0,\ \sigma^2),\ \varepsilon_0 \text{ 与 } \varepsilon_1,\ \varepsilon_2,\ \cdots,\ \varepsilon_n \text{ 相互独立}.$$

求 y_0 的置信水平为 $1-\alpha$ 的置信区间，这个区间称为**预测区间**.

分析推导 因为 $y_0=\beta_0+\beta_1x_0+\varepsilon_0,\ \varepsilon_0\sim N(0,\ \sigma^2)$, 所以

$$y_0\sim N(\beta_0+\beta_1x_0,\ \sigma^2).$$

另一方面，因为

$$\hat{y}_0=\hat{\beta}_0+\hat{\beta}_1x_0=(\bar{y}-\hat{\beta}_1\bar{x})+\hat{\beta}_1x_0=\bar{y}+\hat{\beta}_1(x_0-\bar{x}),$$

$\bar{y}$, $\hat{\beta}_1$ 都服从正态分布，相互独立，所以 $\hat{y}_0=\bar{y}+\hat{\beta}_1(x_0-\bar{x})$ 也服从正态分布，而且由于

$$E(\hat{\beta}_0)=\beta_0,\ E(\hat{\beta}_1)=\beta_1,\ D(\hat{\beta}_1)=\frac{\sigma^2}{L_{xx}},\ D(\overline{y})=\frac{\sigma^2}{n},$$

$$E(\hat{y}_0)=E(\hat{\beta}_0+\hat{\beta}_1x_0)=E(\hat{\beta}_0)+E(\hat{\beta}_1)x_0=\beta_0+\beta_1x_0,$$

$$D(\hat{y}_0)=D[\overline{y}+\hat{\beta}_1(x_0-\overline{x})]=D(\overline{y})+D(\hat{\beta}_1)(x_0-\overline{x})^2$$

$$=\frac{\sigma^2}{n}+\frac{\sigma^2}{L_{xx}}(x_0-\overline{x})^2=\left[\frac{1}{n}+\frac{(x_0-\overline{x})^2}{L_{xx}}\right]\sigma^2,$$

所以

$$\hat{y}_0=\overline{y}+\hat{\beta}_1(x_0-\overline{x})\sim N\left(\beta_0+\beta_1x_0,\ \left[\frac{1}{n}+\frac{(x_0-\overline{x})^2}{L_{xx}}\right]\sigma^2\right).$$

由于 ε_0 与 $\varepsilon_1,\ \varepsilon_2,\ \cdots,\ \varepsilon_N$ 相互独立,所以 $\hat{y}_0=\overline{y}+\hat{\beta}_1(x_0-\overline{x})$ 与 $y_0=\beta_0+\beta_1x_0+\varepsilon_0$ 相互独立,因此

$$E(\hat{y}_0-y_0)=E(\hat{y}_0)-E(y_0)=(\beta_0+\beta_1x_0)-(\beta_0+\beta_1x_0)=0,$$

$$D(\hat{y}_0-y_0)=D(\hat{y}_0)+D(y_0)=\left[\frac{1}{n}+\frac{(x_0-\overline{x})^2}{L_{xx}}\right]\sigma^2+\sigma^2$$

$$=\left[1+\frac{1}{n}+\frac{(x_0-\overline{x})^2}{L_{xx}}\right]\sigma^2,$$

$$\hat{y}_0-y_0\sim N\left(0,\ \left[1+\frac{1}{n}+\frac{(x_0-\overline{x})^2}{L_{xx}}\right]\sigma^2\right),$$

$$\frac{\hat{y}_0-y_0}{\sigma\sqrt{1+\frac{1}{n}+\frac{(x_0-\overline{x})^2}{L_{xx}}}}\sim N(0,\ 1).$$

同时,由定理 5 可知,$\frac{SS_e}{\sigma^2}\sim\chi^2(n-2)$,而且 $SS_e,\ \hat{\beta}_1,\ \overline{y}$相互独立,即 SS_e 与 $\hat{y}_0-y_0$ 相互独立. 所以由 t 分布的定义可知

$$\frac{\hat{y}_0-y_0}{\hat{\sigma}\sqrt{1+\frac{1}{n}+\frac{(x_0-\overline{x})^2}{L_{xx}}}}=\frac{\dfrac{\hat{y}_0-y_0}{\sigma\sqrt{1+\frac{1}{n}+\frac{(x_0-\overline{x})^2}{L_{xx}}}}}{\sqrt{\dfrac{\frac{SS_e}{\sigma^2}}{n-2}}}\sim t(n-2).$$

由此不难推出 y_0 的水平为 $1-\alpha$ 的置信区间(预测区间)为

$$\left[\hat{y}_0-t_{1-\frac{\alpha}{2}}(n-2)\,\hat{\sigma}\sqrt{1+\frac{1}{n}+\frac{(x_0-\overline{x})^2}{L_{xx}}},\ \hat{y}_0+t_{1-\frac{\alpha}{2}}(n-2)\,\hat{\sigma}\sqrt{1+\frac{1}{n}+\frac{(x_0-\overline{x})^2}{L_{xx}}}\right].$$

从上式可以看出,预测区间的中心位置是 $\hat{y}_0=\hat{\beta}_0+\hat{\beta}_1x$,预测区间的宽度与 $(x_0-\overline{x})^2$ 有关,当 $x_0=\overline{x}$ 时,宽度达到最小值,也就是预测的误差最小. x_0 离$\overline{x}$越远,预测区间的宽度越大,也就是预测的误差越大. 这说明回归分析比较适合在原有的观测数据附近做内插预

测,不适合在离开原有数据很远的地方做外推预测.

5.3 多元线性回归

5.3.1 多元线性回归的数学模型

设自变量 $x_1, x_2, \cdots, x_m$ 与因变量 y 之间,有下列关系

$$y = \beta_0 + \beta_1 x_1 + \cdots + \beta_m x_m + \varepsilon,$$

其中 $\beta_0, \beta_1, \cdots, \beta_m$ 是常数, $\varepsilon \sim N(0, \sigma^2)$ 是表示误差的随机变量.

对 $x_1, x_2, \cdots, x_m, y$ 进行 n 次观测,得到下面一组观测值

$$(x_{i1}, x_{i2}, \cdots, x_{im}, y_i), \ i = 1, 2, \cdots, n.$$

即有方程组

$$\begin{cases} y_1 = \beta_0 + \beta_1 x_{11} + \cdots + \beta_m x_{1m} + \varepsilon_1, \\ y_2 = \beta_0 + \beta_1 x_{21} + \cdots + \beta_m x_{2m} + \varepsilon_2, \\ \qquad \vdots \\ y_n = \beta_0 + \beta_1 x_{n1} + \cdots + \beta_m x_{nm} + \varepsilon_n, \end{cases}$$

其中, $\varepsilon_i \sim N(0, \sigma^2), \ i = 1, 2, \cdots, n, \ \varepsilon_1, \varepsilon_2, \cdots, \varepsilon_n$ 相互独立.

为简单起见,我们将它写成矩阵向量形式.

$$令 \boldsymbol{Y} = \begin{bmatrix} y_1 \\ y_2 \\ \vdots \\ y_n \end{bmatrix}, \ \boldsymbol{X} = \begin{bmatrix} 1 & x_{11} & \cdots & x_{1m} \\ 1 & x_{21} & \cdots & x_{2m} \\ \vdots & \vdots & & \vdots \\ 1 & x_{n1} & \cdots & x_{nm} \end{bmatrix}, \ \boldsymbol{\beta} = \begin{bmatrix} \beta_0 \\ \beta_1 \\ \vdots \\ \beta_m \end{bmatrix}, \ \boldsymbol{e} = \begin{bmatrix} \varepsilon_1 \\ \varepsilon_2 \\ \vdots \\ \varepsilon_n \end{bmatrix}.$$

则上述方程组可以简写成

$$\boldsymbol{Y} = \boldsymbol{X\beta} + \boldsymbol{e}, \ \boldsymbol{e} \sim N_n(\boldsymbol{0}, \sigma^2 \boldsymbol{I}),$$

其中,记号 $N_n(\boldsymbol{0}, \sigma^2\boldsymbol{I})$ 表示 n 元正态分布, $\boldsymbol{0} = \begin{bmatrix} 0 \\ \vdots \\ 0 \end{bmatrix}$ 是数学期望向量, $\sigma^2 \boldsymbol{I} = \begin{bmatrix} \sigma^2 & \cdots & 0 \\ \vdots & \ddots & \vdots \\ 0 & \cdots & \sigma^2 \end{bmatrix}$ 是协方差矩阵.

显然这时有

$$\boldsymbol{Y} = \boldsymbol{X\beta} + \boldsymbol{e} \sim N_n(\boldsymbol{X\beta}, \sigma^2 \boldsymbol{I}).$$

这就是多元线性回归的数学模型.

多元线性回归,就是要求出 $\beta_0, \beta_1, \cdots, \beta_m$ 的估计值 $\hat{\beta}_0, \hat{\beta}_1, \cdots, \hat{\beta}_m$,使得回归方程 $\hat{y} = \hat{\beta}_0 + \hat{\beta}_1 x_1 + \cdots + \hat{\beta}_m x_m$ 能够尽可能精确地将自变量 $x_1, x_2, \cdots, x_m$ 与因变量 y 之间的统计相关关系表达出来.

像在一元线性回归中那样,我们可以用数学语言,把它化成下面这样一个问题:

问题 已知数据矩阵 $\boldsymbol{X}=\begin{bmatrix}1 & x_{11} & \cdots & x_{1m}\\ \vdots & \vdots & & \vdots\\ 1 & x_{n1} & \cdots & x_{nm}\end{bmatrix}$ 和数据向量 $\boldsymbol{Y}=\begin{bmatrix}y_1\\ \vdots\\ y_n\end{bmatrix}$,求 $\boldsymbol{\beta}$ 的最小二乘估计 $\hat{\boldsymbol{\beta}}=\begin{bmatrix}\hat{\beta}_0\\ \hat{\beta}_1\\ \vdots\\ \hat{\beta}_m\end{bmatrix}$,使得下列平方和达到最小:

$$
\begin{aligned}
Q&=\sum_{i=1}^{n}(y_i-\beta_0-\beta_1x_{i1}-\cdots-\beta_mx_{im})^2\\
&=\begin{bmatrix}y_1-\beta_0-\beta_1x_{11}-\cdots-\beta_mx_{1m}\\ \vdots\\ y_n-\beta_0-\beta_1x_{n1}-\cdots-\beta_mx_{nm}\end{bmatrix}^{\mathrm{T}}\begin{bmatrix}y_1-\beta_0-\beta_1x_{11}-\cdots-\beta_mx_{1m}\\ \vdots\\ y_n-\beta_0-\beta_nx_{n1}-\cdots-\beta_mx_{nm}\end{bmatrix}\\
&=(\boldsymbol{Y}-\boldsymbol{X\beta})^{\mathrm{T}}(\boldsymbol{Y}-\boldsymbol{X\beta})=\boldsymbol{Y}^{\mathrm{T}}\boldsymbol{Y}-2\boldsymbol{\beta}^{\mathrm{T}}\boldsymbol{X}^{\mathrm{T}}\boldsymbol{Y}+\boldsymbol{\beta}^{\mathrm{T}}\boldsymbol{X}^{\mathrm{T}}\boldsymbol{X\beta}.
\end{aligned}
$$

分析推导 Q 是 $\beta_0,\beta_1,\cdots,\beta_m$ 的函数,所以,这是一个多元函数求最小值的问题,像在一元线性回归中那样,我们可以通过求偏导数、解下列方程组的方法,来确定 Q 的最小值点.

$$
\begin{cases}
\dfrac{\partial Q}{\partial\beta_0}=0,\\
\dfrac{\partial Q}{\partial\beta_1}=0,\\
\quad\vdots\\
\dfrac{\partial Q}{\partial\beta_m}=0.
\end{cases}
$$

这个方程组也可以写成矩阵向量形式.

若 $\boldsymbol{x}=\begin{bmatrix}x_1\\ x_2\\ \vdots\\ x_n\end{bmatrix}$ 是变量向量,$\boldsymbol{A}=\begin{bmatrix}a_{11} & a_{12} & \cdots & a_{1n}\\ a_{21} & a_{22} & \cdots & a_{2n}\\ \vdots & \vdots & & \vdots\\ a_{n1} & a_{n2} & \cdots & a_{nn}\end{bmatrix}$ 是常数矩阵,可以证明有下列求导公式.

$$
\frac{\partial}{\partial\boldsymbol{x}}\boldsymbol{A}=\boldsymbol{0},\ \frac{\partial}{\partial\boldsymbol{x}}(\boldsymbol{x}^{\mathrm{T}}\boldsymbol{A})=\boldsymbol{A},\ \frac{\partial}{\partial\boldsymbol{x}}(\boldsymbol{x}^{\mathrm{T}}\boldsymbol{Ax})=(\boldsymbol{A}+\boldsymbol{A}^{\mathrm{T}})\boldsymbol{x}.
$$

因为 $Q=\boldsymbol{Y}^{\mathrm{T}}\boldsymbol{Y}-2\boldsymbol{\beta}^{\mathrm{T}}\boldsymbol{X}^{\mathrm{T}}\boldsymbol{Y}+\boldsymbol{\beta}^{\mathrm{T}}\boldsymbol{X}^{\mathrm{T}}\boldsymbol{X\beta}$, 所以上述方程组可以写成

$$
\frac{\partial Q}{\partial\boldsymbol{\beta}}=\frac{\partial}{\partial\boldsymbol{\beta}}(\boldsymbol{Y}^{\mathrm{T}}\boldsymbol{Y}-2\boldsymbol{\beta}^{\mathrm{T}}\boldsymbol{X}^{\mathrm{T}}\boldsymbol{Y}+\boldsymbol{\beta}^{\mathrm{T}}\boldsymbol{X}^{\mathrm{T}}\boldsymbol{X\beta})=\boldsymbol{0}-2\boldsymbol{X}^{\mathrm{T}}\boldsymbol{Y}+2\boldsymbol{X}^{\mathrm{T}}\boldsymbol{X\beta}=\boldsymbol{0},
$$

即

$$
\boldsymbol{X}^{\mathrm{T}}\boldsymbol{X\beta}=\boldsymbol{X}^{\mathrm{T}}\boldsymbol{Y}.
$$

这个方程称为**正规方程.**

当矩阵 $\boldsymbol{X}^{\mathrm{T}}\boldsymbol{X}$ 可逆时(这个条件一般总能满足,以后我们总是假定矩阵 $\boldsymbol{X}^{\mathrm{T}}\boldsymbol{X}$ 是可逆阵),

从正规方程可以求得解

$$\hat{\boldsymbol{\beta}} = (\boldsymbol{X}^{\mathrm{T}}\boldsymbol{X})^{-1}\boldsymbol{X}^{\mathrm{T}}\boldsymbol{Y}.$$

从这个方程中求得的解 $\hat{\boldsymbol{\beta}} = \begin{bmatrix} \hat{\beta}_0 \\ \hat{\beta}_1 \\ \vdots \\ \hat{\beta}_m \end{bmatrix}$，使 Q 达到最小，是 $\boldsymbol{\beta} = \begin{bmatrix} \beta_0 \\ \beta_1 \\ \vdots \\ \beta_m \end{bmatrix}$ 的最小二乘估计.

我们还可以进一步求出 Q 的最小值. 类似于一元线性回归，在多元线性回归中，Q 的最小值也称为**残差平方和**(或**剩余平方和**)，记为 SS_e.

$$SS_e = Q_{\min} = \sum_{i=1}^{n}(y_i - \hat{\beta}_0 - \hat{\beta}_1 x_{i1} - \cdots - \hat{\beta}_m x_{im})^2$$
$$= \boldsymbol{Y}^{\mathrm{T}}\boldsymbol{Y} - 2\hat{\boldsymbol{\beta}}^{\mathrm{T}}\boldsymbol{X}^{\mathrm{T}}\boldsymbol{Y} + \hat{\boldsymbol{\beta}}^{\mathrm{T}}\boldsymbol{X}^{\mathrm{T}}\boldsymbol{X}\hat{\boldsymbol{\beta}}.$$

由于 $\hat{\boldsymbol{\beta}} = (\boldsymbol{X}^{\mathrm{T}}\boldsymbol{X})^{-1}\boldsymbol{X}^{\mathrm{T}}\boldsymbol{Y}$，$\hat{\boldsymbol{\beta}}^{\mathrm{T}}\boldsymbol{X}^{\mathrm{T}}\boldsymbol{Y} = \hat{\boldsymbol{\beta}}^{\mathrm{T}}\boldsymbol{X}^{\mathrm{T}}\boldsymbol{X}\hat{\boldsymbol{\beta}}$，因此

$$SS_e = \boldsymbol{Y}^{\mathrm{T}}\boldsymbol{Y} - \hat{\boldsymbol{\beta}}^{\mathrm{T}}\boldsymbol{X}^{\mathrm{T}}\boldsymbol{Y} \text{ 或 } SS_e = \boldsymbol{Y}^{\mathrm{T}}\boldsymbol{Y} - \hat{\boldsymbol{\beta}}^{\mathrm{T}}\boldsymbol{X}^{\mathrm{T}}\boldsymbol{X}\hat{\boldsymbol{\beta}}.$$

SS_e 越小，说明回归方程表达变量之间统计相关关系的精确程度越高，也就是回归分析的效果越好.

在多元线性回归中，称 $\hat{\sigma} = \sqrt{\dfrac{SS_e}{n-m-1}}$ 为**估计的标准差**(或**残差标准差**). $\hat{\sigma}$ 越小，表明 SS_e 越小，回归分析的效果也就越好.

与一元线性回归类似，可以证明在多元线性回归中离差分解公式同样成立，即 $SS_T = SS_R + SS_e$. 同样称 $r^2 = \dfrac{SS_R}{SS_T}$ 为**决定系数**，称 $r = \sqrt{\dfrac{SS_R}{SS_T}}$ 为**多重相关系数**或**复相关系数**. 显然 $r^2 \leqslant 1$，r 的值越接近 1，说明 SS_R 越大，也就是残差平方和 SS_e 越小，因此回归分析的效果也就越好. 此外，还可以证明复相关系数 r 就等于因变量 y 与它的回归估计值 $\hat{y}$ 之间的简单相关系数.

事实上，因 $y = [y_1, y_2, \cdots, y_n]^T$ 与其回归估计值 $\hat{y} = [\hat{y}_1, \hat{y}_2, \cdots, \hat{y}_n]^T$ 的样本相关系数为

$$\frac{\sum_{i=1}^{n}(y_i - \overline{y})(\hat{y}_i - \overline{y})}{\sqrt{\sum_{i=1}^{n}(y_i - \overline{y})^2 \sum_{i=1}^{n}(\hat{y}_i - \overline{y})^2}}$$

于是有：

$$\frac{\sum_{i=1}^{n}(y_i - \overline{y})(\hat{y}_i - \overline{y})}{\sqrt{\sum_{i=1}^{n}(y_i - \overline{y})^2 \sum_{i=1}^{n}(\hat{y}_i - \overline{y})^2}} - \sqrt{\frac{SS_R}{SS_T}} = \frac{\sum_{i=1}^{n}(y_i - \overline{y})(\hat{y}_i - \overline{y})}{\sqrt{SS_T SS_R}} - \sqrt{\frac{SS_R}{SS_T}}$$

$$= \frac{\sum_{i=1}^{n}(y_i - \overline{y})(\hat{y}_i - \overline{y}) - SS_R}{\sqrt{SS_T SS_R}} = \frac{\sum_{i=1}^{n}[(y_i - \overline{y}) - (\hat{y}_i - \overline{y})](\hat{y}_i - \overline{y})}{\sqrt{SS_T SS_R}}$$

$$= \frac{\sum_{i=1}^{n} y_i \hat{y}_i - \sum_{i=1}^{n} \hat{y}_i^2}{\sqrt{SS_T SS_R}} = \frac{\boldsymbol{Y}^T \hat{\boldsymbol{Y}} - \hat{\boldsymbol{Y}}^T \hat{\boldsymbol{Y}}}{\sqrt{SS_T SS_R}} = \frac{\boldsymbol{Y}^T(\boldsymbol{X}\hat{\boldsymbol{\beta}}) - (\boldsymbol{X}\hat{\boldsymbol{\beta}})^T(\boldsymbol{X}\hat{\boldsymbol{\beta}})}{\sqrt{SS_T SS_R}} = 0$$

注 最后几步用到$\sum_{i=1}^{n} y_i = \sum_{i=1}^{n} \hat{y}_i$和$\boldsymbol{Y}^T\boldsymbol{X}\hat{\boldsymbol{\beta}} = (\hat{\boldsymbol{\beta}})^T\boldsymbol{X}^T\boldsymbol{Y}$及$\hat{\boldsymbol{\beta}} = (\boldsymbol{X}^T\boldsymbol{X})^{-1}\boldsymbol{X}^T\boldsymbol{Y}$.

例 1 设有多元线性回归模型

$$y_i = \beta_0 + \beta_1 x_{i1} + \beta_2 x_{i2} + \varepsilon_i,\ i = 1,\ 2,\ 3,\ 4,$$

其中,β_0, β_1, β_2是未知常数,$\varepsilon_i \sim N(0,\sigma^2)$, $i = 1, 2, 3, 4$, ε_1, ε_2, ε_3, ε_4 相互独立.并且已知

$$\begin{aligned} &x_{11} = 0,\ x_{12} = 1,\ y_1 = -2,\\ &x_{21} = 1,\ x_{22} = -1,\ y_2 = 3,\\ &x_{31} = 0,\ x_{32} = -1,\ y_3 = 2,\\ &x_{41} = -1,\ x_{42} = 1,\ y_4 = 1. \end{aligned}$$

求β_0, β_1, β_2的最小二乘估计$\hat{\beta}_0$, $\hat{\beta}_1$, $\hat{\beta}_2$.

解 $\boldsymbol{X} = \begin{bmatrix} 1 & x_{11} & x_{12} \\ 1 & x_{21} & x_{22} \\ 1 & x_{31} & x_{32} \\ 1 & x_{41} & x_{42} \end{bmatrix} = \begin{bmatrix} 1 & 0 & 1 \\ 1 & 1 & -1 \\ 1 & 0 & -1 \\ 1 & -1 & 1 \end{bmatrix}$, $\boldsymbol{Y} = \begin{bmatrix} y_1 \\ y_2 \\ y_3 \\ y_4 \end{bmatrix} = \begin{bmatrix} -2 \\ 3 \\ 2 \\ 1 \end{bmatrix}$.

$$\boldsymbol{X}^{\mathrm{T}}\boldsymbol{X} = \begin{bmatrix} 1 & 1 & 1 & 1 \\ 0 & 1 & 0 & -1 \\ 1 & -1 & -1 & 1 \end{bmatrix} \begin{bmatrix} 1 & 0 & 1 \\ 1 & 1 & -1 \\ 1 & 0 & -1 \\ 1 & -1 & 1 \end{bmatrix} = \begin{bmatrix} 4 & 0 & 0 \\ 0 & 2 & -2 \\ 0 & -2 & 4 \end{bmatrix},$$

$$(\boldsymbol{X}^{\mathrm{T}}\boldsymbol{X})^{-1} = \begin{bmatrix} 4 & 0 & 0 \\ 0 & 2 & -2 \\ 0 & -2 & 4 \end{bmatrix}^{-1} = \begin{bmatrix} \frac{1}{4} & 0 & 0 \\ 0 & 1 & \frac{1}{2} \\ 0 & \frac{1}{2} & \frac{1}{2} \end{bmatrix},$$

$$\boldsymbol{X}^{\mathrm{T}}\boldsymbol{Y} = \begin{bmatrix} 1 & 1 & 1 & 1 \\ 0 & 1 & 0 & -1 \\ 1 & -1 & -1 & 1 \end{bmatrix} \begin{bmatrix} -2 \\ 3 \\ 2 \\ 1 \end{bmatrix} = \begin{bmatrix} 4 \\ 2 \\ -6 \end{bmatrix},$$

$$\begin{bmatrix} \hat{\beta}_0 \\ \hat{\beta}_1 \\ \hat{\beta}_2 \end{bmatrix} = \hat{\boldsymbol{\beta}} = (\boldsymbol{X}^{\mathrm{T}}\boldsymbol{X})^{-1}\boldsymbol{X}^{\mathrm{T}}\boldsymbol{Y} = \begin{bmatrix} \frac{1}{4} & 0 & 0 \\ 0 & 1 & \frac{1}{2} \\ 0 & \frac{1}{2} & \frac{1}{2} \end{bmatrix} \begin{bmatrix} 4 \\ 2 \\ -6 \end{bmatrix} = \begin{bmatrix} 1 \\ -1 \\ -2 \end{bmatrix}.$$

所以,β_0, β_1, β_2的最小二乘估计为 $\hat{\beta}_0=1$, $\hat{\beta}_1=-1$, $\hat{\beta}_2=-2$.

多元线性回归的具体计算公式比较复杂,当变量数和样本观测次数比较多时,如果全靠人工计算,工作量非常大. 现在计算机已经十分普及,人们已开发了许多现成的计算机程序和软件包,其中包括可以做多元线性回归的软件. 我们在解决实际问题时,可以利用这些现成软件,十分便捷地完成多元线性回归的计算.

5.3.2 多元线性回归中一些统计量的分布

下面,我们来推导一些有关多元线性回归统计量分布的定理.

定理 1 $E(\hat{\boldsymbol{\beta}})=\beta$, $D(\hat{\boldsymbol{\beta}})=\sigma^2(\boldsymbol{X}^{\mathrm{T}}\boldsymbol{X})^{-1}$.

证 由于$\boldsymbol{Y}\sim N_n(\boldsymbol{X\beta},\ \sigma^2\boldsymbol{I})$,所以 $E(\boldsymbol{Y})=X\boldsymbol{\beta}$, $D(\boldsymbol{Y})=\sigma^2\boldsymbol{I}$, 因此

$$E(\hat{\boldsymbol{\beta}})=E[(\boldsymbol{X}^{\mathrm{T}}\boldsymbol{X})^{-1}\boldsymbol{X}^{\mathrm{T}}\boldsymbol{Y}]=(\boldsymbol{X}^{\mathrm{T}}\boldsymbol{X})^{-1}\boldsymbol{X}^{\mathrm{T}}E(\boldsymbol{Y})=(\boldsymbol{X}^{\mathrm{T}}\boldsymbol{X})^{-1}\boldsymbol{X}^{\mathrm{T}}\boldsymbol{X\beta}=\boldsymbol{\beta}.$$

$$\begin{aligned}D(\hat{\boldsymbol{\beta}})&=D[(\boldsymbol{X}^{\mathrm{T}}\boldsymbol{X})^{-1}\boldsymbol{X}^{\mathrm{T}}\boldsymbol{Y}]=(\boldsymbol{X}^{\mathrm{T}}\boldsymbol{X})^{-1}\boldsymbol{X}^{\mathrm{T}}D(\boldsymbol{Y})\boldsymbol{X}(\boldsymbol{X}^{\mathrm{T}}\boldsymbol{X})^{-1}\\&=(\boldsymbol{X}^{\mathrm{T}}\boldsymbol{X})^{-1}\boldsymbol{X}^{\mathrm{T}}\sigma^2\boldsymbol{IX}(\boldsymbol{X}^{\mathrm{T}}\boldsymbol{X})^{-1}=\sigma^2(\boldsymbol{X}^{\mathrm{T}}\boldsymbol{X})^{-1}\boldsymbol{X}^{\mathrm{T}}\boldsymbol{X}(\boldsymbol{X}^{\mathrm{T}}\boldsymbol{X})^{-1}\\&=\sigma^2(\boldsymbol{X}^{\mathrm{T}}\boldsymbol{X})^{-1}.\end{aligned}$$

定理 2 $\hat{\boldsymbol{\beta}}\sim N_{m+1}(\boldsymbol{\beta},\ \sigma^2(\boldsymbol{X}^{\mathrm{T}}\boldsymbol{X})^{-1})$.

证 因为Y服从正态分布, $\hat{\boldsymbol{\beta}}=(\boldsymbol{X}^{\mathrm{T}}\boldsymbol{X})^{-1}\boldsymbol{X}^{\mathrm{T}}\boldsymbol{Y}$ 是 $\boldsymbol{Y}$ 的线性函数,所以$\hat{\boldsymbol{\beta}}$也服从正态分布. 而由定理 1 可知 $E(\hat{\boldsymbol{\beta}})=\boldsymbol{\beta}$, $D(\hat{\boldsymbol{\beta}})=\sigma^2(\boldsymbol{X}^{\mathrm{T}}\boldsymbol{X})^{-1}$, 因此

$$\hat{\boldsymbol{\beta}}\sim N_{m+1}(\boldsymbol{\beta},\ \sigma^2(\boldsymbol{X}^{\mathrm{T}}\boldsymbol{X})^{-1}).$$

定理 3 $\dfrac{SS_e}{\sigma^2}\sim\chi^2(n-m-1)$, 而且 SS_e 与$\hat{\boldsymbol{\beta}}$相互独立.

证 因为$\boldsymbol{Y}=\boldsymbol{X\beta}+\boldsymbol{e}$,所以 $\boldsymbol{e}=\boldsymbol{Y}-\boldsymbol{X\beta}$.

$$\begin{aligned}\boldsymbol{e}^{\mathrm{T}}\boldsymbol{e}&=(\boldsymbol{Y}-\boldsymbol{X\beta})^{\mathrm{T}}(\boldsymbol{Y}-\boldsymbol{X\beta})=\boldsymbol{Y}^{\mathrm{T}}\boldsymbol{Y}-2\boldsymbol{\beta}^{\mathrm{T}}\boldsymbol{X}^{\mathrm{T}}\boldsymbol{Y}+\boldsymbol{\beta}^{\mathrm{T}}\boldsymbol{X}^{\mathrm{T}}\boldsymbol{X\beta}\\&=\boldsymbol{Y}^{\mathrm{T}}\boldsymbol{Y}-\hat{\boldsymbol{\beta}}^{\mathrm{T}}\boldsymbol{X}^{\mathrm{T}}\boldsymbol{X}\hat{\boldsymbol{\beta}}+\hat{\boldsymbol{\beta}}^{\mathrm{T}}\boldsymbol{X}^{\mathrm{T}}\boldsymbol{X}\hat{\boldsymbol{\beta}}-2\boldsymbol{\beta}^{\mathrm{T}}\boldsymbol{X}^{\mathrm{T}}\boldsymbol{X}\hat{\boldsymbol{\beta}}+\boldsymbol{\beta}^{\mathrm{T}}\boldsymbol{X}^{\mathrm{T}}\boldsymbol{X\beta}\\&=SS_e+(\hat{\boldsymbol{\beta}}-\boldsymbol{\beta})^{\mathrm{T}}\boldsymbol{X}^{\mathrm{T}}\boldsymbol{X}(\hat{\boldsymbol{\beta}}-\boldsymbol{\beta}).\end{aligned}$$

因为$\varepsilon_i\sim N(0,\ \sigma^2)$, $i=1,\ 2,\ \cdots,\ n$,相互独立,所以$\dfrac{\varepsilon_i}{\sigma}\sim N(0,\ 1)$, $i=1,\ 2,\ \cdots,\ n$, $\dfrac{\varepsilon_1}{\sigma}$, $\dfrac{\varepsilon_2}{\sigma}$, $\cdots$, $\dfrac{\varepsilon_n}{\sigma}$ 相互独立.

$$\begin{aligned}\sum_{i=1}^{n}\left(\frac{\varepsilon_i}{\sigma}\right)^2&=\frac{\sum\limits_{i=1}^{n}\varepsilon_i^2}{\sigma^2}=\frac{\boldsymbol{e}^{\mathrm{T}}\boldsymbol{e}}{\sigma^2}=\frac{SS_e+(\hat{\boldsymbol{\beta}}-\boldsymbol{\beta})^{\mathrm{T}}\boldsymbol{X}^{\mathrm{T}}\boldsymbol{X}(\hat{\boldsymbol{\beta}}-\boldsymbol{\beta})}{\sigma^2}\\&=\frac{SS_e}{\sigma^2}+\frac{(\hat{\boldsymbol{\beta}}-\boldsymbol{\beta})^{\mathrm{T}}\boldsymbol{X}^{\mathrm{T}}\boldsymbol{X}(\hat{\boldsymbol{\beta}}-\boldsymbol{\beta})}{\sigma^2}=Q_1+Q_2.\end{aligned}$$

其中, $Q_1=\dfrac{SS_e}{\sigma^2}=\dfrac{\sum\limits_{i=1}^{n}(y_i-\hat{\beta}_0-\hat{\beta}_1x_{i1}-\cdots-\hat{\beta}_mx_{im})^2}{\sigma^2}=\dfrac{(\boldsymbol{Y}-\boldsymbol{X}\hat{\boldsymbol{\beta}})^{\mathrm{T}}(\boldsymbol{Y}-\boldsymbol{X}\hat{\boldsymbol{\beta}})}{\sigma^2}$ 是 n 项的平方

和,但这 n 项又满足 $m+1$ 个线性关系式

$$\boldsymbol{X}^{\mathrm{T}}(\boldsymbol{Y}-\boldsymbol{X}\hat{\boldsymbol{\beta}})=\boldsymbol{X}^{\mathrm{T}}\boldsymbol{Y}-\boldsymbol{X}^{\mathrm{T}}\boldsymbol{X}\hat{\boldsymbol{\beta}}=\boldsymbol{X}^{\mathrm{T}}\boldsymbol{Y}-\boldsymbol{X}^{\mathrm{T}}\boldsymbol{X}(\boldsymbol{X}^{\mathrm{T}}\boldsymbol{X})^{-1}\boldsymbol{X}^{\mathrm{T}}\boldsymbol{Y}=\boldsymbol{0},$$

所以 Q_1 的自由度 $f_1=n-m-1$.

$Q_2=\dfrac{(\hat{\boldsymbol{\beta}}-\boldsymbol{\beta})^{\mathrm{T}}\boldsymbol{X}^{\mathrm{T}}\boldsymbol{X}(\hat{\boldsymbol{\beta}}-\boldsymbol{\beta})}{\sigma^2}$ 是 $m+1$ 项的平方和[因为 $\boldsymbol{X}^{\mathrm{T}}\boldsymbol{X}$ 的秩是 $m+1$,由矩阵理论可知,必有 $m+1$ 阶方阵 $\boldsymbol{P}$ 使得 $(\hat{\boldsymbol{\beta}}-\boldsymbol{\beta})^{\mathrm{T}}\boldsymbol{X}^{\mathrm{T}}\boldsymbol{X}(\hat{\boldsymbol{\beta}}-\boldsymbol{\beta})=(\hat{\boldsymbol{\beta}}-\boldsymbol{\beta})^{\mathrm{T}}\boldsymbol{P}^{\mathrm{T}}\boldsymbol{P}(\hat{\boldsymbol{\beta}}-\boldsymbol{\beta})$,其中,$\boldsymbol{P}(\hat{\boldsymbol{\beta}}-\boldsymbol{\beta})$ 是 $m+1$ 维列向量],所以 Q_2 的自由度 $f_2=m+1$.

因为 $f_1+f_2=(n-m-1)+(m+1)=n$,所以由 Cochran 定理可知

$$Q_1=\frac{SS_e}{\sigma^2}\sim\chi^2(n-m-1),\ Q_2=\frac{(\hat{\boldsymbol{\beta}}-\boldsymbol{\beta})^{\mathrm{T}}\boldsymbol{X}^{\mathrm{T}}\boldsymbol{X}(\hat{\boldsymbol{\beta}}-\boldsymbol{\beta})}{\sigma^2}\sim\chi^2(m+1),$$

而且 Q_1,Q_2 相互独立,所以 SS_e 与 $\hat{\boldsymbol{\beta}}$ 相互独立.

定理 4 $E(SS_e)=(n-m-1)\sigma^2$,$E(\hat{\sigma}^2)=\sigma^2$.

证 根据第 2 章 2.4 节的定理 1,若 $\xi\sim\chi^2(n)$,则 $E\xi=n$.

由定理 3 可知,$\dfrac{SS_e}{\sigma^2}\sim\chi^2(n-m-1)$,所以 $E\left(\dfrac{SS_e}{\sigma^2}\right)=n-m-1$,因此

$$E(SS_e)=E\left(\frac{SS_e}{\sigma^2}\sigma^2\right)=E\left(\frac{SS_e}{\sigma^2}\right)\sigma^2=(n-m-1)\sigma^2,$$

$$E(\hat{\sigma}^2)=E\left(\frac{SS_e}{n-m-1}\right)=\frac{E(SS_e)}{n-m-1}=\frac{(n-m-1)\sigma^2}{n-m-1}=\sigma^2,$$

即 $\hat{\sigma}^2=\dfrac{SS_e}{n-m-1}$ 是 σ^2 的无偏估计.

定理 5 $\dfrac{\hat{\beta}_j-\beta_j}{\hat{\sigma}\sqrt{c_{jj}}}\sim t(n-m-1)$,$j=1,2,\cdots,m$,

其中 c_{jj} 是矩阵 $(\boldsymbol{X}^{\mathrm{T}}\boldsymbol{X})^{-1}=\begin{bmatrix}c_{00}&c_{01}&\cdots&c_{0m}\\c_{10}&c_{11}&\cdots&c_{1m}\\\vdots&\vdots&\ddots&\vdots\\c_{m0}&c_{m1}&\cdots&c_{mm}\end{bmatrix}$ 的第 $j+1$ 个对角元素.

证 由定理 2 可知,$\begin{bmatrix}\hat{\beta}_0\\\hat{\beta}_1\\\vdots\\\hat{\beta}_m\end{bmatrix}=\hat{\boldsymbol{\beta}}\sim N_{m+1}(\boldsymbol{\beta},\sigma^2(\boldsymbol{X}^{\mathrm{T}}\boldsymbol{X})^{-1})$,其中数学期望向量 $\boldsymbol{\beta}=\begin{bmatrix}\beta_0\\\beta_1\\\vdots\\\beta_m\end{bmatrix}$,

协方差矩阵 $\sigma^2(\boldsymbol{X}^{\mathrm{T}}\boldsymbol{X})^{-1}=\sigma^2\begin{bmatrix}c_{00}&c_{01}&\cdots&c_{0m}\\c_{10}&c_{11}&\cdots&c_{1m}\\\vdots&\vdots&\ddots&\vdots\\c_{m0}&c_{m1}&\cdots&c_{mm}\end{bmatrix}$.

所以 $\hat{\beta}_j\sim N(\beta_j,\sigma^2c_{jj})$,即 $\dfrac{\hat{\beta}_j-\beta_j}{\sigma\sqrt{c_{jj}}}\sim N(0,1)$.

又由定理 3 可知，$\frac{SS_e}{\sigma^2} \sim \chi^2(n-m-1)$，而且 $\hat{\beta}$ 与 SS_e 相互独立，即 $\frac{\hat{\beta}_j-\beta_j}{\sigma\sqrt{c_{jj}}}$ 与 $\frac{SS_e}{\sigma^2}$ 相互独立.

所以，由 t 分布的定义便可推出

$$\frac{\hat{\beta}_j-\beta_j}{\hat{\sigma}\sqrt{c_{jj}}} = \frac{\dfrac{\hat{\beta}_j-\beta_j}{\sigma\sqrt{c_{jj}}}}{\sqrt{\dfrac{SS_e}{\sigma^2}/(n-m-1)}} \sim t(n-m-1).$$

5.3.3 多元线性回归中的假设检验

像在一元线性回归中一样，对多元线性回归的结果也可以进行假设检验.

1. 检验全部自变量 $x_1, x_2, \cdots, x_m$ 与因变量 y 之间是否具有统计线性相关关系

检验 $x_1, x_2, \cdots, x_m$ 与 y 之间是否统计线性相关，相当于要检验这样一个假设 $H_0: \beta_1=\beta_2=\cdots=\beta_m=0$. 因为 $y=\beta_0+\beta_1x_1+\cdots+\beta_mx_m+\varepsilon$, $\varepsilon \sim N(0, \sigma^2)$，如果假设 H_0 为真，$\beta_1=\beta_2=\cdots=\beta_m=0$，则 $y=\beta_0+\varepsilon$, $\varepsilon \sim N(0, \sigma^2)$，说明 $x_1, x_2, \cdots, x_m$ 与 y 无关；反之，则说明 $x_1, x_2, \cdots, x_m$ 与 y 有关.

问题 已知有一组观测值 $(x_{i1}, x_{i2}, \cdots, x_{im}, y_i)$, $i=1, 2, \cdots, n$，设

$y_i=\beta_0+\beta_1x_{i1}+\cdots+\beta_mx_{im}+\varepsilon_i$, $\varepsilon_i \sim N(0, \sigma^2)$, $i=1, 2, \cdots, n$, $\varepsilon_1, \varepsilon_2, \cdots, \varepsilon_n$ 相互独立，要检验 $H_0: \beta_1=\beta_2=\cdots=\beta_m=0$.

检验方法

取一个统计量 $F=\frac{SS_R/m}{SS_e/(n-m-1)}=\frac{(L_{yy}-SS_e)/m}{SS_e/(n-m-1)}$.

可以证明，若 H_0 为真，则 $\frac{SS_R}{\sigma^2}=\frac{L_{yy}-SS_e}{\sigma^2} \sim \chi^2(m)$，而且 SS_R 与 SS_e 相互独立. 而由定理 3 可知 $\frac{SS_e}{\sigma^2} \sim \chi^2(n-m-1)$，所以由 F 分布的定义可知，这时 $F=\frac{(L_{yy}-SS_e)/m}{SS_e/(n-m-1)}=$

$$\frac{\dfrac{L_{yy}-SS_e}{\sigma^2}/m}{\dfrac{SS_e}{\sigma^2}/(n-m-1)} \sim F(m, n-m-1);$$

若 H_0 不真，则 F 的值会偏大，统计量 F 的分布，相对于 $F(m, n-m-1)$ 分布来说，峰值的位置会有一个向右的偏移.

因此可得到如下检验方法：

从观测数据求出 $F=\frac{(L_{yy}-SS_e)/m}{SS_e/(n-m-1)}$ 的值，对于给定的显著水平 α，从 F 分布表查出分位数 $F_{1-\alpha}(m, n-m-1)$，使得 $P\{F>F_{1-\alpha}(m, n-m-1)\}=\alpha$，将统计量 F 的值与分位数比较，当 $F>F_{1-\alpha}(m, n-m-1)$ 时拒绝 H_0，否则接受 H_0.

对于多元线性回归来说，除了上面这种假设检验以外，还有另一种假设检验问题.

2. 检验某一个自变量 x_j 是否与因变量 y 统计线性相关

因为,在多元线性回归方程中,自变量不止一个,即使对全体自变量来说,已经可以肯定它们与因变量 y 有关,但是,对其中某一个自变量 x_j 来说,却不能保证它一定与 y 有关,所以,还需要做这方面的检验.

不难看出,检验 x_j 与 y 之间是否统计线性相关,相当于要检验这样一个假设 $H_{0j}:\beta_j=0$.

问题 已知有一组观测值 $(x_{i1}, x_{i2}, \cdots, x_{im}, y_i)$, $i=1, 2, \cdots, n$, 设

$y_i=\beta_0+\beta_1 x_{i1}+\cdots+\beta_m x_{im}+\varepsilon_i$, $\varepsilon_i \sim N(0, \sigma^2)$, $i=1, 2, \cdots, n$, $\varepsilon_1, \varepsilon_2, \cdots, \varepsilon_n$ 相互独立,要检验 $H_{0j}:\beta_j=0$.

检验方法一(t 检验)

由定理 5 可知 $\dfrac{\hat{\beta}_j-\beta_j}{\hat{\sigma}\sqrt{c_{jj}}} \sim t(n-m-1)$.

取一个统计量 $T_j=\dfrac{\hat{\beta}_j}{\hat{\sigma}\sqrt{c_{jj}}}=\dfrac{\hat{\beta}_j-\beta_j}{\hat{\sigma}\sqrt{c_{jj}}}+\dfrac{\beta_j}{\hat{\sigma}\sqrt{c_{jj}}}$.

若 $H_{0j}:\beta_j=0$ 为真,则 $\dfrac{\beta_j}{\hat{\sigma}\sqrt{c_{jj}}}=0$,有

$$T_j=\frac{\hat{\beta}_j}{\hat{\sigma}\sqrt{c_{jj}}}=\frac{\hat{\beta}_j-\beta_j}{\hat{\sigma}\sqrt{c_{jj}}} \sim t(n-m-1);$$

若 $H_{0j}:\beta_j=0$ 不真,则 $\dfrac{\beta_j}{\hat{\sigma}\sqrt{c_{jj}}}\neq 0$, 即 T_j 这个随机变量,等于一个服从 $t(n-m-1)$ 分布的随机变量,再加上一个不等于 0 的项,统计量 T_j 的分布,相对于 $t(n-m-1)$ 分布来说,峰值的位置会有一个向左或向右的偏移.

因此可得到如下检验方法:

从观测数据求出统计量 $T_j=\dfrac{\hat{\beta}_j}{\hat{\sigma}\sqrt{c_{jj}}}$ 的值,对于给定的显著水平 α,从 t 分布的分位数表查出分位数 $t_{1-\frac{\alpha}{2}}(n-m-1)$,使得 $P\{|T_j|>t_{1-\frac{\alpha}{2}}(n-m-1)\}=\alpha$. 将统计量 T_j 的绝对值与分位数比较,当 $|T_j|>t_{1-\frac{\alpha}{2}}(n-2)$ 时拒绝 H_{0j},否则接受 H_{0j}.

检验方法二(F 检验)

取一个统计量 $F_j=T_j^2=\left(\dfrac{\hat{\beta}_j}{\hat{\sigma}\sqrt{c_{jj}}}\right)^2=\dfrac{\hat{\beta}_j^2/c_{jj}}{SS_e/(n-m-1)}$.

在习题二的 2.10 题中,我们证明了,若 $T\sim t(n)$,则 $T^2\sim F(1, n)$, 而由“检验方法一”可知, 若 $H_{0j}:\beta_j=0$ 为真, 则 $T_j\sim t(n-m-1)$, 显然,这时应该有 $F_j=T_j^2\sim F(1, n-m-1)$;若 $H_{0j}:\beta_j=0$ 不真, 则统计量 T_j 的绝对值会偏大,相应地,统计量 $F_j=T_j^2$的值也会偏大,这时统计量 F_j 的分布,相对于 $F(1, n-m-1)$ 分布来说,峰值的位置会有一个向右的偏移.

因此可得到如下检验方法:

从观测数据求出 $F_j = \dfrac{\hat{\beta}_j^2 / c_{jj}}{SS_e / (n-m-1)}$ 的值,对于给定的显著水平 α,从 F 分布表查出分位数 $F_{1-\alpha}(1, n-m-1)$,使得 $P\{F_j > F_{1-\alpha}(1, n-m-1)\} = \alpha$,将统计量 F_j 的值与分位数比较,当 $F_j > F_{1-\alpha}(1, n-m-1)$ 时拒绝 H_{0j},否则接受 H_{0j}.

例 2 对某种化工产品的产量 y(单位: kg),生产时的处理压力 x_1(单位: atm[①])和温度 x_2(单位: ℃)做测量,得数据如下:

压力 x_{i1}	温度 x_{i2}	产量 y_i	压力 x_{i1}	温度 x_{i2}	产量 y_i	压力 x_{i1}	温度 x_{i2}	产量 y_i
6.8	665	40	8.4	670	57	9.5	685	59
7.2	685	49	8.6	675	58	9.7	700	67
7.6	690	55	8.8	690	62	10.0	650	56
8.0	700	63	9.1	700	65	10.3	690	72
8.2	695	65	9.3	680	58	10.5	670	68

设有 $y_i = \beta_0 + \beta_1 x_{i1} + \beta_2 x_{i2} + \varepsilon_i$, $\varepsilon_i \sim N(0, \sigma^2)$, $i = 1, 2, \cdots, 15$, $\varepsilon_1, \varepsilon_2, \cdots, \varepsilon_{15}$ 相互独立.

求: (1) β_0, β_1, β_2的最小二乘估计$\hat{\beta}_0$, $\hat{\beta}_1$, $\hat{\beta}_2$;

(2) 残差平方和 SS_e,估计的标准差$\hat{\sigma}$ 和多重相关系数 r;

(3) 检验 $H_0: \beta_1 = \beta_2 = 0$(显著水平 $\alpha = 0.05$);

(4) 分别检验 $H_{01}: \beta_1 = 0$ 和 $H_{02}: \beta_2 = 0$(显著水平 $\alpha = 0.05$).

解 利用可作多元线性回归的计算机软件,求得

(1) $\hat{\beta}_0 = -200.455$, $\hat{\beta}_1 = 5.68337$, $\hat{\beta}_2 = 0.307528$, 所以,回归方程为

$$\hat{y} = \hat{\beta}_0 + \hat{\beta}_1 x_1 + \hat{\beta}_2 x_2 = -200.455 + 5.68337 x_1 + 0.307528 x_2;$$

(2) 残差平方和 $SS_e = 123.806$, 估计的标准差 $\hat{\sigma} = 3.212$, 多重相关系数 $r = 0.9285$;

(3) 检验 $H_0: \beta_1 = \beta_2 = 0$ 的统计量 $F = 37.50$, 对 $\alpha = 0.05$, 查 F 分布表,得分位数 $F_{1-\alpha}(m, n-m-1) = F_{0.95}(2, 12) = 3.89$,因为 $F = 37.50 > 3.89$,所以拒绝 $H_0: \beta_1 = \beta_2 = 0$,说明自变量 x_1, x_2与因变量 y 之间有显著的统计线性相关关系;

(4) 检验 $H_{01}: \beta_1 = 0$ 的统计量 $F_1 = 54.10$, 对 $\alpha = 0.05$, 查 F 分布表, 得分位数 $F_{1-\alpha}(1, n-m-1) = F_{0.95}(1, 12) = 4.75$,因为 $F_1 = 54.10 > 4.75$,所以拒绝 $H_{01}: \beta_1 = 0$,说明自变量 x_1与因变量 y 统计线性相关.

检验 $H_{02}: \beta_2 = 0$ 的统计量 $F_2 = 27.19$, 对 $\alpha = 0.05$, 查 F 分布表, 得分位数 $F_{1-\alpha}(1, n-m-1) = F_{0.95}(1, 12) = 4.75$,因为 $F_2 = 27.19 > 4.75$,所以拒绝$H_{02}: \beta_2 = 0$,说明自变量 x_2也与因变量 y 统计线性相关.

---

① 1 atm=101 325 Pa.

5.4 非线性回归

5.4.1 可以化为线性的非线性回归——广义线性回归

前面介绍了一元和多元的线性回归,除了线性回归之外,我们在实际中还经常会遇到一些非线性回归问题.

有不少非线性回归问题,可以通过适当的变量代换,转化成线性回归问题,然后,用前面介绍过的线性回归的方法求出它们的解.

下面看一些例子.

例 1 某零件上有一条曲线,可以近似看作一条抛物线,为了在数控机床上加工这一零件,在曲线上测得 n 个点的坐标 (x_i, y_i), $i = 1, 2, \cdots, n$, 要求从这 n 个点的坐标出发,求出曲线的函数表达式.

显然,这是一个回归分析问题,由于曲线可以近似看作一条抛物线,因此,回归方程(即曲线的函数表达式)是一个二次多项式 $\hat{y} = \hat{\beta}_0 + \hat{\beta}_1 x + \hat{\beta}_2 x^2$, 它不是线性的,但可以通过变量代换,化成线性形式.

令 $x_1 = x$, $x_2 = x^2$, 原来的回归方程化成了下列形式:

$$\hat{y} = \hat{\beta}_0 + \hat{\beta}_1 x_1 + \hat{\beta}_2 x_2.$$

这是一个多元线性回归方程,可以用前面介绍过的多元线性回归的方法求出它的解.具体作回归时,所需要的观测数据 x_{i1}, x_{i2} 用 x_i, x_i^2 的数值代入,求得的多元线性回归方程中的常系数 $\hat{\beta}_0$, $\hat{\beta}_1$, $\hat{\beta}_2$,也就是原来的二次多项式回归方程中的常系数.

例 2 在经济学中,有一个著名的科布-道格拉斯(Cobb-Douglas)生产函数,这个函数指出,生产产出 Y 与劳动投入 L、资本投入 K 之间,近似有下列关系

$$Y = \alpha L^{\beta_1} K^{\beta_2},$$

其中,α, β_1, β_2 都是常系数.现测得一组劳动投入、资本投入和生产产出的数据 (L_i, K_i, Y_i), $i = 1, 2, \cdots, n$, 要求从这批数据出发,估计常系数 α, β_1, β_2 的值.

这是一个回归分析问题,回归方程为 $\hat{Y} = \hat{\alpha} L^{\hat{\beta}_1} K^{\hat{\beta}_2}$, 显然,它不是线性回归方程,但是,如果我们对方程两边同时取对数,得到

$$\ln \hat{Y} = \ln \hat{\alpha} + \hat{\beta}_1 \ln L + \hat{\beta}_2 \ln K,$$

再令 $y^* = \ln Y$, $\beta_0 = \ln \alpha$, $x_1 = \ln L$, $x_2 = \ln K$, 它就化成了一个多元线性回归方程

$$\hat{y}^* = \hat{\beta}_0 + \hat{\beta}_1 x_1 + \hat{\beta}_2 x_2.$$

用多元线性回归的方法可以求出它的解.具体作回归时,所需要的观测数据 x_{i1}, x_{i2}, y_i^* 用 $\ln L_i$, $\ln K_i$, $\ln Y_i$ 的数值代入,计算得到的多元线性回归方程中常系数的估计 $\hat{\beta}_1$, $\hat{\beta}_2$,就是原来回归方程中 β_1, β_2 的估计,原来回归方程中 α 的估计,可以通过 $\hat{\alpha} = e^{\hat{\beta}_0}$ 求得.

例 3 在混合异辛烯催化反应中,反应速度 y 与氢的分压 x_1、异辛烯的分压 x_2、异辛烷

的分压 x_3之间,近似有下列关系:

$$y=\frac{kx_1x_2}{(1+a\sqrt{x_1}+bx_2+cx_3)^3},$$

其中,k, a, b, c 是常系数. 现对 x_1, x_2, x_3, y 做观测,得到观测值(x_{i1}, x_{i2}, x_{i3}, y_i), $i=1, 2, \cdots, n$,求常系数 k, a, b, c 的估计值.

对非线性回归方程 $\hat{y}=\dfrac{\hat{k}x_1x_2}{(1+\hat{a}\sqrt{x_1}+\hat{b}x_2+\hat{c}x_3)^3}$ 两边开三次方,再取倒数,得

$$\frac{1}{\sqrt[3]{\hat{y}}}=\frac{1}{\sqrt[3]{\hat{k}x_1x_2}}+\frac{\hat{a}\sqrt{x_1}}{\sqrt[3]{\hat{k}x_1x_2}}+\frac{\hat{b}x_2}{\sqrt[3]{\hat{k}x_1x_2}}+\frac{\hat{c}x_3}{\sqrt[3]{\hat{k}x_1x_2}}.$$

再令 $y^*=\dfrac{1}{\sqrt[3]{y}}$, $\beta_1=\dfrac{1}{\sqrt[3]{k}}$, $z_1=\dfrac{1}{\sqrt[3]{x_1x_2}}$, $\beta_2=\dfrac{a}{\sqrt[3]{k}}$, $z_2=\dfrac{\sqrt{x_1}}{\sqrt[3]{x_1x_2}}$, $\beta_3=\dfrac{b}{\sqrt[3]{k}}$, $z_3=\dfrac{x_2}{\sqrt[3]{x_1x_2}}$, $\beta_4=\dfrac{c}{\sqrt[3]{k}}$, $z_4=\dfrac{x_3}{\sqrt[3]{x_1x_2}}$,原方程就化成了下列形式:

$$\hat{y}^*=\hat{\beta}_1z_1+\hat{\beta}_2z_2+\hat{\beta}_3z_3+\hat{\beta}_4z_4,$$

这是一个不带常数项 $\hat{\beta}_0$ 的多元线性回归方程. 对于这种回归方程,可以用类似于求带常数项的多元线性回归方程的解法,求得它的最小二乘解. 作回归计算时,所需要的观测数据 z_{i1}, z_{i2}, z_{i3}, z_{i4}, y_i^*,用$\dfrac{1}{\sqrt[3]{x_{i1}x_{i2}}}$, $\dfrac{\sqrt{x_{i1}}}{\sqrt[3]{x_{i1}x_{i2}}}$, $\dfrac{x_{i2}}{\sqrt[3]{x_{i1}x_{i2}}}$, $\dfrac{x_{i3}}{\sqrt[3]{x_{i1}x_{i2}}}$, $\dfrac{1}{\sqrt[3]{y_i}}$ 的数值代入,按多元线性回归方法求得常系数的估计 $\hat{\beta}_1$, $\hat{\beta}_2$, $\hat{\beta}_3$, $\hat{\beta}_4$ 后,从下列各式就可以求出原方程中各系数的估计值:

$$\hat{k}=\frac{1}{\hat{\beta}_1^3},\ \hat{a}=\frac{\hat{\beta}_2}{\hat{\beta}_1},\ \hat{b}=\frac{\hat{\beta}_3}{\hat{\beta}_1},\ \hat{c}=\frac{\hat{\beta}_4}{\hat{\beta}_1}.$$

上面举了几个把非线性回归化为线性回归的例子.

一个非线性回归方程,如果能够像上面例子中所介绍的那样,通过适当的变量代换,化为线性回归,则称这个回归方程为**广义线性回归方程**.

下面来看一下,广义线性回归问题的一般形式和解法.

问题 设自变量 x_1, x_2, $\cdots$, x_m与因变量 y 之间有下列关系

$$y=f(\beta_0+\beta_1\varphi_1(x_1, x_2, \cdots, x_m)+\cdots+\beta_p\varphi_p(x_1, x_2, \cdots, x_m))+\varepsilon,$$

其中, $y=f(y^*)$ 是已知的一元函数,有唯一的反函数 $y^*=f^{-1}(y)$, $\varphi_1(x_1, x_2, \cdots, x_m)$, $\varphi_2(x_1, x_2, \cdots, x_m)$, $\cdots$, $\varphi_p(x_1, x_2, \cdots, x_m)$是自变量 x_1, x_2, $\cdots$, x_m 的不含未知参数的函数,β_0, β_1, $\cdots$, β_m是常系数,$\varepsilon\sim N(0, \sigma^2)$ 是表示误差的随机变量,$\sigma>0$.

对 x_1, x_2, $\cdots$, x_m, y 进行 n 次观测,得到以下观测值

$$(x_{i1}, x_{i2}, \cdots, x_{im}, y_i),\ i=1, 2, \cdots, n.$$

求 β_0, β_1, $\cdots$, β_m的估计$\hat{\beta}_0$, $\hat{\beta}_1$, $\cdots$, $\hat{\beta}_m$,使得下式达到最小

$$Q=\sum_{i=1}^{n}[y_i-f(\beta_0+\beta_1\varphi_1(x_{i1},x_{i2},\cdots,x_{im})+\cdots+\beta_p\varphi_p(x_{i1},x_{i2},\cdots,x_{im}))]^2.$$

分析推导 对回归方程 $\hat{y}=f(\hat{\beta}_0+\hat{\beta}_1\varphi_1(x_1,\cdots,x_m)+\cdots+\hat{\beta}_p\varphi_p(x_1,\cdots,x_m))$ 的两边同时取反函数 f^{-1},得

$$f^{-1}(\hat{y})=\hat{\beta}_0+\hat{\beta}_1\varphi_1(x_1,x_2,\cdots,x_m)+\cdots+\hat{\beta}_p\varphi_p(x_1,x_2,\cdots,x_m).$$

令 $y^*=f^{-1}(y)$, $z_1=\varphi_1(x_1,x_2,\cdots,x_m)$, $\cdots$, $z_p=\varphi_p(x_1,x_2,\cdots,x_m)$,上述方程就化成了线性回归方程

$$\hat{y}^*=\hat{\beta}_0+\hat{\beta}_1z_1+\hat{\beta}_2z_2+\cdots+\hat{\beta}_pz_p.$$

用线性回归的方法可以求出它的解,得到常系数 β_0, β_1, $\cdots$, β_m 的估计 $\hat{\beta}_0$, $\hat{\beta}_1$, $\cdots$, $\hat{\beta}_m$.

5.4.2 广义线性回归中的加权处理

有些广义线性回归问题,化为线性时不需要取反函数 $y^*=f^{-1}(y)$,有些则要取反函数 $y^*=f^{-1}(y)$. 对于要取反函数的广义线性回归问题,有一点必须说明:取了反函数后,得到的新问题并不完全等价于原问题.

下面用简化的形式来说明这一点.

原问题 设自变量 x 与因变量 y 之间,有下列关系

$$y=f(\beta_0+\beta_1x)+\varepsilon.$$

求 β_0, β_1 的估计 $\hat{\beta}_0$, $\hat{\beta}_1$,使得下式达到最小

$$Q=\sum_{i=1}^{n}[y_i-f(\beta_0+\beta_1x_i)]^2.$$

化为线性后的新问题 在自变量 x 与因变量 y 之间的关系式两边取反函数 $f^{-1}(y)$,得

$$f^{-1}(y)=\beta_0+\beta_1x+\varepsilon^*.$$

求 β_0, β_1 的估计 $\hat{\beta}_0^*$, $\hat{\beta}_1^*$ 使得下式达到最小

$$Q^*=\sum_{i=1}^{n}[f^{-1}(y_i)-(\beta_0+\beta_1x_i)]^2.$$

可见,这两个问题不完全等价. 因为变换 $f^{-1}(y)$ 把曲线变成直线,把原来各观测点到曲线的距离变成了各点到直线的距离. 显然,原来各点到曲线的距离并不等于变换后各点到直线的距离,使各点到曲线的距离平方和 Q 最小的解,也不等于使各点到直线的距离平方和 Q^* 最小的解,所以 $\hat{\beta}_0^*\neq\hat{\beta}_0$, $\hat{\beta}_1^*\neq\hat{\beta}_1$.

为了解决这一问题,有人提出一种"加权处理"方法.

我们知道,当 $a\approx b$ 时,有

$$f'(a)\approx\frac{f(a)-f(b)}{a-b},$$

即

$$f(a)-f(b)\approx f'(a)(a-b).$$

现在因为 $f^{-1}(y_i) \approx \beta_0 + \beta_1 x_i$，所以

$$
\begin{aligned}
y_i - f(\beta_0 + \beta_1 x_i) &= f(f^{-1}(y_i)) - f(\beta_0 + \beta_1 x_i) \\
&\approx f'(f^{-1}(y_i))[f^{-1}(y_i) - (\beta_0 + \beta_1 x_i)].
\end{aligned}
$$

所以

$$
\begin{aligned}
Q &= \sum_{i=1}^{n}[y_i - f(\beta_0 + \beta_1 x_i)]^2 \approx \sum_{i=1}^{n}\{f'(f^{-1}(y_i))[f^{-1}(y_i) - (\beta_0 + \beta_1 x_i)]\}^2 \\
&= \sum_{i=1}^{n} W_i [f^{-1}(y_i) - (\beta_0 + \beta_1 x_i)]^2,
\end{aligned}
$$

其中，$W_i = [f'(f^{-1}(y_i))]^2$ 称为**权**(Weight).

因此，原问题可以近似等价于下列**加权回归问题**.

求 β_0，β_1 的估计 $\hat{\beta}_0^W$，$\hat{\beta}_1^W$，使得下式达到最小

$$
Q^W = \sum_{i=1}^{n} W_i [f^{-1}(y_i) - (\beta_0 + \beta_1 x_i)]^2.
$$

由于 $Q^W \approx Q$，所以求得的加权最小二乘估计 $\hat{\beta}_0^W \approx \hat{\beta}_0$，$\hat{\beta}_1^W \approx \hat{\beta}_1$. 这也就是说，加权后得到的解，非常接近于原问题的解，比起不加权得到的解要好得多了.

不过，加权毕竟是一种近似处理方法，加权后得到的解，也还不能说完全等价于原问题的解，这一点也是要说明的.

下面看一个数值计算的例子.

例 4 在彩色显影中，形成染料的光学密度 y 与析出银的光学密度 x 之间，近似有下列关系：

$$
y = \alpha e^{\frac{\beta}{x}},
$$

其中，α，β 是常系数. 现测得数据如下：

x_i	0.05	0.06	0.07	0.10	0.14	0.20	0.25	0.31	0.38	0.43	0.47
y_i	0.10	0.14	0.23	0.37	0.59	0.79	1.00	1.12	1.19	1.25	1.29

求 y 关于 x 的回归方程.

解 对回归方程 $\hat{y} = \hat{\alpha} e^{\frac{\hat{\beta}}{x}}$ 两边同时取对数，得

$$
\ln \hat{y} = \ln \hat{\alpha} + \frac{\hat{\beta}}{x}.
$$

令 $y^* = \ln y$，$\beta_0 = \ln \alpha$，$\beta_1 = \beta$，$z = \frac{1}{x}$，就把它化成了一个一元线性回归方程

$$
\hat{y}^* = \hat{\beta}_0 + \hat{\beta}_1 z.
$$

用 $\ln y_i$ 的值,作为因变量 y^* 观测值 y_i^*,用$\frac{1}{x_i}$的值,作为自变量 z 的观测值 z_i,代入一元线性回归的计算公式,可以求得 $\hat{\beta}_0 = 0.54765$, $\hat{\beta}_1 = -0.14593$,再从下式可以得到原方程中常系数的估计

$$\hat{\alpha} = \exp(\hat{\beta}_0) = 1.7292,$$
$$\hat{\beta} = \hat{\beta}_1 = -0.14593,$$

所以,要求的回归方程为

$$\hat{y} = \hat{\alpha} e^{\frac{\hat{\beta}}{x}} = 1.7292 e^{-\frac{0.14593}{x}}.$$

它的残差平方和为 $SS_e = 0.0075653$.

以上是在未加权的情况下得到的结果.

在加权的情况下可以求得 $\hat{\beta}_0 = 0.58117$, $\hat{\beta}_1 = -0.15240$,再从下式可以得到原方程中常系数的估计

$$\hat{\alpha} = \exp(\hat{\beta}_0) = 1.7881,$$
$$\hat{\beta} = \hat{\beta}_1 = -0.15240,$$

所以,要求的回归方程为

$$\hat{y} = \hat{\alpha} e^{\frac{\hat{\beta}}{x}} = 1.7881 e^{-\frac{0.15240}{x}}.$$

它的残差平方和为 $SS_e = 0.0050496$.

与不加权时的情况相比,加权时的残差平方和要小很多,说明加权后得到的回归方程,比起不加权得到的回归方程,对原始数据拟合得更好,能够更精确地反映自变量与因变量之间的关系.

5.4.3 不能化为线性的非线性回归

上面介绍了一些可以化为线性的非线性回归方程,但在实际中,我们还会遇到很多非线性回归方程,这些方程是不可能化为线性的.下面,我们来看一般的非线性回归问题的形式和解法.

问题 设自变量 $x_1, x_2, \cdots, x_m$ 与因变量 y 之间,有下列关系:

$$y = F(x_1, x_2, \cdots, x_m; a_1, a_2, \cdots, a_p) + \varepsilon,$$

其中,F 是函数形式已知的 m 元函数,$a_1, a_2, \cdots, a_p$ 是常数,是函数 F 中的未知参数,$\varepsilon \sim N(0, \sigma^2)$是表示误差的随机变量,$\sigma > 0$.

对 $x_1, x_2, \cdots, x_m, y$ 进行 n 次观测,得到以下一组观测值

$$(x_{i1}, x_{i2}, \cdots, x_{im}, y_i),\ i = 1, 2, \cdots, n.$$

求 $a_1, a_2, \cdots, a_p$ 的估计$\hat{a}_1, \hat{a}_2, \cdots, \hat{a}_p$,使得下式达到最小

$$Q=\sum_{i=1}^{n}[y_i-F(x_{i1},\ x_{i2},\ \cdots,\ x_{im};\ a_1,\ a_2,\ \cdots,\ a_p)]^2.$$

分析推导　Q是$a_1,\ a_2,\ \cdots,\ a_p$的函数,所以,这是一个多元函数求最小值的问题.

我们能不能像在线性回归中那样,求Q的偏导数,令偏导数为0,得到一组方程,然后通过解方程组的方法,来确定Q的最小值点呢?从理论上说来,这样做是没有问题的,但是,在许多实际情况下,这样做却行不通.因为,在非线性回归中,函数F的形式往往很复杂,Q是n个含有F的表达式的平方和,它的形式就更复杂了,再求Q的偏导数,式子的复杂程度又要翻上好几倍.所以,要想从Q的偏导数等于0的方程组中,求出用显性函数式表示的解,几乎是不可能的.

其实,对于这样一个多元函数求最小值的问题,人们已经提出了很多求近似解的数值计算方法,这些方法称为最优化方法.人们也开发了许多可以实现这些最优化方法的计算机程序和软件包,还有可以直接进行非线性回归的程序和软件包.我们可以利用这些现成软件,在计算机上方便而又迅速地完成非线性回归的近似计算.

例5　对肉鸡的饲养天数x(单位:日)和肉鸡的质量y(单位:kg)进行观测,得到一组数据如下:

饲养天数 x_i	4	8	12	16	20	24	28	32	36
肉鸡质量 y_i	0.070	0.119	0.198	0.297	0.434	0.606	0.803	1.027	1.245
饲养天数 x_i	40	44	48	52	56	60	64	68	
肉鸡质量 y_i	1.488	1.736	1.980	2.170	2.450	2.687	2.915	3.095	

肉鸡质量y与饲养天数x之间的关系,满足下列微分方程及初始条件

$$\begin{cases}\dfrac{\mathrm{d}y}{\mathrm{d}x}=ky\left(1-\dfrac{y}{w}\right),\\ y\Big|_{x=0}=y_0\end{cases}$$

其中,$k,\ w,\ y_0$是未知常数.求肉鸡质量y与饲养天数x之间的函数关系.

解　在初始条件下解微分方程,得

$$y=\frac{w}{1+\left(\dfrac{w}{y_0}-1\right)\mathrm{e}^{-kx}}.$$

在上式中,常数$w,\ y_0,\ k$未知,所以,要得到肉鸡质量y与饲养天数x之间的关系式,必须从x与y的观测数据出发,求出$w,\ y_0,\ k$的估计值.

这是一个非线性回归问题,回归方程为

$$\hat{y}=\frac{\hat{w}}{1+\left(\dfrac{\hat{w}}{\hat{y}_0}-1\right)\mathrm{e}^{-\hat{k}x}}.$$

利用可以作非线性回归的计算机软件,将数据代入,计算求得 w, y_0, k 的估计值

$$\hat{w}=3.533\,48,\ \hat{y}_0=0.106\,883,\ \hat{k}=0.077\,666\,5.$$

所以,我们得到肉鸡质量 y 与饲养天数 x 之间的函数关系为

$$\hat{y}=\frac{3.533\,48}{1+\left(\frac{3.533\,48}{0.106\,883}-1\right)\mathrm{e}^{-0.077\,666\,5x}}=\frac{3.533\,48}{1+32.059\,3\mathrm{e}^{-0.077\,666\,5x}}.$$

它的残差平方和为 $SS_e=0.042\,468\,9$. 这个值相当小,说明回归效果还是很好的.

5.5 逐步回归分析

5.5.1 回归分析中的复共线性

我们知道,回归分析是这样一种统计方法:它从自变量和因变量的一组观测数据出发,寻找一个函数式(称为回归函数或回归方程),将自变量与因变量之间的统计相关关系近似地表达出来.

回归分析在实际中有着广泛的应用.在各种回归分析中,比较常见的是线性回归和广义线性回归.

为了叙述简洁起见,只对线性回归的情形进行讨论,但要理解,这些讨论不仅对于线性回归来说是适用的,对于广义线性回归来说也是适用的.下面我们来讨论这样几个问题.

问题一　在线性回归方程中,项数是否越多越好?

例如,对于同一批观测值 $(x_{i1},\ x_{i2},\ y_i)$, $i=1,\ 2,\ \cdots,\ n$, 分别建立了下列两种形式的回归方程:

$$y=\beta_0+\beta_1x_1+\beta_2x_2+\varepsilon, \qquad ①$$

$$y=\beta_0^*+\beta_1^*x_1+\varepsilon, \qquad ②$$

问哪一个方程更好?

1. 回归方程中自变元的个数越多,残差平方和越小

对于上面例子中的回归方程①来说,问题相当于要求 β_0, β_1, β_2 的估计,使得

$$Q=\sum_{i=1}^{n}(y_i-\beta_0-\beta_1x_{i1}-\beta_2x_{i2})^2$$

达到最小.

对于上面例子中的回归方程②来说,问题相当于要求 β_0^*, β_1^* 的估计,使得

$$Q^*=\sum_{i=1}^{n}(y_i-\beta_0^*-\beta_1^*x_{i1})^2$$

达到最小.

如果我们已经求得 $\beta_0^*=\hat{\beta}_0^*$, $\beta_1^*=\hat{\beta}_1^*$, 使得 Q^* 达到最小值

$$Q_{\min}^{*} = \sum_{i=1}^{n} (y_i - \hat{\beta}_0^{*} - \hat{\beta}_1^{*} x_{i1})^2,$$

这时,在回归方程①中,只要令 $\beta_0 = \hat{\beta}_0^{*}$, $\beta_1 = \hat{\beta}_1^{*}$, $\beta_2 = 0$ 就可以使

$$Q = \sum_{i=1}^{n} (y_i - \beta_0 - \beta_1 x_{i1} - \beta_2 x_{i2})^2 = \sum_{i=1}^{n} (y_i - \hat{\beta}_0^{*} - \hat{\beta}_1^{*} x_{i1})^2 = Q_{\min}^{*}.$$

由此可见,Q^* 能取到的最小值,Q 必定也能取到,而 Q 能取到的最小值,Q^* 却不一定能够取到,所以回归方程①总是要比回归方程②更好一些.

2. 回归方程中自变元个数过多,可能导致复共线性问题

对回归方程 $y=\beta_0+\beta_1 x_1+\cdots+\beta_m x_m+\varepsilon$ 进行 n 次观测,得观测值$(x_{i1}, x_{i2}, \cdots, x_{im}, y_i)$, $i=1, 2, \cdots, n$, 如果有一组不全为 0 的常数 $\alpha_0, \alpha_1, \cdots, \alpha_m$,使得

$$\begin{cases} \alpha_0 + \alpha_1 x_{11} + \cdots + \alpha_m x_{1m} = 0, \\ \alpha_0 + \alpha_1 x_{21} + \cdots + \alpha_m x_{2m} = 0, \\ \qquad \vdots \\ \alpha_0 + \alpha_1 x_{n1} + \cdots + \alpha_m x_{nm} = 0 \end{cases}$$

成立(或近似成立),则称自变量 $x_1, x_2, \cdots, x_m$ 之间存在**复共线性**(multicollinearity, 也称**多重共线性**).

用矩阵向量形式来表达,设

$$\boldsymbol{X} = \begin{bmatrix} 1 & x_{11} & \cdots & x_{1m} \\ 1 & x_{21} & \cdots & x_{2m} \\ \vdots & \vdots & & \vdots \\ 1 & x_{n1} & \cdots & x_{nm} \end{bmatrix}, \boldsymbol{Y} = \begin{bmatrix} y_1 \\ y_2 \\ \vdots \\ y_n \end{bmatrix}.$$

复共线性就是存在一组不全为 0 的常数 $\alpha_0, \alpha_1, \cdots, \alpha_m$,使得

$$\alpha_0 \begin{bmatrix} 1 \\ 1 \\ \vdots \\ 1 \end{bmatrix} + \alpha_1 \begin{bmatrix} x_{11} \\ x_{21} \\ \vdots \\ x_{n1} \end{bmatrix} + \cdots + \alpha_m \begin{bmatrix} x_{1m} \\ x_{2m} \\ \vdots \\ x_{nm} \end{bmatrix} = \begin{bmatrix} 0 \\ 0 \\ \vdots \\ 0 \end{bmatrix}$$

成立(或近似成立),也就是矩阵 $\boldsymbol{X}$ 中各列线性相关(或近似线性相关). 换句话说,这时 $\boldsymbol{X}$ 不是一个列满秩矩阵,即

$$\boldsymbol{X} \text{ 的秩 } r(\boldsymbol{X}) < \boldsymbol{X} \text{ 的列数}(m+1).$$

在多元线性回归中,$\beta_0, \beta_1, \cdots, \beta_m$ 的估计是用下列公式来计算的

$$\begin{bmatrix} \hat{\beta}_0 \\ \hat{\beta}_1 \\ \vdots \\ \hat{\beta}_m \end{bmatrix} = \hat{\boldsymbol{\beta}} = (\boldsymbol{X}^{\mathrm{T}} \boldsymbol{X})^{-1} \boldsymbol{X}^{\mathrm{T}} \boldsymbol{Y}.$$

当 $r(\boldsymbol{X}) < m+1$ 时,必有 $r(\boldsymbol{X}^{\mathrm{T}} \boldsymbol{X}) < m+1$, 也就是说,$\boldsymbol{X}^{\mathrm{T}} \boldsymbol{X}$ 不是一个满秩阵,换句话说,即

$\boldsymbol{X}^{\mathrm{T}}\boldsymbol{X}$不是一个可逆阵,所以这时上面公式中的$(\boldsymbol{X}^{\mathrm{T}}\boldsymbol{X})^{-1}$不能求出,按公式计算逆阵时,会遇到分母为0的情况.

如果矩阵$\boldsymbol{X}$中的各列近似线性相关,则矩阵$\boldsymbol{X}^{\mathrm{T}}\boldsymbol{X}$近似于一个不可逆矩阵,这时$(\boldsymbol{X}^{\mathrm{T}}\boldsymbol{X})^{-1}$虽然能够求出,但计算逆阵时会遇到分母近似为0的情况.分母近似为0,会产生很大的计算误差,使得计算结果非常不可靠.

如果发生这样的情况,回归方程中的项数就不是越多越好了.就拿前面举的例子来说,对于回归方程$y=\beta_0+\beta_1x_1+\beta_2x_2+\varepsilon$,矩阵$\boldsymbol{X}=\begin{bmatrix}1 & x_{11} & x_{12}\\ 1 & x_{21} & x_{22}\\ \vdots & \vdots & \vdots\\ 1 & x_{n1} & x_{n2}\end{bmatrix}$,如果其中列向量$\begin{bmatrix}x_{11}\\ x_{21}\\ \vdots\\ x_{n1}\end{bmatrix}$与$\begin{bmatrix}x_{12}\\ x_{22}\\ \vdots\\ x_{n2}\end{bmatrix}$线性相关,使得$\boldsymbol{X}^{\mathrm{T}}\boldsymbol{X}$不可逆,那就不如回归方程$y=\beta_0^*+\beta_1^*x_1+\varepsilon$来得好.因为少了一项后,矩阵$\boldsymbol{X}=\begin{bmatrix}1 & x_{11}\\ 1 & x_{21}\\ \vdots & \vdots\\ 1 & x_{n1}\end{bmatrix}$,其中各列不线性相关,矩阵$\boldsymbol{X}^{\mathrm{T}}\boldsymbol{X}$可逆,从而能够避免发生由复共线性带来的不良现象.

问题二　在什么情况下,会产生复共线性?

1. 如果数据观测次数n小于线性回归方程的项数$m+1$,就一定会产生复共线性

矩阵$\boldsymbol{X}=\begin{bmatrix}1 & x_{11} & \cdots & x_{1m}\\ \vdots & \vdots & & \vdots\\ 1 & x_{n1} & \cdots & x_{nm}\end{bmatrix}$有$n$行、$m+1$列,因为矩阵的秩总是小于等于它的行数,即$r(\boldsymbol{X})\leqslant n$,如果又有$n<m+1$,则显然有$r(\boldsymbol{X})<m+1$,这时一定会发生复共线性.

其实,也可以从另一个角度来看,线性回归方程$y=\beta_0+\beta_1x_1+\cdots+\beta_mx_m+\varepsilon$中共有$m+1$个未知参数,如果观测次数$n<m+1$,这相当于一个方程组,有$m+1$个未知数,却只有$n<m+1$个方程,方程个数少于未知数的个数,这样的方程组,可以有无数组解,当然无法得到可靠的结果了.

这个原则,不仅对线性回归适用,对一般的非线性回归也是适用的,只要数据的观测次数小于回归方程中的未知参数个数,就不可能得到可靠的结果.

2. 在某些情况下,即使观测次数n不小于回归方程的项数$m+1$,也会产生复共线性

下面看几个例子.

例1　(国际数学建模竞赛1993年A题)加速餐厅堆肥的生成

一家自助餐厅,每天把顾客吃剩下的食物搅拌成浆状,混入厨房里废弃的碎绿叶菜和少量撕碎的报纸,再加入真菌和细菌.混合物原料在真菌和细菌的消化作用下生成堆肥.

设x_1,x_2,x_3是三种堆肥原料的百分比含量,y是生成堆肥所需要的时间.题目中给出了x_1,x_2,x_3和y的一批观测数据,要求寻找生成堆肥所需时间与原料百分比含量之间的关系.

这显然是一个回归分析问题.如果我们认为 y 与 x_1, x_2, x_3 之间,只是以下简单的线性统计关系

$$y = \beta_0 + \beta_1 x_1 + \beta_2 x_2 + \beta_3 x_3 + \varepsilon,$$

用这样的方程进行回归分析去求 β_1, β_2, β_3 的估计,肯定会发生问题.

因为 x_1, x_2, x_3 都是百分比含量,堆肥原料就是由这三种成分组成的.所以,对任何一组观测值来说,这三种成分的百分比含量加起来必定等于 1,例如

$$60\% + 30\% + 10\% = 100\% = 1,$$
$$\cdots$$
$$50\% + 35\% + 15\% = 100\% = 1.$$

这时,显然可以找到一组不全为 0 的常数,即

$$\alpha_0 = -1,\ \alpha_1 = 1,\ \alpha_2 = 1,\ \alpha_3 = 1,$$

使得

$$\alpha_0 \begin{bmatrix} 1 \\ \vdots \\ 1 \end{bmatrix} + \alpha_1 \begin{bmatrix} x_{11} \\ \vdots \\ x_{n1} \end{bmatrix} + \alpha_2 \begin{bmatrix} x_{12} \\ \vdots \\ x_{n2} \end{bmatrix} + \alpha_3 \begin{bmatrix} x_{13} \\ \vdots \\ x_{n3} \end{bmatrix}$$

$$= -1 \times \begin{bmatrix} 1 \\ \vdots \\ 1 \end{bmatrix} + 1 \times \begin{bmatrix} 60\% \\ \vdots \\ 50\% \end{bmatrix} + 1 \times \begin{bmatrix} 30\% \\ \vdots \\ 35\% \end{bmatrix} + 1 \times \begin{bmatrix} 10\% \\ \vdots \\ 15\% \end{bmatrix} = \begin{bmatrix} 0 \\ \vdots \\ 0 \end{bmatrix}.$$

可见,矩阵 $\boldsymbol{X}$ 中的各列线性相关,用这样的回归方程作回归分析,必定会发生复共线性.这个问题的发生,与观测次数的多少无关,观测次数再多,也还是会出现复共线性.

要克服这一困难,可以考虑改用其他变量(比如说,用三种堆肥原料的绝对含量,用三种堆肥原料的相互之间的比值)作为回归自变量,或者改变回归方程的形式(改用多项式或其他函数式作回归方程).

5.5.2 逐步回归

1. 逐步回归的基本思想

前面一节我们讲到,在线性回归和广义线性回归中,往往会发生复共线性现象,使回归分析无法得到可靠的结果.可以用各种不同的方法来克服这一困难,其中,一个比较有效而又简单的方法,就是减少回归方程中的项数.因为回归方程中项数多了,各项之间就很容易发生线性相关或近似线性相关的情况,减少一些项,使得剩下的各项之间不再相关,就可以避免发生复共线性现象.现在的问题是,回归方程中,哪些项应该删除?哪些项应该留下?怎样进行筛选才能达到最好的效果?为了解决这一问题,人们提出了一种称为**逐步回归分析**(Stepwise Regression Analysis)的统计方法.

逐步回归分析的基本思想是:从一个只含常数项的回归方程出发,通过逐步引入和删除一些项的方法,选取一部分对回归贡献最大的变元进入回归方程,删除对回归贡献小的变元,使残差平方和尽可能小,而又不发生复共线性的现象.

2. 怎样衡量线性回归方程中各项贡献的大小

设在一个线性回归方程中,除了常数项以外,有 m 个非常数项,残差平方和为 SS_e,如果将其中的第 j 项从方程中删除,残差平方和就会发生变化,设删除第 j 项后的残差平方和为 SS_j(显然有 $SS_j \geqslant SS_e$,因为从上一节中的举例分析可知:回归方程中项数越多,残差平方和就越小;项数越少,残差平方和就越大). SS_j 与 SS_e 的差,反映了第 j 项对于回归的贡献;$SS_j - SS_e$ 越大,说明第 j 项的贡献越大;$SS_j - SS_e$ 越小,说明第 j 项的贡献越小.

设 $F_j = \dfrac{SS_j - SS_e}{SS_e/(n-m-1)}$,用统计理论可以证明,如果第 j 项对回归方程实际上没有任何贡献,则 $F_j = \dfrac{SS_j - SS_e}{SS_e/(n-m-1)} \sim F(1,\ n-m-1)$;如果第 j 项对回归方程有贡献,则 F_j 的分布相对于 $F(1,\ n-m-1)$ 分布来说,会偏大. 第 j 项对回归方程的贡献越大,F_j 也越大. 所以,我们可以用 F_j 来衡量已经在回归方程中的各项对于回归的贡献大小.

对于尚未引入回归方程的各项,也可以类似地估计它们的贡献大小. 设某一项尚未引入回归方程,SS_j 是这一项尚未引入前的残差平方和,SS_e 是这一项引入后的残差平方和,m 是这一项引入后,回归方程中非常数项的项数,则同样可以用 $F_j = \dfrac{SS_j - SS_e}{SS_e/(n-m-1)}$ 来衡量这一项对于回归的贡献大小.

3. 逐步回归的具体步骤

事先给定两个非负常数:

F_{in}——引入水平界限,

F_{out}——删除水平界限.

从一个只含常数项的线性回归方程 $y = \beta_0 + \varepsilon$ 出发. 首先,在所有未引入回归方程的项中,找出一个 F_j 最大的项,如果它的 $F_j > F_{\text{in}}$,就引入这一项. 然后,在所有已经引入回归方程的项中,找出一个 F_j 最小的项,如果它的 $F_j \leqslant F_{\text{out}}$,就删除这一项. 就这样一步一步做下去,引入,删除,引入,删除,…,直到方程内所有项都满足 $F_j > F_{\text{out}}$,方程外所有项都满足 $F_j \leqslant F_{\text{in}}$ 为止.

为了避免出现"死循环",事先给定的常数 F_{in} 和 F_{out},必须满足 $F_{\text{in}} \geqslant F_{\text{out}}$. 为什么? 因为如果 $F_{\text{in}} < F_{\text{out}}$,就可能出现某一项的 F_j 值正好有 $F_{\text{in}} < F_j \leqslant F_{\text{out}}$ 的情况. 从 $F_j > F_{\text{in}}$ 来看,应该引入这一项,但是引入后,从 $F_j \leqslant F_{\text{out}}$ 来看,又应该删除这一项,这样一会儿引入,一会儿删除,就会陷入无休无止的循环反复中,永远也得不到结果. 所以,要避免出现这样的情况,就要规定 $F_{\text{in}} \geqslant F_{\text{out}} \geqslant 0$.

4. 容许值和容许值水平界限

逐步回归的目的,是要避免出现复共线性,但是,仅仅依靠上面的步骤,还不足以保证不出现复共线性.

在回归分析计算过程中,关键的一步,是要计算一个矩阵 $\boldsymbol{X}^{\mathrm{T}}\boldsymbol{X}$ 的逆矩阵. 如果存在复共线性,就会出现矩阵 $\boldsymbol{X}^{\mathrm{T}}\boldsymbol{X}$ 不可逆或近似不可逆的现象. 当 $\boldsymbol{X}^{\mathrm{T}}\boldsymbol{X}$ 不可逆或近似不可逆时,按公式计算逆阵,就会遇到分母为 0 或分母近似为 0 的情况. 这时,或者计算会溢出,或者会产生很大的计算误差,使得计算结果非常不可靠.

为了避免出现这种情况，我们事先给定一个值，称为**容许值水平界限**(Tolerance Level)，记为Tol，通常取Tol $=10^{-7}\sim10^{-2}$. 在逐步回归过程中，每当我们要引入一项，都要看一下求逆矩阵时用到的分母的绝对值的最小值，这个值称为**容许值**(Tolerance)，如果容许值小于事先给定的容许值水平界限，即使其他条件满足，我们也不引入这一项. 这样，就可以完全避免出现复共线性了.

5. 逐步回归计算实例

例 2　1932 年，H. Woods，H. H. Steinour 和 H. R. Starke 为了研究波特兰水泥的成分与水泥固化时放出的热量之间的关系，收集了 13 个水泥样品的数据，进行回归分析.

回归方程为

$$y=\beta_0+\beta_1x_1+\beta_2x_2+\beta_3x_3+\beta_4x_4+\varepsilon.$$

其中，自变量是四种成分在水泥总质量中所占的百分比：

x_1——$3CaO\cdot Al_2O_3$ 在水泥总质量中所占的百分比；

x_2——$3CaO\cdot SiO_2$ 在水泥总质量中所占的百分比；

x_3——$4CaO\cdot Al_2O_3\cdot Fe_2O_3$ 在水泥总质量中所占的百分比；

x_4——$2CaO\cdot SiO_2$ 在水泥总质量中所占的百分比.

因变量是

y—— 单位质量的水泥固化时放出的热量(单位：cal/g).

观测数据见下表.

样品编号	x_1	x_2	x_3	x_4	y
1	7	26	6	60	78.5
2	1	29	15	52	74.3
3	11	56	8	20	104.3
4	11	31	8	47	87.6
5	7	52	6	33	95.9
6	11	55	9	22	109.2
7	3	71	17	6	102.7
8	1	31	22	44	72.5
9	2	54	18	22	93.1
10	21	47	4	26	115.9
11	1	40	23	34	83.8
12	11	66	9	12	113.3
13	10	68	8	12	109.4

由于水泥主要是由这四种成分构成的,所以,这四种成分的百分比含量加起来近似等于100%,即

$$x_1+x_2+x_3+x_4\approx 100\%.$$

在这个回归方程中,存在着复共线性. 为了避免复共线性可能会带来的不良结果,考虑采用逐步回归.

下面是逐步回归的计算过程.

事先给定:引入水平界限 $F_{in}=4.0$,删除水平界限 $F_{out}=3.9$,容许值水平界限 $Tol=0.000\,01$.

方程内的项	$\hat{\beta}_j$	F_j	方程外的项	容许值	F_j
常数项	95.423				
			x_1	1.000	12.60
			x_2	1.000	21.96
			x_3	1.000	4.40
			x_4	1.000	22.80

第一步,在方程外的项中,x_4 的 F_j 最大,而且 $F_4=22.80>4.0=F_{in}$,它的容许值为 $1.000>0.000\,1=Tol$,引入 x_4.

方程内的项	$\hat{\beta}_j$	F_j	方程外的项	容许值	F_j
常数项	117.57				
			x_1	0.940	108.22
			x_2	0.053	0.17
			x_3	0.999	40.29
x_4	−0.738 2	22.80			

第二步,在方程内的项中,x_4 的 F_j 最小,但是 $F_4=22.80>3.9=F_{out}$,不删除.

在方程外的项中,x_1 的 F_j 最大,而且 $F_1=108.22>4.0=F_{in}$,它的容许值为 $0.940>0.000\,01=Tol$,引入 x_1.

方程内的项	$\hat{\beta}_j$	F_j	方程外的项	容许值	F_j
常数项	103.10				
x_1	1.440	108.22			
			x_2	0.053	5.03
			x_3	0.289	4.24
x_4	−0.614 0	159.30			

第三步,在方程内的项中,x_1 的 F_j 最小,但是 $F_1=108.22>3.9=F_{out}$,不删除.

在方程外的项中,x_2 的 F_j 最大,而且 $F_2=5.03>4.0=F_{in}$,它的容许值为 $0.053>0.000\,01=Tol$,引入 x_2.

方程内的项	$\hat{\beta}_j$	F_j	方程外的项	容许值	F_j
常数项	71.648				
x_1	1.452	154.01			
x_2	0.416 1	5.03			
			x_3	0.021	0.02
x_4	−0.236 5	1.86			

第四步,在方程内的项中,x_4 的 F_j 最小,而且 $F_4 = 1.86 < 3.9 = F_{\text{out}}$,删除 x_4.

方程内的项	$\hat{\beta}_j$	F_j	方程外的项	容许值	F_j
常数项	52.577				
x_1	1.468 3	146.52			
x_2	0.662 25	208.58			
			x_3	0.318	1.83
			x_4	0.053	1.86

第五步,在方程内的项中,x_1 的 F_j 最小,但是 $F_1 = 146.52 > 3.9 = F_{\text{out}}$,不删除.

在方程外的项中,x_4 的 F_j 最大,但是 $F_4 = 1.86 < 4.0 = F_{\text{in}}$,不引入.

这时,既没有可删除的项,也没有可引入的项,逐步回归结束,得到回归方程

$$\hat{y} = 52.277 + 1.468\,3x_1 + 0.662\,25x_2.$$

它的残差平方和为 $SS_e = 57.90$,估计的标准差为 $\hat{\sigma} = 2.406$,多重相关系数为 $r = 0.989\,3$.

5.6 延伸阅读

线性回归是数理统计最重要的一个分支,它有着广泛的应用.对线性回归的研究主要包括如下几个方面:线性回归的简化方法(如习题 5.11);把误差项服从正态分布的线性回归推广到其他的分布;把一个因变量的多元线性回归推广到多个因变量的多元线性回归;用线性回归模型来拟合趋近非线性回归模型等.

本章介绍的线性回归也称为经典线性回归,它是通过求 $Q = \sum_{i=1}^{n}(y_i - \hat{y}_i)^2$ 的极小值来导出参数的最小二乘估计的.而线性回归的基本思想是用回归函数(直线或超平面)来拟合观测值点.于是,一个自然的想法是,我们也可以通过求观测值点到回归函数垂直距离平方和的极小值来导出参数的最小二乘估计,人们把这种回归称为距离回归.距离回归与经典回归之间的关系及性质可参见以下资料.

参考资料:朱湘赣,等.距离回归模型的理论研究.云南大学学报(自然科学版),1999(6).

思考题

一元线性回归模型中,若已求得因变量 y 关于自变量 x 的回归方程为

$$\hat{y}=a+bx \quad (b\neq 0)$$

那么,若把 x 视为因变量,求 x 关于 y 的回归方程,结果是否为

$$\hat{x}=\frac{1}{b}(y-a)?$$

(提示:经典回归中自变量与因变量地位是不等同的)

习 题 五

5.1 试证明一元线性回归模型中参数 β_0 和 β_1 的最小二乘估计就是参数的极大似然估计.

5.2 试证明变元(x,y)的一组观测值的样本相关系数就是把(x,y)视为二维随机变量时,随机变量 x 与 y 相关系数的矩法估计.

5.3 某种钢材的强度 y (单位:kg/mm^2)与它的含碳百分量 x 有关,现测得数据如下:

含碳百分量 x_i	0.08	0.10	0.12	0.14	0.16
强度 y_i	41.8	42.0	44.7	45.1	48.9

设有 $y_i=\beta_0+\beta_1 x_i+\varepsilon_i$, $\varepsilon_i\sim N(0,\sigma^2)$, $i=1,2,\cdots,5$, $\varepsilon_1,\varepsilon_2,\cdots,\varepsilon_5$ 相互独立.

(1) 求 β_0, β_1的最小二乘估计$\hat{\beta}_0$, $\hat{\beta}_1$;

(2) 求残差平方和 SS_e,估计的标准差$\hat{\sigma}$,样本相关系数 r.

5.4 试根据如下对变元 x 和 y 观测数据的回归分析结果:

SUMMARY OUTPUT	
回归统计	
Multiple R	0.975505
R Square	0.95161
Adjusted R	0.948763
标准误差	4.863722
观测值	19

方差分析					
	df	*SS*	*MS*	*F*	Significance F
回归分析	1	7908.378	7908.378	334.3105	1.2894×10^{-12}
残差	17	402.1484	23.65579		
总计	18	8310.526			

	Coefficients	标准误差	t Stat	P-value	Lower 95%	Upper 95%	下限 95.0%	上限 95.0%
Intercept	5.276506	1.831952	2.880265	0.010388	1.411426442	9.141586	1.411426	9.141586
X Variable	−0.17041	0.00932	−18.2842	1.29×10^{-12}	−0.190070642	−0.15074	−0.19007	−0.15074

(1) 写出上述一元线性回归的模型和条件;

(2) 写出回归方程,估计标准差及变元 x 和 y 相关系数;

(3) 判断在显著性水平 0.01 下回归模型是否显著?

5.5 对工件表面做腐蚀刻线试验,测得蚀刻时间 x(单位:s)和蚀刻深度 y(单位:μm)的数据如下:

蚀刻时间 x_i	20	30	40	50	60
蚀刻深度 y_i	13	16	17	20	23

设有 $y_i=\beta_0+\beta_1 x_i+\varepsilon_i$, $\varepsilon_i\sim N(0,\sigma^2)$, $i=1,2,\cdots,5$, $\varepsilon_1,\varepsilon_2,\cdots,\varepsilon_5$ 相互独立.

(1) 求 β_0, β_1 的最小二乘估计 $\hat{\beta}_0$, $\hat{\beta}_1$;

(2) 求残差平方和 SS_e,估计的标准差 $\hat{\sigma}$ 和样本相关系数 r;

(3) 检验 $H_0:\beta_1=0$(显著水平 $\alpha=0.05$).

5.6 在研究钢线的含碳百分量 x 与电阻 y(单位:$\mu\Omega$)的关系时,测得数据如下:

碳含量 x_i	0.10	0.30	0.40	0.55	0.70	0.80	0.95
电阻 y_i	15.0	18.0	19.0	21.0	22.6	23.8	26.0

设有 $y_i=\beta_0+\beta_1 x_i+\varepsilon_i$, $\varepsilon_i\sim N(0,\sigma^2)$, $i=1,2,\cdots,7$, $\varepsilon_1,\varepsilon_2,\cdots,\varepsilon_7$ 相互独立.

(1) 求 β_0, β_1 的最小二乘估计 $\hat{\beta}_0$, $\hat{\beta}_1$;

(2) 求残差平方和 SS_e,估计的标准差 $\hat{\sigma}$ 和样本相关系数 r;

(3) 求 β_0, β_1 的置信水平为 95% 的置信区间;

(4) 检验 $H_0:\beta_1=0$(显著水平 $\alpha=0.05$).

5.7 在一系列不同温度 x(单位:℃)下,观测硝酸钠在 100 mL 水中溶解的质量 y(单位:g),测得数据如下:

温度 x_i	0	4	10	15	21	29	36	51	68
质量 y_i	66.7	71.0	76.3	80.6	85.7	92.9	99.4	113.6	125.1

设有 $y_i=\beta_0+\beta_1 x_i+\varepsilon_i$, $\varepsilon_i\sim N(0,\sigma^2)$, $i=1,2,\cdots,9$, $\varepsilon_1,\varepsilon_2,\cdots,\varepsilon_9$ 相互独立.求:

(1) β_0, β_1 的最小二乘估计 $\hat{\beta}_0$, $\hat{\beta}_1$;

(2) 残差平方和 SS_e,估计的标准差 $\hat{\sigma}$ 和样本相关系数 r;

(3) 检验 $H_0:\beta_1=0$(显著水平 $\alpha=0.05$).

5.8 设 $y_i=\beta_0+\beta_1 x_i+\varepsilon_i$, $\varepsilon_i\sim N(0,\sigma^2)$, $i=1,2,\cdots,n$, $\varepsilon_1,\varepsilon_2,\cdots,\varepsilon_n$ 相互独立, $\hat{\beta}_0$, $\hat{\beta}_1$ 是 β_0, β_1 的最小二乘估计.证明:$\mathrm{Cov}(\hat{\beta}_0,\hat{\beta}_1)=0$ 的充分必要条件是 $\overline{x}=\dfrac{1}{n}\sum\limits_{i=1}^{n}x_i=0$.

5.9 具有重复试验的一元线性回归是指对自变量 x 的每个不同取值 $x=x_i$ 都对因变量 y 做 m_i 次重复观测,记观测值为 $y_{i1},y_{i2},\cdots,y_{im_i}$,设 x 有 r 个观测值 $x_1,x_2,\cdots,x_r$,而 $\sum\limits_{i=1}^{r}m_i=n$,于是重复试验的一元线性回归模型可表示为

$$y_{ij}=\alpha+\beta x_i+\varepsilon_{ij}$$

其中，$i=1,2,\cdots,r;j=1,2,\cdots,m_i;\varepsilon_{ij}\sim N(0,\sigma^2)$，试求 α 与 β 的最小二乘估计.

5.10 设 $y_i=\beta_0+\beta_1x_i+\beta_2(3x_i^2-2)+\varepsilon_i$，$\varepsilon_i\sim N(0,\sigma^2)$，$i=1,2,3$，$\varepsilon_1,\varepsilon_2,\varepsilon_3$ 相互独立，$x_1=-1$，$x_2=0$，$x_3=1$.

(1) 写出矩阵 $\boldsymbol{X}$，$\boldsymbol{X}^{\mathrm{T}}\boldsymbol{X}$ 和 $(\boldsymbol{X}^{\mathrm{T}}\boldsymbol{X})^{-1}$；

(2) 求 β_0，β_1，β_2 的最小二乘估计；

(3) 证明：$\beta_2=0$ 时，β_0，β_1 的最小二乘估计与 $\beta_2\neq0$ 时的最小二乘估计相同.

5.11 为了考察某种植物的生长量 y(单位：mm)与生长期的日照时间 x_1(单位：h)及气温 x_2(单位：℃)的关系，测得数据如下：

日照时间 x_{1i}	269	281	262	275	278	282	268	259	275	255
气　温 x_{2i}	30.1	28.7	29.0	26.8	26.8	30.7	22.9	26.0	27.3	30.3
生长量 y_i	122	131	116	111	117	137	111	108	119	108
日照时间 x_{1i}	272	273	274	273	284	262	285	278	272	279
气　温 x_{2i}	26.5	29.8	28.3	24.4	30.1	24.9	25.6	24.9	24.8	30.7
生长量 y_i	125	132	136	128	138	76	130	127	123	133

设 $y_i=\beta_0+\beta_1x_{i1}+\beta_2x_{i2}+\varepsilon_i$，$\varepsilon_i\sim N(0,\sigma^2)$，$i=1,2,\cdots,20$；$\varepsilon_1,\varepsilon_2,\cdots,\varepsilon_{20}$ 相互独立.

(1) 求 β_0，β_1，β_2 的最小二乘估计 $\hat{\beta}_0$，$\hat{\beta}_1$，$\hat{\beta}_2$；

(2) 求残差平方和 SS_e，估计的标准差 $\hat{\sigma}$ 和多重相关系数 r；

(3) 检验 $H_0:\beta_1=\beta_2=0$(显著水平 $\alpha=0.05$)；

(4) 分别检验 $H_{01}:\beta_1=0$ 和 $H_{02}:\beta_2=0$(显著水平 $\alpha=0.05$).

5.12 多元线性回归模型中，若先根据变量 y 与 $x_i(i=1,2,\cdots,m)$ 的观测值 $(y_1,y_2,\cdots,y_n)^{\mathrm{T}}$ 和 $(x_{1i},x_{2i},\cdots,x_{ni})^{\mathrm{T}}$ 对变量"标准化"，即令

$$x_i^*=\frac{x_i-\overline{x}_i}{\sqrt{L_{ii}}}\ (i=1,2,\cdots,m);\ y^*=\frac{y-\overline{y}}{\sqrt{L_{yy}}};\ \hat{y}^*=\frac{\hat{y}-\overline{y}}{\sqrt{L_{yy}}}$$

其中 $L_{ii}=\sum\limits_{k=1}^{n}(x_{ki}-\overline{x}_i)^2$；$\overline{x}_i=\frac{1}{n}\sum\limits_{k=1}^{n}x_{ki}$；$L_{yy}=\sum\limits_{k=1}^{n}(y_i-\overline{y})^2$

此时再求 y^* 关于 $x_i^*(i=1,2,\cdots,m)$ 的回归称为标准回归.

(1) 证明标准回归方程的常数项为零，即 $\hat{y}^*=\sum\limits_{i=1}^{m}d_ix_i^*$；

(2) 证明标准回归的总离差平方和 $\widetilde{SS_{\mathrm{T}}}=\sum\limits_{i=1}^{n}(y_i^*-\overline{y}^*)^2=1$.

5.13 在不同的温度 x(单位：℃)下，观察平均每只红铃虫的产卵数 y(单位：个)，得数据如下：

温度 x_i	21	23	25	27	29	32	35
产卵数 y_i	7	11	21	24	66	115	325

设产卵数 y 与温度 x 之间，近似有下列关系：

$$y = \alpha e^{\beta x},$$

求常系数 α, β 的估计值.

5.14 某零件上有一条曲线,可以近似看作一条抛物线 $y = \beta_0 + \beta_1 x + \beta_2 x^2$. 为了在数控机床上加工这一零件,在曲线上测得 11 个点的坐标 (x_i, y_i) 数据如下:

x_i	0	2	4	6	8	10	12	14	16	18	20
y_i	0.6	2.0	4.4	7.5	11.8	17.1	23.3	31.2	39.6	49.7	61.7

求这条抛物线的函数表达式.

5.15 猪的毛重 W(单位: kg)与它的身长 L(单位: cm)、肚围 R(单位: cm)之间,近似有下列关系:

$$W = \alpha L^{\beta_1} R^{\beta_2},$$

其中,α, β_1, β_2 都是常系数. 现在对 14 头猪,测得它们的身长、肚围和毛重数据如下:

身长 L_i	41	45	51	52	59	62	69	72	78	80	90	92	98	103
肚围 R_i	49	58	62	71	62	74	71	74	79	84	85	94	91	95
毛重 W_i	28	39	41	44	43	50	51	57	63	66	70	76	80	84

求常系数 α, β_1, β_2 的估计值.

5.16 热敏电阻器的电阻 y(单位: Ω)与温度 x(单位: ℃)之间,近似有下列关系:

$$y = \alpha \exp\left(\frac{\beta}{x + \gamma}\right),$$

其中,α, β, γ 都是常系数. 现对 16 个热敏电阻器,测得温度 x 和电阻 y 的数据如下:

温度 x_i	50	55	60	65	70	75	80	85
电阻 y_i	34 780	28 610	23 650	19 630	16 370	13 720	11 540	9 744
温度 x_i	90	95	100	105	110	115	120	125
电阻 y_i	8 266	7 030	6 005	5 147	4 427	3 820	3 307	2 872

求常系数 α, β, γ 的估计值.

5.17 对某种蔬菜的生长期 x(单位: 日)和平均每株蔬菜的质量 y(单位: g)进行观测,得到一组数据如下:

生长期 x_i	9	14	21	28	42	57	63	70	79
质量 y_i	8.93	10.80	18.59	22.33	39.35	56.11	61.73	64.62	67.08

设生长期 x 与平均每株蔬菜的质量 y 之间,近似有下列关系:

$$y = \frac{\alpha}{1 + \beta e^{-\gamma x}},$$

求常系数 α, β, γ 的估计值.

6

方差分析和正交试验设计

6.1 单因子方差分析

在实际问题中，某个指标的取值，往往可能与多个因素有关. 例如，农作物的产量，可能与作物的品种有关，可能与施肥量有关，也可能与土壤有关等. 又例如，化工产品的收率，可能与原料配方有关，可能与催化剂的用量有关，可能与反应温度有关，还可能与反应容器中的压力有关等.

由于因素很多，自然就会产生这样的问题：这些因素，对于指标的取值，是否都有显著的作用？如果不是所有的因素都有显著的作用，那么，哪些因素的作用显著？哪些因素的作用不显著？还有，这些因素的作用，是简单地叠加在一起的，还是以更复杂的形式交错在一起的？

以上这些问题，都需要我们从试验数据出发，来加以判断、分析，得出结论. **方差分析**(Analysis of Variance，简称 ANOVA)就是一种能够解决这类问题的有效的统计方法.

在方差分析中，将可能与某个指标的取值有关的因素，称为**因子**(Factor)，通常用 A, B, $\cdots$ 来表示. 因子所取的各种不同的状态，称为**水平**(Level)，用 A_1, A_2, $\cdots$, B_1, B_2, $\cdots$来表示.

如果问题中只考虑一个因子，这样的方差分析称为**单因子方差分析**. 如果问题中要考虑两个因子，这样的方差分析就称为**双因子方差分析**. 当然，还可以有三因子、四因子、更多因子的方差分析.

我们先来看单因子方差分析.

问题　设某个指标的取值可能与一个因子 A 有关，因子 A 有 r 个水平：A_1, A_2, $\cdots$, A_r. 在这 r 个水平下的指标值，可以看作 r 个相互独立、方差相等的正态总体

$$\xi_i \sim N(\mu_i, \sigma^2),\ i=1,\ 2,\ \cdots,\ r.$$

在每一个水平 A_i 下，对指标做 t $(t>1)$次重复观测，设观测结果为

$$X_{i1},\ X_{i2},\ \cdots,\ X_{it},$$

它们可以看作总体 ξ_i 的样本. 即

水　平	观 测 值
A_1	$X_{11}, X_{12}, \cdots, X_{1t}$
A_2	$X_{21}, X_{22}, \cdots, X_{2t}$
$\vdots$	$\vdots$
A_r	$X_{r1}, X_{r2}, \cdots, X_{rt}$

问: 因子 A 对指标的作用是否显著?

检验方法

检验因子 A 的作用是否显著,相当于要检验这样一个假设

$$H_0: \mu_1 = \mu_2 = \cdots = \mu_r.$$

为了做检验,先给出以下一批定义. 称

$n = rt$　为**总观测次数**;

$\overline{X}_i = \frac{1}{t}\sum_{j=1}^{t} X_{ij}$　为**水平 A_i 的均值**;

$SS_i = \sum_{j=1}^{t}(X_{ij} - \overline{X}_i)^2$　为**水平 A_i 的平方和**;

$\overline{X} = \frac{1}{n}\sum_{i=1}^{r}\sum_{j=1}^{t} X_{ij} = \frac{1}{r}\sum_{i=1}^{r}\overline{X}_i$　为**总均值**;

$SS_T = \sum_{i=1}^{r}\sum_{j=1}^{t}(X_{ij} - \overline{X})^2$　为**总平方和**;

$SS_e = \sum_{i=1}^{r}\sum_{j=1}^{t}(X_{ij} - \overline{X}_i)^2 = \sum_{i=1}^{r} SS_i$　为**误差平方和**;

$SS_A = t\sum_{i=1}^{r}(\overline{X}_i - \overline{X})^2$　为**因子 A 的平方和**.

这些统计量之间的相互关系,可以用下列图表的形式表示出来:

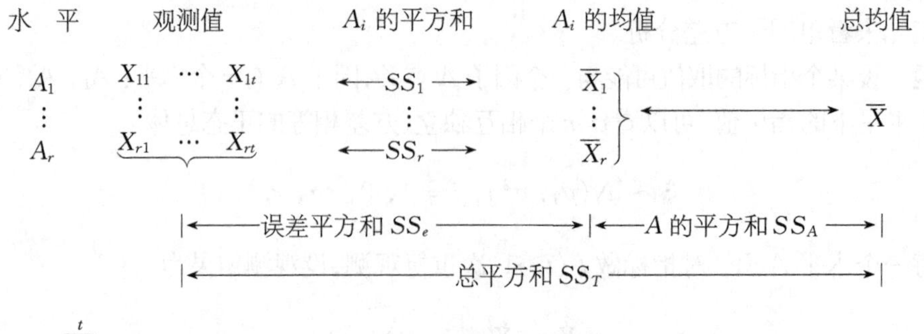

水　平	观测值	A_i 的平方和	A_i 的均值	总均值
A_1	X_{11} $\cdots$ X_{1t}	$\leftarrow SS_1 \rightarrow$	$\overline{X}_1$	
$\vdots$	$\vdots$　$\vdots$	$\vdots$	$\vdots$	$\longleftrightarrow \overline{X}$
A_r	X_{r1} $\cdots$ X_{rt}	$\leftarrow SS_r \rightarrow$	$\overline{X}_r$	

|←—— 误差平方和 SS_e ——→|←— A 的平方和 SS_A —→|

|←———— 总平方和 SS_T ————→|

$SS_i = \sum_{j=1}^{t}(X_{ij} - \overline{X}_i)^2$ 反映了在各水平 A_i 的内部指标取值的差异程度,这种差异完全是由误差引起的,而 SS_e 是所有这样的 SS_i 的总和,所以称为误差平方和.

$SS_A = t\sum_{i=1}^{r}(\overline{X}_i - \overline{X})^2$ 反映了各水平之间指标取值的差异程度，如果因子 A 的作用不显著，各水平之间差异很小，$\overline{X}_1, \overline{X}_2, \cdots, \overline{X}_r$ 近似相等，与 $\overline{X}$ 差异很小，SS_A 的值也比较小；如果因子 A 的作用显著，各水平之间差异很大，$\overline{X}_1, \overline{X}_2, \cdots, \overline{X}_r$ 与$\overline{X}$的差异也很大，SS_A 的值就会偏大. SS_A 的大小反映了因子 A 的作用大小，所以称为因子 A 的平方和.

总平方和 SS_T、误差平方和 SS_e、因子 A 的平方和 SS_A 之间，有下列**平方和分解**关系：

$$SS_T = SS_e + SS_A.$$

这是因为

$$\begin{aligned} SS_T &= \sum_{i=1}^{r}\sum_{j=1}^{t}(X_{ij} - \overline{X})^2 \\ &= \sum_{i=1}^{r}\sum_{j=1}^{t}(X_{ij} - \overline{X}_i + \overline{X}_i - \overline{X})^2 \\ &= \sum_{i=1}^{r}\sum_{j=1}^{t}(X_{ij} - \overline{X}_i)^2 + 2\sum_{i=1}^{r}\sum_{j=1}^{t}(X_{ij} - \overline{X}_i)(\overline{X}_i - \overline{X}) + \sum_{i=1}^{r}\sum_{j=1}^{t}(\overline{X}_i - \overline{X})^2 \\ &= SS_e + 2\sum_{i=1}^{r}\Big(\sum_{j=1}^{t}X_{ij} - t\overline{X}_i\Big)(\overline{X}_i - \overline{X}) + t\sum_{i=1}^{r}(\overline{X}_i - \overline{X})^2 \\ &= SS_e + 0 + SS_A = SS_e + SS_A. \end{aligned}$$

由 SS_A、SS_e 可以算出统计量 $MS_A = \dfrac{SS_A}{r-1}$ 和 $MS_e = \dfrac{SS_e}{n-r}$. MS_A 称为**因子 A 的均方**，MS_e 称为**误差均方**. 由 MS_A、MS_e 可以算出统计量

$$F_A = \frac{MS_A}{MS_e} = \frac{SS_A/(r-1)}{SS_e/(n-r)}.$$

下面证明一个关于 F_A 的分布的定理.

定理　若 $H_0: \mu_1 = \mu_2 = \cdots = \mu_r$ 为真，则

$$F_A = \frac{MS_A}{MS_e} = \frac{SS_A/(r-1)}{SS_e/(n-r)} \sim F(r-1, n-r).$$

证　设 $\mu_1 = \mu_2 = \cdots = \mu_r = \mu$，这时 $\xi_i \sim N(\mu, \sigma^2)$, $i = 1, 2, \cdots, r$.

因为 $X_{i1}, X_{i2}, \cdots, X_{it}$ 是 ξ_i 的样本，所以 $X_{ij} \sim N(\mu, \sigma^2)$，也就是有 $\dfrac{X_{ij} - \mu}{\sigma} \sim N(0, 1)$, $i = 1, 2, \cdots, r$, $j = 1, 2, \cdots, t$，相互独立.

$$\begin{aligned} Q &= \sum_{i=1}^{r}\sum_{j=1}^{t}\Big(\frac{X_{ij} - \mu}{\sigma}\Big)^2 = \frac{\sum_{i=1}^{r}\sum_{j=1}^{t}(X_{ij} - \overline{X} + \overline{X} - \mu)^2}{\sigma^2} \\ &= \frac{\sum_{i=1}^{r}\sum_{j=1}^{t}(X_{ij} - \overline{X})^2}{\sigma^2} + \frac{2\sum_{i=1}^{r}\sum_{j=1}^{t}(X_{ij} - \overline{X})(\overline{X} - \mu)}{\sigma^2} + \frac{\sum_{i=1}^{r}\sum_{j=1}^{t}(\overline{X} - \mu)^2}{\sigma^2} \end{aligned}$$

$$= \frac{SS_T}{\sigma^2} + 0 + \frac{n(\overline{X}-\mu)^2}{\sigma^2}$$

$$= \frac{SS_A}{\sigma^2} + \frac{SS_e}{\sigma^2} + \left(\frac{\overline{X}-\mu}{\sigma}\sqrt{n}\right)^2 = Q_1 + Q_2 + Q_3.$$

其中，$Q_1 = \frac{SS_A}{\sigma^2} = \frac{t\sum_{i=1}^{r}(\overline{X}_i - \overline{X})^2}{\sigma^2}$ 是 r 项的平方和，但这 r 项又满足 1 个线性关系式：$\sum_{i=1}^{r}(\overline{X}_i - \overline{X}) = \sum_{i=1}^{r}\overline{X}_i - r\overline{X} = 0$，所以，$Q_1$ 的自由度 $f_1 = r-1$.

$Q_2 = \frac{SS_e}{\sigma^2} = \frac{\sum_{i=1}^{r}\sum_{j=1}^{t}(X_{ij} - \overline{X}_i)^2}{\sigma^2}$ 是 $n = rt$ 项的平方和，但这 n 项又满足 r 个线性关系式：$\sum_{j=1}^{t}(X_{ij} - \overline{X}_i) = \sum_{j=1}^{t}X_{ij} - t\overline{X}_i = 0,\ i = 1,\ 2,\ \cdots,\ r$，所以，$Q_2$ 的自由度 $f_2 = n-r$.

$Q_3 = \left(\frac{\overline{X}-\mu}{\sigma}\sqrt{n}\right)^2$ 是 1 项的平方和，所以，Q_3 的自由度 $f_3 = 1$.

因为 $f_1 + f_2 + f_3 = (r-1)+(n-r)+1 = n$，所以由 Cochran 定理可知

$$Q_1 = \frac{SS_A}{\sigma^2} \sim \chi^2(r-1),\ Q_2 = \frac{SS_e}{\sigma^2} \sim \chi^2(n-r),$$

$$Q_3 = \left(\frac{\overline{X}-\mu}{\sigma}\sqrt{n}\right)^2 \sim \chi^2(1),$$

而且 $Q_1 = \frac{SS_A}{\sigma^2}$，$Q_2 = \frac{SS_e}{\sigma^2}$，$Q_3 = \left(\frac{\overline{X}-\mu}{\sigma}\sqrt{n}\right)^2$ 相互独立.

因此，由 F 分布的定义可知

$$F_A = \frac{SS_A/(r-1)}{SS_e/(n-r)} = \frac{\frac{SS_A}{\sigma^2}/(r-1)}{\frac{SS_e}{\sigma^2}/(n-r)} \sim F(r-1,\ n-r).$$

由定理 1 可知，若 $H_0: \mu_1 = \mu_2 = \cdots = \mu_r$ 为真，则 $F_A \sim F(r-1,\ n-r)$；若 $H_0: \mu_1 = \mu_2 = \cdots = \mu_r$ 不真，则 SS_A 的值会偏大，F_A 的值也会偏大，统计量 F_A 的分布，相对于 $F(r-1,\ n-r)$ 分布来说，峰值的位置会有一个向右的偏移.

因此，可得到如下检验方法：

从样本求出 F_A 的值. 对于给定的显著水平 α，自由度 $(r-1,\ n-r)$，查 F 分布表，得到分位数 $F_{1-\alpha}(r-1,\ n-r)$，使得 $P\{F_A > F_{1-\alpha}(r-1,\ n-r)\} = \alpha$，当 $F_A > F_{1-\alpha}(r-1,\ n-r)$ 时，拒绝 $H_0: \mu_1 = \mu_2 = \cdots = \mu_r$，这时，可认为因子 A 的作用显著；否则，接受 $H_0: \mu_1 = \mu_2 = \cdots = \mu_r$，这时，可认为 A 的作用不显著.

单因子方差分析的计算步骤

方差分析的计算比较复杂，用带统计功能的计算器计算时，最好按照下列步骤进行，并把计算结果填写在下列形式的表格中.

水 平	观测值	$\overline{X}_i = \frac{1}{t}\sum_{j=1}^{t} X_{ij}$	$SS_i = \sum_{j=1}^{t}(X_{ij} - \overline{X}_i)^2$
A_1 $\vdots$ A_r	$X_{11}\ \cdots\ X_{1t}$ $\vdots\quad\vdots$ $X_{r1}\ \cdots\ X_{rt}$	$\overline{X}_1$ $\vdots$ $\overline{X}_r$	SS_1 $\vdots$ SS_r
		$SS_A = t\sum_{i=1}^{r}(\overline{X}_i - \overline{X})^2$	$SS_e = \sum_{i=1}^{r} SS_i$

(1) 从 $X_{i1}, X_{i2}, \cdots, X_{it}$ 求出 $\overline{X}_i = \frac{1}{t}\sum_{j=1}^{t} X_{ij}$ 和 $SS_i = \sum_{j=1}^{t}(X_{ij} - \overline{X}_i)^2$, $i=1, 2, \cdots, r$.

把 $X_{i1}, X_{i2}, \cdots, X_{it}$ 看作一个样本, $\overline{X}_i = \frac{1}{t}\sum_{j=1}^{t} X_{ij}$ 就是样本均值, $SS_i = \sum_{j=1}^{t}(X_{ij} - \overline{X}_i)^2$ 就是样本方差 $S^2 = \frac{1}{t}\sum_{j=1}^{t}(X_{ij} - \overline{X}_i)^2$ 乘以样本观测次数 t(或修正样本方差 $S^{*2} = \frac{1}{t-1}\sum_{j=1}^{t}(X_{ij} - \overline{X}_i)^2$ 乘以 $t-1$). 所以,在计算器上计算时,只要像计算样本统计量那样,求出样本均值就是 $\overline{X}_i$,求出样本方差再乘以 t(或求出修正样本方差再乘以 $t-1$)就是 SS_i.

(2) 从 $\overline{X}_1, \overline{X}_2, \cdots, \overline{X}_r$ 求出 $SS_A = t\sum_{i=1}^{r}(\overline{X}_i - \overline{X})^2$.

把 $\overline{X}_1, \overline{X}_2, \cdots, \overline{X}_r$ 看作一个样本, $SS_A = t\sum_{i=1}^{r}(\overline{X}_i - \overline{X})^2$ 就是样本方差 $S^2 = \frac{1}{r}\sum_{i=1}^{r}(\overline{X}_i - \overline{X})^2$ 乘以 r 再乘以 t $\left(\text{或修正样本方差}\ S^{*2} = \frac{1}{r-1}\sum_{i=1}^{r}(\overline{X}_i - \overline{X})^2\ \text{乘以}\ r-1\ \text{再乘以}\ t\right)$.

(3) 从 $SS_1, SS_2, \cdots, SS_r$ 求出 $SS_e = \sum_{i=1}^{r} SS_i$.

(4) 列如下方差分析表:

来 源	平方和	自由度	均 方	F 值	分位数
A	SS_A	$r-1$	$MS_A = \frac{SS_A}{r-1}$	$F_A = \frac{MS_A}{MS_e}$	$F_{1-\alpha}(r-1, n-r)$
误差	SS_e	$n-r$	$MS_e = \frac{SS_e}{n-r}$		
总和	SS_T	$n-1$			

(5) 当 $F_A > F_{1-\alpha}(r-1, n-r)$ 时拒绝 H_0,即认为因子 A 的作用显著;否则就接受 H_0,即认为因子 A 的作用不显著.

例 为了研究肥料对小麦产量的影响,对四种不同的肥料各做 4 次试验,得到小麦亩产量(单位：kg/亩[①])如下：

肥料品种	亩　产　量/(kg/亩)			
A_1	198	196	190	166
A_2	160	169	167	150
A_3	179	164	181	170
A_4	190	170	179	188

问：肥料品种对小麦亩产量有无显著影响(显著水平 $\alpha=0.05$)？

解　这可以看作一个单因子方差分析问题. 肥料品种就是因子 A,设施用 4 种不同肥料的小麦亩产量分别为 $\xi_i \sim N(\mu_i, \sigma^2)$, $i=1, 2, 3, 4$. 检验肥料品种对小麦亩产量有无显著影响,相当于要检验假设 $H_0:\mu_1=\mu_2=\mu_3=\mu_4$.

计算结果见下表：

水　平	观测值/(kg/亩)				$\overline{X}_i$	SS_i
A_1	198	196	190	166	187.50	651.00
A_2	160	169	167	150	161.50	221.00
A_3	179	164	181	170	173.50	189.00
A_4	190	170	179	188	181.75	252.75
					$SS_A=1\,527.19$	$SS_e=1\,313.75$

方差分析表为

来源	平方和	自由度	均方	F 值	分位数
A	$SS_A=1\,527.19$	$r-1=3$	509.06	$F_A=4.65$	$F_{0.95}(3, 12)=3.49$
误差	$SS_e=1\,313.75$	$n-r=12$	109.48		
总和	$SS_T=2\,840.94$	$n-1=15$			

对显著水平 $\alpha=0.05$,自由度 $(r-1, n-r)=(3, 12)$,查 F 分布的分位数表,得到分位数 $F_{1-\alpha}(r-1, n-r)=3.49$,因为 $F_A=4.65>3.49$,所以拒绝 $H_0:\mu_1=\mu_2=\mu_3=\mu_4$,结论是：肥料品种对小麦亩产量有显著影响. 比较各水平的均值,还可以看出,施肥料 A_1 亩产量最高,施肥料 A_2 亩产量最低.

6.2　不考虑交互作用的双因子方差分析

在前一节中,我们介绍了单因子方差分析,下面来看双因子方差分析. 先看双因子方差分析中一种比较简单的情形,即无重复观测、不考虑交互作用的情形.

---

① 亩：废除单位,1 公顷=15 亩.

问题 设某个指标的取值可能与 A、B 两个因子有关,因子 A 有 r 个水平: $A_1, A_2, \cdots, A_r$; 因子 B 有 s 个水平: $B_1, B_2, \cdots, B_s$. 在各种水平组合 (A_i, B_j) 下的指标值,可以看作 rs 个相互独立、方差相等的正态总体

$$\xi_{ij} \sim N(\mu_{ij}, \sigma^2),\ i=1, 2, \cdots, r,\ j=1, 2, \cdots, s.$$

在每一个水平组合 (A_i, B_j) 下,只对指标做 1 次观测,设观测结果为 X_{ij},它可以看作总体 ξ_{ij} 的样本. 即

		因子 B			
		B_1	B_2	$\cdots$	B_s
因子 A	A_1	X_{11}	X_{12}	$\cdots$	X_{1s}
	A_2	X_{21}	X_{22}	$\cdots$	X_{2s}
	$\vdots$	$\vdots$	$\vdots$		$\vdots$
	A_r	X_{r1}	X_{r2}	$\cdots$	X_{rs}

问: (1) 因子 A 对指标的作用是否显著?

(2) 因子 B 对指标的作用是否显著?

检验方法

为了把因子 A 和因子 B 的作用区分开来,我们设

$$\mu = \frac{1}{rs}\sum_{i=1}^{r}\sum_{j=1}^{s}\mu_{ij}\ \text{(总的期望平均值)},$$

$$\alpha_i = \frac{1}{s}\sum_{j=1}^{s}(\mu_{ij}-\mu)\ \text{(因子 } A \text{ 在水平 } A_i \text{ 的效应)},$$

$$\beta_j = \frac{1}{r}\sum_{i=1}^{r}(\mu_{ij}-\mu)\ \text{(因子 } B \text{ 在水平 } B_j \text{ 的效应)},$$

$$\gamma_{ij} = \mu_{ij}-\mu-\alpha_i-\beta_j\ \text{(因子组合水平 } A_i \times B_j \text{ 的交互作用)}.$$

因不考虑交互作用,即 $\gamma_{ij}=0$,于是有

$$\mu_{ij} = \mu+\alpha_i+\beta_j,\ i=1, 2, \cdots, r,\ j=1, 2, \cdots, s.$$

这样,检验因子 A 的作用是否显著,相当于要检验这样一个假设

$$H_{01}: \alpha_1 = \alpha_2 = \cdots = \alpha_r;$$

检验因子 B 的作用是否显著,相当于要检验这样一个假设

$$H_{02}: \beta_1 = \beta_2 = \cdots = \beta_s.$$

为了做检验,先给出以下的定义. 称

$$\overline{X}_{i\cdot} = \frac{1}{s}\sum_{j=1}^{s}X_{ij} \quad \text{为}\textbf{水平 } \boldsymbol{A_i} \textbf{ 的均值};$$

$$\overline{X}_{\cdot j}=\frac{1}{r}\sum_{i=1}^{r}X_{ij}\quad \text{为水平 } \boldsymbol{B_j} \text{ 的均值；}$$

$$SS_{i\cdot}=\sum_{j=1}^{s}(X_{ij}-\overline{X}_{i\cdot})^2\quad \text{为水平 } \boldsymbol{A_i} \text{ 的平方和；}$$

$$SS_{\cdot j}=\sum_{i=1}^{r}(X_{ij}-\overline{X}_{\cdot j})^2\quad \text{为水平 } \boldsymbol{B_j} \text{ 的平方和；}$$

$$\overline{X}=\frac{1}{rs}\sum_{i=1}^{r}\sum_{j=1}^{s}X_{ij}=\frac{1}{r}\sum_{i=1}^{r}\overline{X}_{i\cdot}=\frac{1}{s}\sum_{j=1}^{s}\overline{X}_{\cdot j}\quad \text{为总均值；}$$

$$SS_T=\sum_{i=1}^{r}\sum_{j=1}^{s}(X_{ij}-\overline{X})^2\quad \text{为总平方和；}$$

$$SS_e=\sum_{i=1}^{r}\sum_{j=1}^{s}(X_{ij}-\overline{X}_{i\cdot}-\overline{X}_{\cdot j}+\overline{X})^2\quad \text{为误差平方和；}$$

$$SS_A=s\sum_{i=1}^{r}(\overline{X}_{i\cdot}-\overline{X})^2\quad \text{为因子 } \boldsymbol{A} \text{ 的平方和；}$$

$$SS_B=r\sum_{j=1}^{s}(\overline{X}_{\cdot j}-\overline{X})^2\quad \text{为因子 } \boldsymbol{B} \text{ 的平方和.}$$

这些统计量之间的相互关系，可以用下列图表的形式表示出来：

	B_1	…	B_s	A_i 的平方和	A_i 的均值
A_1	X_{11}	…	X_{1s}	$\longleftarrow SS_{1\cdot}\longrightarrow$	$\overline{X}_{1\cdot}$
⋮	⋮		⋮	⋮	⋮
A_r	X_{r1}	…	X_{rs}	$\longleftarrow SS_{r\cdot}\longrightarrow$	$\overline{X}_{r\cdot}$
	↑		↑	↖	↑
B_j 的平方和	$SS_{\cdot 1}$	…	$SS_{\cdot s}$	SS_T	SS_A
	↓		↓	↘	↓
B_j 的均值	$\overline{X}_{\cdot 1}$	…	$\overline{X}_{\cdot s}$	$\longleftarrow SS_B\longrightarrow$	$\overline{X}$

$SS_A=s\sum\limits_{i=1}^{r}(\overline{X}_{i\cdot}-\overline{X})^2$ 反映了因子 A 的各水平之间指标取值的差异程度，如果各水平之间差异很小，SS_A 的值也比较小；如果各水平之间差异很大，SS_A 的值就会偏大，所以称 SS_A 为因子 A 的平方和.

$SS_B=r\sum\limits_{j=1}^{s}(\overline{X}_{\cdot j}-\overline{X})^2$ 反映了因子 B 的各水平之间指标取值的差异程度，如果各水平之间差异很小，SS_B 的值也比较小；如果各水平之间差异很大，SS_B 的值就会偏大，所以称 SS_B 为因子 B 的平方和.

可以证明，总平方和 SS_T、误差平方和 SS_e、因子 A 的平方和 SS_A、因子 B 的平方和 SS_B

之间,有下列平方和分解关系

$$SS_T = SS_e + SS_A + SS_B.$$

从 $SS_e = SS_T - SS_A - SS_B$ 可以看出,SS_e 是从总的指标取值的差异中,减去由因子 A、因子 B 引起的差异后剩下的部分. 因为我们不考虑其他的作用,这剩下的部分,只能认为完全是由误差引起的,所以称 SS_e 为误差平方和. 称

$$MS_A = \frac{SS_A}{r-1} \quad \text{为\textbf{因子 A 的均方}};$$

$$MS_B = \frac{SS_B}{s-1} \quad \text{为\textbf{因子 B 的均方}};$$

$$MS_e = \frac{SS_e}{(r-1)(s-1)} \quad \text{为\textbf{误差均方}}.$$

由 MS_A、MS_B、MS_e 可以算出统计量

$$F_A = \frac{MS_A}{MS_e} = \frac{SS_A/(r-1)}{SS_e/(r-1)(s-1)},$$

$$F_B = \frac{MS_B}{MS_e} = \frac{SS_B/(s-1)}{SS_e/(r-1)(s-1)}.$$

可以证明,若 $H_{01}: \alpha_1 = \alpha_2 = \cdots = \alpha_r$ 为真,则

$$F_A = \frac{MS_A}{MS_e} = \frac{SS_A/(r-1)}{SS_e/(r-1)(s-1)} \sim F(r-1,\ (r-1)(s-1));$$

若 $H_{01}: \alpha_1 = \alpha_2 = \cdots = \alpha_r$ 不真,则 F_A 的值会偏大,统计量 F_A 的分布,相对于 $F(r-1,\ (r-1)(s-1))$ 分布来说,峰值的位置会有一个向右的偏移.

若 $H_{02}: \beta_1 = \beta_2 = \cdots = \beta_s$ 为真,则

$$F_B = \frac{MS_B}{MS_e} = \frac{SS_B/(s-1)}{SS_e/(r-1)(s-1)} \sim F(s-1,\ (r-1)(s-1));$$

若 $H_{02}: \beta_1 = \beta_2 = \cdots = \beta_s$ 不真,则 F_B 的值会偏大,统计量 F_B 的分布,相对于 $F(s-1,\ (r-1)(s-1))$ 分布来说,峰值的位置会有一个向右的偏移.

因此可得到如下检验方法:

从样本求出 F_A 和 F_B 的值. 对于给定的显著水平 α,查 F 分布的分位数表得 $F_{1-\alpha}(r-1,\ (r-1)(s-1))$ 和 $F_{1-\alpha}(s-1,\ (r-1)(s-1))$.

当 $F_A > F_{1-\alpha}(r-1,\ (r-1)(s-1))$ 时拒绝 H_{01},这时可以认为因子 A 的作用显著,否则接受 H_{01},这时可以认为因子 A 的作用不显著.

当 $F_B > F_{1-\alpha}(s-1,\ (r-1)(s-1))$ 时拒绝 H_{02},这时可以认为因子 B 的作用显著,否则接受 H_{02},这时可以认为因子 B 的作用不显著.

不考虑交互作用的双因子方差分析的计算步骤

用计算器进行不考虑交互作用的双因子方差分析计算时,最好按照下列步骤进行,并把

计算结果填写在下列形式的表格中：

<table>
<tr><td colspan="2" rowspan="2"></td><td colspan="3">因 子 B</td><td rowspan="2">A_i 的均值$\overline{X}_{i\cdot}$</td><td rowspan="2">A_i 的平方和$SS_{i\cdot}$</td></tr>
<tr><td>B_1</td><td>$\cdots$</td><td>B_s</td></tr>
<tr><td rowspan="3">因子 A</td><td>A_1</td><td>X_{11}</td><td>$\cdots$</td><td>X_{1s}</td><td>$\overline{X}_{1\cdot}$</td><td>$SS_{1\cdot}$</td></tr>
<tr><td>$\vdots$</td><td>$\vdots$</td><td></td><td>$\vdots$</td><td>$\vdots$</td><td>$\vdots$</td></tr>
<tr><td>A_r</td><td>X_{r1}</td><td>$\cdots$</td><td>X_{rs}</td><td>$\overline{X}_{r\cdot}$</td><td>$SS_{r\cdot}$</td></tr>
<tr><td colspan="2">B_j 的均值$\overline{X}_{\cdot j}$</td><td>$\overline{X}_{\cdot 1}$</td><td>$\cdots$</td><td>$\overline{X}_{\cdot s}$</td><td>总均值$\overline{X}$</td><td>B 的平方和SS_B</td></tr>
<tr><td colspan="2">B_j 的平方和$S_{\cdot j}$</td><td>$SS_{\cdot 1}$</td><td>$\cdots$</td><td>$SS_{\cdot s}$</td><td>A 的平方和SS_A</td><td>误差平方和 SS_e</td></tr>
</table>

(1) 从 $X_{i1}, X_{i2}, \cdots, X_{is}$ 求出 $\overline{X}_{i\cdot} = \dfrac{1}{s}\sum\limits_{j=1}^{s} X_{ij}$ 和 $SS_{i\cdot} = \sum\limits_{j=1}^{s}(X_{ij} - \overline{X}_{i\cdot})^2,\ i = 1, 2, \cdots, r.$

把 $X_{i1}, X_{i2}, \cdots, X_{is}$ 看作样本，$\overline{X}_{i\cdot}$ 就是样本均值，$SS_{i\cdot}$ 就是样本方差再乘以样本观测次数 s(或修正样本方差再乘以 $s-1$).

(2) 从 $X_{1j}, X_{2j}, \cdots, X_{rj}$ 求出 $\overline{X}_{\cdot j} = \dfrac{1}{r}\sum\limits_{i=1}^{r} X_{ij}$ 和 $SS_{\cdot j} = \sum\limits_{i=1}^{r}(X_{ij} - \overline{X}_{\cdot j})^2,\ j = 1, 2, \cdots, s.$

把 $X_{1j}, X_{2j}, \cdots, X_{rj}$ 看作样本，$\overline{X}_{\cdot j}$ 就是样本均值，$SS_{\cdot j}$ 就是样本方差再乘以样本观测次数 r(或修正样本方差再乘以 $r-1$).

(3) 从$\overline{X}_{1\cdot}, \overline{X}_{2\cdot}, \cdots, \overline{X}_{r\cdot}$ 求出 $\overline{X} = \dfrac{1}{r}\sum\limits_{i=1}^{r}\overline{X}_{i\cdot}$ 和 $SS_A = s\sum\limits_{i=1}^{r}(\overline{X}_{i\cdot} - \overline{X})^2.$

把$\overline{X}_{1\cdot}, \overline{X}_{2\cdot}, \cdots, \overline{X}_{r\cdot}$ 看作样本，$\overline{X}$就是样本均值，SS_A 就是样本方差再乘以 rs(或修正样本方差再乘以$(r-1)s$).

(4) 从$\overline{X}_{\cdot 1}, \overline{X}_{\cdot 2}, \cdots, \overline{X}_{\cdot s}$求出 $\overline{X} = \dfrac{1}{s}\sum\limits_{j=1}^{s}\overline{X}_{\cdot j}$ 和 $SS_B = r\sum\limits_{j=1}^{s}(\overline{X}_{\cdot j} - \overline{X})^2.$

把$\overline{X}_{\cdot 1}, \overline{X}_{\cdot 2}, \cdots, \overline{X}_{\cdot s}$看作样本，$\overline{X}$就是样本均值，$SS_B$ 就是样本方差再乘以 rs(或修正样本方差再乘以 $r(s-1)$).

(5) 从 $SS_{1\cdot}, SS_{2\cdot}, \cdots, SS_{r\cdot}$ 和 SS_B 求出 $SS_e = \sum\limits_{i=1}^{r} SS_{i\cdot} - SS_B.$

SS_e 为什么可以这样计算？因为

$$
\begin{aligned}
SS_T &= \sum_{i=1}^{r}\sum_{j=1}^{s}(X_{ij} - \overline{X})^2 \\
&= \sum_{i=1}^{r}\sum_{j=1}^{s}(X_{ij} - \overline{X}_{i\cdot} + \overline{X}_{i\cdot} - \overline{X})^2 \\
&= \sum_{i=1}^{r}\sum_{j=1}^{s}(X_{ij} - \overline{X}_{i\cdot})^2 + 2\sum_{i=1}^{r}\sum_{j=1}^{s}(X_{ij} - \overline{X}_{i\cdot})(\overline{X}_{i\cdot} - \overline{X}) + \sum_{i=1}^{r}\sum_{j=1}^{s}(\overline{X}_{i\cdot} - \overline{X})^2 \\
&= \sum_{i=1}^{r} SS_{i\cdot} + 2\sum_{i=1}^{r}\Big(\sum_{j=1}^{s} X_{ij} - s\overline{X}_{i\cdot}\Big)(\overline{X}_{i\cdot} - \overline{X}) + s\sum_{i=1}^{r}(\overline{X}_{i\cdot} - \overline{X})^2
\end{aligned}
$$

$$= \sum_{i=1}^{r} SS_{i\cdot} + 0 + SS_A.$$

所以

$$SS_e = SS_T - SS_A - SS_B = \sum_{i=1}^{r} SS_{i\cdot} + SS_A - SS_A - SS_B$$

$$= \sum_{i=1}^{r} SS_{i\cdot} - SS_B.$$

类似地,还可以证明 $SS_e = \sum_{j=1}^{s} SS_{\cdot j} - SS_A$,所以,可用两种不同的方法来计算 SS_e,两种方法求得的结果应该是一样的,可以作为一种校验.

(6) 列方差分析表如下表所示:

来源	平方和	自由度	均 方	F 值	分 位 数
A	SS_A	$r-1$	MS_A	$F_A = \dfrac{MS_A}{MS_e}$	$F_{1-\alpha}(r-1,\ (r-1)(s-1))$
B	SS_B	$s-1$	MS_B	$F_B = \dfrac{MS_B}{MS_e}$	$F_{1-\alpha}(s-1,\ (r-1)(s-1))$
误差	SS_e	$(r-1)(s-1)$	MS_e		
总和	SS_T	$rs-1$			

(7) 当 $F_A > F_{1-\alpha}(r-1,\ (r-1)(s-1))$ 时,拒绝 H_{01},即认为因子 A 的作用显著;否则就接受 H_{01},即认为因子 A 的作用不显著.

当 $F_B > F_{1-\alpha}(s-1,\ (r-1)(s-1))$ 时,拒绝 H_{02},即认为因子 B 的作用显著;否则就接受 H_{02},即认为因子 B 的作用不显著.

例 某厂对所生产的高速铣刀进行淬火工艺试验,选择三种不同的等温温度:$A_1 = 280℃$, $A_2 = 300℃$, $A_3 = 320℃$;以及三种不同的淬火温度:$B_1 = 1\,210℃$, $B_2 = 1\,235℃$, $B_3 = 1\,250℃$;测得淬火后的铣刀硬度如下表所示:

		淬火温度		
		B_1	B_2	B_3
等温温度	A_1	64	66	68
	A_2	66	68	67
	A_3	65	67	68

问:(1) 等温温度对铣刀硬度是否有显著的影响(显著水平 $\alpha=0.05$)?

(2) 淬火温度对铣刀硬度是否有显著的影响(显著水平 $\alpha=0.05$)?

解 这可以看作一个不考虑交互作用的双因子方差分析问题. 设不同温度下得到的铣刀硬度为 $\xi_{ij} \sim N(\mu_{ij}, \sigma^2)$,其中,$\mu_{ij} = \mu + \alpha_i + \beta_j$, $i = 1, 2, 3, j = 1, 2, 3$.

检验等温温度对铣刀硬度是否有显著的影响,相当于要检验这样一个假设 $H_{01}: \alpha_1 = \alpha_2 = \alpha_3$.

检验淬火温度对铣刀硬度是否有显著的影响,相当于要检验这样一个假设 H_{02}: $\beta_1 = \beta_2 = \beta_3$.

计算结果见下表:

	B_1	B_2	B_3	$\overline{X}_{i\cdot}$	$SS_{i\cdot}$
A_1	64	66	68	66.000 0	8.000 0
A_2	66	68	67	67.000 0	2.000 0
A_3	65	67	68	66.666 7	4.666 7
$\overline{X}_{\cdot j}$	65.000 0	67.000 0	67.666 7	$\overline{X}=66.5556$	$SS_B=11.5556$
$SS_{\cdot j}$	2.000 0	2.000 0	0.666 7	$SS_A=1.5556$	$SS_e=3.1111$

方差分析表为

来源	平方和	自由度	均 方	F 值	分位数
A	1.555 6	$r-1=2$	0.777 8	1.00	$F_{0.95}(2, 4)=6.94$
B	11.555 6	$s-1=2$	5.777 8	7.43	$F_{0.95}(2, 4)=6.94$
误差	3.111 1	$(r-1)(s-1)=4$	0.777 8		
总和	16.222 2	$rs-1=8$			

因为 $F_A = 1.00 < 6.94 = F_{1-\alpha}(r-1, (r-1)(s-1))$,所以接受 H_{01};因为 $F_B = 7.43 > 6.94 = F_{1-\alpha}(s-1, (r-1)(s-1))$,所以拒绝 H_{02}. 方差分析得到的结论是:等温温度对铣刀硬度没有显著的影响,淬火温度对铣刀硬度有显著的影响.

6.3 考虑交互作用的双因子方差分析

在 6.2 节中,我们介绍了无重复观测、不考虑交互作用的双因子方差分析.

在这种方差分析中,我们设随机变量 ξ_{ij} 的均值 $\mu_{ij} = \mu + \alpha_i + \beta_j$, 也就是说,假设因子 A 和因子 B 的作用只是简单的叠加关系. 但是,在很多实际问题中,A 和 B 的作用并不只是简单的叠加关系. 例如,某种农作物有 A_1、A_2 两个品种,分别施以 B_1、B_2 两种不同的肥料,每种组合进行 1 次试验,共进行 4 次试验,得到单位面积产量如下表所示:

		因子 B(肥料)	
		B_1	B_2
因子 A (品种)	A_1	64	98
	A_2	85	77

从表格中第 1 列数据来看,品种 A_2 比 A_1 好,从 A_1 改为 A_2,产量大约可以提高

$$85 - 64 = 21;$$

从表格中第 1 行数据来看,肥料 B_2 比 B_1 好,从 B_1 改为 B_2,产量大约可以提高

$$98 - 64 = 34.$$

如果因子 A 和 B 的作用,即品种和肥料的作用,是简单的叠加关系,那么,从组合(A_1, B_1)改为(A_2, B_2),产量大约可以提高到

$$64 + (85 - 64) + (98 - 64) = 64 + 21 + 34 = 119.$$

事实上,在水平组合(A_2, B_2)下,产量只有 77,与 119 相距甚远.

由此可见,品种和肥料的作用,并不是简单的叠加关系. 对于品种 A_1 来说,肥料 B_2 比 B_1 好;对于品种 A_2 来说,则恰恰相反,肥料 B_1 比 B_2 好. 在品种和肥料之间,显然有一个如何搭配组合的问题,搭配得好,产量就高;搭配得不好,产量就不高.

我们把这种由于各个因子的各种水平的搭配组合而产生的作用,称为**交互作用**.

在实际问题中,交互作用是经常存在的. 但是,在前面介绍的双因子方差分析中,因为没有重复观测,很难把交互作用与随机误差区分开来,所以我们不得不放弃考虑交互作用. 如果我们在进行双因子方差分析时,对每一种水平组合多做几次重复观测,就能比较容易地辨别出,哪些是交互作用,哪些是随机误差的作用.

下面,我们来看一下,有重复观测、考虑交互作用的双因子方差分析应如何处理.

问题 设某个指标的取值可能与 A、B 两个因子有关,因子 A 有 r 个水平: $A_1, A_2, \cdots, A_r$;因子 B 有 s 个水平: $B_1, B_2, \cdots, B_s$. 在各种水平组合(A_i, B_j)下的指标值,可以看作 rs 个相互独立、方差相等的正态总体

$$\xi_{ij} \sim N(\mu_{ij}, \sigma^2),\ i = 1, 2, \cdots, r,\ j = 1, 2, \cdots, s.$$

在每一个水平组合(A_i, B_j)下,对指标做 $t\ (t>1)$次重复观测,设观测结果为

$$X_{ij1}, X_{ij2}, \cdots, X_{ijt},$$

它们可以看作总体 ξ_{ij} 的样本. 即

		因 子 B		
		B_1	$\cdots$	B_s
因 子 A	A_1	$X_{111}, \cdots, X_{11t}$	$\cdots$	$X_{1s1}, \cdots, X_{1st}$
	$\vdots$	$\vdots$		$\vdots$
	A_r	$X_{r11}, \cdots, X_{r1t}$	$\cdots$	$X_{rs1}, \cdots, X_{rst}$

问：(1) 因子 A 对指标的作用是否显著?

(2) 因子 B 对指标的作用是否显著?

(3) A 与 B 的交互作用 $A\times B$ 是否显著?

检验方法

设随机变量 ξ_{ij} 的均值

$$\mu_{ij}=\mu+\alpha_i+\beta_j+\gamma_{ij},\ i=1,\ 2,\ \cdots,\ r,\ j=1,\ 2,\ \cdots,\ s.$$

其中,$\mu,\alpha_i,\beta_j,\gamma_{ij}$ 同 6.2 节中的定义.

检验因子 A 的作用是否显著,相当于要检验假设

$$H_{01}:\alpha_1=\alpha_2=\cdots=\alpha_r;$$

检验因子 B 的作用是否显著,相当于要检验假设

$$H_{02}:\beta_1=\beta_2=\cdots=\beta_s;$$

检验 A 与 B 的交互作用 $A\times B$ 是否显著,相当于要检验假设

$$H_{03}:\gamma_{11}=\gamma_{12}=\cdots=\gamma_{rs}.$$

为了做检验,先给出以下一些定义.称

$$\overline{X}_{ij}=\frac{1}{t}\sum_{k=1}^{t}X_{ijk}\quad \text{为水平组合}(A_i,\ B_j)\text{的均值};$$

$$SS_{ij}=\sum_{k=1}^{t}(X_{ijk}-\overline{X}_{ij})^2\quad \text{为水平组合}(A_i,\ B_j)\text{的平方和};$$

$$\overline{X}_{i\cdot}=\frac{1}{s}\sum_{j=1}^{s}\overline{X}_{ij}\quad \text{为水平}A_i\text{的均值};$$

$$\overline{X}_{\cdot j}=\frac{1}{r}\sum_{i=1}^{r}\overline{X}_{ij}\quad \text{为水平}B_j\text{的均值};$$

$$SS_{i\cdot}=t\sum_{j=1}^{s}(\overline{X}_{ij}-\overline{X}_{i\cdot})^2\quad \text{为水平}A_i\text{的平方和};$$

$$SS_{\cdot j}=t\sum_{i=1}^{r}(\overline{X}_{ij}-\overline{X}_{\cdot j})^2\quad \text{为水平}B_j\text{的平方和};$$

$$\overline{X}=\frac{1}{rst}\sum_{i=1}^{r}\sum_{j=1}^{s}\sum_{k=1}^{t}X_{ijk}=\frac{1}{rs}\sum_{i=1}^{r}\sum_{j=1}^{s}\overline{X}_{ij}$$

$$=\frac{1}{r}\sum_{i=1}^{r}\overline{X}_{i\cdot}=\frac{1}{s}\sum_{j=1}^{s}\overline{X}_{\cdot j}\quad \text{为总均值};$$

$$SS_T=\sum_{i=1}^{r}\sum_{j=1}^{s}\sum_{k=1}^{t}(X_{ijk}-\overline{X})^2\quad \text{为总平方和};$$

$$SS_e=\sum_{i=1}^{r}\sum_{j=1}^{s}\sum_{k=1}^{t}(X_{ijk}-\overline{X}_{ij})^2=\sum_{i=1}^{r}\sum_{j=1}^{s}SS_{ij}\quad \text{为误差平方和};$$

$$SS_A = st\sum_{i=1}^{r}(\overline{X}_{i\cdot}-\overline{X})^2 \quad \text{为因子 } \boldsymbol{A} \text{ 的平方和；}$$

$$SS_B = rt\sum_{j=1}^{s}(\overline{X}_{\cdot j}-\overline{X})^2 \quad \text{为因子 } \boldsymbol{B} \text{ 的平方和；}$$

$$SS_{AB} = t\sum_{i=1}^{r}\sum_{j=1}^{s}(\overline{X}_{ij}-\overline{X}_{i\cdot}-\overline{X}_{\cdot j}+\overline{X})^2 \quad \text{为交互作用 } \boldsymbol{A}\times\boldsymbol{B} \text{ 的平方和.}$$

这些统计量之间的相互关系，可以用下列图表的形式表示出来：

	B_1	$\cdots$	B_s	A_i 的平方和	A_i 的均值
A_1	$\overline{X}_{11}$	$\cdots$	$\overline{X}_{1s}$	$\longleftarrow SS_{1\cdot} \longrightarrow$	$\overline{X}_{1\cdot}$
$\vdots$	$\vdots$		$\vdots$	$\vdots$	$\vdots$
A_r	$\overline{X}_{r1}$	$\cdots$	$\overline{X}_{rs}$	$\longleftarrow SS_{r\cdot} \longrightarrow$	$\overline{X}_{r\cdot}$
	$\uparrow$		$\uparrow$	$\nwarrow$	$\uparrow$
B_j 的平方和	$SS_{\cdot 1}$	$\cdots$	$SS_{\cdot s}$	SS_T	SS_A
	$\downarrow$		$\downarrow$	$\searrow$	$\downarrow$
B_j 的均值	$\overline{X}_{\cdot 1}$	$\cdots$	$\overline{X}_{\cdot s}$	$\longleftarrow SS_B \longrightarrow$	$\overline{X}$

$SS_e = \sum_{i=1}^{r}\sum_{j=1}^{s}SS_{ij}$ 是 SS_{ij} 的总和，$SS_{ij} = \sum_{k=1}^{t}(X_{ijk}-\overline{X}_{ij})^2$ 反映了在各水平组合(A_i, B_j)的内部指标取值的差异程度，这种差异完全是由误差引起的，所以称 SS_e 为误差平方和.

可以证明，总平方和 SS_T、误差平方和 SS_e、因子 A 的平方和 SS_A、因子 B 的平方和 SS_B、交互作用 $A\times B$ 的平方和 SS_{AB} 之间，有下列平方和分解关系

$$SS_T = SS_e + SS_A + SS_B + SS_{AB}.$$

从 $SS_{AB} = SS_T - SS_e - SS_A - SS_B$ 可以看出，SS_{AB} 是从总的指标取值的差异中，减去由因子 A、因子 B 及误差引起的差异后剩下的部分. 这剩下的部分，完全是由交互作用 $A\times B$ 引起的，所以称 SS_{AB} 为交互作用 $A\times B$ 的平方和. 称

$$MS_A = \frac{SS_A}{r-1} \quad \text{为因子 } \boldsymbol{A} \text{ 的均方；}$$

$$MS_B = \frac{SS_B}{s-1} \quad \text{为因子 } \boldsymbol{B} \text{ 的均方；}$$

$$MS_{AB} = \frac{SS_{AB}}{(r-1)(s-1)} \quad \text{为交互作用 } \boldsymbol{A}\times\boldsymbol{B} \text{ 的均方；}$$

$$MS_e = \frac{SS_e}{rs(t-1)} \quad \text{为误差均方.}$$

由 MS_A、MS_B、MS_{AB}、MS_e 可以算出统计量

$$F_A = \frac{MS_A}{MS_e} = \frac{SS_A/(r-1)}{SS_e/rs(t-1)},$$

$$F_B=\frac{MS_B}{MS_e}=\frac{SS_B\ /(s-1)}{SS_e\ /rs(t-1)},$$

$$F_{AB}=\frac{MS_{AB}}{MS_e}=\frac{SS_{AB}\ /(r-1)(s-1)}{SS_e\ /rs(t-1)}.$$

可以证明,若 $H_{01}:\alpha_1=\alpha_2=\cdots=\alpha_r$ 为真,则 $F_A\sim F(r-1,\ rs(t-1))$;若 H_{01}不真,则 F_A 的值会偏大,统计量 F_A 的分布,相对于 $F(r-1,\ rs(t-1))$ 分布来说,峰值的位置会有一个向右的偏移.

若 $H_{02}:\beta_1=\beta_2=\cdots=\beta_s$ 为真,则 $F_B\sim F(s-1,\ rs(t-1))$;若 H_{02}不真,则 F_B 的值会偏大,统计量 F_B 的分布,相对于 $F(s-1,\ rs(t-1))$ 分布来说,峰值的位置会有一个向右的偏移.

若 $H_{03}:\gamma_{11}=\gamma_{12}=\cdots=\gamma_{rs}$ 为真,则 $F_{AB}\sim F((r-1)(s-1),\ rs(t-1))$;若 H_{03}不真,则 F_{AB}的值会偏大,统计量 F_{AB}的分布,相对于 $F((r-1)(s-1),\ rs(t-1))$ 分布来说,峰值的位置会有一个向右的偏移.

因此可得到如下检验方法:

从样本求出 F_A, F_B 和 F_{AB}的值.对于给定的显著水平 α,查 F 分布表得

$F_{1-\alpha}(r-1,\ rs(t-1))$, $F_{1-\alpha}(s-1,\ rs(t-1))$ 和 $F_{1-\alpha}((r-1)(s-1),\ rs(t-1))$.

当 $F_A>F_{1-\alpha}(r-1,\ rs(t-1))$ 时拒绝 H_{01},这时可以认为因子 A 的作用显著;否则接受 H_{01},这时可以认为因子 A 的作用不显著;

当 $F_B>F_{1-\alpha}(s-1,\ rs(t-1))$ 时拒绝 H_{02},这时可以认为因子 B 的作用显著;否则接受 H_{02},这时可以认为因子 B 的作用不显著;

当 $F_{AB}>F_{1-\alpha}((r-1)(s-1),\ rs(t-1))$ 时拒绝 H_{03},这时可以认为交互作用 $A\times B$ 显著;否则接受 H_{03},这时可以认为交互作用 $A\times B$ 不显著.

考虑交互作用的双因子方差分析的计算步骤

用计算器进行考虑交互作用的双因子方差分析计算时,最好按照下列步骤进行,并把计算结果填写在下列形式的表格中.

		因 子 B			A_i 的均值$\overline{X}_{i\cdot}$	A_i 的平方和$SS_{i\cdot}$
		B_1	…	B_s		
因子A	A_1	$\overline{X}_{11}$ SS_{11}	…	$\overline{X}_{1s}$ SS_{1s}	$\overline{X}_{1\cdot}$	$SS_{1\cdot}$
	⋮	⋮		⋮	⋮	⋮
	A_r	$\overline{X}_{r1}$ SS_{r1}	…	$\overline{X}_{rs}$ SS_{rs}	$\overline{X}_{r\cdot}$	$SS_{r\cdot}$
B_j 的均值$\overline{X}_{\cdot j}$		$\overline{X}_{\cdot 1}$	…	$\overline{X}_{\cdot s}$	总均值$\overline{X}$	B 的平方和SS_B
B_j 的平方和 $SS_{\cdot j}$		$SS_{\cdot 1}$	…	$SS_{\cdot s}$	A 的平方和SS_A	交互作用 $A\times B$ 的平方和 SS_{AB}

(1) 从 $X_{ij1}, \cdots, X_{ijt}$ 求出 $\overline{X}_{ij} = \frac{1}{t}\sum_{k=1}^{t} X_{ijk}$ 和 $SS_{ij} = \sum_{k=1}^{t}(X_{ijk} - \overline{X}_{ij})^2$, $i = 1, 2, \cdots, r$, $j = 1, 2, \cdots, s$.

把 $X_{ij1}, X_{ij2}, \cdots, X_{ijt}$ 看作样本, $\overline{X}_{ij}$ 就是样本均值, SS_{ij} 就是样本方差再乘以样本观测次数 t(或修正样本方差再乘以 $t-1$).

(2) 从 $\overline{X}_{i1}, \overline{X}_{i2}, \cdots, \overline{X}_{is}$ 求出 $\overline{X}_{i\cdot} = \frac{1}{s}\sum_{j=1}^{s} \overline{X}_{ij}$ 和 $SS_{i\cdot} = t\sum_{j=1}^{s}(\overline{X}_{ij} - \overline{X}_{i\cdot})^2$, $i = 1, 2, \cdots, r$.

把 $\overline{X}_{i1}, \overline{X}_{i2}, \cdots, \overline{X}_{is}$ 看作样本, $\overline{X}_{i\cdot}$ 就是样本均值, $SS_{i\cdot}$ 就是样本方差再乘以 st(或修正样本方差再乘以 $(s-1)t$).

(3) 从 $\overline{X}_{1j}, \overline{X}_{2j}, \cdots, \overline{X}_{rj}$ 求出 $\overline{X}_{\cdot j} = \frac{1}{r}\sum_{i=1}^{r} \overline{X}_{ij}$ 和 $SS_{\cdot j} = t\sum_{i=1}^{r}(\overline{X}_{ij} - \overline{X}_{\cdot j})^2$, $j = 1, 2, \cdots, s$.

把 $\overline{X}_{1j}, \overline{X}_{2j}, \cdots, \overline{X}_{rj}$ 看作样本, $\overline{X}_{\cdot j}$ 就是样本均值, $SS_{\cdot j}$ 就是样本方差再乘以 rt(或修正样本方差再乘以 $(r-1)t$).

(4) 从 $\overline{X}_{1\cdot}, \overline{X}_{2\cdot}, \cdots, \overline{X}_{r\cdot}$ 求出 $\overline{X} = \frac{1}{r}\sum_{i=1}^{r} \overline{X}_{i\cdot}$ 和 $SS_A = st\sum_{i=1}^{r}(\overline{X}_{i\cdot} - \overline{X})^2$.

把 $\overline{X}_{1\cdot}, \overline{X}_{2\cdot}, \cdots, \overline{X}_{r\cdot}$ 看作样本, $\overline{X}$ 就是样本均值, SS_A 就是样本方差再乘以 rst(或修正样本方差再乘以 $(r-1)st$).

(5) 从 $\overline{X}_{\cdot 1}, \overline{X}_{\cdot 2}, \cdots, \overline{X}_{\cdot s}$ 求出 $\overline{X} = \frac{1}{s}\sum_{j=1}^{s} \overline{X}_{\cdot j}$ 和 $SS_B = rt\sum_{j=1}^{s}(\overline{X}_{\cdot j} - \overline{X})^2$.

把 $\overline{X}_{\cdot 1}, \overline{X}_{\cdot 2}, \cdots, \overline{X}_{\cdot s}$ 看作样本, $\overline{X}$ 就是样本均值, SS_B 就是样本方差再乘以 rst(或修正样本方差再乘以 $r(s-1)t$).

(6) 从 $SS_{1\cdot}, SS_{2\cdot}, \cdots, SS_{r\cdot}$ 和 SS_B 求出 $SS_{AB} = \sum_{i=1}^{r} SS_{i\cdot} - SS_B$.

这一公式的证明, 与 6.2 节不考虑交互作用的双因子方差分析中, 公式 $SS_e = \sum_{i=1}^{r} SS_{i\cdot} - SS_B$ 的证明是类似的, 这里就省略了.

也可以从 $SS_{\cdot 1}, SS_{\cdot 2}, \cdots, SS_{\cdot s}$ 和 SS_A 求出 $SS_{AB} = \sum_{j=1}^{s} SS_{\cdot j} - SS_A$, 这两种方法求得的结果是一样的, 可以作为一种校验.

(7) 从 $SS_{11}, SS_{12}, \cdots, SS_{rs}$ 求出 $SS_e = \sum_{i=1}^{r}\sum_{j=1}^{s} SS_{ij}$.

(8) 列方差分析表:

来源	平方和	自由度	均方	F 值	分位数
A	SS_A	$r-1$	MS_A	$F_A = \frac{MS_A}{MS_e}$	$F_{1-\alpha}(r-1, rs(t-1))$
B	SS_B	$s-1$	MS_B	$F_B = \frac{MS_B}{MS_e}$	$F_{1-\alpha}(s-1, rs(t-1))$

续 表

来源	平方和	自由度	均方	F 值	分位数
$A\times B$	SS_{AB}	$(r-1)(s-1)$	MS_{AB}	$F_{AB}=\dfrac{MS_{AB}}{MS_e}$	$F_{1-\alpha}((r-1)(s-1),\ rs(t-1))$
误差	SS_e	$rs(t-1)$	MS_e		
总和	SS_T	$rst-1$			

(9) 当 $F_A > F_{1-\alpha}(r-1,\ rs(t-1))$ 时,拒绝 H_{01},即认为因子 A 的作用显著;否则接受 H_{01},即认为因子 A 的作用不显著.

当 $F_B > F_{1-\alpha}(s-1,\ rs(t-1))$ 时,拒绝 H_{02},即认为因子 B 的作用显著;否则接受 H_{02},即认为因子 B 的作用不显著.

当 $F_{AB} > F_{1-\alpha}((r-1)(s-1),\ rs(t-1))$ 时,拒绝 H_{03},即认为交互作用$A\times B$显著;否则接受 H_{03},即认为交互作用 $A\times B$ 不显著.

例 对某种火箭,采用 A_1, A_2 两种不同的推进器, B_1, B_2, B_3 三种不同的燃料,每种组合重复进行 2 次射程试验,试验得到的火箭射程(单位: km)数据如下:

		燃 料		
		B_1	B_2	B_3
推进器	A_1	58.2, 64.2	60.1, 58.3	75.8, 71.6
	A_2	56.2, 50.4	70.9, 73.3	58.2, 51.0

问:(1) 推进器的差异对火箭的射程是否有显著的影响(显著水平 $\alpha=0.05$)?

(2) 燃料的差异对火箭的射程是否有显著的影响(显著水平 $\alpha=0.05$)?

(3) 推进器与燃料的交互作用对火箭的射程是否有显著的影响(显著水平$\alpha=0.05$)?

解 这可以看作一个考虑交互作用的双因子方差分析问题. 推进器就是因子 A,燃料就是因子 B.

设各种推进器与燃料组合下的火箭射程为 $\xi_{ij}\sim N(\mu_{ij},\ \sigma^2)$,其中,

$$\mu_{ij}=\mu+\alpha_i+\beta_j+\gamma_{ij},\ i=1,\ 2,\ j=1,\ 2,\ 3.$$

检验推进器的差异对射程是否有显著的影响,相当于要检验

$$H_{01}:\alpha_1=\alpha_2.$$

检验燃料的差异对射程是否有显著的影响,相当于要检验

$$H_{02}:\beta_1=\beta_2=\beta_3.$$

检验交互作用对射程是否有显著的影响,相当于要检验

$$H_{03}:\gamma_{11}=\gamma_{12}=\gamma_{13}=\gamma_{21}=\gamma_{22}=\gamma_{23}.$$

计算结果见下表:

		因 子 B			$\overline{X}_{i\cdot}$	$SS_{i\cdot}$
		B_1	B_2	B_3		
因子A	A_1	61.2 18.00	59.2 1.62	73.7 8.82	64.70	247.00
	A_2	53.3 16.82	72.1 2.88	54.6 25.92	60.00	440.92
$\overline{X}_{\cdot j}$		57.25	65.65	64.15	$\overline{X}=62.35$	$SS_B=160.56$
$SS_{\cdot j}$		62.41	166.41	364.81	$SS_A=66.27$	$SS_{AB}=527.36$

$$SS_e=\sum_{i=1}^{r}\sum_{j=1}^{s}SS_{ij}=18.00+1.62+8.82+16.82+2.88+25.92$$
$$=74.06.$$

方差分析表为

来源	平方和	自由度	均方	F 值	分位数
A	66.27	$r-1=1$	66.27	5.369	$F_{0.95}(1,6)=5.99$
B	160.56	$s-1=2$	80.28	6.504	$F_{0.95}(2,6)=5.14$
$A\times B$	527.36	$(r-1)(s-1)=2$	263.68	21.362	$F_{0.95}(2,6)=5.14$
误差	74.06	$rs(t-1)=6$	12.343		
总和	828.25	$rst-1=11$			

因为 $F_A=5.369<5.99=F_{1-\alpha}(r-1,\ rs(t-1))$，所以接受 H_{01}，推进器的差异对射程没有显著的影响.

因为 $F_B=6.504>5.14=F_{1-\alpha}(s-1,\ rs(t-1))$，所以拒绝 H_{02}，燃料的差异对射程有显著的影响.

因为 $F_{AB}=21.362>5.14=F_{1-\alpha}((r-1)(s-1),\ rs(t-1))$，所以拒绝 H_{03}，推进器与燃料的交互作用对射程有显著的影响. 事实上，从试验数据可以看出，要使射程尽量远，A_1 推进器最好选用 B_3 燃料，而 A_2 推进器则最好选用 B_2 燃料.

6.4 正交试验设计的基本思想

前面，我们介绍了考虑一个因子的单因子方差分析和考虑两个因子的双因子方差分析.

在实际问题中，与某个随机变量有关的因子数往往很多，很可能不止一个、两个. 那么，能不能进行考虑三个因子、四个因子，甚至更多因子的方差分析呢？从理论上说，进行这样的方差分析，是完全可以的. 但是，实际上很少有人这样做. 原因是，随着因子数的增加，方差分析所需要做的试验次数将成倍地增多. 例如,某个随机变量的取值可能与 A、B、C 三个因子有关. 因子 A 有 3 个水平: A_1, A_2, A_3; 因子 B 有 3 个水平: B_1, B_2, B_3; 因子 C 也有 3 个水平: C_1, C_2, C_3. 三个因子的各种水平的组合,可以表示为

$$(A_i, B_j, C_k), i=1, 2, 3, j=1, 2, 3, k=1, 2, 3.$$

这样的组合共有 $3\times3\times3=27$ 种. 如果不考虑交互作用,每种组合只做 1 次试验,则总共要做 27 次试验;如果考虑交互作用,每种组合至少要重复试验 2 次,则总共要做 54 次试验;如果每种组合重复试验 3 次,则总共要做 81 次试验. 在实际问题中,试验往往是很耗时费力的,试验次数太多,超过了能承受的限度,人们就只好放弃了. 这就是多因子方差分析很少有人进行的原因.

在方差分析中,对各个因子的每一种水平组合,都要进行试验,这称为**全面试验设计**. 既然全面试验设计的试验次数太多,那么,能不能只选一部分组合来做试验呢? 能不能使试验次数尽可能少而仍然能得到所需要的结果呢? 从这一思想出发,人们进行了长期深入的研究,提出了各种不需要全面试验的试验设计方法. 我们要介绍的**正交试验设计**,就是其中一种已在实际中广泛使用,并且被证明是十分有效的方法.

例如上面那个 3 因子 3 水平的问题,按照正交试验设计的思想,我们可以在全部 27 种组合中,选 9 种组合,只做 9 次试验. 全面试验设计的全部 27 种水平组合,相当于如图 6-1 中立方体上的 27 个结点,正交试验设计选取的 9 种水平组合,相当于图 6-1 中用圆点标出的 9 个结点.

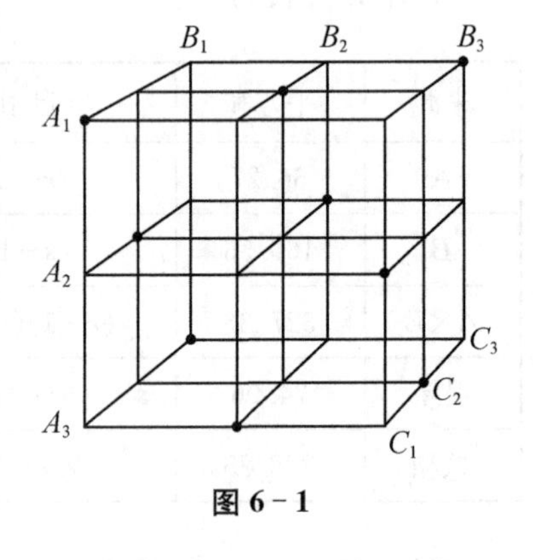

图 6-1

我们从图 6-1 中可以看到,这些圆点的分布,有以下两个特点:

(1) 在立方体中的每一个面上,圆点数相同,都是 3 个点;

(2) 在立方体中的每一条线上,圆点数相同,都是 1 个点.

由于这 9 个试验点分布得十分均匀和巧妙,所以,尽管试验次数不多,却能够很好地反映各因子各水平的情况,可以得到与全面试验设计几乎同样好的结果.

这 9 个试验点是怎样选出来的呢? 有一种被称为"正交表"的表格,各种正交试验设计方案,可以通过查正交表的方法来得到. 下面是一个记号为 $L_9(3^4)$ 的正交表:

类　别	A	B	C	
列号 / 试验号	1	2	3	4
1	1	1	1	1
2	1	2	2	2
3	1	3	3	3
4	2	1	2	3
5	2	2	3	1

续 表

类别	A	B	C	
试验号＼列号	1	2	3	4
6	2	3	1	2
7	3	1	3	2
8	3	2	1	3
9	3	3	2	1

表中的每一行,代表一种水平组合.这一行中,与表头上A、B、C对应的数字,表示在这个组合中各因子所取的水平.例如,第1行代表(A_1, B_1, C_1),第2行代表(A_1, B_2, C_2)等.表中的9种组合,对应于正交试验设计中要做的9次试验,也就是图6-1中立方体上画出的9个圆点.

这个表中出现的表示因子水平的数字,有两个特点:

(1) 每一列中,各种数字出现的次数相等;

(2) 任何两列中,各种数字的两两组合出现的次数相等.

凡是具备上述两个特点的因子水平数字表,就称为**正交表**.

常用的正交表有:

$$L_4(2^3),\ L_8(2^7),\ L_{16}(2^{15}),\ \cdots,\ L_9(3^4),\ L_{27}(3^{13}),\ \cdots,\ L_{16}(4^5),\ \cdots$$

正交表记号$L_n(r^m)$的含义为

正交表的列数m ↓

正交表的符号L ⟶ $L_n(r^m)$ ⟵ 因子的水平数r

↑ 正交表的行数n

n, m, r之间,满足关系:$n=r^k,\ m=\dfrac{n-1}{r-1}=\dfrac{r^k-1}{r-1},\ k=2, 3, 4, \cdots$

6.5 不考虑交互作用的正交试验设计

下面我们先来看一种比较简单的情形,即不考虑因子之间交互作用的情形.不考虑交互作用的正交试验设计和数据处理,可按下列步骤进行.

1. 选正交表$L_n(r^m)$

选择的原则是:r要等于因子的水平数,m要大于或等于因子的个数,n是试验次数,要尽可能小.

例如,问题中有4个因子,每个因子都是2个水平.选正交表时,首先要选$r=2$的表.这样的正交表有$L_4(2^3)$, $L_8(2^7)$, $L_{16}(2^{15})$, …在$L_4(2^3)$中,$m=3$,小于因子的个数4,所以不符合要求.在$L_8(2^7)$, $L_{16}(2^{15})$,…中,$m=7, 15, \cdots$,大于因子的个数4,符合要求.在符合要求的正交表中,还要选试验次数n尽可能小的那一个表.显然,在$L_8(2^7)$中,$n=8$为最小,所以,我们最后选定正交表$L_8(2^7)$.

2. 设计表头

将各因子安排在正交表的各列上方,每个因子占1列,这称为**表头**. 在不考虑交互作用的正交试验设计中,表头上的因子可以任意安放. 表头上不放因子的列,称为**空白列**.

3. 按照设计做试验,取得试验观测值

正交表的每一行代表一种水平组合,对每一种水平组合做一次试验. 按照第k行的水平组合所做的第k次试验,所得到的观测值记为X_k. 正交表有n行,所以,一共要做n次试验,共得到n个试验观测值: $X_1, X_2, \cdots, X_n$.

4. 在正交表的每一列中,求出与各水平对应的均值,以及这一列的平方和

设我们考虑的是第j列. 在这一列中,表示水平的数字1, 2, …, r,每一个都重复出现$\frac{n}{r}$次. 设与这一列中的数字1对应的那几行的试验观测值之和为W_{1j},与这一列中的数字2对应的那几行的试验观测值之和为W_{2j}, …,与这一列中的数字r对应的那几行的试验观测值之和为W_{rj}. 将$W_{1j}, W_{2j}, \cdots, W_{rj}$分别除以$\frac{n}{r}$,就得到与这一列中各水平对应的均值

$$\overline{X}_{1j}=\frac{W_{1j}}{n/r},\ \overline{X}_{2j}=\frac{W_{2j}}{n/r},\ \cdots,\ \overline{X}_{rj}=\frac{W_{rj}}{n/r}.$$

从$\overline{X}_{1j}, \overline{X}_{2j}, \cdots, \overline{X}_{rj}$出发,求出这一列的平方和$SS_j=\frac{n}{r}\sum_{i=1}^{r}(\overline{X}_{ij}-\overline{X})^2$,其中,$\overline{X}=\frac{1}{n}\sum_{k=1}^{n}X_k$是总均值. 具体算法是,把$\overline{X}_{1j}, \overline{X}_{2j}, \cdots, \overline{X}_{rj}$看作样本,$\overline{X}$就是样本均值,$SS_j$就是样本方差乘以$n$(或修正样本方差乘以$\frac{n(r-1)}{r}$).

5. 列方差分析表,做显著性检验

来源	平方和	自由度	均　方	F 值	分位数
A	SS_A	$f_A=r-1$	$MS_A=\frac{SS_A}{f_A}$	$F_A=\frac{MS_A}{MS_e}$	$F_{1-\alpha}(f_A, f_e)$
B	SS_B	$f_B=r-1$	$MS_B=\frac{SS_B}{f_B}$	$F_B=\frac{MS_B}{MS_e}$	$F_{1-\alpha}(f_B, f_e)$
⋮	⋮	⋮	⋮	⋮	⋮
误差	SS_e	f_e	$MS_e=\frac{SS_e}{f_e}$		
总和	SS_T	$f_T=n-1$			

其中,$SS_T=\sum_{k=1}^{n}(X_k-\overline{X})^2$是总平方和. $SS_A, SS_B, \cdots$分别是表头为$A, B, \cdots$的各列的平方和. $SS_e=SS_T-SS_A-SS_B-\cdots$是误差平方和. 可以证明,$SS_T=\sum_{j=1}^{m}SS_j$,即总平方和等于各列的平方和之和,所以,$SS_e$也就是表头为空白的列的平方和之和.

$f_T=n-1$是总自由度,$f_A=f_B=\cdots=r-1$是各个因子的自由度,

$f_e = f_T - f_A - f_B - \cdots$ 是误差自由度.

$MS_A = \dfrac{SS_A}{f_A}$, $MS_B = \dfrac{SS_B}{f_B}$, … 是各因子的均方, $MS_e = \dfrac{SS_e}{f_e}$ 是误差均方.

可以证明,若因子 A 的作用不显著,则 $F_A = \dfrac{MS_A}{MS_e} \sim F(f_A,\ f_e)$;若因子 A 的作用显著,则 F_A 的值会偏大,统计量 F_A 的分布,相对于 $F(f_A,\ f_e)$分布来说,峰值的位置会有一个向右的偏移.

若因子 B 的作用不显著,则 $F_B = \dfrac{MS_B}{MS_e} \sim F(f_B,\ f_e)$;若因子 B 的作用显著,则 F_B 的值会偏大,统计量 F_B 的分布,相对于 $F(f_B,\ f_e)$分布来说,峰值的位置会有一个向右的偏移.

……

所以,像在方差分析中一样,只要给定显著水平 α,就可以用 F 分布检验因子 A, B, …的作用是否显著.

6. 寻找最优水平组合

对每一个因子,在以它为表头的那一列中,比较各水平的均值的大小,可以确定哪一个水平最优.

由于不考虑交互作用,所以,只要将各因子的最优水平组合起来,就是最优水平组合.

下面看一个实际例子.

例　某化工厂为提高产品的收率,进行 3 因子 3 水平正交试验. 所取的因子和水平分别为

因子 A 是反应温度, A_1 是 80℃, A_2 是 85℃, A_3 是 90℃;

因子 B 是反应时间, B_1 是 90 min, B_2 是 120 min, B_3 是 150 min;

因子 C 是用碱量, C_1 是 5%, C_2 是 6%, C_3 是 7%.

要求进行不考虑交互作用的正交试验设计,检验因子 A, B, C 的作用是否显著(显著水平 α=0.05),并且找出最优水平组合.

解

(1) 选正交表. 按照 $r = 3$, $m \geqslant 3$, n 尽可能小的原则,选用 $L_9(3^4)$.

(2) 设计表头. 将因子 A, B, C 依次安排在第 1, 2, 3 列.

(3) 按照设计做试验,取得试验观测值. 试验得到的观测值如下表所示.

类　别	A	B	C		观测值(收得率)X_k
试验号 \ 列号	1	2	3	4	
1	1	1	1	1	31
2	1	2	2	2	54
3	1	3	3	3	38
4	2	1	2	3	53
5	2	2	3	1	49
6	2	3	1	2	42

续 表

类 别	A	B	C		观测值(收得率)X_k
试验号 \ 列号	1	2	3	4	
7	3	1	3	2	57
8	3	2	1	3	62
9	3	3	2	1	64
$\overline{X}_{1j}$	41	47	45	48	
$\overline{X}_{2j}$	48	55	57	51	$\overline{X}=\frac{1}{n}\sum_{k=1}^{n}X_k=50$
$\overline{X}_{3j}$	61	48	48	51	
SS_j	618	114	234	18	$SS_T=\sum_{k=1}^{n}(X_k-\overline{X})^2=\sum_{j=1}^{m}SS_j=984$

(4) 求各列与各水平对应的均值和各列的平方和. 计算结果如上表所示.

(5) 列方差分析表,做显著性检验.

来 源	平方和	自由度	均 方	F 值	分 位 数
A	$SS_A=618$	$r-1=2$	309	$F_A=34.33$	$F_{0.95}(2, 2)=19.0$
B	$SS_B=114$	$r-1=2$	57	$F_B=6.33$	$F_{0.95}(2, 2)=19.0$
C	$SS_C=234$	$r-1=2$	117	$F_C=13.00$	$F_{0.95}(2, 2)=19.0$
误 差	$SS_e=18$	$8-2-2-2=2$	9		
总 和	$SS_T=984$	$n-1=8$			

因为 $F_A=34.33>19.0=F_{1-\alpha}(f_A, f_e)$,所以因子 A 作用显著.

因为 $F_B=6.33<19.0=F_{1-\alpha}(f_B, f_e)$,所以因子 B 作用不显著.

因为 $F_C=13.00<19.0=F_{1-\alpha}(f_C, f_e)$,所以因子 C 作用也不显著.

(6) 寻找最优水平组合.

对于因子 A,因为 A_1 的均值 $\overline{X}_{11}=41$, A_2 的均值$\overline{X}_{21}=48$, A_3 的均值$\overline{X}_{31}=61$, 其中 $\overline{X}_{31}=61$ 最大,所以 A_3 是最优水平.

对于因子 B,因为 B_1 的均值 $\overline{X}_{12}=47$, B_2 的均值$\overline{X}_{22}=55$, B_3 的均值$\overline{X}_{32}=48$,其中 $\overline{X}_{22}=55$ 最大, 所以 B_2 是最优水平.

对于因子 C,因为 C_1 的均值 $\overline{X}_{13}=45$, C_2 的均值$\overline{X}_{23}=57$, C_3 的均值$\overline{X}_{33}=48$, 其中 $\overline{X}_{23}=57$ 最大, 所以 C_2 是最优水平.

把 3 个因子的最优水平组合起来,就得到最优水平组合(A_3, B_2, C_2),即反应温度为 90℃,反应时间为 120 min,用碱量为 6%.

由于因子 B 很不显著,即反应时间的不同对于收率没有显著的影响,为了节省反应时间,也可以考虑把反应时间缩短为 90 min,选用水平组合(A_3, B_1, C_2).

因子 C 也不十分显著,即用碱量的不同对于收率也没有太大的影响,如果希望节省用碱量,还可以考虑把用碱量改为 5%,选用水平组合(A_3, B_1, C_1).

得到最优水平组合后,还可以对它及在它的附近再做几次试验,看看它是否确实最优,是否还可以做改进,进一步得到更好的结果.

6.6 考虑一级交互作用的正交试验设计

前面介绍了不考虑交互作用的正交试验设计,现在来看一下考虑交互作用的情形.

2 个因子之间的交互作用,如 $A\times B$, $A\times C$, $B\times C$, …称为**一级交互作用**;3 个因子之间的交互作用,如 $A\times B\times C$, $B\times C\times D$, …称为**二级交互作用**;一般地,k 个因子之间的交互作用,称为 **$k-1$ 级交互作用**.

考虑一级交互作用的正交试验设计和数据处理,可按下列步骤进行.

1. 选正交表 $L_n(r^m)$

选择的原则是: r 要等于因子的水平数;m 要大于或等于因子的个数加上 $r-1$ 与一级交互作用个数的乘积;n 是试验次数,要尽可能小.

例如,问题中有 3 个因子: A, B, C,每个因子都是 3 个水平. 要求考虑一级交互作用 $A\times B$, $A\times C$, $B\times C$. 选正交表时,首先要选 $r=3$ 的表. 这样的正交表有 $L_9(3^4)$, $L_{27}(3^{13})$, …因子的个数 3 加上 $r-1$ 与一级交互作用个数 3 的乘积等于 $3+(3-1)\times 3=9$. 在 $L_9(3^4)$ 中,$m=4$,小于 9,所以不符合要求. 在 $L_{27}(3^{13})$ 中,$m=13$,大于 9,符合要求. 而且在符合要求的正交表中,$L_{27}(3^{13})$ 的试验次数 $n=27$ 为最小,所以,我们最后选定正交表 $L_{27}(3^{13})$.

2. 设计表头

将各个因子、各个一级交互作用安排在正交表的各列上方,每个因子占 1 列,每个一级交互作用占 $r-1$ 列. 因子和交互作用不能任意安放,需要查交互作用表.

例如,问题中有 3 个因子: A, B, C,每个因子都是 2 个水平. 要求考虑一级交互作用 $A\times B$, $A\times C$, $B\times C$. 因子的个数 3 加上 $r-1$ 与一级交互作用个数 3 的乘积等于 $3+(2-1)\times 3=6$. 在符合要求 $r=2$, $m\geqslant 6$ 的正交表中,$L_8(2^7)$ 的 $n=8$ 为最小,所以,我们选正交表 $L_8(2^7)$.

安排表头,需要查交互作用表. 书后附录中有一个"2 水平正交表的交互作用表".

首先,安排因子 A 和因子 B,它们可以任意安放,我们将 A 放在第 1 列,将 B 放在第 2 列. 接着,就要安排交互作用 $A\times B$,在交互作用表中,列号 1 的横行与列号 2 的纵列的相交处,有一个数字 3,这表明 $A\times B$ 应安排在第 3 列. 然后,安排因子 C,它必须放在目前还是空白的列上,我们将 C 放在第 4 列. 接下来,又要查交互作用表,以便安排交互作用 $A\times C$ 和 $B\times C$. 由于列号 1 与列号 4 的相交处是数字 5,所以 $A\times C$ 应安排在第 5 列. 由于列号 2 与列号 4 的相交处是数字 6,所以 $B\times C$ 应安排在第 6 列. 最后,剩下第 7 列作为空白列,如下表所示.

表头	类别	A	B	$A\times B$	C	$A\times C$	$B\times C$	
	列号	1	2	3	4	5	6	7
A	1	(1)	3	2	5	4	7	6
B	2		(2)	1	6	7	4	5
$A\times B$	3			(3)	7	6	5	4
C	4				(4)	1	2	3
$A\times C$	5					(5)	3	2
⋮	⋮						⋮	⋮

3. 按照设计做试验,取得试验观测值

正交表的每一行代表一种水平组合,对每一种水平组合做一次试验.共得到 n 个试验观测值: $X_1, X_2, \cdots, X_n$.

4. 在正交表的每一列中,求出与各水平对应的均值,以及这一列的平方和

在每一列中,先计算出分别与数字 1, 2, …, r 对应的观测值之和 $W_{1j}, W_{2j}, \cdots, W_{rj}$,然后计算出与各水平对应的均值 $\overline{X}_{1j}=\dfrac{W_{1j}}{n/r}$, $\overline{X}_{2j}=\dfrac{W_{2j}}{n/r}$, …, $\overline{X}_{rj}=\dfrac{W_{rj}}{n/r}$.再计算出这一列的平方和 $SS_j=\dfrac{n}{r}\sum\limits_{i=1}^{r}(\overline{X}_{ij}-\overline{X})^2$.

5. 列方差分析表,做显著性检验

来 源	平方和	自由度	均 方	F 值	分位数
A	SS_A	$f_A=r-1$	$MS_A=\dfrac{SS_A}{f_A}$	$F_A=\dfrac{MS_A}{MS_e}$	$F_{1-\alpha}(f_A, f_e)$
B	SS_B	$f_B=r-1$	$MS_B=\dfrac{SS_B}{f_B}$	$F_B=\dfrac{MS_B}{MS_e}$	$F_{1-\alpha}(f_B, f_e)$
⋮	⋮	⋮	⋮	⋮	⋮
$A\times B$	SS_{AB}	$f_{AB}=(r-1)^2$	$MS_{AB}=\dfrac{SS_{AB}}{f_{AB}}$	$F_{AB}=\dfrac{MS_{AB}}{MS_e}$	$F_{1-\alpha}(f_{AB}, f_e)$
⋮	⋮	⋮	⋮	⋮	⋮
误差	SS_e	f_e	$MS_e=\dfrac{SS_e}{f_e}$		
总和	SS_T	$f_T=n-1$			

其中, $SS_T=\sum\limits_{k=1}^{n}(X_k-\overline{X})^2$ 是总平方和. SS_A, SS_B, …分别是表头为 A, B, …的各列的平方和. SS_{AB} 是表头为 $A\times B$ 的 $r-1$ 列的平方和之和, SS_{AC}, SS_{BC}, …也是类似的平方和之和. $SS_e=SS_T-SS_A-SS_B-\cdots-SS_{AB}-\cdots$ 是误差平方和.可以证明, $SS_T=\sum\limits_{j=1}^{m}SS_j$,即 SS_T 是各列的平方和之和,所以 SS_e 就是空白列的平方和之和.

$f_T=n-1$ 是总自由度, $f_A=f_B=\cdots=r-1$ 是各因子的自由度, $f_{AB}=f_{AC}=\cdots=(r-1)^2$ 是各交互作用的自由度, $f_e=f_T-f_A-f_B-\cdots-f_{AB}-\cdots$ 是误差自由度.

$MS_A=\dfrac{SS_A}{f_A}$, $MS_B=\dfrac{SS_B}{f_B}$, … 是各因子的均方, $MS_{AB}=\dfrac{SS_{AB}}{f_{AB}}$, … 是各交互作用的均方, $MS_e=\dfrac{SS_e}{f_e}$ 是误差均方.

可以证明,若因子 A 的作用不显著,则 $F_A=\dfrac{MS_A}{MS_e}\sim F(f_A,\ f_e)$；若因子 A 的作用显著,则 F_A 的值会偏大,统计量 F_A 的分布,相对于 $F(f_A,\ f_e)$分布来说,峰值的位置会有一个向右的偏移.

因子 B 等其他因子的情况同上.

若交互作用 $A\times B$ 不显著,则 $F_{AB}=\dfrac{MS_{AB}}{MS_e}\sim F(f_{AB},\ f_e)$；若 $A\times B$ 显著,则 F_{AB}的值会偏大,统计量 F_{AB}的分布,相对于 $F(f_{AB},\ f_e)$分布来说,峰值的位置会有一个向右的偏移.

其他交互作用的情况同上.

所以,只要给定显著水平 α,就可以用 F 分布检验因子 A, B, …及交互作用 $A\times B$, $A\times C$, …是否显著.

6. 寻找最优水平组合

对每个因子,比较各水平的均值的大小,可以确定哪一个水平最优.

对每个一级交互作用,比较各种双因子水平组合的均值的大小,可以确定哪一种双因子水平组合最优.

综合考虑以上两方面得到的结果,求出包括全部因子的最优水平组合.

下面看一个实际例子.

例　为提高水稻的亩产量(单位: kg/亩),进行 3 因子 2 水平正交试验. 所取的因子和水平分别为

因子 A 是水稻品种, A_1 是铁大, A_2 是双广；

因子 B 是插植距离, B_1 是 15 cm×12 cm, B_2 是 15 cm×15 cm;

因子 C 是化肥用量, C_1 是 10 kg/亩, C_2 是 12.5 kg/亩.

在进行正交试验设计时,考虑交互作用 $A\times B$, $A\times C$, $B\times C$. 要求检验因子 A, B, C 及交互作用 $A\times B$, $A\times C$, $B\times C$ 是否显著(显著水平 $\alpha=0.05$),并且找出最优水平组合.

解　(1) 选正交表. 按照 $r=2$, $m\geqslant 6$, n 尽可能小的原则,选用 $L_8(2^7)$.

(2) 设计表头. 如同前面已举例说明过的那样,可将因子 A, B, C 安排在第 1, 2, 4 列,交互作用 $A\times B$, $A\times C$, $B\times C$ 安排在第 3, 5, 6 列.

(3) 按照设计做试验,取得试验观测值. 试验得到的观测值如下表所示.

(4) 求各列与各水平对应的均值和各列的平方和. 计算结果如下表所示.

类　别	A	B	$A\times B$	C	$A\times C$	$B\times C$		观测值 (亩产量)X_k
试验号 \ 列号	1	2	3	4	5	6	7	
1	1	1	1	1	1	1	1	805
2	1	1	1	2	2	2	2	750

续 表

类 别	A	B	$A\times B$	C	$A\times C$	$B\times C$		观测值 (亩产量)X_k
试验号 \ 列号	1	2	3	4	5	6	7	
3	1	2	2	1	1	2	2	885
4	1	2	2	2	2	1	1	850
5	2	1	2	1	2	1	2	965
6	2	1	2	2	1	2	1	870
7	2	2	1	1	2	2	1	811
8	2	2	1	2	1	1	2	730
$\overline{X}_{1j}$	822.5	847.5	774.0	866.5	822.5	837.5	834.0	$\overline{X}=833.25$
$\overline{X}_{2j}$	844.0	819.0	892.5	800.0	844.0	829.0	832.5	
SS_j	924.5	1 624.5	28 084.5	8 844.5	924.5	144.5	4.5	$SS_T=40\ 551.5$

(5) 列方差分析表,做显著性检验.

来 源	平 方 和	自 由 度	均 方	F 值	分 位 数
A	$SS_A=924.5$	$r-1=1$	924.5	$F_A=205.44$	$F_{0.95}(1,1)=161$
B	$SS_B=1\ 624.5$	$r-1=1$	1 624.5	$F_B=361.00$	$F_{0.95}(1,1)=161$
C	$SS_C=8\ 844.5$	$r-1=1$	8 844.5	$F_C=1\ 965.44$	$F_{0.95}(1,1)=161$
$A\times B$	$SS_{AB}=28\ 084.5$	$(r-1)^2=1$	28 084.5	$F_{AB}=6\ 241.0$	$F_{0.95}(1,1)=161$
$A\times C$	$SS_{AC}=924.5$	$(r-1)^2=1$	924.5	$F_{AC}=205.44$	$F_{0.95}(1,1)=161$
$B\times C$	$SS_{BC}=144.5$	$(r-1)^2=1$	144.5	$F_{BC}=32.11$	$F_{0.95}(1,1)=161$
误 差	$SS_e=4.5$	$7-1-1-1-1-1-1=1$	4.5		
总 和	$SS_T=40\ 551.5$	$n-1=7$			

因为 $F_A=205.44>161=F_{1-\alpha}(f_A,f_e)$,所以因子 A 作用显著.

因为 $F_B=361.00>161=F_{1-\alpha}(f_B,f_e)$,所以因子 B 作用显著.

因为 $F_C=1\ 965.44>161=F_{1-\alpha}(f_C,f_e)$,所以因子 C 作用显著.

因为 $F_{AB}=6\ 241.0>161=F_{1-\alpha}(f_{AB},f_e)$,所以交互作用 $A\times B$ 显著.

因为 $F_{AC}=205.44>161=F_{1-\alpha}(f_{AC},f_e)$,所以交互作用 $A\times C$ 显著.

但因为 $F_{BC}=32.11<161=F_{1-\alpha}(f_{BC},f_e)$,所以交互作用 $B\times C$ 不显著.

(6) 寻找最优水平组合.

对于因子 A,因为 A_1 的均值 $\overline{X}_{11}=822.5$, A_2 的均值$\overline{X}_{21}=844.0$,其中$\overline{X}_{21}=844.0$ 最大,所以 A_2 是最优水平.

对于因子 B,因为 B_1 的均值 $\overline{X}_{12}=847.5$, B_2 的均值$\overline{X}_{22}=819.0$,其中$\overline{X}_{12}=847.5$ 最大,所以 B_1 是最优水平.

对于因子 C,因为 C_1 的均值 $\overline{X}_{14}=866.5$, C_2 的均值$\overline{X}_{24}=800.0$,其中$\overline{X}_{14}=866.5$ 最大,所以 C_1 是最优水平.

如果不考虑交互作用,把 3 个因子的最优水平简单地组合起来,可以得到最优水平组合 (A_2, B_1, C_1). 下面考虑交互作用.

对于交互作用 $A\times B$, 各种双因子水平组合的均值如下表所示:

组　合	均　　值	组　合	均　　值
(A_1, B_1)	$\frac{X_1+X_2}{2}=\frac{805+750}{2}=777.5$	(A_1, B_2)	$\frac{X_3+X_4}{2}=\frac{885+850}{2}=867.5$
(A_2, B_1)	$\frac{X_5+X_6}{2}=\frac{965+870}{2}=917.5$	(A_2, B_2)	$\frac{X_7+X_8}{2}=\frac{811+730}{2}=770.5$

其中,917.5 最大,所以(A_2, B_1)是 $A\times B$ 的最优双因子水平组合.

对于交互作用 $A\times C$,各种双因子水平组合的均值如下表所示:

组　合	均　　值	组　合	均　　值
(A_1, C_1)	$\frac{X_1+X_3}{2}=\frac{805+885}{2}=845$	(A_1, C_2)	$\frac{X_2+X_4}{2}=\frac{750+850}{2}=800$
(A_2, C_1)	$\frac{X_5+X_7}{2}=\frac{965+811}{2}=888$	(A_2, C_2)	$\frac{X_6+X_8}{2}=\frac{870+730}{2}=800$

其中,888 最大,所以(A_2, C_1)是 $A\times C$ 的最优双因子水平组合.

对于交互作用 $B\times C$,各种双因子水平组合的均值如下表所示:

组　合	均　　值	组　合	均　　值
(B_1, C_1)	$\frac{X_1+X_5}{2}=\frac{805+965}{2}=885$	(B_1, C_2)	$\frac{X_2+X_6}{2}=\frac{750+870}{2}=810$
(B_2, C_1)	$\frac{X_3+X_7}{2}=\frac{885+811}{2}=848$	(B_2, C_2)	$\frac{X_4+X_8}{2}=\frac{850+730}{2}=790$

其中,885 最大,所以(B_1, C_1)是 $B\times C$ 的最优双因子水平组合.

把上面得到的各个单因子的最优水平和各种双因子的最优水平组合,综合起来考虑,可以确定 3 个因子的最优水平组合为(A_2, B_1, C_1),即水稻品种应选用双广,插植距离应选用 15 cm×12 cm,化肥用量应选用 10 kg /亩.

在本例中,各个单因子的最优水平,与由交互作用得出的各种双因子最优水平组合,没有任何矛盾. 但是,在其他实例中,它们可能会发生矛盾. 如果发生矛盾,就要比较各因子和各交互作用的显著性的大小,那些显著性特别大的因子和交互作用,应该优先考虑;那些显著性很小的因子和交互作用,可以少考虑一些,甚至可以完全不加考虑.

6.7 正交试验设计中一些特殊问题的处理

在正交试验设计中,还可能会遇到一些特殊的问题,下面我们来看一下,这些问题应该如何处理.

6.7.1 二级或二级以上的交互作用的处理

在做表头设计时,单因子和各级交互作用在表头上所占的列数为:单因子 A, B, C, … 每个占 1 列;一级交互作用 $A\times B$, $A\times C$, $B\times C$, … 每个占 $r-1$ 列;二级交互作用 $A\times B\times C$, $B\times C\times D$, …每个占 $(r-1)^2$ 列;…;一般地,k 级交互作用,每个占 $(r-1)^k$ 列.

对于二级或二级以上的交互作用,仍然可以通过查交互作用表来安排它们在表头上的位置.

下面用一个例子说明这时应该如何操作.

例 1 设问题中有 3 个因子: A, B, C,每个因子都是 2 个水平. 要求考虑一级交互作用 $A\times B$, $A\times C$, $B\times C$,还要考虑二级交互作用 $A\times B\times C$. 因子的个数 3 加上 $r-1$ 与一级交互作用个数 3 的乘积,再加上 $(r-1)^2$ 与二级交互作用个数 1 的乘积等于 $3+(2-1)\times 3+(2-1)^2\times 1=7$. 所以,正交表的列数 m 必须大于或等于 7. 我们选正交表 $L_8(2^7)$.

2 水平正交表的交互作用表如下.

	类别	A	B	$A\times B$	C	$A\times C$	$B\times C$	$A\times B\times C$
表头	列号	1	2	3	4	5	6	7
A	1	(1)	3	2	5	4	7	6
B	2		(2)	1	6	7	4	5
$A\times B$	3			(3)	7	6	5	4
C	4				(4)	1	2	3
$A\times C$	5					(5)	3	2
⋮	⋮						⋮	⋮

首先,像过去一样,在表头上安排好单因子和一级交互作用. 然后,通过查交互作用表,安排二级交互作用 $A\times B\times C$. 二级交互作用 $A\times B\times C$ 可以做如下分解:

$$A\times B\times C=A\times(B\times C)=B\times(A\times C)=(A\times B)\times C.$$

它可以看作 A 与 $B\times C$ 的交互作用,在交互作用表中,代表 A 的列号 1 与代表 $B\times C$ 的列号 6 的相交处,有一个数字 7,说明它应该放在第 7 列.

它也可以看作 B 与 $A\times C$ 的交互作用,在交互作用表中,代表 B 的列号 2 与代表 $A\times C$ 的列号 5 的相交处,同样有一个数字 7,也说明它应该放在第 7 列.

它还可以看作 $A\times B$ 与 C 的交互作用,在交互作用表中,代表 $A\times B$ 的列号 3 与代表 C 的列号 4 的相交处,又同样有一个数字 7,仍然说明它应该放在第 7 列.

交互作用表设计得非常巧妙,不管怎样分解,总是指示我们将 $A\times B\times C$ 放在同一个位置,即第 7 列,绝不会发生自相矛盾、互相冲突的情况.

如果问题中有三级、四级、……更多级的交互作用,也可以像这样分解,然后通过查交互作用表,确定它们在表头上的位置.

计算一个 k 级交互作用的平方和时,应该将表头上写有这个交互作用的 $(r-1)^k$ 列的平方和全部加起来,得到的总和,就是它的平方和. 在方差分析表中,每个 k 级交互作用的自由度为 $(r-1)^{k+1}$.

除了这几点之外,考虑二级或二级以上交互作用的正交试验设计,与以前介绍过的考虑一级交互作用的正交试验设计,各种做法基本上类似,这里就不多讲了.

6.7.2 表头上没有空白列的处理

在做正交试验设计时,有时候会出现这样的情况: 因子和各级交互作用将表头全部放满了,表头上没有留下空白列,像上面的例 1 就是这样.

前面说过,误差平方和 SS_e 可以看作空白列的平方和之和. 当表头上没有空白列时,SS_e的值显然是 0. 同时,可以证明,这时总自由度 f_T 正好等于各因子各交互作用的自由度之和,所以,误差自由度 $f_e=f_T-f_A-f_B-\cdots$ 也是 0. 于是,误差均方 $MS_e=\dfrac{SS_e}{f_e}=\dfrac{0}{0}$,它的值无法确定. 这样一来,$F_A=\dfrac{MS_A}{MS_e}$, $F_B=\dfrac{MS_B}{MS_e}$, $F_{AB}=\dfrac{MS_{AB}}{MS_e}$ 等都无法求出,显著性检验也就无法进行了.

对于这种情况,可以采取以下几种处理办法:

(1) 选用更大的正交表.

如果选用更大的正交表,表头上的列数肯定要比原来多,把原来所有的因子和交互作用都安排上去以后,表头上还会留下很多空白列,这样,无空白列的问题就解决了.

这种处理方法的缺点是,选用更大的正交表后,试验次数会大大增加,违背了正交试验设计最初的希望减少试验次数的想法.

(2) 对正交表的每一行,做多次重复试验.

仍用原来的正交表,只是对正交表的每一行,做 t ($t>1$)次重复试验.

设按正交表第 k 行的因子水平组合做试验,得到的试验观测值为

$$X_{k1},\ X_{k2},\ \cdots,\ X_{kt}.$$

它们的均值为 $\overline{X}_k=\dfrac{1}{t}\sum\limits_{l=1}^{t}X_{kl}$. 用$\overline{X}_1$, $\overline{X}_2$, …, $\overline{X}_n$ 代替原来无重复试验时的观测值 X_1, X_2, …, X_n,像前面一样进行正交试验设计中的各种计算(只是在计算 SS_j 时要多乘一个 t).

由于这时总平方和$SS_T=\sum\limits_{k=1}^{n}\sum\limits_{l=1}^{t}(X_{kl}-\overline{X})^2>t\sum\limits_{k=1}^{n}(\overline{X}_k-\overline{X})^2$,所以$SS_T=\sum\limits_{j=1}^{m}SS_j$ 不再成立,而是有 $SS_T>\sum\limits_{j=1}^{m}SS_j$. 这样,误差平方和 $SS_e=SS_T-SS_A-SS_B-\cdots$ 就不会等于 0 了. 同时,总自由度 $f_T=nt-1>n-1$, 大于各因子、各交互作用的自由度之和,所以,误

差自由度 $f_e = f_T - f_A - f_B - \cdots$ 也不会等于 0. 这样一来,各种均方、F 值都可以求出,显著性检验等都可以顺利进行了.

这种处理方法的缺点,也是会使试验次数成倍增加.

(3) 列方差分析表时,不计算 F 值,根据均方的大小判断显著性的大小.

表头上无空白列时,误差均方 MS_e 的值无法确定,但是,各因子的均方MS_A, MS_B, … 和各交互作用的均方 MS_{AB}, MS_{AC}, …的值是可以求出来的. 由于 $F_A = \dfrac{MS_A}{MS_e}$, $F_B = \dfrac{MS_B}{MS_e}$, 当 $MS_A > MS_B$ 时,必定有 $F_A > F_B$, 因此可以根据均方的大小判断各因子和各交互作用显著性的相对大小.

这种处理方法的优点是,不需要增加试验次数. 它的缺点是,只能判断显著性的相对大小,不能求出 F 统计量的值,无法在给定的显著水平下,对各因子和各交互作用进行显著性检验.

(4) 删除一些均方很小的因子或交互作用,有了空白列后,再做一次显著性检验.

首先像前面一样计算,求出均方后,根据均方的大小,可以判断出各因子各交互作用显著性的相对大小. 其中如果有一些因子或交互作用的均方很小,说明它们是很不显著的,因此,可以将这些因子或交互作用删除. 删除后,表头上有了空白列,误差平方和 SS_e 不再等于 0,误差均方 MS_e 的值可以确定,F 统计量的值可以求出,显著性检验也就可以顺利进行了.

例如,在 6.6 节关于水稻的例题中,有 3 个因子: A, B, C,每个因子都是 2 个水平. 原来只考虑一级交互作用 $A \times B$, $A \times C$, $B \times C$, 现在除了考虑一级交互作用以外,还要考虑二级交互作用 $A \times B \times C$. 如果我们选用正交表 $L_8(2^7)$进行正交试验设计,表头上只有 7 列,而现在有 3 个因子、3 个一级交互作用和 1 个二级交互作用,正好把表头全部放满,这样,就会出现表头上没有空白列的情况.

在这种情况下,我们可以先计算各因子、各交互作用的均方.

其中,二级交互作用 $A \times B \times C$ 被安排在第 7 列,它的平方和,就是第 7 列的平方和为 $SS_{ABC} = SS_7 = 4.5$,它的自由度为 $f_{ABC} = (r-1)^3 = (2-1)^3 = 1$,它的均方为 $MS_{ABC} = \dfrac{SS_{ABC}}{f_{ABC}} = \dfrac{4.5}{1} = 4.5$. 这个均方值,与其他各个因子、各个交互作用的均方值相比,是一个很小的值. 这说明,在这个问题中,二级交互作用 $A \times B \times C$ 并不显著,因此,我们可以将它从表中删除出去,不再考虑.

把 $A \times B \times C$ 从表头上删除后,表头上有了空白列,就可以像一般的正交试验设计那样进行各种计算、检验了.

6.7.3　各个因子的水平数不相等的处理

前面介绍的正交试验设计中,各个因子的水平数都是相等的. 但是,在很多实际问题中,因子的水平数不一定相等,下面就是一个例子.

例 2　为提高某种胶合板的质量,选择下列 3 个与制造工艺有关的因子进行正交试验:

A 是压力,有 4 个水平: A_1 是 8 kg, A_2 是 10 kg, A_3 是 11 kg, A_4 是12 kg;

B 是温度,有 2 个水平: B_1 是 95℃, B_2 是 90℃;

C 是时间,有 2 个水平: C_1 是 9 min, C_2 是 12 min.

在这个例子中，各个因子的水平数不相等. 对于这种水平数不等的情况，可以采取以下几种处理办法：

(1) 人为地设置一些水平，使各个因子的水平数相等.

例如，在上面的例 2 中，我们可以给因子 B 增加两个水平：B_3 不妨设为 85℃，B_4 不妨设为 80℃. 可以给因子 C 也增加两个水平：C_3 不妨设为 10 min，C_4 不妨设为 11 min. 这样一来，各个因子的水平数就相等了，问题变成了一个 3 因子 4 水平的问题，可以选用正交表 $L_{16}(4^5)$，对它进行不考虑交互作用的正交试验设计.

这种处理方法的缺点是，人为地增添一些因子水平，不必要地使问题的复杂程度增加，使试验次数增多，使计算工作量增大.

(2) 选用水平数不等的正交表.

前面介绍的正交表，都是水平数相等的正交表，其实，还有一种水平数不相等的正交表，称为**混合水平正交表**.

下面是一个混合水平正交表 $L_8(4\times 2^4)$：

类　别	A	B	C		
列号 / 试验号	1	2	3	4	5
1	1	1	1	1	1
2	1	2	2	2	2
3	2	1	1	2	2
4	2	2	2	1	1
5	3	1	2	1	2
6	3	2	1	2	1
7	4	1	2	2	1
8	4	2	1	1	2

在这个表中，第 1 列的水平数是 4，其余 4 列的水平数都是 2. 这个表中出现的数字，仍满足正交表的两条要求，即：① 每一列中，各种数字出现的次数相等；② 任何两列中，各种数字的两两组合出现的次数相等.

对于上面的例 2 来说，我们可以将 4 水平的因子 A 安排在这个表的第 1 列，将 2 水平的因子 B 和因子 C 安排在这个表的第 2 列和第 3 列，然后就可以像普通的正交试验设计那样进行各种计算和推断了. 在这个例子中，如果采用人为增加水平的办法，必须选用正交表 $L_{16}(4^5)$，要试验 16 次，而现在选用混合水平正交表 $L_8(4\times 2^4)$，只要进行 8 次试验就可以了.

这样的混合水平正交表还有很多，如：

$L_{12}(3\times 2^4)$，$L_{18}(2\times 3^7)$，$L_{24}(3\times 2^{16})$，$L_{16}(4\times 2^{12})$，$L_{16}(4^2\times 2^9)$，$L_{16}(4^3\times 2^6)$，$L_{16}(4^4\times 2^3)$，$L_{20}(5\times 2^8)$，$L_{12}(6\times 2^2)$，$L_{18}(6\times 3^6)$，$L_{24}(3\times 4\times 2^4)$，$L_{24}(6\times 4\times 2^3)$，等.

这些正交表，可以在一些专门介绍正交试验设计的书中找到，这里就不多做介绍了.

6.8 延伸阅读

方差分析的前提可概括为正态性、独立性和方差齐性. 以考虑交互作用的双因子方差分

析为例,设因子组合水平(A_i,B_j)下的第k次指标观测值

$$X_{ijk}\sim N(\mu_{ij},\sigma^2)(i=1,2,\cdots,r;j=1,2,\cdots,s;k=1,2,\cdots,t),$$

即$X_{ijk}=\mu_{ij}+\varepsilon_{ijk}$,其中$\varepsilon_{ijk}$服从正态分布,相互独立且方差相等,即$\varepsilon_{ijk}\sim N(0,\sigma^2)$,又根据6.3节有$\mu_{ij}=\mu+\alpha_i+\beta_j+\gamma_{ij}$.

于是,考虑交互作用的双因子方差分析的模型为

$$X_{ijk}=\mu+\alpha_i+\beta_j+\gamma_{ij}+\varepsilon_{ijk},\ 其中\ \varepsilon_{ijk}\sim N(0,\sigma^2).$$

这个模型表明影响指标取值的因素共有4个,即因子水平A_i的效应,B_j的效应,组合水平(A_i,B_j)的交互作用及随机因素.除此之外没有其他的因素,或者说其他因素对指标的影响都是可以忽略的.然而在实际应用中,影响一个指标的因素往往很多,有些因素甚至是不能控制的.比如,研究不同品牌、不同剂量下降血压药物的降压效果.显然,降压的效果除与药品及剂量有关外,还与患者自身的身体状况有关.要排除患者自身身体状况的差异,就需要找身体状况相同的患者进行试验,这显然是不可能办到的,即患者的身体状况是一个不可控的因素.那么这种情况下如何进行方差分析呢?我们可以引入一个新的变量,称之为协变量.用协变量来表示这个不可控的因素,然后用回归的方法剔除协变量对指标值的影响从而进行方差分析,这种引入协变量的方差分析叫协方差分析,它是本章方差分析的推广.协方差分析的数学模型为

$$X_{ijk}=\mu+\alpha_i+\beta_j+\gamma_{ij}+\tau z_{ijk}+\varepsilon_{ijk},$$

其中,z_{ijk}为协变量z在组合水平(A_i,B_j)下的第k次观测值,τ为回归系数(薛薇.统计分析与SPSS的应用.北京:中国人民大学出版社,2001.).

思考题

单因子方差分析是对不同水平下指标值$\xi_i\sim N(\mu_i,\sigma^2)\quad(i=1,2,\cdots,r)$均值的检验,$H_0:\mu_1=\mu_2=\cdots=\mu_r$.如果用4.2节等方差正态总体均值的检验方法分别检验$H_0:\mu_i=\mu_j\ (i\neq j)$共需要检验$C_r^2$次.如果检验$H_0:\mu_i=\mu_1\quad(i=2,3,\cdots,r)$,也要检验$r-1$次.问在相同的显著性水平下当所有$H_0:\mu_i=\mu_1\quad(i=2,3,\cdots,r)$都被接受时能否保证$H_0:\mu_1=\mu_2=\cdots=\mu_r$也被接受?若$H_0:\mu_1=\cdots=\mu_r$被拒绝,此时犯第一类错误的概率是多少?

(提示:H_0中的等号表示"近似相等",不具有传递性)

习　题　六

6.1　随机选取15位学生,把他们分成3组,每组5人,每组用1种方法教学.一段时间后,对这15位学生进行统考,统考的成绩如下表所示:

方　法	成　绩				
甲	75	62	71	58	73
乙	81	85	68	92	90
丙	73	79	60	75	81

问：这 3 种教学方法的效果有无显著差异(显著水平 $\alpha=0.05$)？

6.2 对某地区 3 所小学五年级男生的身高(单位：cm)进行抽查，测得数据如下表所示：

小　学	身　　高					
第一小学	128.1	134.1	133.1	138.9	140.8	127.4
第二小学	150.3	147.9	136.8	126.0	150.7	155.8
第三小学	140.6	143.1	144.5	143.7	148.5	146.4

问：这 3 所小学五年级男生的身高是否有显著差异(显著水平 $\alpha=0.05$)？

6.3 单因子的方差分析中，若每个水平下对指标的观测次数是不同的，水平 A_i 下指标的观测值记为 $X_{i1}, X_{i2}, \cdots, X_{in_i}$　$(i=1,2,\cdots,r)$. 试分析，此时如何进行方差分析？

6.4 对某厂早，中，晚三班的产量统计如下：

班次	产　量				
早班	279	334	303	338	198
中班	229	274	310		
晚班	210	285	117		

问在显著性水平 $\alpha=0.05$ 下能否认为不同班次的产量无显著性差异？

6.5 对 3 种密度(单位：g/cm^3)的木材：$A_1=0.34\sim0.47$，$A_2=0.48\sim0.52$，$A_3=0.53\sim0.56$，采用 3 种不同的加荷速度(单位：$kg/(cm^2\cdot min)$)：$B_1=600$，$B_2=2\,400$，$B_3=4\,200$，测得木材的抗压强度(单位：kg/cm^2)如下表所示：

		加　荷　速　度		
		B_1	B_2	B_3
密　　度	A_1	3.72	3.90	4.02
	A_2	5.22	5.24	5.08
	A_3	5.28	5.74	5.54

问：(1) 密度的不同对于木材的抗压强度是否有显著的影响(显著水平 $\alpha=0.05$)？

(2) 加荷速度的不同对于木材的抗压强度是否有显著的影响(显著水平 $\alpha=0.05$)？

6.6 在农业试验中，选择 4 个不同品种的小麦种植在 3 种不同的土壤中，每块试验田的面积都相等. 各块试验田的小麦产量(单位：kg)分别如下表所示：

		土　　壤		
		B_1	B_2	B_3
小麦品种	A_1	26	25	24
	A_2	30	23	25
	A_3	22	21	20
	A_4	20	21	19

问：(1) 品种的不同对于小麦产量的高低是否有显著的影响(显著水平$\alpha=0.05$)?

(2) 土壤的不同对于小麦产量的高低是否有显著的影响(显著水平$\alpha=0.05$)?

6.7 在某种化工产品的生产过程中，选择 3 种浓度：$A_1=2\%$，$A_2=4\%$，$A_3=6\%$；4 种不同的温度：$B_1=10℃$，$B_2=24℃$，$B_3=38℃$，$B_4=52℃$；每种浓度和温度的组合都重复试验 2 次，得到产品的收率如下表所示：

		温度			
		B_1	B_2	B_3	B_4
浓度	A_1	10, 14	11, 11	9, 13	10, 12
	A_2	7, 9	8, 10	7, 11	6, 10
	A_3	5, 11	13, 14	12, 13	10, 14

问：(1) 浓度的不同对产品收率是否有显著的影响(显著水平 $\alpha=0.05$)?

(2) 温度的不同对产品收率是否有显著的影响(显著水平 $\alpha=0.05$)?

(3) 浓度与温度的交互作用对产品收率是否有显著的影响(显著水平$\alpha=0.05$)?

6.8 某化工厂为了提高塑料大红 R 颜料的收率，对合成过程中的酰氯化反应条件进行 3 因子 3 水平正交试验，所取的因子和水平分别为

因子 A 是酰氯化温度，A_1 是 85℃，A_2 是 95℃，A_3 是 105℃；

因子 B 是 $SOCl_2$ 用量，B_1 是 4.2 mL，B_2 是 4.6 mL，B_3 是 5.0 mL；

因子 C 是催化剂用量，C_1 是 0.2 mL，C_2 是 0.5 mL，C_3 是 0.8 mL.

选用正交表 $L_9(3^4)$，将因子 A, B, C 依次安排在第 1，2，3 列. 按照设计做试验，各次试验中，塑料大红 R 颜料的收率为

类别	A	B	C	收率/%
试验号 \ 列号	1	2	3	
1	1	1	1	72.0
2	1	2	2	82.8
3	1	3	3	77.5
4	2	1	2	73.5
5	2	2	3	80.4
6	2	3	1	87.7
7	3	1	3	70.7
8	3	2	1	87.2
9	3	3	2	82.8

要求进行不考虑交互作用的正交试验设计，列出方差分析表，检验因子 A, B, C 的作用是否显著(显著水平 $\alpha=0.05$)，并且找出最优水平组合.

6.9 在梳棉机上纺黏锦混纺纱，为了提高质量，减少棉结粒数，进行3因子2水平正交试验. 所取的因子和水平分别为

因子 A 是金属针布，A_1 是日本产品，A_2 是青岛产品；

因子 B 是产量水平，B_1 是 6 kg，B_2 是 10 kg；

因子 C 是锡林速度，C_1 是 238 r/min，C_2 是 320 r/min.

在进行正交试验设计时，考虑金属针布与锡林速度的交互作用 $A \times C$.

选用正交表 $L_8(2^7)$，将因子 A，B，C 依次安排在第 1，2，4 列. 按照设计做试验，各次试验中，得到棉结粒数为

类　别	A	B	C	棉结粒数
试验号 \ 列号	1	2	4	
1	1	1	1	0.30
2	1	1	2	0.35
3	1	2	1	0.20
4	1	2	2	0.30
5	2	1	1	0.15
6	2	1	2	0.50
7	2	2	1	0.15
8	2	2	2	0.40

要求进行考虑交互作用的正交试验设计，列出方差分析表，检验因子 A，B，C 及交互作用 $A \times C$ 是否显著（显著水平 $\alpha = 0.05$），并且找出最优水平组合（棉结粒数越少越好）.

6.10 某农药厂生产一种农药，为了提高产品收率，进行4因子2水平正交试验. 所取的因子和水平分别为

因子 A 是反应温度，A_1 是 60℃，A_2 是 80℃；

因子 B 是反应时间，B_1 是 2.5 h，B_2 是 3.5 h；

因子 C 是某两种原料的配比，C_1 是 1.1∶1，C_2 是 1.2∶1；

因子 D 是真空度，D_1 是 500 mmHg，D_2 是 600 mmHg.

在进行正交试验设计时，考虑反应温度与反应时间的交互作用 $A \times B$.

选用正交表 $L_8(2^7)$，将因子 A，B，C，D 依次安排在第 1，2，4，7 列. 按照设计做试验，各次试验中，得到农药产品的收率如下表所示：

类　别	A	B	C	D	收率/%
试验号 \ 列号	1	2	4	7	
1	1	1	1	1	86
2	1	1	2	2	95
3	1	2	1	2	91

续 表

类　别	A	B	C	D	收率/%
试验号＼列号	1	2	4	7	
4	1	2	2	1	94
5	2	1	1	2	91
6	2	1	2	1	96
7	2	2	1	1	83
8	2	2	2	2	88

要求进行考虑交互作用的正交试验设计,列出方差分析表,检验因子 A, B, C, D 及交互作用 $A\times B$ 是否显著(显著水平 $\alpha=0.05$),并且找出最优水平组合.

7 多元统计应用

用数理统计方法研究多变量问题的数学分支称为多元统计，比如第 5 章讲到的多元线性回归就属于多元统计的内容. 本章再介绍多元统计的几个常用方法，即主成分分析、判别分析和聚类分析.

7.1 多元统计的样本及其描述

设我们考察的对象是一个多变量的总体，其 m 个考察指标 $X_1, X_2, \cdots, X_m$ 构成一个 m 维随机向量 $X=(X_1, X_2, \cdots, X_m)^{\mathrm{T}}$（注：本章中向量均用列向量表示）. 对总体 X 的一次观测就得到一个 m 维的观测值向量 $X_{(i)}=(x_{i1}, x_{i2}, \cdots, x_{im})^{\mathrm{T}}$，并称 $X_{(i)}^{\mathrm{T}}$ 为一个样品. n 次的观测结果即 n 个样品的整体称为一个样本. 样本可以用矩阵表示，可记为 X，即

$$X=\begin{bmatrix} x_{11} & x_{12} & \cdots & x_{1m} \\ x_{21} & x_{22} & \cdots & x_{2m} \\ & \cdots\cdots & & \\ x_{n1} & x_{n2} & \cdots & x_{nm} \end{bmatrix}$$，此时称 X 为样本数据阵.

需要说明的是，在观测之前 x_{ij} 的取值不能确定，即 x_{ij} 为随机变量，此时 X 是一个随机矩阵. 而在试验观测之后，x_{ij} 是确定的数，此时 X 为一个数字矩阵. 为叙述方便我们不加区分，可通过上下文来判断 x_{ij} 表示数字还是随机变量.

下面我们介绍几个（后面将用到的）描述多元样本数据性质及相互关系的指标和变换.

1. 样本均值 $\overline{X}$

$$\overline{X}=(\overline{x}_1, \overline{x}_2, \cdots, \overline{x}_m)^{\mathrm{T}}，其中\ \overline{x}_i=\frac{1}{n}\sum_{k=1}^{n} x_{ki}$$ 就是样本数据阵第 i 列的均值.

即指标 X_i 的观测值的平均值. 样本均值 $\overline{X}$ 表示 n 个样品观测值向量的“中心”.

2. 样本协方差阵 S

$$S=(s_{ij})_{m\times m}，其中\ s_{ij}=\frac{1}{n-1}\sum_{k=1}^{n}(x_{ki}-\overline{x}_i)(x_{kj}-\overline{x}_j).$$

并称 $A=(n-1)S$ 为样本离差阵.

可以证明，当总体 $X \sim N_m(\mu, \Sigma)$ 时，样本协方差阵 S 就是总体协方差阵 Σ 的无偏估

计.样本协方差阵 S 表示了各指标变量取值的离散程度及相关关系.

3. 样本相关阵 R

$$R=(r_{ij})_{m\times m}，其中\ r_{ij}\ 为指标变量\ X_i\ 与\ X_j\ 的样本相关系数.$$

样本相关阵 R 表示各指标变量相互之间线性关系的强弱.

4. 样品的距离

在数学上把满足非负性、对称性及三角不等式性质的函数都叫距离，统计上常用的距离定义是闵氏距离和马氏距离.

闵氏①(Minkowski)距离：$d_{ij}=d(X_{(i)}^{\mathrm{T}},X_{(j)}^{\mathrm{T}})=\left(\sum\limits_{k=1}^{m}\left|x_{ik}-x_{jk}\right|^{q}\right)^{\frac{1}{q}}$

特别地，当 $q=1$ 时，d_{ij} 表示绝对值距离；

当 $q=2$ 时，d_{ij} 表示常用的欧氏距离；

当 $q\to+\infty$ 时，d_{ij} 表示切比雪夫距离.

马氏②(Mahalanobis)距离：$d_{ij}=d(X_{(i)}^{\mathrm{T}},X_{(j)}^{\mathrm{T}})=\sqrt{(X_{(i)}-X_{(j)})^{\mathrm{T}}S^{-1}(X_{(i)}-X_{(j)})}$

其中，S 为样本协方差矩阵.

两个样品之间的距离反映了两个样品之间的差异程度.

5. 样本数据的标准化

为了说明样本数据标准化的意义，我们先看一个例子.假设某班级一次数学考试的平均成绩为75分，标准差为6.25；物理考试的平均分为80，标准差为10，该班某同学的数学成绩是80分，物理成绩是85分，问能否认为该同学的物理成绩比数学成绩更好？因为涉及两门不同课程的成绩，没有可比性.但是如果对这两门成绩做一个变换，都减去平均分再比上标准差，则有 $\frac{80-75}{6.25}=0.8$，而 $\frac{85-80}{10}=0.5$.

即相对来说数学成绩比物理成绩更好.这种为满足一定要求而对样本数据所做的变换称为标准化.常用的标准化方法有

(1) 标准差标准化

$$\widetilde{x_{ij}}=\frac{x_{ij}-\overline{x}_j}{s_j}\quad(i=1,2,\cdots,n;j=1,2,\cdots,m),$$

其中 s_j 为指标 X_j 观测值的修正样本标准差，即 $s_j=\sqrt{\frac{1}{n-1}\sum\limits_{k=1}^{n}(x_{kj}-\overline{x}_j)^2}=\sqrt{s_{jj}}$.

显然，每个变量经过标准差标准化后都消除了量纲，且变换后的样本均值为0，修正方差为1.

(2) 极差标准化

$$\widetilde{x_{ij}}=\frac{x_{ij}-\min\limits_{1\leqslant i\leqslant n}x_{ij}}{R_j}\quad(i=1,2,\cdots,n;j=1,2,\cdots,m),$$

其中 R_j 为变量 X_j 样本数据的极差.经过极差标准化不仅消除了量纲，而且使得

① 闵可夫斯基(1864—1909年)，德国著名数学家，物理学家.他曾用数学方法揭示爱因斯坦相对论的物理学实质，为相对论的传播作出了突出贡献.

② 马哈拉诺比斯(1893—1972年)，印度数学家，统计学家.

$$0\leqslant\widetilde{x_{ij}}\leqslant 1$$

标准化是统计分析数据预处理的一个重要过程，样本数据阵 X 经标准化变为 $\widetilde{X}=(\widetilde{x_{ij}})_{m\times m}$ 称为标准化的样本数据阵.

7.2　主成分分析

7.2.1　主成分分析的基本思想

在实际生活中，我们经常会遇到需要对多个变量进行统计推断的统计分析问题. 在这些问题中，变量个数可能多达十几个、几十个甚至上百个. 比如，做一次健康体检，可以测得人体的十几项、几十项生理指标. 环境检测取一份水样，可以测得水中十几种、几十种成分的含量. 评定一个毕业生的学习好坏，可以考虑他学过的十几门、几十门学科的成绩. 考察一个上市公司的业绩，可以从股市年报中读到几十种、上百种与业绩有关的数据. 变量个数多了，就不容易看清变量之间的相互关系，不容易从中得出有用的结论，会给统计分析带来很大的困难.

但是，日常生活也给了我们一些启发：如果我们要去定做一套服装，从理论上说，需要测量身长、袖长、裤长、胸围、腰围、臀围、领口、袖口、裤口等十几种，甚至几十种尺寸. 可实际上我们并不需要这么多尺寸，只需要报出几个主要的尺码就可以了. 因为这些尺寸之间往往是有一定比例关系的，所以几个主要的尺码，就能大致上包含原来十几种，甚至几十种尺寸中的信息.

由此我们产生了一种想法，也就是**主成分分析**(Principal Component Analysis)的基本思想：能否对原来多个变量进行适当的组合，组合成一些综合指标，用较少的综合指标来近似代替原来的多个变量. 这种由原来多个变量组合而成的综合指标，就称为**主成分**(也称**主分量**，Principal Component).

主成分选取的原则如下.

(1) 主成分是原变量的线性组合；(2) 各个主成分之间互不相关；(3) 如果原来有 m 个变量，则最多可以取到 m 个主成分，这 m 个主成分的变化，可以完全反映原来全部 m 个变量的变化；如果选取的主成分少于 m 个，那么，这些较少的主成分的变化，应该尽可能多地反映原来全部 m 个变量的变化(图 7－1).

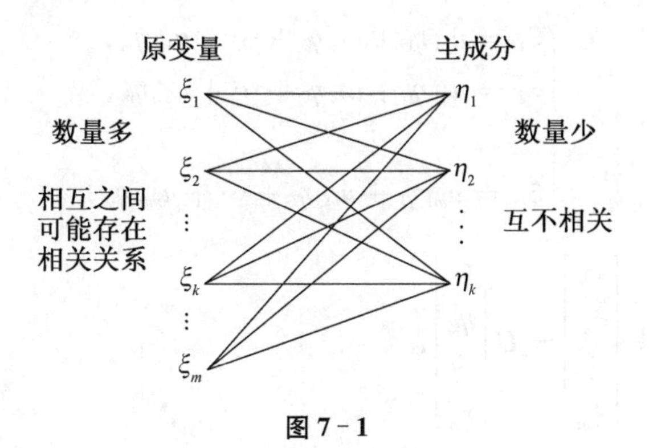

图 7－1

7.2.2 主成分分析的计算过程和计算结果

设对 m 个变量 $\xi_1, \xi_2, \cdots, \xi_m$ 进行 n 次观测,得到以下观测数据矩阵

$$\boldsymbol{X}=[x_{ij}]_{n\times m}=\begin{bmatrix} x_{11} & x_{12} & \cdots & x_{1m} \\ x_{21} & x_{22} & \cdots & x_{2m} \\ \vdots & \vdots & & \vdots \\ x_{n1} & x_{n2} & \cdots & x_{nm} \end{bmatrix}.$$

设 $\tilde{x}_{ij}=\dfrac{x_{ij}-\bar{x}_j}{s_j}$ $(i=1, 2, \cdots, n, j=1, 2, \cdots, m)$ 是 x_{ij} 的标准差标准化.

标准化后的样本数据阵为

$$\widetilde{\boldsymbol{X}}=[\tilde{x}_{ij}]_{n\times m}=\begin{bmatrix} \tilde{x}_{11} & \tilde{x}_{12} & \cdots & \tilde{x}_{1m} \\ \tilde{x}_{21} & \tilde{x}_{22} & \cdots & \tilde{x}_{2m} \\ \vdots & \vdots & & \vdots \\ \tilde{x}_{n1} & \tilde{x}_{n2} & \cdots & \tilde{x}_{nm} \end{bmatrix}$$

可以证明$\dfrac{1}{n-1}\widetilde{\boldsymbol{X}}^{\mathrm{T}}\widetilde{\boldsymbol{X}}$ 就是**样本相关阵 $\boldsymbol{R}$**(见习题 7.3).

对样本相关阵 $\boldsymbol{R}$ 做特征分解,得到 $\boldsymbol{R}=\boldsymbol{U\Lambda U}^{\mathrm{T}}$, 其中, $\boldsymbol{\Lambda}=\begin{bmatrix} \lambda_1 & & \\ & \ddots & \\ & & \lambda_m \end{bmatrix}$ 是由 $\boldsymbol{R}$ 的特征值 $\lambda_1\geqslant\lambda_2\geqslant\cdots\geqslant\lambda_m\geqslant 0$ 组成的对角阵, $\boldsymbol{U}=\begin{bmatrix} u_{11} & u_{12} & \cdots & u_{1m} \\ u_{21} & u_{22} & \cdots & u_{2m} \\ \vdots & \vdots & & \vdots \\ u_{m1} & u_{m2} & \cdots & u_{mm} \end{bmatrix}$ 是由 $\boldsymbol{R}$ 的标准正交化的特征向量按列并排组成的正交阵.

$\boldsymbol{U}$ 称为**主成分载荷阵**(Principal Component Loading Matrix),它是用主成分 $\eta_1, \eta_2, \cdots, \eta_m$ 表示标准化了的原变量 $\tilde{\xi}_1, \tilde{\xi}_2, \cdots, \tilde{\xi}_m$ 时的系数矩阵,即

$$\begin{cases} \tilde{\xi}_1=u_{11}\eta_1+u_{12}\eta_2+\cdots+u_{1m}\eta_m, \\ \tilde{\xi}_2=u_{21}\eta_1+u_{22}\eta_2+\cdots+u_{2m}\eta_m, \\ \quad\vdots \\ \tilde{\xi}_m=u_{m1}\eta_1+u_{m2}\eta_2+\cdots+u_{mm}\eta_m, \end{cases}$$

用矩阵形式表示,就是 $\begin{bmatrix} \tilde{\xi}_1 \\ \tilde{\xi}_2 \\ \vdots \\ \tilde{\xi}_m \end{bmatrix}=\boldsymbol{U}\begin{bmatrix} \eta_1 \\ \eta_2 \\ \vdots \\ \eta_m \end{bmatrix}$.

由于 $\boldsymbol{U}$ 是正交阵,满足 $\boldsymbol{U}^{-1}=\boldsymbol{U}^{\mathrm{T}}$,所以所求主成分为 $\begin{bmatrix}\eta_1\\\eta_2\\\vdots\\\eta_m\end{bmatrix}=\boldsymbol{U}^{\mathrm{T}}\begin{bmatrix}\tilde{\xi}_1\\\tilde{\xi}_2\\\vdots\\\tilde{\xi}_m\end{bmatrix}$,即

$$\begin{cases}\eta_1=u_{11}\tilde{\xi}_1+u_{21}\tilde{\xi}_2+\cdots+u_{m1}\tilde{\xi}_m,\\ \eta_2=u_{12}\tilde{\xi}_1+u_{22}\tilde{\xi}_2+\cdots+u_{m2}\tilde{\xi}_m,\\ \quad\vdots\\ \eta_m=u_{1m}\tilde{\xi}_1+u_{2m}\tilde{\xi}_2+\cdots+u_{mm}\tilde{\xi}_m.\end{cases}$$

可见,$\boldsymbol{U}$ 的转置 $\boldsymbol{U}^{\mathrm{T}}$ 是用原变量 $\tilde{\xi}_1,\ \tilde{\xi}_2,\ \cdots,\ \tilde{\xi}_m$ 表示主成分 $\eta_1,\ \eta_2,\ \cdots,\ \eta_m$ 时的系数矩阵.

特征值 $\lambda_1\geqslant\lambda_2\geqslant\cdots\geqslant\lambda_m$ 的大小反映了主成分 $\eta_1,\ \eta_2,\ \cdots,\ \eta_m$ 对原变量贡献的大小.

称 $\dfrac{\lambda_j}{\lambda_1+\cdots+\lambda_m}$ 为第 j 个主成分 η_j 的**贡献率**(Percentage of Contribution),即 η_j 的变化在 m 个原变量变化中所占的百分比. 称 $\dfrac{\lambda_1+\cdots+\lambda_j}{\lambda_1+\cdots+\lambda_m}$ 为前 j 个主成分的**累计贡献率**(Cumulative Percentage of Contribution).

称矩阵 $\boldsymbol{Y}=\tilde{\boldsymbol{X}}\boldsymbol{U}$ 为**主成分得分阵**(Principal Component Score Matrix). 我们知道,矩阵 $\tilde{\boldsymbol{X}}$ 的各行是标准化了的原变量 $\tilde{\xi}_1,\ \tilde{\xi}_2,\ \cdots,\ \tilde{\xi}_m$ 的各次样本观测值,所以,矩阵 $\boldsymbol{Y}=\tilde{\boldsymbol{X}}\boldsymbol{U}$ 的各行就是与各次观测对应的主成分 $\eta_1,\ \eta_2,\ \cdots,\ \eta_m$ 的取值,因此称为"主成分得分阵".

因为 $\tilde{\boldsymbol{X}}$ 是标准化的原变量的观测数据矩阵,所以 $\tilde{\xi}_1,\ \tilde{\xi}_2,\ \cdots,\ \tilde{\xi}_m$ 的样本均值都等于 0,这时

$$\begin{aligned}\frac{1}{n}[1\ \ 1\ \ \cdots\ \ 1]\boldsymbol{Y}&=\frac{1}{n}[1\ \ 1\ \ \cdots\ \ 1]\,\tilde{\boldsymbol{X}}\boldsymbol{U}\\&=[0\ \ 0\ \ \cdots\ \ 0]\boldsymbol{U}=[0\ \ 0\ \ \cdots\ \ 0].\end{aligned}$$

即主成分 $\eta_1,\ \eta_2,\ \cdots,\ \eta_m$ 的样本均值也都等于 0.

主成分 $\eta_1,\ \eta_2,\ \cdots,\ \eta_m$ 的样本协方差矩阵

$$\begin{aligned}\frac{1}{n-1}\boldsymbol{Y}^{\mathrm{T}}\boldsymbol{Y}&=\frac{1}{n-1}(\tilde{\boldsymbol{X}}\boldsymbol{U})^{\mathrm{T}}\,\tilde{\boldsymbol{X}}\boldsymbol{U}=\frac{1}{n-1}\boldsymbol{U}^{\mathrm{T}}\,\tilde{\boldsymbol{X}}^{\mathrm{T}}\,\tilde{\boldsymbol{X}}\boldsymbol{U}\\&=\boldsymbol{U}^{\mathrm{T}}\boldsymbol{R}\boldsymbol{U}=\boldsymbol{\Lambda}=\begin{bmatrix}\lambda_1&&\\&\ddots&\\&&\lambda_m\end{bmatrix}.\end{aligned}$$

由此可见,主成分 $\eta_1,\ \eta_2,\ \cdots,\ \eta_m$ 的修正样本方差就是特征值 $\lambda_1,\ \lambda_2,\ \cdots,\ \lambda_m$,不同主成分之间的样本协方差都等于 0,也就是说,它们互不相关.

我们把标准化的主成分

$$\tilde{\eta}_j=\frac{\eta_j}{\sqrt{\lambda_j}},\ j=1,\ 2,\ \cdots,\ m,$$

称为**因子**(Factor).

原变量 $\tilde{\xi}_1,\ \tilde{\xi}_2,\ \cdots,\ \tilde{\xi}_m$ 也可以表示成因子(标准化主成分)$\tilde{\eta}_1,\ \tilde{\eta}_2,\ \cdots,\ \tilde{\eta}_m$ 的线性组合

$$\begin{cases}\tilde{\xi}_1 = u_{11}\sqrt{\lambda_1}\dfrac{\eta_1}{\sqrt{\lambda_1}} + u_{12}\sqrt{\lambda_2}\dfrac{\eta_2}{\sqrt{\lambda_2}} + \cdots + u_{1m}\sqrt{\lambda_m}\dfrac{\eta_m}{\sqrt{\lambda_m}} \\ \quad = u_{11}\sqrt{\lambda_1}\,\tilde{\eta}_1 + u_{12}\sqrt{\lambda_2}\,\tilde{\eta}_2 + \cdots + u_{1m}\sqrt{\lambda_m}\,\tilde{\eta}_m, \\ \tilde{\xi}_2 = u_{21}\sqrt{\lambda_1}\dfrac{\eta_1}{\sqrt{\lambda_1}} + u_{22}\sqrt{\lambda_2}\dfrac{\eta_2}{\sqrt{\lambda_2}} + \cdots + u_{2m}\sqrt{\lambda_m}\dfrac{\eta_m}{\sqrt{\lambda_m}} \\ \quad = u_{21}\sqrt{\lambda_1}\,\tilde{\eta}_1 + u_{22}\sqrt{\lambda_2}\,\tilde{\eta}_2 + \cdots + u_{2m}\sqrt{\lambda_m}\,\tilde{\eta}_m, \\ \qquad \vdots \\ \tilde{\xi}_m = u_{m1}\sqrt{\lambda_1}\dfrac{\eta_1}{\sqrt{\lambda_1}} + u_{m2}\sqrt{\lambda_2}\dfrac{\eta_2}{\sqrt{\lambda_2}} + \cdots + u_{mm}\sqrt{\lambda_m}\dfrac{\eta_m}{\sqrt{\lambda_m}} \\ \quad = u_{m1}\sqrt{\lambda_1}\,\tilde{\eta}_1 + u_{m2}\sqrt{\lambda_2}\,\tilde{\eta}_2 + \cdots + u_{mm}\sqrt{\lambda_m}\,\tilde{\eta}_m.\end{cases}$$

用矩阵形式表示,就是

$$\begin{bmatrix}\tilde{\xi}_1\\ \tilde{\xi}_2\\ \vdots\\ \tilde{\xi}_m\end{bmatrix} = \boldsymbol{U}\begin{bmatrix}\sqrt{\lambda_1} & & & \\ & \sqrt{\lambda_2} & & \\ & & \ddots & \\ & & & \sqrt{\lambda_m}\end{bmatrix}\begin{bmatrix}\tilde{\eta}_1\\ \tilde{\eta}_2\\ \vdots\\ \tilde{\eta}_m\end{bmatrix} = \boldsymbol{U}\boldsymbol{\Lambda}^{\frac{1}{2}}\begin{bmatrix}\tilde{\eta}_1\\ \tilde{\eta}_2\\ \vdots\\ \tilde{\eta}_m\end{bmatrix} = \tilde{\boldsymbol{U}}\begin{bmatrix}\tilde{\eta}_1\\ \tilde{\eta}_2\\ \vdots\\ \tilde{\eta}_m\end{bmatrix}.$$

其中矩阵

$$\tilde{\boldsymbol{U}} = \boldsymbol{U}\boldsymbol{\Lambda}^{\frac{1}{2}} = \boldsymbol{U}\begin{bmatrix}\sqrt{\lambda_1} & & & \\ & \sqrt{\lambda_2} & & \\ & & \ddots & \\ & & & \sqrt{\lambda_m}\end{bmatrix}$$

称为**因子载荷阵**(Factor Loading Matrix),它是用因子(标准化主成分)$\tilde{\eta}_1, \tilde{\eta}_2, \cdots, \tilde{\eta}_m$ 表示标准化的原变量$\tilde{\xi}_1, \tilde{\xi}_2, \cdots, \tilde{\xi}_m$ 时的系数矩阵.

反过来又有 $\begin{bmatrix}\tilde{\eta}_1\\ \tilde{\eta}_2\\ \vdots\\ \tilde{\eta}_m\end{bmatrix} = \tilde{\boldsymbol{U}}^{-1}\begin{bmatrix}\tilde{\xi}_1\\ \tilde{\xi}_2\\ \vdots\\ \tilde{\xi}_m\end{bmatrix} = (\boldsymbol{U}\boldsymbol{\Lambda}^{\frac{1}{2}})^{-1}\begin{bmatrix}\tilde{\xi}_1\\ \tilde{\xi}_2\\ \vdots\\ \tilde{\xi}_m\end{bmatrix} = \boldsymbol{\Lambda}^{-\frac{1}{2}}\boldsymbol{U}^{\mathrm{T}}\begin{bmatrix}\tilde{\xi}_1\\ \tilde{\xi}_2\\ \vdots\\ \tilde{\xi}_m\end{bmatrix}$,即

$$\begin{cases}\tilde{\eta}_1 = \dfrac{1}{\sqrt{\lambda_1}}(u_{11}\tilde{\xi}_1 + u_{21}\tilde{\xi}_2 + \cdots + u_{m1}\tilde{\xi}_m), \\ \tilde{\eta}_2 = \dfrac{1}{\sqrt{\lambda_2}}(u_{21}\tilde{\xi}_1 + u_{22}\tilde{\xi}_2 + \cdots + u_{m2}\tilde{\xi}_m), \\ \qquad \vdots \\ \tilde{\eta}_m = \dfrac{1}{\sqrt{\lambda_m}}(u_{1m}\tilde{\xi}_1 + u_{2m}\tilde{\xi}_2 + \cdots + u_{mm}\tilde{\xi}_m).\end{cases}$$

称矩阵

$$\widetilde{Y} = Y\Lambda^{-\frac{1}{2}} = \widetilde{X}U\Lambda^{-\frac{1}{2}} = \widetilde{X}U\begin{bmatrix} \frac{1}{\sqrt{\lambda_1}} & & \\ & \ddots & \\ & & \frac{1}{\sqrt{\lambda_m}} \end{bmatrix}$$

为**因子得分阵**(Factor Score Matrix). 因为矩阵$\widetilde{Y} = Y\Lambda^{-\frac{1}{2}} = \widetilde{X}U\Lambda^{-\frac{1}{2}}$中的各行,就是与各次观测对应的因子(标准化主成分)$\widetilde{\eta}_1, \widetilde{\eta}_2, \cdots, \widetilde{\eta}_m$的取值,所以称为“因子得分阵”.

7.2.3 主成分分析结果的解释和图示

1. 用少数几个主成分来近似代替原来多个变量

由主成分分析的数学模型可知,原变量$\widetilde{\xi}_1, \widetilde{\xi}_2, \cdots, \widetilde{\xi}_m$可以用主成分$\eta_1, \eta_2, \cdots, \eta_m$表示,即

$$\begin{cases} \widetilde{\xi}_1 = u_{11}\eta_1 + u_{12}\eta_2 + \cdots + u_{1m}\eta_m, \\ \widetilde{\xi}_2 = u_{21}\eta_1 + u_{22}\eta_2 + \cdots + u_{2m}\eta_m, \\ \qquad\vdots \\ \widetilde{\xi}_m = u_{m1}\eta_1 + u_{m2}\eta_2 + \cdots + u_{mm}\eta_m. \end{cases}$$

用矩阵形式表示,就是$[\widetilde{\xi}_1, \widetilde{\xi}_2, \cdots, \widetilde{\xi}_m] = [\eta_1, \eta_2, \cdots, \eta_m]U^{\mathrm{T}}$.

相应地,原变量数据矩阵$\widetilde{X}$与主成分得分阵Y之间,也有这样的关系,即

$$\widetilde{X} = YU^{\mathrm{T}}.$$

设$Y = [y_1 \quad y_2 \quad \cdots \quad y_m]$,其中$y_j$是由主成分$\eta_j$的观测值组成的向量,并设$U = [u_1 \quad u_2 \quad \cdots \quad u_m]$,就有

$$\widetilde{X} = YU^{\mathrm{T}} = [y_1 \quad y_2 \quad \cdots \quad y_m]\begin{bmatrix} u_1^{\mathrm{T}} \\ u_2^{\mathrm{T}} \\ \vdots \\ u_m^{\mathrm{T}} \end{bmatrix} = y_1u_1^{\mathrm{T}} + y_2u_2^{\mathrm{T}} + \cdots + y_mu_m^{\mathrm{T}}.$$

另一方面,由于主成分的样本协方差矩阵

$$\frac{1}{n-1}Y^{\mathrm{T}}Y = \frac{1}{n-1}\begin{bmatrix} y_1^{\mathrm{T}} \\ y_2^{\mathrm{T}} \\ \vdots \\ y_m^{\mathrm{T}} \end{bmatrix}[y_1 \quad y_2 \quad \cdots \quad y_m]$$

$$= \begin{bmatrix} \frac{1}{n-1}y_1^{\mathrm{T}}y_1 & \frac{1}{n-1}y_1^{\mathrm{T}}y_2 & \cdots & \frac{1}{n-1}y_1^{\mathrm{T}}y_m \\ \frac{1}{n-1}y_2^{\mathrm{T}}y_1 & \frac{1}{n-1}y_2^{\mathrm{T}}y_2 & \cdots & \frac{1}{n-1}y_2^{\mathrm{T}}y_m \\ \vdots & \vdots & & \vdots \\ \frac{1}{n-1}y_m^{\mathrm{T}}y_1 & \frac{1}{n-1}y_m^{\mathrm{T}}y_2 & \cdots & \frac{1}{n-1}y_m^{\mathrm{T}}y_m \end{bmatrix}$$

$$= \cdots = \begin{bmatrix} \lambda_1 & & \\ & \ddots & \\ & & \lambda_m \end{bmatrix}.$$

所以,主成分 η_j 的修正样本方差 $\frac{1}{n-1}\boldsymbol{y}_j^{\mathrm{T}}\boldsymbol{y}_j = \lambda_j,\ j = 1,\ 2,\ \cdots,\ m.$

如果有一个特征值 $\lambda_j = 0$, 则 $\frac{1}{n-1}\boldsymbol{y}_j^{\mathrm{T}}\boldsymbol{y}_j = \lambda_j = 0$, 由代数知识可知,这时必有 $\boldsymbol{y}_j = 0$, 即主成分 η_j 的观测值都等于 0.

所以,如果存在 $0 < k < m$, 使得 $\lambda_{k+1} = \cdots = \lambda_m = 0$, 即除了前面的 k 个特征值以外,后面 $m-k$ 个特征值都等于 0. 这时必有 $\boldsymbol{y}_{k+1} = \cdots = \boldsymbol{y}_m = 0$, 即后面 $m-k$ 个主成分的观测值都等于 0. 因此

$$\widetilde{\boldsymbol{X}} = \boldsymbol{y}_1\boldsymbol{u}_1^{\mathrm{T}} + \boldsymbol{y}_2\boldsymbol{u}_2^{\mathrm{T}} + \cdots + \boldsymbol{y}_k\boldsymbol{u}_k^{\mathrm{T}} + \cdots + \boldsymbol{y}_m\boldsymbol{u}_m^{\mathrm{T}} = \boldsymbol{y}_1\boldsymbol{u}_1^{\mathrm{T}} + \boldsymbol{y}_2\boldsymbol{u}_2^{\mathrm{T}} + \cdots + \boldsymbol{y}_k\boldsymbol{u}_k^{\mathrm{T}},$$

即原来 m 个变量的观测数据,只用前 k 个主成分,就可以完全精确地表示出来了. 这样,就达到了用较少主成分来代替原来多个变量的目的.

在实际问题中,不一定有 $\lambda_{k+1} = \cdots = \lambda_m = 0$, 但常常会遇到后面 $m-k$ 个特征值都很小,近似等于 0 的情况. 这时我们可以近似认为后面 $m-k$ 个主成分的观测值都等于 0,因此有

$$\widetilde{\boldsymbol{X}} = \boldsymbol{y}_1\boldsymbol{u}_1^{\mathrm{T}} + \boldsymbol{y}_2\boldsymbol{u}_2^{\mathrm{T}} + \cdots + \boldsymbol{y}_k\boldsymbol{u}_k^{\mathrm{T}} + \cdots + \boldsymbol{y}_m\boldsymbol{u}_m^{\mathrm{T}} \approx \boldsymbol{y}_1\boldsymbol{u}_1^{\mathrm{T}} + \boldsymbol{y}_2\boldsymbol{u}_2^{\mathrm{T}} + \cdots + \boldsymbol{y}_k\boldsymbol{u}_k^{\mathrm{T}},$$

即原来 m 个变量的观测数据,可以用前 k 个主成分近似地表示出来. 这样,同样也达到了用较少主成分来代替原来多个变量的目的.

那么,怎样才能算"特征值很小,近似等于 0"呢? 由于 m 个特征值的总和

$$\sum_{j=1}^{m}\lambda_j = \mathrm{trace}\boldsymbol{\Lambda} = \mathrm{trace}(\boldsymbol{U}^{\mathrm{T}}\boldsymbol{R}\boldsymbol{U}) = \mathrm{trace}\boldsymbol{R} = m,$$

所以每个特征值的平均大小等于 1,在 m 个特征值中,总是有一部分大于 1,有一部分小于 1. 习惯做法是: 如果前 k 个特征值大于 1,后 $m-k$ 个特征值小于 1,或者前 k 个特征值的累计贡献率大于 80%~85%,就可以近似认为后面$m-k$个特征值都等于 0.

特别地,如果第 1 个特征值特别大,贡献率占了很大的百分比,说明第一个主成分集中了原来多个变量的大部分的信息,这时,如果要对各次观测排序,就可以根据主成分得分阵 $\boldsymbol{U}$ 的第 1 列数值,即第 1 个主成分的得分大小来进行排序.

在作回归分析时,如果自变量线性相关或近似线性相关,即自变量之间存在复共线性,会给回归分析带来很多问题. 这时,可以考虑对多个自变量作主成分分析,找出数量比较少,而且互不相关的若干个主成分,用主成分代替原来的自变量作回归,就可以克服复共线性带来的种种不良影响,得到比较好的结果. 这样的回归,称为"主成分回归".

2. 判断有几个线性独立的原变量,寻找变量之间的线性关系

有时我们需要判别在原变量 $\xi_1,\ \xi_2,\ \cdots,\ \xi_m$ 中,有几个线性独立的变量.

这个问题与数据矩阵 $\widetilde{\boldsymbol{X}}=\begin{bmatrix}\widetilde{x}_{11} & \widetilde{x}_{12} & \cdots & \widetilde{x}_{1m}\\ \widetilde{x}_{21} & \widetilde{x}_{22} & \cdots & \widetilde{x}_{2m}\\ \vdots & \vdots & & \vdots\\ \widetilde{x}_{n1} & \widetilde{x}_{n2} & \cdots & \widetilde{x}_{nm}\end{bmatrix}$ 的列秩有关.我们知道,数据矩阵的每一行代表一次观测,每一列代表一个原变量,有几个线性独立的变量,数据矩阵的列秩就是几.

因为

$$\frac{1}{n-1}\widetilde{\boldsymbol{X}}^{\mathrm{T}}\widetilde{\boldsymbol{X}}=\boldsymbol{R}=\boldsymbol{U\Lambda U}^{\mathrm{T}}=\boldsymbol{U}\begin{bmatrix}\lambda_1 & & \\ & \ddots & \\ & & \lambda_m\end{bmatrix}\boldsymbol{U}^{\mathrm{T}},$$

其中 $\boldsymbol{U}$ 是满秩的正交阵,所以,由代数知识可知

$$\widetilde{\boldsymbol{X}}\text{的列秩}=\widetilde{\boldsymbol{X}}^{\mathrm{T}}\widetilde{\boldsymbol{X}}\text{的秩}=\boldsymbol{R}\text{的秩}=\boldsymbol{U\Lambda U}^{\mathrm{T}}\text{的秩}=\boldsymbol{\Lambda}\text{的秩}.$$

$\boldsymbol{\Lambda}$ 是一个对角阵,它的秩就为不等于 0 的对角元素的个数. $\boldsymbol{\Lambda}$ 的对角元素,就是特征值 $\lambda_1, \lambda_2, \cdots, \lambda_m$. 因此,只要看在 $\lambda_1, \lambda_2, \cdots, \lambda_m$ 中,有几个特征值不等于 0,$\widetilde{\boldsymbol{X}}$的列秩就等于几,也就是有几个线性独立的原变量.

知道有几个变量线性独立后,剩下的变量就是线性相关的.用主成分分析,还可以帮助我们找出变量之间的线性关系.

设主成分得分阵 $\boldsymbol{Y}=[\boldsymbol{y}_1\quad \boldsymbol{y}_2\quad \cdots\quad \boldsymbol{y}_m]$, 并设 $\boldsymbol{U}=[\boldsymbol{u}_1\quad \boldsymbol{u}_2\quad \cdots\quad \boldsymbol{u}_m]$, 因为

$$\begin{aligned}[\boldsymbol{y}_1\quad \boldsymbol{y}_2\quad \cdots\quad \boldsymbol{y}_m]=\boldsymbol{Y}=\widetilde{\boldsymbol{X}}\boldsymbol{U}&=\widetilde{\boldsymbol{X}}[\boldsymbol{u}_1\quad \boldsymbol{u}_2\quad \cdots\quad \boldsymbol{u}_m]\\ &=[\widetilde{\boldsymbol{X}}\boldsymbol{u}_1\quad \widetilde{\boldsymbol{X}}\boldsymbol{u}_2\quad \cdots\quad \widetilde{\boldsymbol{X}}\boldsymbol{u}_m],\end{aligned}$$

所以有 $\boldsymbol{y}_j=\widetilde{\boldsymbol{X}}\boldsymbol{u}_j,\ j=1, 2, \cdots, m$.

前面我们已经推导出:当特征值 $\lambda_j=0$ 时,必有 $\boldsymbol{y}_j=\boldsymbol{0}$, 也就是有 $\widetilde{\boldsymbol{X}}\boldsymbol{u}_j=\boldsymbol{y}_j=\boldsymbol{0}$, 即

$$\boldsymbol{u}_{1j}\begin{bmatrix}\widetilde{x}_{11}\\ \widetilde{x}_{21}\\ \vdots\\ \widetilde{x}_{n1}\end{bmatrix}+\cdots+\boldsymbol{u}_{mj}\begin{bmatrix}\widetilde{x}_{1m}\\ \widetilde{x}_{2m}\\ \vdots\\ \widetilde{x}_{nm}\end{bmatrix}=\begin{bmatrix}\widetilde{x}_{11} & \widetilde{x}_{12} & \cdots & \widetilde{x}_{1m}\\ \widetilde{x}_{21} & \widetilde{x}_{22} & \cdots & \widetilde{x}_{2m}\\ \vdots & \vdots & & \vdots\\ \widetilde{x}_{n1} & \widetilde{x}_{n2} & \cdots & \widetilde{x}_{nm}\end{bmatrix}\begin{bmatrix}\boldsymbol{u}_{1j}\\ \boldsymbol{u}_{2j}\\ \vdots\\ \boldsymbol{u}_{mj}\end{bmatrix}=\begin{bmatrix}0\\ 0\\ \vdots\\ 0\end{bmatrix}.$$

其中,$\begin{bmatrix}\widetilde{x}_{1j}\\ \widetilde{x}_{2j}\\ \vdots\\ \widetilde{x}_{nj}\end{bmatrix}$ 是标准化的原变量$\widetilde{\xi}_j$ 的观测值,所以对变量来说,就是

$$\boldsymbol{u}_{1j}\,\widetilde{\xi}_1+\boldsymbol{u}_{2j}\,\widetilde{\xi}_2+\cdots+\boldsymbol{u}_{mj}\,\widetilde{\xi}_m=0.$$

因此,只要有一个特征值 $\lambda_j=0$,我们就得到一个标准化的原变量之间的线性关系,有几个特征值等于 0,就有几个相互独立的线性关系.

如果希望得到未标准化的原变量之间的线性关系,可以在上式中令

$$\tilde{\xi}_j = \frac{\xi_j - \overline{x}_j}{s_j},\ j = 1,\ 2,\ \cdots,\ m.$$

则

$$u_{1j}\frac{\xi_1 - \overline{x}_1}{s_1} + u_{2j}\frac{\xi_2 - \overline{x}_2}{s_2} + \cdots + u_{mj}\frac{\xi_m - \overline{x}_m}{s_m} = 0,$$

即

$$\frac{u_{1j}}{s_1}\xi_1 + \frac{u_{2j}}{s_2}\xi_2 + \cdots + \frac{u_{mj}}{s_m}\xi_m = \frac{u_{1j}\ \overline{x}_1}{s_1} + \frac{u_{2j}\ \overline{x}_2}{s_2} + \cdots + \frac{u_{mj}\ \overline{x}_m}{s_m}.$$

这就是未标准化的原变量之间的线性关系.

例 1 1966 年,Malinvand 收集了一组有关法国经济的数据,其中,ξ_1 为国内总产值,ξ_2 为存储量,ξ_3 为总消费量.三个变量的样本均值和样本标准差如下表所示:

	ξ_1 国内总产值	ξ_2 存储量	ξ_3 总消费量
样本均值$\overline{x}_j$	194.59	3.3	139.74
样本修正标准差 S_j	28.60	1.572	19.67

对数据标准化后,进行主成分分析,得结果如下:

	主成分 η_1	主成分 η_2	主成分 η_3
特征值	1.999	0.998	0.003
贡献率	66.6%	33.3%	0.1%
累计贡献率	66.6%	99.9%	100%

主成分载荷阵 $\boldsymbol{U}$

	主成分 η_1	主成分 η_2	主成分 η_3
原变量$\tilde{\xi}_1$	0.706 3	−0.035 7	−0.707 0
原变量$\tilde{\xi}_2$	0.043 5	0.999 0	−0.007 0
原变量$\tilde{\xi}_3$	0.706 5	−0.025 8	0.707 2

注意到最后一个特征值 $\lambda_3 = 0.003$ 非常小,可以认为 $\lambda_3 \approx 0$,这样从主成分载荷阵 $\boldsymbol{U}$ 中与 η_3 对应的一列就可以得到一个近似线性关系

$$-0.707\,0\,\tilde{\xi}_1 - 0.007\,0\,\tilde{\xi}_2 + 0.707\,2\,\tilde{\xi}_3 \approx 0.$$

在上式中,$\tilde{\xi}_2$ 的系数 $-0.007\,0 \approx 0$,$\tilde{\xi}_1$ 的系数与 $\tilde{\xi}_3$ 的系数绝对值近似相等,因此,这一线性关系式还可以进一步简化为 $-\tilde{\xi}_1 + \tilde{\xi}_3 \approx 0$.

但这是标准化后的变量之间的关系,要求原变量之间的关系,上式实际上是

$$-\frac{\xi_1 - 194.59}{28.60} + \frac{\xi_3 - 139.74}{19.67} \approx 0,$$

整理后可得

$$\xi_3 \approx 0.688\xi_1 + 5.9.$$

这个式子给出了总消费量与国内总产值的近似线性关系,对于经济研究,显然是非常有意义的.

3. 分析判断主成分的直观意义

我们知道,主成分载荷阵$\boldsymbol{U}$的转置$\boldsymbol{U}^{\mathrm{T}}$,是用原变量$\tilde{\xi}_1, \tilde{\xi}_2, \cdots, \tilde{\xi}_m$表示主成分$\eta_1, \eta_2, \cdots, \eta_m$时的系数矩阵,即

$$\begin{cases} \eta_1 = u_{11}\tilde{\xi}_1 + u_{21}\tilde{\xi}_2 + \cdots + u_{m1}\tilde{\xi}_m, \\ \eta_2 = u_{12}\tilde{\xi}_1 + u_{22}\tilde{\xi}_2 + \cdots + u_{m2}\tilde{\xi}_m, \\ \quad\vdots \\ \eta_m = u_{1m}\tilde{\xi}_1 + u_{2m}\tilde{\xi}_2 + \cdots + u_{mm}\tilde{\xi}_m. \end{cases}$$

所以,观察主成分载荷阵中的各列数据,即各个主成分用原变量表达时的系数,可以对主成分的直观意义做出一些判断和分析.

下面用一个例子来说明.

例 2 某企业要招聘一名管理人员,有 48 人前去应聘. 负责招聘工作的人员对这 48 名应聘者进行考核评价后,从 15 个方面给他们打分,评分范围从 0 分到 10 分,这样就得到了一个由 15 个变量的 48 次观测组成的数据矩阵.

对这些数据进行主成分分析,得到前 6 个主成分的特征值和贡献率如下表所示:

	主成分 η_1	主成分 η_2	主成分 η_3	主成分 η_4	主成分 η_5	主成分 η_6
特征值	7.499	2.058	1.462	1.207	0.739	0.493
贡献率	50.0%	13.7%	9.7%	8.0%	4.9%	3.3%
累计贡献率	50.0%	63.7%	73.5%	81.5%	86.4%	89.7%

可以看出,从第 5 个主成分开始,所对应的特征值都小于 1,而且前 4 个主成分的累计贡献率已经达到 81.5%,因此可以只考虑前面 4 个主成分.

下面表中给出了前 4 个主成分的载荷.

主成分载荷阵中前 4 个主成分的载荷

原变量编号	原变量名称	主成分 η_1	主成分 η_2	主成分 η_3	主成分 η_4
1	申请书形式	0.16	0.43	0.31	−0.11
2	外　　貌	0.21	−0.03	−0.01	0.26
3	学术能力	0.04	0.24	−0.41	0.65
4	讨人喜欢	0.22	−0.13	0.48	0.33
5	自信程度	0.29	−0.25	−0.24	−0.16
6	精　　明	0.32	−0.13	−0.15	−0.06

续 表

原变量编号	原变量名称	主成分 η_1	主成分 η_2	主成分 η_3	主成分 η_4
7	诚　实	0.16	−0.40	0.30	0.41
8	推销能力	0.32	−0.04	−0.20	−0.21
9	经　验	0.13	0.55	0.08	0.06
10	积极性	0.32	0.05	−0.08	−0.15
11	抱　负	0.32	−0.07	−0.21	−0.19
12	理解力	0.33	−0.02	−0.11	0.08
13	潜　力	0.33	0.02	−0.06	0.19
14	交际能力	0.26	−0.08	0.46	−0.21
15	适应性	0.24	0.42	0.09	−0.03

第一个主成分 η_1 在各个变量上的载荷都是正的,大小也差不多,在"精明""推销能力""积极性""抱负""理解力""潜力"上载荷较大,可以认为它代表了一般的办事能力和精明能干程度. 这个主成分可以称为"办事能力"因子.

第二个主成分 η_2 在"申请书形式""经验""适应性"上有很大的正载荷,在"诚实"上有较大的负载荷,似乎代表了经验和适应能力. 由于善于适应,难免有些不诚实. 这个主成分可以称为"适应能力"因子.

第三个主成分 η_3 在"讨人喜欢""交际能力"上有很大的正载荷,在"学术能力"上有较大的负载荷,似乎代表交际能力. 由于忙于交际,在学术上用力就少了. 这个主成分可以称为"交际能力"因子.

第四个主成分 η_4 在"学术能力""诚实"上有很大的正载荷,在其他变量上载荷都比较小. 这个主成分可以称为"学术能力"因子.

分析出这样 4 种能力因子,对于人才类型的划分,以及人才的招聘、培养、使用,都是很有意义的. 例如,如果招聘者注重的是办事能力,就可以优先录用那些在"办事能力"因子上主成分得分比较高的应聘者;如果招聘者注重的是交际能力,就可以优先录用那些在"交际能力"因子上主成分得分比较高的应聘者.

4. 主成分分析结果的图示

主成分分析的结果可用直观的图像形式表示出来.

(1) 可以从图中看出各变量之间的关系

设因子载荷阵 $\widetilde{\boldsymbol{U}}=\begin{bmatrix}\widetilde{\boldsymbol{u}}_1^{\mathrm{T}}\\ \widetilde{\boldsymbol{u}}_2^{\mathrm{T}}\\ \vdots\\ \widetilde{\boldsymbol{u}}_m^{\mathrm{T}}\end{bmatrix}$,在一个直角坐标系中,用矩阵 $\widetilde{\boldsymbol{U}}$ 中的各行数据 $\widetilde{\boldsymbol{u}}_1, \widetilde{\boldsymbol{u}}_2, \cdots, \widetilde{\boldsymbol{u}}_m$ 作为向量坐标,作出 m 个向量,每一个向量代表一个原变量. 由于

$$\begin{bmatrix} \tilde{\boldsymbol{u}}_1^{\mathrm{T}}\tilde{\boldsymbol{u}}_1 & \tilde{\boldsymbol{u}}_1^{\mathrm{T}}\tilde{\boldsymbol{u}}_2 & \cdots & \tilde{\boldsymbol{u}}_1^{\mathrm{T}}\tilde{\boldsymbol{u}}_m \\ \tilde{\boldsymbol{u}}_2^{\mathrm{T}}\tilde{\boldsymbol{u}}_1 & \tilde{\boldsymbol{u}}_2^{\mathrm{T}}\tilde{\boldsymbol{u}}_2 & \cdots & \tilde{\boldsymbol{u}}_2^{\mathrm{T}}\tilde{\boldsymbol{u}}_m \\ \vdots & \vdots & & \vdots \\ \tilde{\boldsymbol{u}}_m^{\mathrm{T}}\tilde{\boldsymbol{u}}_1 & \tilde{\boldsymbol{u}}_m^{\mathrm{T}}\tilde{\boldsymbol{u}}_2 & \cdots & \tilde{\boldsymbol{u}}_m^{\mathrm{T}}\tilde{\boldsymbol{u}}_m \end{bmatrix} = \tilde{\boldsymbol{U}}\tilde{\boldsymbol{U}}^{\mathrm{T}} = (\boldsymbol{U}\boldsymbol{\Lambda}^{\frac{1}{2}})(\boldsymbol{U}\boldsymbol{\Lambda}^{\frac{1}{2}})^{\mathrm{T}} = \boldsymbol{U}\boldsymbol{\Lambda}\boldsymbol{U}^{\mathrm{T}}$$

$$= \boldsymbol{R} = \begin{bmatrix} r_{11} & r_{12} & \cdots & r_{1m} \\ r_{21} & r_{22} & \cdots & r_{2m} \\ \vdots & \vdots & & \vdots \\ r_{m1} & r_{m2} & \cdots & r_{mm} \end{bmatrix},$$

对比等式的两边,得

$$\tilde{\boldsymbol{u}}_i^{\mathrm{T}}\tilde{\boldsymbol{u}}_j = r_{ij}(i,\ j = 1,\ 2,\ \cdots,\ m).$$

从解析几何可知,如果向量$\tilde{u}_i$与$\tilde{u}_j$的夹角为θ_{ij},那么这两个向量夹角的余弦就等于

$$\cos\theta_{ij} = \frac{\tilde{\boldsymbol{u}}_i^{\mathrm{T}}\tilde{\boldsymbol{u}}_j}{\sqrt{\tilde{\boldsymbol{u}}_i^{\mathrm{T}}\tilde{\boldsymbol{u}}_i}\sqrt{\tilde{\boldsymbol{u}}_j^{\mathrm{T}}\tilde{\boldsymbol{u}}_j}} = \frac{r_{ij}}{\sqrt{r_{ii}}\sqrt{r_{jj}}} = r_{ij}.$$

当$\theta_{ij} = 0$时,$r_{ij} = \cos\theta_{ij} = 1$,表示变量$\xi_i$与变量$\xi_j$正线性相关;

当$\theta_{ij} = \frac{\pi}{2}$时,$r_{ij} = \cos\theta_{ij} = 0$,表示变量$\xi_i$与变量$\xi_j$不相关;

当$\theta_{ij} = \pi$时,$r_{ij} = \cos\theta_{ij} = -1$,表示变量$\xi_i$与变量$\xi_j$负线性相关.

所以,从各向量夹角的大小就可以看出各变量之间的相关关系.

(2) 可以从图中看出各次观测之间的关系

设因子得分阵$\tilde{\boldsymbol{Y}} = \begin{bmatrix} \tilde{\boldsymbol{y}}_1^{\mathrm{T}} \\ \tilde{\boldsymbol{y}}_2^{\mathrm{T}} \\ \vdots \\ \tilde{\boldsymbol{y}}_n^{\mathrm{T}} \end{bmatrix}$,原变量观测数据阵$\tilde{\boldsymbol{X}} = \begin{bmatrix} \tilde{\boldsymbol{x}}_1^{\mathrm{T}} \\ \tilde{\boldsymbol{x}}_2^{\mathrm{T}} \\ \vdots \\ \tilde{\boldsymbol{x}}_n^{\mathrm{T}} \end{bmatrix}$,用因子得分阵$\tilde{\boldsymbol{Y}}$中的各行数据

$\tilde{\boldsymbol{y}}_1,\ \tilde{\boldsymbol{y}}_2,\ \cdots,\ \tilde{\boldsymbol{y}}_n$作为点的坐标,作出$n$个点,每一个点代表一次观测.

由

$$\begin{bmatrix} \tilde{\boldsymbol{y}}_1^{\mathrm{T}} \\ \tilde{\boldsymbol{y}}_2^{\mathrm{T}} \\ \vdots \\ \tilde{\boldsymbol{y}}_n^{\mathrm{T}} \end{bmatrix} = \tilde{\boldsymbol{Y}} = \boldsymbol{Y}\boldsymbol{\Lambda}^{-\frac{1}{2}} = \tilde{\boldsymbol{X}}\boldsymbol{U}\boldsymbol{\Lambda}^{-\frac{1}{2}} = \begin{bmatrix} \tilde{\boldsymbol{x}}_1^{\mathrm{T}} \\ \tilde{\boldsymbol{x}}_2^{\mathrm{T}} \\ \vdots \\ \tilde{\boldsymbol{x}}_n^{\mathrm{T}} \end{bmatrix} \boldsymbol{U}\boldsymbol{\Lambda}^{-\frac{1}{2}} = \begin{bmatrix} \tilde{\boldsymbol{x}}_1^{\mathrm{T}}\boldsymbol{U}\boldsymbol{\Lambda}^{-\frac{1}{2}} \\ \tilde{\boldsymbol{x}}_2^{\mathrm{T}}\boldsymbol{U}\boldsymbol{\Lambda}^{-\frac{1}{2}} \\ \vdots \\ \tilde{\boldsymbol{x}}_n^{\mathrm{T}}\boldsymbol{U}\boldsymbol{\Lambda}^{-\frac{1}{2}} \end{bmatrix}$$

可以看出

$$\tilde{\boldsymbol{y}}_i^{\mathrm{T}} = \tilde{\boldsymbol{x}}_i^{\mathrm{T}}\boldsymbol{U}\boldsymbol{\Lambda}^{-\frac{1}{2}},\ i = 1,\ 2,\ \cdots,\ n.$$

在图中,坐标为$\tilde{\boldsymbol{y}}_i$和$\tilde{\boldsymbol{y}}_j$两点之间的几何距离,等于

$$\sqrt{(\tilde{\boldsymbol{y}}_i - \tilde{\boldsymbol{y}}_j)^{\mathrm{T}}(\tilde{\boldsymbol{y}}_i - \tilde{\boldsymbol{y}}_j)} = \sqrt{(\tilde{\boldsymbol{x}}_i - \tilde{\boldsymbol{x}}_j)^{\mathrm{T}}\boldsymbol{U}\boldsymbol{\Lambda}^{-\frac{1}{2}}\boldsymbol{\Lambda}^{-\frac{1}{2}}\boldsymbol{U}^{\mathrm{T}}(\tilde{\boldsymbol{x}}_i - \tilde{\boldsymbol{x}}_j)}$$

$$=\sqrt{(\tilde{\boldsymbol{x}}_i-\tilde{\boldsymbol{x}}_j)^{\mathrm{T}}\boldsymbol{U}\boldsymbol{\Lambda}^{-1}\boldsymbol{U}^{\mathrm{T}}(\tilde{\boldsymbol{x}}_i-\tilde{\boldsymbol{x}}_j)}$$

$$=\sqrt{(\tilde{\boldsymbol{x}}_i-\tilde{\boldsymbol{x}}_j)^{\mathrm{T}}(\boldsymbol{U}\boldsymbol{\Lambda}\boldsymbol{U}^{\mathrm{T}})^{-1}(\tilde{\boldsymbol{x}}_i-\tilde{\boldsymbol{x}}_j)}$$

$$=\sqrt{(\tilde{\boldsymbol{x}}_i-\tilde{\boldsymbol{x}}_j)^{\mathrm{T}}\boldsymbol{R}^{-1}(\tilde{\boldsymbol{x}}_i-\tilde{\boldsymbol{x}}_j)}.$$

这正是第 i 次观测 $\tilde{\boldsymbol{x}}_i$ 与第 j 次观测 $\tilde{\boldsymbol{x}}_j$ 之间的马氏距离.

所以,图中各点之间的几何距离的大小,反映了各次观测值之间的统计距离(马氏距离)的远近,因此,可以从图中看出各次观测之间的关系.

(3) 可以从图中看出各次观测与各个变量之间的关系

设因子得分阵 $\tilde{\boldsymbol{Y}}=\begin{bmatrix}\tilde{\boldsymbol{y}}_1^{\mathrm{T}}\\ \tilde{\boldsymbol{y}}_2^{\mathrm{T}}\\ \vdots\\ \tilde{\boldsymbol{y}}_n^{\mathrm{T}}\end{bmatrix}$, 因子载荷阵 $\tilde{\boldsymbol{U}}=\begin{bmatrix}\tilde{\boldsymbol{u}}_1^{\mathrm{T}}\\ \tilde{\boldsymbol{u}}_2^{\mathrm{T}}\\ \vdots\\ \tilde{\boldsymbol{u}}_m^{\mathrm{T}}\end{bmatrix}$, 由

$$\begin{bmatrix}\tilde{\boldsymbol{y}}_1^{\mathrm{T}}\tilde{\boldsymbol{u}}_1 & \tilde{\boldsymbol{y}}_1^{\mathrm{T}}\tilde{\boldsymbol{u}}_2 & \cdots & \tilde{\boldsymbol{y}}_1^{\mathrm{T}}\tilde{\boldsymbol{u}}_m\\ \tilde{\boldsymbol{y}}_2^{\mathrm{T}}\tilde{\boldsymbol{u}}_1 & \tilde{\boldsymbol{y}}_2^{\mathrm{T}}\tilde{\boldsymbol{u}}_2 & \cdots & \tilde{\boldsymbol{y}}_2^{\mathrm{T}}\tilde{\boldsymbol{u}}_m\\ \vdots & \vdots & & \vdots\\ \tilde{\boldsymbol{y}}_n^{\mathrm{T}}\tilde{\boldsymbol{u}}_1 & \tilde{\boldsymbol{y}}_n^{\mathrm{T}}\tilde{\boldsymbol{u}}_2 & \cdots & \tilde{\boldsymbol{y}}_n^{\mathrm{T}}\tilde{\boldsymbol{u}}_m\end{bmatrix}=\tilde{\boldsymbol{Y}}\tilde{\boldsymbol{U}}^{\mathrm{T}}=\tilde{\boldsymbol{X}}\boldsymbol{U}\boldsymbol{\Lambda}^{-\frac{1}{2}}(\boldsymbol{U}\boldsymbol{\Lambda}^{\frac{1}{2}})^{\mathrm{T}}$$

$$=\tilde{\boldsymbol{X}}\boldsymbol{U}\boldsymbol{\Lambda}^{-\frac{1}{2}}\boldsymbol{\Lambda}^{\frac{1}{2}}\boldsymbol{U}^{\mathrm{T}}=\tilde{\boldsymbol{X}}$$

$$=\begin{bmatrix}\tilde{x}_{11} & \tilde{x}_{12} & \cdots & \tilde{x}_{1m}\\ \tilde{x}_{21} & \tilde{x}_{22} & \cdots & \tilde{x}_{2m}\\ \vdots & \vdots & & \vdots\\ \tilde{x}_{n1} & \tilde{x}_{n2} & \cdots & \tilde{x}_{nm}\end{bmatrix}$$

可看出

$$\tilde{\boldsymbol{y}}_i^{\mathrm{T}}\tilde{\boldsymbol{u}}_j=\tilde{x}_{ij},\ i=1,\ 2,\ \cdots,\ n,\ j=1,\ 2,\ \cdots,\ m.$$

设 $\tilde{\boldsymbol{y}}_i$ 是图中代表第 i 次观测的点,$\tilde{\boldsymbol{u}}_j$ 是图中代表第 j 个变量 $\tilde{\xi}_j$ 的向量,由解析几何可知,点 $\tilde{\boldsymbol{y}}_i$ 在向量 $\tilde{\boldsymbol{u}}_j$ 上的投影长度为 $\dfrac{\tilde{\boldsymbol{y}}_i^{\mathrm{T}}\tilde{\boldsymbol{u}}_j}{\sqrt{\tilde{\boldsymbol{u}}_j^{\mathrm{T}}\tilde{\boldsymbol{u}}_j}}=\dfrac{\tilde{x}_{ij}}{\sqrt{r_{jj}}}=\tilde{x}_{ij}$, 正好就是第 i 次观测时第 j 个变量 $\tilde{\xi}_j$ 的观测值. 第 i 次观测时,$\tilde{\xi}_j$ 的值越大,点 $\tilde{\boldsymbol{y}}_i$ 在向量 $\tilde{\boldsymbol{u}}_j$ 上的投影越长,也就是点 $\tilde{\boldsymbol{y}}_i$ 离向量 $\tilde{\boldsymbol{u}}_j$ 越近;$\tilde{\xi}_j$ 的值越小,点 $\tilde{\boldsymbol{y}}_i$ 在向量 $\tilde{\boldsymbol{u}}_j$ 上的投影越短,也就是点 $\tilde{\boldsymbol{y}}_i$ 离向量 $\tilde{\boldsymbol{u}}_j$ 越远. 所以,可以从图中看出各次观测与各个变量之间的关系.

例 3　1973 年,Weber 对欧洲 25 个国家平均每人每天从 9 种食品来源中得到的蛋白质的数量做了统计. 这 9 种食品来源是:

ξ_1——牛羊肉类,ξ_2——猪禽肉类,ξ_3——蛋类,ξ_4——乳类, ξ_5——鱼类,

ξ_6——谷类,ξ_7——薯类,ξ_8——花生豆类,ξ_9——果蔬类.

得到统计数据如下表所示:

国　　家	牛羊肉类	猪禽肉类	蛋类	乳类	鱼类	谷类	薯类	花生豆类	果蔬类
阿尔巴尼亚	10.1	1.4	0.5	8.9	0.2	42.3	0.6	5.5	1.7
奥地利	8.9	14.0	4.3	19.9	2.1	28.0	3.6	1.3	4.3
比利时	13.5	9.3	4.1	17.5	4.5	26.6	5.7	2.1	4.0
保加利亚	7.8	6.0	1.6	8.3	1.2	56.7	1.1	3.7	4.2
捷克斯洛伐克	9.7	11.4	2.8	12.5	2.0	34.3	5.0	1.1	4.0
丹　麦	10.6	10.8	3.7	25.0	9.9	21.9	4.8	0.7	2.4
东　德	8.4	11.6	3.7	11.1	5.4	24.6	6.5	0.8	3.6
芬　兰	9.5	4.9	2.7	33.7	5.8	26.3	5.1	1.0	1.4
法　国	18.0	9.9	3.3	19.5	5.7	28.1	4.8	2.4	6.5
希　腊	10.2	3.0	2.8	17.6	5.9	41.7	2.2	7.8	6.5
匈牙利	5.3	12.4	2.9	9.7	0.3	40.1	4.0	5.4	4.2
爱尔兰	13.9	10.0	4.7	25.8	2.2	24.0	6.2	1.6	2.9
意大利	9.0	5.1	2.9	13.7	3.4	36.8	2.1	4.3	6.7
荷　兰	9.5	13.6	3.6	23.4	2.5	22.4	4.2	1.8	3.7
挪　威	9.4	4.7	2.7	23.3	9.7	23.0	4.6	1.6	2.7
波　兰	6.9	10.2	2.7	19.3	3.0	36.1	5.9	2.0	6.6
葡萄牙	6.2	3.7	1.1	4.9	14.2	27.0	5.9	4.7	7.9
罗马尼亚	6.2	6.3	1.5	11.1	1.0	49.6	3.1	5.3	2.8
西班牙	7.1	3.4	3.1	8.6	7.0	29.2	5.7	5.9	7.2
瑞　典	9.9	7.8	3.5	24.7	7.5	19.5	3.7	1.4	2.0
瑞　士	13.1	10.1	3.1	23.8	2.3	25.6	2.8	2.4	4.9
英　国	17.4	5.7	4.7	20.6	4.3	24.3	4.7	3.4	3.3
苏　联	9.3	4.6	2.1	16.6	3.0	43.6	6.4	3.4	2.9
西　德	11.4	12.5	4.1	18.8	3.4	18.6	5.2	1.5	3.8
南斯拉夫	4.4	5.0	1.2	9.5	0.6	55.9	3.0	5.7	3.2

对这些数据进行主成分分析，得到前 4 个主成分的特征值和贡献率如下：

	主成分 η_1	主成分 η_2	主成分 η_3	主成分 η_4
特征值	4.006	1.635	1.128	0.955
贡献率	44.5%	18.2%	12.5%	10.6%
累计贡献率	44.5%	62.7%	75.2%	85.8%

计算的结果可以用图像表示出来(图 7-2).

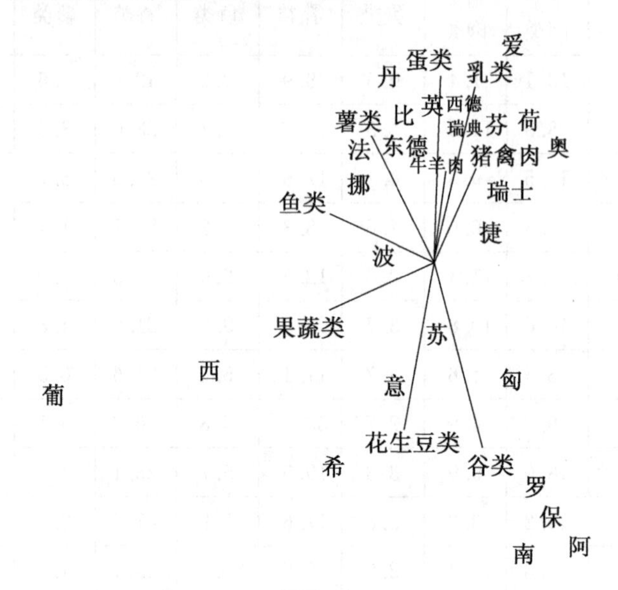

图 7-2

从图 7-2 中可以看出,代表东南欧国家——罗马尼亚、保加利亚、南斯拉夫、阿尔巴尼亚的点正好在图的东南方,代表南欧国家——意大利、希腊的点正好在图的南方,代表西南欧国家——西班牙、葡萄牙的点正好在图的西南方,代表中东欧国家——瑞士、奥地利、匈牙利、捷克斯洛伐克、波兰、苏联的点正好在图的中部和东方,代表西北欧国家——英国、法国、东德、西德、荷兰、比利时、爱尔兰、丹麦、瑞典、挪威、芬兰的点正好在图的西北方. 令人惊讶的是: 按照食品中蛋白质来源作出的点图,竟然与按照各国地理位置作出的欧洲地图十分相似!

从图 7-2 中还可以看出,代表谷类的向量的方向,与代表牛羊肉、猪禽肉、蛋类、乳类的向量的方向几乎正好相反,这说明它们之间近似有负相关关系: 一个在食品中多了,另一个在食品中就会减少;一个在食品中少了,另一个在食品中就会增多. 从图中还可以看出,东南欧国家食品以谷类为主,南欧国家食用花生、豆类比较多,西南欧国家食用水果、蔬菜比较多,西北欧国家食品以牛羊肉、猪禽肉、蛋类、乳类为主. 这些结果,对于实际问题的观察和研究来说,都是很有意义的.

还有一点要说明的是: 以上介绍的主成分分析结果的图示,都是对 m 维空间图像而言的,当 $m>2$ 时,这样的图像其实是无法在平面上作出来的. 我们只能取与前两个主成分对应的前两个坐标,作图中的点和向量,这相当于作 2 维平面投影. 由于前两个主成分的变化,尽可能多地反映了原变量的变化,所以虽然是 2 维平面投影,也能比较好地将 m 维空间图像表达出来.

7.3 判别分析

7.3.1 判别分析问题的一般形式

在生产、科研和日常生活中,我们经常会遇到判别分类的问题. 在这些问题中,已经知道研究对象可以分为几个类别，而且对这些类别已经做了一些观测，取得了一批样本数据. 要求从已知的样本观测数据出发，建立一种判别方法，当我们取得一个新的样品时，可以根据这个样品的观测值，判定它属于哪一类，这种做法就称为**判别分析**(Discriminant Analysis).

例 1　岩石分类

从某矿床取得 14 块已知是铀矿石的样品和 14 块已知是围岩的样品，分别测定其中 7 种成分的含量，得到了一批观测数据：

已知类别	样品编号	Pb	Zn	Mo	Cu	CaO+MgO	Al_2O_3	SiO_2
铀矿石	1	0.004 9	0.488	0.22	0.009 8	4.07	13.97	61.62
	2	0.003 0	0.114	0.07	0.007 7	1.51	11.47	69.69
	⋮	⋮	⋮	⋮	⋮	⋮	⋮	⋮
	14	0.002 9	0.232	0.03	0.009 0	1.83	13.35	66.96
围　岩	15	0.002 3	0.013 4	0.14	0.006 5	1.39	11.88	73.58
	16	0.001 9	0.009 9	0.10	0.008 2	1.53	13.89	65.93
	⋮	⋮	⋮	⋮	⋮	⋮	⋮	⋮
	28	0.001 4	0.014 6	0.03	0.007 3	1.87	12.79	65.85

要求建立一种判别方法，当我们从这个矿床取得一个新的岩石样品时，可以通过测定这个样品中 7 种成分的含量，判定它是铀矿石还是围岩.

例 2　精神病的诊断(Rao 和 Slater, 1949)

对 114 个处于焦虑状态的病人，33 个患癔症的病人，32 个有精神变态的病人，17 个有强迫观念的病人，5 个有变态人格的病人，以及 55 个正常人，分别进行 3 种精神病测试，得到测试分数 X_1，X_2 和 X_3.

要求根据上述已知的测试数据，建立一种诊断方法，使得我们可以对一个新来的求诊者进行这 3 种精神病测试，根据测试得到的分数 X_1，X_2 和 X_3，判断出求诊者是否正常，如果不正常，诊断出他患有哪一类精神病.

例 3　(全国数学建模竞赛 2000 年 **A** 题)**DNA** 序列分类

对于 A，B 两种不同的 DNA，给出了 20 个类别已知的 DNA 序列样品，其中 1～10 号序列属于 A 类，11～20 号序列属于 B 类. 另外还有 20 个类别未知的 DNA 序列样品.

要求建立一种判别方法，判别出类别未知的 DNA 序列样品属于哪一类.

由此可以归纳出判别分析问题的一般形式：

设有 p 个已知的类别：G_1，G_2，…，G_p 对各个类别分别取样，共得到 n 个样品，已知其中有 n_1 个属于 G_1，n_2 个属于 G_2，…，n_p 个属于 G_p. 对每一个样品进行观测检验，得到 m 个变量 X_1，X_2，…，X_m 的观测值 x_{ij}，$i=1, 2, \cdots, n$，$j=1, 2, \cdots, m$：

已知类别	样品个数	样品编号	变量 X_1	变量 X_2	…	变量 X_m
G_1	n_1	1	x_{11}	x_{12}	…	x_{1m}
		2	x_{21}	x_{22}	…	x_{2m}
		⋮	⋮	⋮		⋮
⋮	⋮	⋮	⋮	⋮		⋮
G_p	n_p	⋮	⋮	⋮		⋮
		$n-1$	$x_{n-1,\ 1}$	$x_{n-1,\ 2}$	…	$x_{n-1,\ m}$
		n	x_{n1}	x_{n2}	…	x_{nm}

要求建立一种判别方法,当我们取得一个新的样品时,可以对这个样品进行观测检验,测得 m 个变量 $X_1, X_2, \cdots, X_m$ 的观测值,根据观测值判定它属于哪一类.

7.3.2 常用的判别分析方法

1. 距离判别

设有一个要判别类型的样品,$x_1, x_2, \cdots, x_m$ 是对这个样品的 m 个变量 $X_1, X_2, \cdots, X_m$ 测得的观测值, $\boldsymbol{x}=\begin{bmatrix}x_1\\x_2\\\vdots\\x_m\end{bmatrix}$.

定义一种从样品 x 到第 k 类 G_k 的距离 $d(\boldsymbol{x}, G_k)$, $k=1, 2, \cdots, p$.

例如,可以定义它是普通的几何距离(欧氏距离)

$$d(\boldsymbol{x}, G_k)=\sqrt{(\boldsymbol{x}-\overline{\boldsymbol{x}}_k)^{\mathrm{T}}(\boldsymbol{x}-\overline{\boldsymbol{x}}_k)},$$

其中, $\overline{\boldsymbol{x}}_k=\begin{bmatrix}\overline{x}_{1k}\\\overline{x}_{2k}\\\vdots\\\overline{x}_{mk}\end{bmatrix}$ 是已知属于 G_k 的样品的样本均值向量, $k=1, 2, \cdots, p$.

也可以定义它是马氏距离

$$d(\boldsymbol{x}, G_k)=\sqrt{(\boldsymbol{x}-\overline{\boldsymbol{x}}_k)^{\mathrm{T}}\boldsymbol{S}_k^{-1}(\boldsymbol{x}-\overline{\boldsymbol{x}}_k)},$$

其中,$\boldsymbol{S}_k$ 是已知属于 G_k 的样品的样本协方差矩阵, $k=1, 2, \cdots, p$.

对各类 $G_1, G_2, \cdots, G_p$,比较 x 到各类距离 $d(\boldsymbol{x}, G_1), d(\boldsymbol{x}, G_2), \cdots, d(\boldsymbol{x}, G_p)$的大小,$\boldsymbol{x}$ 到哪一类的距离最近,就将这个样品判别为哪一类.

2. 回归判别

把类别已知样品的样本观测值作为自变量 $X_1, X_2, \cdots, X_m$ 的观测值. 对每一类 G_k,人为地给定一个因变量 Y_k,设它的观测值为

$$y_{ik}=\begin{cases}1, & \text{当第 } i \text{ 个样品属于 } G_k \text{ 时;}\\ 0, & \text{当第 } i \text{ 个样品不属于 } G_k \text{ 时,}\end{cases} \quad i=1, 2, \cdots, n, \ k=1, 2, \cdots, p.$$

从这些数据出发,通过回归分析,对每一类 G_k 建立一个线性回归方程

$$\hat{Y}_k = \hat{\beta}_{0k} + \hat{\beta}_{1k}X_1 + \hat{\beta}_{2k}X_2 + \cdots + \hat{\beta}_{mk}X_m,\ k = 1,\ 2,\ \cdots,\ p.$$

将待判别的样品的观测值 $x_1,\ x_2,\ \cdots,\ x_m$ 代入各个回归方程,求出因变量的估计值 $\hat{y}_1,\ \hat{y}_2,\ \cdots,\ \hat{y}_p$,看哪一个 $\hat{y}_k$ 最接近 1,就把这个样品判别为哪一类.

特别地,如果 $p = 2$,只有两类,则只需要对第 1 类建立一个线性回归方程

$$\hat{Y}_1 = \hat{\beta}_{01} + \hat{\beta}_{11}X_1 + \hat{\beta}_{21}X_2 + \cdots + \hat{\beta}_{m1}X_m.$$

将 $x_1,\ x_2,\ \cdots,\ x_m$ 代入回归方程,求出 $\hat{y}_1$,如果 $\hat{y}_1 > \frac{1}{2}$,就把这个样品判别为第 1 类;如果 $\hat{y}_1 < \frac{1}{2}$,就把这个样品判别为第 2 类.

除了上面介绍的几种判别分析方法以外,最常用的、相对来说更好的一种判别方法是 Bayes 判别.

3. Bayes(贝叶斯)判别

在第 1 章中我们讲到 Bayes(贝叶斯)公式.

若 $B_1,\ B_2,\ \cdots,\ B_p$ 是一组互不相容的事件,有 $P(B_k) > 0,\ k = 1,\ 2,\ \cdots,\ p$,事件 $A \subset \sum_{k=1}^{p} B_k$,即 A 的发生总是与 $B_1,\ B_2,\ \cdots,\ B_p$ 之一同时发生,则在事件 A 已经发生的条件下事件 B_k 发生的条件概率,可以由下式求出

$$P(B_k \mid A) = \frac{P(B_k)P(A \mid B_k)}{\sum_{j=1}^{p} P(B_j)P(A \mid B_j)},\ k = 1,\ 2,\ \cdots,\ p.$$

Bayes 公式常常被用来判断一个事件是什么原因引起的. 设 $B_1,\ B_2,\ \cdots,\ B_p$ 是可能引起事件 A 发生的几个原因,$P(B_k)$是在事件 A 发生之前就知道的 B_k 的概率,这个概率反映了 B_k 在各种原因中所占的百分比大小,称为“先验概率”. $P(B_k|A)$是在事件 A 发生之后,估计事件 A 可能是由原因 B_k 引起的概率,称为“后验概率”. 比较各个后验概率的大小,某个后验概率最大,说明 A 最有可能是由这个原因引起的;某些后验概率比较小,说明 A 不太可能是由这些原因引起的. 这样,就可以比较有理由地对事件发生的原因做出判断.

设 $x_1,\ x_2,\ \cdots,\ x_m$ 是对样品的 m 个变量 $X_1,\ X_2,\ \cdots,\ X_m$ 测得的观测值,$\boldsymbol{x} = \begin{bmatrix} x_1 \\ x_2 \\ \vdots \\ x_m \end{bmatrix}$. 样品取值为 $\boldsymbol{x}$,相当于 Bayes 公式中的事件 A.

样品属于类别 G_k,相当于 Bayes 公式中的事件 B_k.

设从自然界任取一个样品,这个样品恰好属于类别 G_k 的概率为 $\pi_k,\ k=1,\ 2,\ \cdots,\ p$. 称 π_k 为“先验概率”,先验概率 π_k 相当于 Bayes 公式中的概率 $P(B_k)$.

对每一个类别 G_k 来说,变量 $X_1,\ X_2,\ \cdots,\ X_m$ 的值,是一个服从多元分布的总体 ξ_k,设它的概率密度为 $\varphi_k(\boldsymbol{x})$. 当 x 为样品观测值$(x_1, x_2, \cdots, x_m)^{\mathrm{T}}$ 时,$\varphi_k(\boldsymbol{x})$反映了当样品属于类别 G_k 时,样品取值为 $\boldsymbol{x}$ 的概率大小(在 x 的邻域 $x+\Delta x$ 内的概率为 $\varphi_k(x)\Delta x$),从某种意义

上说,$\varphi_k(\boldsymbol{x})$相当于 Bayes 公式中的条件概率$P(A|B_k)$.

通常可以认为 G_k 的总体 ξ_k 服从的分布是一个 m 元正态分布,即

$$\xi_k \sim N_m(\boldsymbol{\mu}_k,\ \boldsymbol{\Sigma}_k),$$

概率密度为

$$\varphi_k(\boldsymbol{x}) = (2\pi)^{-\frac{m}{2}}(\det\boldsymbol{\Sigma}_k)^{-\frac{1}{2}}\exp\left[-\frac{1}{2}(\boldsymbol{x}-\boldsymbol{\mu}_k)^{\mathrm{T}}\boldsymbol{\Sigma}_k^{-1}(\boldsymbol{x}-\boldsymbol{\mu}_k)\right],$$

其中,μ_k 是 ξ_k 的数学期望向量,$\boldsymbol{\Sigma}_k$ 是 ξ_k 的协方差矩阵,$k=1,\ 2,\ \cdots,\ p$.

类似于 Bayes 公式中的后验概率

$$P(B_k \mid A) = \frac{P(B_k)P(A \mid B_k)}{\sum_{j=1}^{p} P(B_j)P(A \mid B_j)},\ k=1,\ 2,\ \cdots,\ p,$$

有变元$(X_1, X_2, \cdots, X_m)$在 x 的很小邻域 $x+\Delta x$ 内取值的概率

$$P(G_k \mid \boldsymbol{x}) \approx \frac{\pi_k\varphi_k(\boldsymbol{x})\Delta x}{\sum_{j=1}^{p}\pi_j\varphi_j(\boldsymbol{x})\Delta x} = \frac{\pi_k\varphi_k(\boldsymbol{x})}{\sum_{j=1}^{p}\pi_j\varphi_j(\boldsymbol{x})},\ k=1,\ 2,\ \cdots,\ p.$$

与 Bayes 公式作类比,可以认为,$P(G_k|\boldsymbol{x})$就是当一个样品取值为 $\boldsymbol{x}$ 时,这个样品属于类别 G_k 的后验概率. 因此,做判别分析,只要比较这种后验概率的大小就可以了,哪一个后验概率最大,说明样品最有可能属于这一类别,就将样品判别为这一类.

这种做法,还可以从减少"错判损失"的角度来说明. 当一个样品实际上是属于 G_i 类,如果将它错误地判别分类到另一类 G_k,就会有一个损失,可以定义一个"错判损失"函数为

$$L(i,\ k) = \begin{cases} 0, & \text{当 } i = k \text{ 时}, \\ 1, & \text{当 } i \neq k \text{ 时}. \end{cases}$$

一个分类未知、取值为 $\boldsymbol{x}$ 的样品,它的"平均错判损失"就是 $L(i,\ k)$的条件数学期望

$$\begin{aligned} E(L(i,\ k) \mid \boldsymbol{x}) &= \sum_{i=1}^{p} L(i,\ k)P(G_i \mid \boldsymbol{x}) = \sum_{i\neq k} P(G_i \mid \boldsymbol{x}) \\ &= \sum_{i\neq k}\frac{\pi_i\varphi_i(\boldsymbol{x})}{\sum_{j=1}^{p}\pi_j\varphi_j(\boldsymbol{x})} = \frac{\sum_{i=1}^{p}\pi_i\varphi_i(\boldsymbol{x}) - \pi_k\varphi_k(\boldsymbol{x})}{\sum_{j=1}^{p}\pi_j\varphi_j(\boldsymbol{x})} \\ &= 1 - \frac{\pi_k\varphi_k(\boldsymbol{x})}{\sum_{j=1}^{p}\pi_j\varphi_j(\boldsymbol{x})}. \end{aligned}$$

从上式可以看出,要使得平均错判损失最小,也就是要使得 $\dfrac{\pi_k\varphi_k(\boldsymbol{x})}{\sum_{j=1}^{p}\pi_j\varphi_j(\boldsymbol{x})}$ 最大.

这样,我们就可以得到一种判别方法:

对各个类别 $G_1,\ G_2,\ \cdots,\ G_p$,分别写出判别函数

$$P(G_k \mid \boldsymbol{x}) = \frac{\pi_k \varphi_k(\boldsymbol{x})}{\sum_{j=1}^{p} \pi_j \varphi_j(\boldsymbol{x})},\ k = 1,\ 2,\ \cdots,\ p.$$

将要判别类型的样品观测值 $x_1,\ x_2,\ \cdots,\ x_m$ 代入 $P(G_1|\boldsymbol{x}),\ P(G_2|\boldsymbol{x}),\ \cdots,\ P(G_p|\boldsymbol{x})$,算出后验概率,比较后验概率的大小,哪一个后验概率最大,说明样品最有可能属于这一类别,就将样品判别为这一类.

这就是 Bayes(贝叶斯)判别的基本思想. 贝叶斯判别还涉及如下几个问题.

问题 1　如何求先验概率 π_k

先验概率 π_k,即从自然界任取一个样品,这个样品恰好属于类别 G_k 的概率,可以有下列几种取法:

(1) 认为各个类别的先验概率相等,即取 $\pi_k = \frac{1}{p},\ k = 1,\ 2,\ \cdots,\ p.$

(2) 认为先验概率 π_k 与已知属于这一类的样品个数 n_k 成正比,即取

$$\pi_k = \frac{n_k}{n},\ k = 1,\ 2,\ \cdots,\ p.$$

(3) 人为地给定先验概率 π_k 的值.

从 $P(G_k|x)$的表达式可以看出,先验概率 π_k 越大,判别属于这一类的可能性就越大. 在实际问题中,有时会遇到这样的情形: 如果将不属于这一类的样品误判为这一类,不会带来多大损失;如果将属于这一类的样品,误判为其他类别,则会带来很大损失,抱着“宁可误判为这一类,不要误判为其他类”的想法,我们可以人为地加大这一类的先验概率 π_k,使得判别为这一类的可能性增大. 如果问题反过来,则可以人为地减小这一类的先验概率 π_k.

问题 2　如何求概率密度 $\varphi_k(\boldsymbol{x})$

G_k 类的总体 ξ_k 的概率密度为

$$\varphi_k(\boldsymbol{x}) = (2\pi)^{-\frac{m}{2}}(\det \boldsymbol{\Sigma}_k)^{-\frac{1}{2}} \exp\left[-\frac{1}{2}(\boldsymbol{x}-\boldsymbol{\mu}_k)^{\mathrm{T}}\boldsymbol{\Sigma}_k^{-1}(\boldsymbol{x}-\boldsymbol{\mu}_k)\right].$$

其中,$\boldsymbol{\mu}_k$ 是 ξ_k 的数学期望向量,可以用已知属于 G_k 类的样品的样本均值向量 $\overline{\boldsymbol{x}}_k = \begin{bmatrix} \overline{x}_{1k} \\ \overline{x}_{2k} \\ \vdots \\ \overline{x}_{mk} \end{bmatrix}$ 作为它的估计值.

$\boldsymbol{\Sigma}_k$ 是 ξ_k 的协方差矩阵,可以用样本协方差矩阵作为它的估计值. 有下列几种做法:

(1) 认为各类的协方差矩阵都相同,即 $\boldsymbol{\Sigma}_1 = \boldsymbol{\Sigma}_2 = \cdots = \boldsymbol{\Sigma}_p$.

这时,可以将各个类别的样本观测数据合并在一起,计算一个总的样本协方差矩阵 $\boldsymbol{S}$,用它作为 $\boldsymbol{\Sigma}_1,\ \boldsymbol{\Sigma}_2,\ \cdots,\ \boldsymbol{\Sigma}_p$ 的估计值.

在实际问题中,各个类别的协方差矩阵可能差别很大,把它们都看作相同的,可能会产生很大的误差.

(2) 认为各类的协方差矩阵 $\boldsymbol{\Sigma}_1,\ \boldsymbol{\Sigma}_2,\ \cdots,\ \boldsymbol{\Sigma}_p$ 各不相同.

这时,必须将各个类别的样本观测数据分开,分别计算样本协方差矩阵. 设用 G_k 类样品算出的样本协方差矩阵为 $\boldsymbol{S}_k,\ k=1,\ 2,\ \cdots,\ p$. 分别用 $\boldsymbol{S}_1,\ \boldsymbol{S}_2,\ \cdots,\ \boldsymbol{S}_p$ 作为 $\boldsymbol{\Sigma}_1,\ \boldsymbol{\Sigma}_2,\ \cdots,\ \boldsymbol{\Sigma}_p$

的估计值.

但这样做的缺点是：在一些类别中，观测数据可能很少，用这样少的数据求出的样本协方差矩阵 $\boldsymbol{S}_k$，去估计总体的协方差矩阵 $\boldsymbol{\Sigma}_k$，会产生比较大的误差.

(3) 采用组合方法，即通过假设检验，检验各个类别的协方差矩阵是否相等，如果检验认为相等，就将这几个类别的样本观测数据合并在一起，计算一个总的样本协方差矩阵；如果检验认为不相等，就将这几个类别的样本观测数据分开，分别计算样本协方差矩阵.

问题 3　如何衡量判别分析效果好坏

衡量判别分析效果的好坏，可以将已知属于各个类别的样品数据分别代入判别函数，判别它们属于哪一类.

判别的结果可以写成如下表格，称为**判别矩阵**：

		判别认为的类别			
		G_1	G_2	$\cdots$	G_p
已知所属的类别	G_1	n_{11}	n_{12}	$\cdots$	n_{1p}
	G_2	n_{21}	n_{22}	$\cdots$	n_{2p}
	$\vdots$	$\vdots$	$\vdots$	$\vdots$	$\vdots$
	G_p	n_{p1}	n_{p2}	$\cdots$	n_{pp}

其中，n_{kl} 是原来已知属于第 k 类 G_k、被判别认为属于第 l 类 G_l 的样品个数.

显然，判别矩阵中，对角线上的数字(即下标 $k=l$ 的 n_{kl})越大，非对角线上的数字(即下标 $k\neq l$ 的 n_{kl})等于 0 的值越多，说明误判的情况越少，判别的效果越好.

例　(国际数学建模竞赛 1989 年 A 题)蠓的分类

蠓是一种昆虫，分为很多类型，其中有一种名为 Af，是能传播花粉的益虫；另一种名为 Apf，是会传播疾病的害虫，这两种类型的蠓在形态上十分相似，很难区分. 要求建立一种判别方法，能够根据这两种蠓的触角长度和翅膀长度，判别它属于哪一种.

现在有 15 只蠓的标本，其中 6 只是 Af 蠓，9 只是 Apf 蠓，测得它们的触角长度和翅膀长度数据如下：

已 知 类 型	标 本 编 号	X_1 触角长度/mm	X_2 翅膀长度/mm
Af	1	1.14	1.78
	2	1.18	1.96
	3	1.20	1.86
	4	1.26	2.00
	5	1.28	2.00
	6	1.30	1.96

续　表

已知类型	标本编号	X_1 触角长度/mm	X_2 翅膀长度/mm
Apf	7	1.24	1.72
	8	1.36	1.74
	9	1.38	1.64
	10	1.38	1.82
	11	1.38	1.90
	12	1.40	1.70
	13	1.48	1.82
	14	1.54	1.82
	15	1.56	2.08

这两类蠓的样本均值向量、样本协方差矩阵分别为

$$\bar{\boldsymbol{x}}_1 = \begin{bmatrix} 1.226\,67 \\ 1.926\,67 \end{bmatrix},\ \boldsymbol{S}_1 = \begin{bmatrix} 0.003\,946\,67 & 0.004\,346\,67 \\ 0.004\,346\,67 & 0.007\,786\,67 \end{bmatrix};$$

$$\bar{\boldsymbol{x}}_2 = \begin{bmatrix} 1.413\,33 \\ 1.804\,44 \end{bmatrix},\ \boldsymbol{S}_2 = \begin{bmatrix} 0.009\,800\,00 & 0.008\,083\,33 \\ 0.008\,083\,33 & 0.016\,877\,78 \end{bmatrix}.$$

设各类蠓的先验概率与已知属于各类的样品个数成正比,取

$$\pi_1 = \frac{n_1}{n} = \frac{6}{15},\ \pi_2 = \frac{n_2}{n} = \frac{9}{15}.$$

计算各类的概率密度时,对于协方差矩阵的估计,考虑下列两种情形.

1. 认为各类的协方差矩阵是不相同的

建立 Bayes 判别函数,对原来已知类别的 15 只蠓的标本进行判别,得到结果如下:

已知类型	标本编号	判别认为的类型	最大后验概率
Af	1	Af	0.993 715
	2	Af	0.999 629
	3	Af	0.994 967
	4	Af	0.998 608
	5	Af	0.996 809
	6	Af	0.964 354

续 表

已知类型	标本编号	判别认为的类型	最大后验概率
Apf	7	Apf	0.997 064
	8	Apf	1.000 000
	9	Apf	1.000 000
	10	Apf	1.000 000
	11	Apf	0.999 627
	12	Apf	1.000 000
	13	Apf	1.000 000
	14	Apf	1.000 000
	15	Apf	1.000 000

判别矩阵为

		判别认为的类型	
		Af	Apf
已知所属类型	Af	6	0
	Apf	0	9

现在另有3只类型未知的蠓的标本,触角长度和翅膀长度分别为(1.24, 1.80),(1.28, 1.84),(1.40, 2.04).

从图7-3可以看出,要判别类型的3只标本正好处于两类的边界上.(在图7-3中,用"o"标记的是已知属于Af类的蠓,用"x"标记的是已知属于Apf类的蠓,用"?"标记的是类别未知、需要判别类型的蠓)

将它们的数据代入判别函数,可得到判别结果如下:

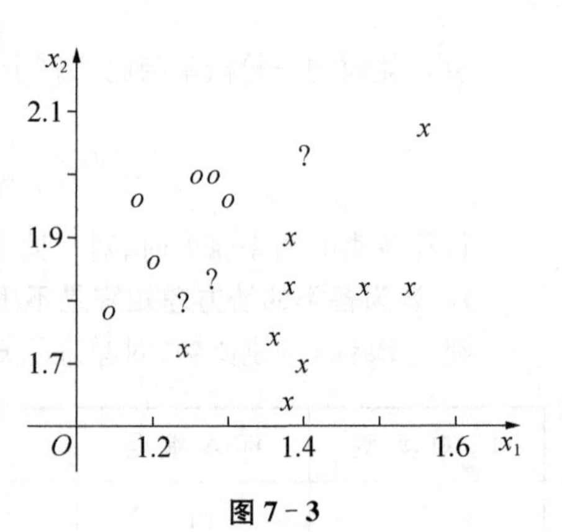

图7-3

标本编号	X_1 触角长度/mm	X_2 翅膀长度/mm	判别认为的类型	最大后验概率
16	1.24	1.80	Apf	0.554 482
17	1.28	1.84	Apf	0.782 247
18	1.40	2.04	Apf	0.761 629

判别结果认为这3只标本都属于Apf类.

2. 采用组合方法

对假设 $H_0:\boldsymbol{\Sigma}_1=\boldsymbol{\Sigma}_2$ 做 χ^2 检验,结论是可以认为两类总体的协方差矩阵是相同的,所以可以将两类样品的数据合并在一起,计算出一个总的样本协方差矩阵

$$\boldsymbol{S}=\begin{bmatrix}0.00754872 & 0.00664615\\0.00664615 & 0.01338120\end{bmatrix}.$$

建立 Bayes 判别函数,对原来已知类别的 15 只蠓的标本进行判别,得到结果如下:

已知类型	标本编号	判别认为的类型	最大后验概率
Af	1	Af	0.998 911
	2	Af	0.999 988
	3	Af	0.998 293
	4	Af	0.999 727
	5	Af	0.999 125
	6	Af	0.987 304
Apf	7	Apf	0.783 503
	8	Apf	0.999 455
	9	Apf	0.999 996
	10	Apf	0.996 436
	11	Apf	0.930 133
	12	Apf	0.999 988
	13	Apf	0.999 989
	14	Apf	1.000 000
	15	Apf	0.998 016

判别矩阵为

		判别认为的类型	
		Af	Apf
已知所属类型	Af	6	0
	Apf	0	9

将 3 只类型未知的蠓的标本的数据代入判别函数,可得到判别结果如下:

标本编号	X_1 触角长度/mm	X_2 翅膀长度/mm	判别认为的类型	最大后验概率
16	1.24	1.80	Af	0.853 021
17	1.28	1.84	Af	0.721 393
18	1.40	2.04	Af	0.828 459

判别结果认为这 3 只标本都属于 Af 类.

7.4 聚类分析

前面介绍了判别分析,判别分析的特点是:事先知道研究对象分为几个类别,而且有一些类别已知的样品,从这些类别已知的样品数据出发,建立一种判别方法,对类别未知的样品进行分类.

但是,在实际中还有另外一种分类的问题:有一些样品需要分类,但是它们可以分成哪几类,是什么样的类型,事先都是不知道的,也没有什么已知类别的样品可以作为分类的参考.我们只能根据“物以类聚”的原则,把特性比较接近的样品聚集在一起,成为一类.这就是**聚类分析**(Cluster Analysis).

例如,动植物的分类.采集了一大批某种动物或植物的标本,事先不知道它们可以分为几类,只是根据从标本测得的各种数据(如动物的各种体形特征,植物的各种外形尺寸),考虑把特征相近的标本聚集在一起,分成几种类型.这是一个聚类分析问题.

又例如,上市股票的分类.在一个股市中,有成百上千种股票,对每一种股票都有一大批数据(如股票价格、成交量、市盈率、公司资本、负债、产值、利润等),要求把特征相近的股票聚集在一起,分成几种类型.这也是一个聚类分析问题.

又例如,不同气象情况年份的分类.某地积累了许多年的气象资料,对每一年都有一大批数据(如各个月份的平均气温、降水量、年最高气温、年最低气温等),要求把气象情况相近的年份聚集在一起,分成几种类型.这也是一个聚类分析问题.

聚类的方法很多,但最常用的、也是比较成熟的一种方法是**系统聚类法**(Hierarchical Clustering Method,又称**谱系聚类法**).系统聚类法的基本思想是:设共有 n 个样品.一开始,将每个样品单独作为一类,类与类之间的距离也就是样品与样品之间的距离.然后,找出距离最近的两类,将它们合并成一类,再找出距离最近的两类,将它们合并为一类……这样一直下去,每次类别的个数减少 1,直到所有的样品合并成为一类为止.

聚类分析的结果,可以用一个图的形式表示出来,这种图像一棵树的样子,称为**聚类图**(如图 7-4 所示).

要知道分成 g 类的聚类结果,可以在聚类图中与 g 条竖线相交的高度处画一条水平线,这 g 条竖线对应的就是用系统聚类法分成的 g 类.

例如,在图 7-4 中,如果我们希望知道分成 2 类的聚类结果,可以在与 2 条竖线相交的高度处画一条水平线,可以看出,分成的 2 类是:{1, 2}, {3, 4, 5, 6}.

如果我们希望知道分成 4 类的聚类结果,可以在与 4 条竖线相交的高度处画一条水平线,可以看出,分成的 4 类是:{1, 2}, {3, 4}, {5}, {6}.

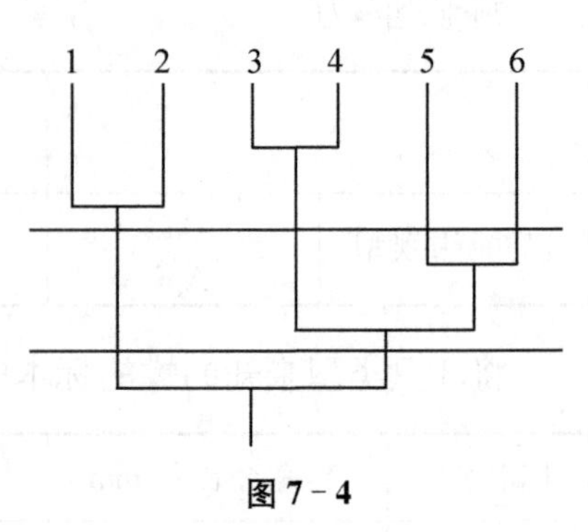

图 7-4

7.4.1 系统聚类法中类与类的距度

在系统聚类法的每一步中,都要寻找距离最近的两类,所以,必须对类与类之间的距离作出定义.类与类之间距离的定义不同,得到的聚类分析的结果就可能不一样.

下面公式中的

$$d_{ij},\ i=1,\ 2,\ \cdots,\ n,\ j=1,\ 2,\ \cdots,\ n,$$

表示第 i 个样品与第 j 个样品标准化之后的距离.

$$G_1,\ G_2,\ \cdots,\ G_g$$

表示分成的各个类.

$$D_{pq},\ p=1,\ 2,\ \cdots,\ g,\ q=1,\ 2,\ \cdots,\ g,$$

表示 G_p 类与 G_q 类之间的距离.

系统聚类一开始很简单,每一个类只有一个样品,类与类之间的距离也就是样品与样品之间的距离.

从第二步开始就不一样了,下面介绍几种常用的定义.

1. 最短距离法

定义 G_p 类与 G_q 类之间的距离 D_{pq} 为 G_p、G_q 这两类中最近的两个样品之间的距离,即

$$D_{pq}=\min_{x_i\in G_p,\ x_j\in G_q} d_{ij}.$$

如果将 G_p、G_q 合并成一个新的类 G_r,这时,其他的类 G_k 到 G_r 的距离显然可由下式求出

$$D_{kr}=\min_{x_i\in G_k,\ x_j\in G_r} d_{ij}=\min\{\min_{x_i\in G_k,\ x_j\in G_p} d_{ij},\ \min_{x_i\in G_k,\ x_j\in G_q} d_{ij}\}=\min\{D_{kp},\ D_{kq}\}.$$

2. 最长距离法

定义 G_p 类与 G_q 类之间的距离 D_{pq} 为 G_p、G_q 这两类中最远的两个样品之间的距离,即

$$D_{pq}=\max_{x_i\in G_p,\ x_j\in G_q} d_{ij}.$$

如果将 G_p、G_q 合并成一个新的类 G_r,这时,其他的类 G_k 到 G_r 的距离显然可由下式求出

$$D_{kr}=\max_{x_i\in G_k,\ x_j\in G_r} d_{ij}=\max\{\max_{x_i\in G_k,\ x_j\in G_p} d_{ij},\ \max_{x_i\in G_k,\ x_j\in G_q} d_{ij}\}=\max\{D_{kp},\ D_{kq}\}.$$

3. 中间距离法

首先,对每一类都可以确定一个中心:如果一个类中只有一个样品,则中心就是这个样品;如果将两类合并,则合并后的类的中心,就是原来两类中心的连线的中点.

定义 G_p 类与 G_q 类之间的距离 D_{pq} 为 G_p 的中心与 G_q 的中心之间的欧氏距离.

如果将 G_p, G_q 合并成一个新的类 G_r,这时,其他的类 G_k 到 G_r 的距离可由下式求出

$$D_{kr}^2=\frac{1}{2}D_{kp}^2+\frac{1}{2}D_{kq}^2-\frac{1}{4}D_{pq}^2.$$

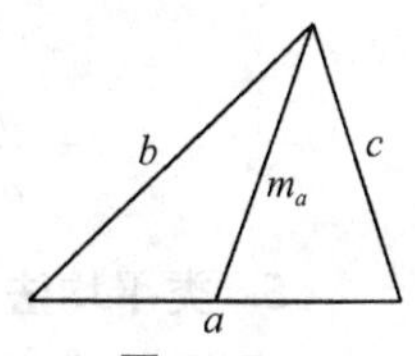

图 7-5

由解析几何中的余弦定理可知,在边长为 a, b, c 的三角形中,a 边上的中线长度(如图 7-5 所示):

$$m_a = \sqrt{\frac{1}{2}b^2 + \frac{1}{2}c^2 - \frac{1}{4}a^2}.$$

而 D_{pq} 相当于 a, D_{kp} 相当于 b, D_{kq} 相当于 c, D_{kr} 相当于 a 边上的中线长度 m_a.

4. 重心法

首先,对每一类 G_p 都可以确定一个重心: 重心就是属于这一类的样品的观测值的样本均值

$$\bar{\boldsymbol{x}}_p = \frac{1}{n_p} \sum_{x_i \in G_p} \boldsymbol{x}_i$$

其中, n_p 是 G_p 类中的样品数, $\boldsymbol{x}_i = \begin{bmatrix} x_{i1} \\ x_{i2} \\ \vdots \\ x_{im} \end{bmatrix}$ 是第 i 个样品的观测值.

如果一个类中只有一个样品,则重心就是这个样品. 如果将 G_p、G_q 两类合并,则合并后的类 G_r 的重心为

$$\bar{\boldsymbol{x}}_r = \frac{n_p \bar{\boldsymbol{x}}_p + n_q \bar{\boldsymbol{x}}_q}{n_r},$$

其中, n_p、n_q 是 G_p、G_q 中的样品数, $n_r = n_p + n_r$ 是 G_r 中的样品数.

定义 G_p 类与 G_q 类之间的距离 D_{pq} 为 G_p 的重心与 G_q 的重心之间的欧氏距离.

如果将 G_p, G_q 合并成一个新的类 G_r,这时其他的类 G_k 到 G_r 的距离可由下式求出

$$D_{kr}^2 = \frac{n_p}{n_r} D_{kp}^2 + \frac{n_q}{n_r} D_{kq}^2 - \frac{n_p n_q}{n_r^2} D_{pq}^2.$$

这是因为

$$\begin{aligned} D_{kr}^2 &= (\bar{\boldsymbol{x}}_k - \bar{\boldsymbol{x}}_r)^{\mathrm{T}} (\bar{\boldsymbol{x}}_k - \bar{\boldsymbol{x}}_r) = \left(\bar{\boldsymbol{x}}_k - \frac{n_p \bar{\boldsymbol{x}}_p + n_q \bar{\boldsymbol{x}}_q}{n_r}\right)^{\mathrm{T}} \left(\bar{\boldsymbol{x}}_k - \frac{n_p \bar{\boldsymbol{x}}_p + n_q \bar{\boldsymbol{x}}_q}{n_r}\right) \\ &= \bar{\boldsymbol{x}}_k^{\mathrm{T}} \bar{\boldsymbol{x}}_k - \frac{2n_p \bar{\boldsymbol{x}}_k^{\mathrm{T}} \bar{\boldsymbol{x}}_p}{n_r} - \frac{2n_q \bar{\boldsymbol{x}}_k^{\mathrm{T}} \bar{\boldsymbol{x}}_q}{n_r} + \frac{n_p^2 \bar{\boldsymbol{x}}_p^{\mathrm{T}} \bar{\boldsymbol{x}}_p + 2n_p n_q \bar{\boldsymbol{x}}_p^{\mathrm{T}} \bar{\boldsymbol{x}}_q + n_q^2 \bar{\boldsymbol{x}}_q^{\mathrm{T}} \bar{\boldsymbol{x}}_q}{n_r^2} \\ &= \frac{n_p(\bar{\boldsymbol{x}}_k^{\mathrm{T}} \bar{\boldsymbol{x}}_k - 2\bar{\boldsymbol{x}}_k^{\mathrm{T}} \bar{\boldsymbol{x}}_p + \bar{\boldsymbol{x}}_p^{\mathrm{T}} \bar{\boldsymbol{x}}_p)}{n_r} + \frac{n_q(\bar{\boldsymbol{x}}_k^{\mathrm{T}} \bar{\boldsymbol{x}}_k - 2\bar{\boldsymbol{x}}_k^{\mathrm{T}} \bar{\boldsymbol{x}}_q + \bar{\boldsymbol{x}}_q^{\mathrm{T}} \bar{\boldsymbol{x}}_q)}{n_r} - \\ &\quad \frac{n_p n_q(\bar{\boldsymbol{x}}_p^{\mathrm{T}} \bar{\boldsymbol{x}}_p - 2\bar{\boldsymbol{x}}_p^{\mathrm{T}} \bar{\boldsymbol{x}}_q + \bar{\boldsymbol{x}}_q^{\mathrm{T}} \bar{\boldsymbol{x}}_q)}{n_r^2} \\ &= \frac{n_p}{n_r}(\bar{\boldsymbol{x}}_k - \bar{\boldsymbol{x}}_p)^{\mathrm{T}}(\bar{\boldsymbol{x}}_k - \bar{\boldsymbol{x}}_p) + \frac{n_q}{n_r}(\bar{\boldsymbol{x}}_k - \bar{\boldsymbol{x}}_q)^{\mathrm{T}}(\bar{\boldsymbol{x}}_k - \bar{\boldsymbol{x}}_q) - \\ &\quad \frac{n_p n_q}{n_r^2}(\bar{\boldsymbol{x}}_p - \bar{\boldsymbol{x}}_q)^{\mathrm{T}}(\bar{\boldsymbol{x}}_p - \bar{\boldsymbol{x}}_q) \\ &= \frac{n_p}{n_r} D_{kp}^2 + \frac{n_q}{n_r} D_{kq}^2 - \frac{n_p n_q}{n_r^2} D_{pq}^2. \end{aligned}$$

5. 类平均法

定义 G_p 类与 G_q 类之间的距离 D_{pq} 的平方为 G_p 中样品与 G_q 中样品的距离的平方的平

均值,即

$$D_{pq}^2 = \frac{1}{n_p n_q} \sum_{x_i \in G_p} \sum_{x_j \in G_q} d_{ij}^2.$$

如果将 G_p、G_q 合并成一个新的类 G_r,这时,其他的类 G_k 到 G_r 的距离显然可由下式求出

$$D_{kr}^2 = \frac{n_p}{n_r} D_{kp}^2 + \frac{n_q}{n_r} D_{kq}^2.$$

6. 离差平方和法(Ward 法)

首先,对每一类 G_p 都可以定义一个离差平方和

$$SS_p = \sum_{x_i \in G_p} (\boldsymbol{x}_i - \overline{\boldsymbol{x}}_p)^{\mathrm{T}} (\boldsymbol{x}_i - \overline{\boldsymbol{x}}_p) = \sum_{x_i \in G_p} \boldsymbol{x}_i^{\mathrm{T}} \boldsymbol{x}_i - n_p \overline{\boldsymbol{x}}_p^{\mathrm{T}} \overline{\boldsymbol{x}}_p.$$

如果将 G_p、G_q 合并成一个新的类 G_r、G_r 的离差平方和 SS_r 要大于原来两类的离差平方和之和 $SS_p + SS_q$. G_p 离 G_q 越远,SS_r 越大;G_p 离 G_q 越近,SS_r 越小. 定义 G_p 类与 G_q 类之间的距离 D_{pq} 的平方为离差平方和的增量,即

$$D_{pq}^2 = SS_r - SS_p - SS_q.$$

因为

$$\overline{\boldsymbol{x}}_r = \frac{n_p \overline{\boldsymbol{x}}_p + n_q \overline{\boldsymbol{x}}_q}{n_r},$$

所以

$$\begin{aligned}
D_{pq}^2 &= SS_r - SS_p - SS_q \\
&= \Big(\sum_{x_i \in G_r} \boldsymbol{x}_i^{\mathrm{T}} \boldsymbol{x}_i - n_r \overline{\boldsymbol{x}}_r^{\mathrm{T}} \overline{\boldsymbol{x}}_r \Big) - \Big(\sum_{x_i \in G_p} \boldsymbol{x}_i^{\mathrm{T}} \boldsymbol{x}_i - n_p \overline{\boldsymbol{x}}_p^{\mathrm{T}} \overline{\boldsymbol{x}}_p \Big) - \Big(\sum_{x_i \in G_q} \boldsymbol{x}_i^{\mathrm{T}} \boldsymbol{x}_i - n_q \overline{\boldsymbol{x}}_q^{\mathrm{T}} \overline{\boldsymbol{x}}_q \Big) \\
&= n_p \overline{\boldsymbol{x}}_p^{\mathrm{T}} \overline{\boldsymbol{x}}_p + n_q \overline{\boldsymbol{x}}_q^{\mathrm{T}} \overline{\boldsymbol{x}}_q - n_r \overline{\boldsymbol{x}}_r^{\mathrm{T}} \overline{\boldsymbol{x}}_r \\
&= n_p \overline{\boldsymbol{x}}_p^{\mathrm{T}} \overline{\boldsymbol{x}}_p + n_q \overline{\boldsymbol{x}}_q^{\mathrm{T}} \overline{\boldsymbol{x}}_q - n_r \left(\frac{n_p \overline{\boldsymbol{x}}_p + n_q \overline{\boldsymbol{x}}_q}{n_r} \right)^{\mathrm{T}} \left(\frac{n_p \overline{\boldsymbol{x}}_p + n_q \overline{\boldsymbol{x}}_q}{n_r} \right) \\
&= n_p \overline{\boldsymbol{x}}_p^{\mathrm{T}} \overline{\boldsymbol{x}}_p + n_q \overline{\boldsymbol{x}}_q^{\mathrm{T}} \overline{\boldsymbol{x}}_q - \frac{n_p^2 \overline{\boldsymbol{x}}_p^{\mathrm{T}} \overline{\boldsymbol{x}}_p + 2 n_p n_q \overline{\boldsymbol{x}}_p^{\mathrm{T}} \overline{\boldsymbol{x}}_q + n_q^2 \overline{\boldsymbol{x}}_q^{\mathrm{T}} \overline{\boldsymbol{x}}_q}{n_r} \\
&= \frac{n_p n_q \overline{\boldsymbol{x}}_p^{\mathrm{T}} \overline{\boldsymbol{x}}_p - 2 n_p n_q \overline{\boldsymbol{x}}_p^{\mathrm{T}} \overline{\boldsymbol{x}}_q + n_p n_q \overline{\boldsymbol{x}}_q^{\mathrm{T}} \overline{\boldsymbol{x}}_q}{n_r} \\
&= \frac{n_p n_q}{n_r} (\overline{\boldsymbol{x}}_p^{\mathrm{T}} \overline{\boldsymbol{x}}_p - 2 \overline{\boldsymbol{x}}_p^{\mathrm{T}} \overline{\boldsymbol{x}}_q + \overline{\boldsymbol{x}}_q^{\mathrm{T}} \overline{\boldsymbol{x}}_q) \\
&= \frac{n_p n_q}{n_r} (\overline{\boldsymbol{x}}_p - \overline{\boldsymbol{x}}_q)^{\mathrm{T}} (\overline{\boldsymbol{x}}_p - \overline{\boldsymbol{x}}_q).
\end{aligned}$$

特别地,当一开始,G_p、G_q 中都只有一个样品 x_p、x_q 时,

$$D_{pq}^2 = \frac{1 \times 1}{2} (\boldsymbol{x}_p - \boldsymbol{x}_q)^{\mathrm{T}} (\boldsymbol{x}_p - \boldsymbol{x}_q) = \frac{1}{2} d_{pq}^2,$$

即 G_p 到 G_q 的距离平方,等于 $\boldsymbol{x}_p$ 到 $\boldsymbol{x}_q$ 的欧氏距离平方的一半.

如果将 G_p, G_q 合并成一个新的类 G_r,这时其他的类 G_k 到 G_r 的距离可由下式求出

$$D_{kr}^2=\frac{n_k+n_p}{n_k+n_r}D_{kp}^2+\frac{n_k+n_q}{n_k+n_r}D_{kq}^2-\frac{n_k}{n_k+n_r}D_{pq}^2.$$

因为在重心法中已经推导出

$$\begin{aligned}&(\overline{\boldsymbol{x}}_k-\overline{\boldsymbol{x}}_r)^{\mathrm{T}}(\overline{\boldsymbol{x}}_k-\overline{\boldsymbol{x}}_r)\\&=\frac{n_p}{n_r}(\overline{\boldsymbol{x}}_k-\overline{\boldsymbol{x}}_p)^{\mathrm{T}}(\overline{\boldsymbol{x}}_k-\overline{\boldsymbol{x}}_p)+\frac{n_q}{n_r}(\overline{\boldsymbol{x}}_k-\overline{\boldsymbol{x}}_q)^{\mathrm{T}}(\overline{\boldsymbol{x}}_k-\overline{\boldsymbol{x}}_q)-\\&\quad\frac{n_pn_q}{n_r^2}(\overline{\boldsymbol{x}}_p-\overline{\boldsymbol{x}}_q)^{\mathrm{T}}(\overline{\boldsymbol{x}}_p-\overline{\boldsymbol{x}}_q),\end{aligned}$$

所以

$$\begin{aligned}D_{kr}^2&=\frac{n_kn_r}{n_k+n_r}(\overline{\boldsymbol{x}}_k-\overline{\boldsymbol{x}}_r)^{\mathrm{T}}(\overline{\boldsymbol{x}}_k-\overline{\boldsymbol{x}}_r)\\&=\frac{n_kn_r}{n_k+n_r}\times\frac{n_p}{n_r}(\overline{\boldsymbol{x}}_k-\overline{\boldsymbol{x}}_p)^{\mathrm{T}}(\overline{\boldsymbol{x}}_k-\overline{\boldsymbol{x}}_p)+\frac{n_kn_r}{n_k+n_r}\times\frac{n_q}{n_r}(\overline{\boldsymbol{x}}_k-\overline{\boldsymbol{x}}_q)^{\mathrm{T}}(\overline{\boldsymbol{x}}_k-\overline{\boldsymbol{x}}_q)-\\&\quad\frac{n_kn_r}{n_k+n_r}\times\frac{n_pn_q}{n_r^2}(\overline{\boldsymbol{x}}_p-\overline{\boldsymbol{x}}_q)^{\mathrm{T}}(\overline{\boldsymbol{x}}_p-\overline{\boldsymbol{x}}_q)\\&=\frac{n_k+n_p}{n_k+n_r}\times\frac{n_kn_p}{n_k+n_p}(\overline{\boldsymbol{x}}_k-\overline{\boldsymbol{x}}_p)^{\mathrm{T}}(\overline{\boldsymbol{x}}_k-\overline{\boldsymbol{x}}_p)+\\&\quad\frac{n_k+n_q}{n_k+n_r}\times\frac{n_kn_q}{n_k+n_q}(\overline{\boldsymbol{x}}_k-\overline{\boldsymbol{x}}_q)^{\mathrm{T}}(\overline{\boldsymbol{x}}_k-\overline{\boldsymbol{x}}_q)-\\&\quad\frac{n_k}{n_k+n_r}\times\frac{n_pn_q}{n_p+n_q}(\overline{\boldsymbol{x}}_p-\overline{\boldsymbol{x}}_q)^{\mathrm{T}}(\overline{\boldsymbol{x}}_p-\overline{\boldsymbol{x}}_q)\\&=\frac{n_k+n_p}{n_k+n_r}D_{kp}^2+\frac{n_k+n_q}{n_k+n_r}D_{kq}^2-\frac{n_k}{n_k+n_r}D_{pq}^2.\end{aligned}$$

7.4.2　系统聚类法的统一公式和计算步骤

前面介绍了 6 种常用的系统聚类法,这些方法的区别在于:它们对类与类之间的距离有不同的定义,因此,如果将 G_p、G_q 两类合并成一个新的类 G_r,这时其他的类 G_k 到 G_r 的距离就有不同的计算公式.

1969 年,Wishart 发现这些公式可以统一起来,写成下列统一形式

$$D_{kr}^2=\alpha_pD_{kp}^2+\alpha_qD_{kq}^2+\beta D_{pq}^2+\gamma\mid D_{kp}^2-D_{kq}^2\mid,$$

其中,系数 α_p, α_q, β, γ 对于不同的方法有不同的取值,下面的表中列出了这些值:

方　法	α_p	α_q	β	γ
最短距离法	$\frac{1}{2}$	$\frac{1}{2}$	0	$-\frac{1}{2}$
最长距离法	$\frac{1}{2}$	$\frac{1}{2}$	0	$\frac{1}{2}$
中间距离法	$\frac{1}{2}$	$\frac{1}{2}$	$-\frac{1}{4}$	0
重心法	$\frac{n_p}{n_r}$	$\frac{n_q}{n_r}$	$-\frac{n_p n_q}{n_r^2}$	0
类平均法	$\frac{n_p}{n_r}$	$\frac{n_q}{n_r}$	0	0
离差平方和法	$\frac{n_k+n_p}{n_k+n_r}$	$\frac{n_k+n_q}{n_k+n_r}$	$-\frac{n_k}{n_k+n_r}$	0

系统聚类可以按照下列步骤进行.

建立如下一个 D^2 矩阵,其中元素是类与类之间距离的平方:

$$\begin{bmatrix} 0 & D_{12}^2 & \cdots & D_{1n}^2 \\ D_{21}^2 & 0 & \cdots & D_{2n}^2 \\ \vdots & \vdots & & \vdots \\ D_{n1}^2 & D_{n2}^2 & \cdots & 0 \end{bmatrix}.$$

一开始,每一个样品单独作为一类,类与类之间的距离就是样品与样品之间的距离,即有 $D_{pq}^2=d_{pq}^2$(只是在离差平方和法中稍有不同,是 $D_{pq}^2=\frac{1}{2}d_{pq}^2$,其实,只要在离差平方和法中定义类与类的距离时,稍作改变,乘以一个常数因子$\sqrt{2}$,就可以与其他方法一致了).

然后,在 D^2 矩阵的非对角元素中找出一个最小值 D_{pq}^2. D_{pq}^2 在所有非对角元素中最小,说明在现有的各类中 G_p 类与 G_q 类距离最近,将 G_p, G_q 两类合并成一个新的类 G_r,按照前面给出的统一计算公式,可以求出其他的类 G_k 到 G_r 的距离,从而建立一个新的 D^2 矩阵.

然后,再在新的 D^2 矩阵的非对角元素中找出一个最小值……就这样一直下去,每次类别的个数减少 1,直到所有的样品合并成为一类为止.

记录下全部合并过程,就能画出聚类图. 从聚类图就可以得到聚类分析的结果.

例　2002 年足球世界杯赛 16 强

2002 年足球世界杯赛,最后有 16 支球队进入前 16 名,这些球队在进入前 16 名以前的分组赛中的进球数和失球数统计如下:

编　号	球 队 名 称	X_1 进球数	X_2 失球数
1	丹　麦	5	2
2	塞内加尔	5	4
3	西班牙	9	4

续 表

编 号	球队名称	X_1 进球数	X_2 失球数
4	巴拉圭	6	6
5	巴 西	11	3
6	土耳其	5	3
7	韩 国	4	1
8	美 国	5	6
9	德 国	11	1
10	爱尔兰	5	2
11	瑞 典	4	3
12	英格兰	2	1
13	墨西哥	4	2
14	意大利	4	3
15	日 本	5	2
16	比利时	6	5

以 X_1 进球数和 X_2 失球数为坐标,可以作出这 16 支球队的散点图(图 7－6).

下面对这 16 支球队进行系统聚类分析.

因为进球数和失球数是同一类型的变量,所以不必对它们进行标准化处理.

用欧氏距离作为样品与样品之间的距离.

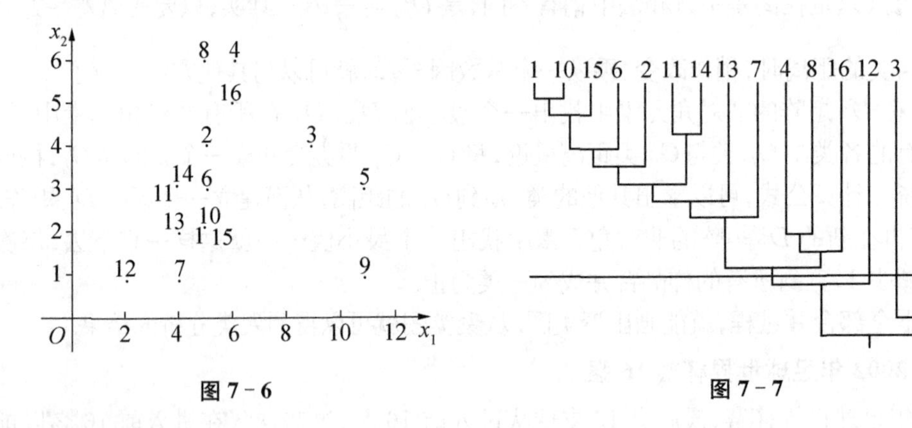

图 7－6　　图 7－7

1. 最短距离法

得到的聚类图如图 7－7 所示.

从聚类图可以看出,如果分成 5 类,最短距离法有下列聚类结果:

第 1 类:{9. 德国}

第 2 类:{5. 巴西}

第 3 类:{3. 西班牙}

第 4 类:{12. 英格兰}

第 5 类：{16. 比利时,8. 美国,4. 巴拉圭,7. 韩国,13. 墨西哥,14. 意大利,11. 瑞典,2. 塞内加尔,6. 土耳其,15. 日本,10. 爱尔兰,1. 丹麦}

2. 最长距离法

得到的聚类图如图 7 - 8 所示.

从聚类图可以看出,如果分成 5 类,最长距离法有下列聚类结果：

第 1 类：{9. 德国,5. 巴西}

第 2 类：{3. 西班牙}

第 3 类：{8. 美国,4. 巴拉圭,16. 比利时,2. 塞内加尔}

第 4 类：{12. 英格兰}

第 5 类：{13. 墨西哥,7. 韩国,14. 意大利,11. 瑞典,6. 土耳其,15. 日本,10. 爱尔兰,1. 丹麦}

1 10 15 6 11 14 7 13 12 2 16 4 8 3 5 9

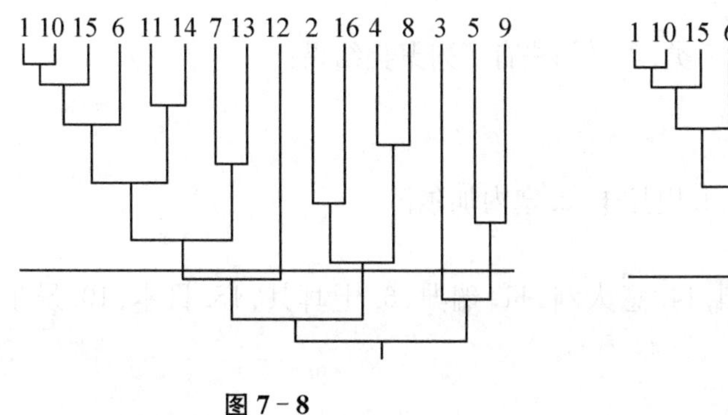

图 7 - 8

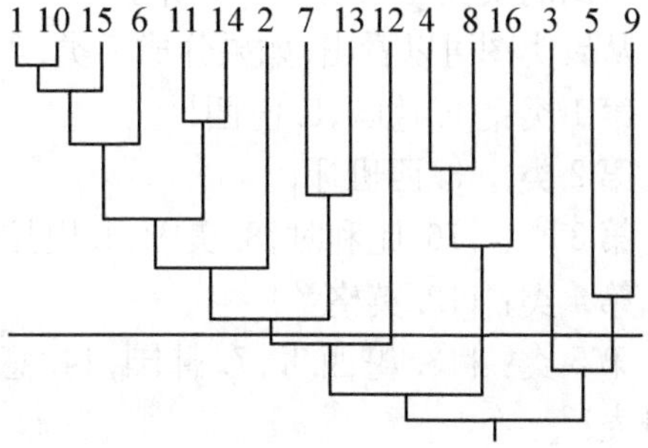

1 10 15 6 11 14 2 7 13 12 4 8 16 3 5 9

图 7 - 9

3. 中间距离法

得到的聚类图如图 7 - 9 所示.

从聚类图可以看出,如果分成 5 类,中间距离法有下列聚类结果：

第 1 类：{9. 德国,5. 巴西}

第 2 类：{3. 西班牙}

第 3 类：{16. 比利时,8. 美国,4. 巴拉圭}

第 4 类：{12. 英格兰}

第 5 类：{13. 墨西哥,7. 韩国,2. 塞内加尔,14. 意大利,11. 瑞典,6. 土耳其,15. 日本,10. 爱尔兰,1. 丹麦}

4. 重心法

得到的聚类图如图 7 - 10 所示.

从聚类图可以看出,如果分成 5 类,重心法有下列聚类结果：

第 1 类：{9. 德国,5. 巴西}

第 2 类：{3. 西班牙}

第 3 类：{16. 比利时,8. 美国,4. 巴拉圭,2. 塞内加尔}

第 4 类：{12. 英格兰}

第 5 类：{14. 意大利,11. 瑞典,13. 墨西哥,7. 韩国,6. 土耳其,15. 日本,10. 爱尔兰,1. 丹麦}

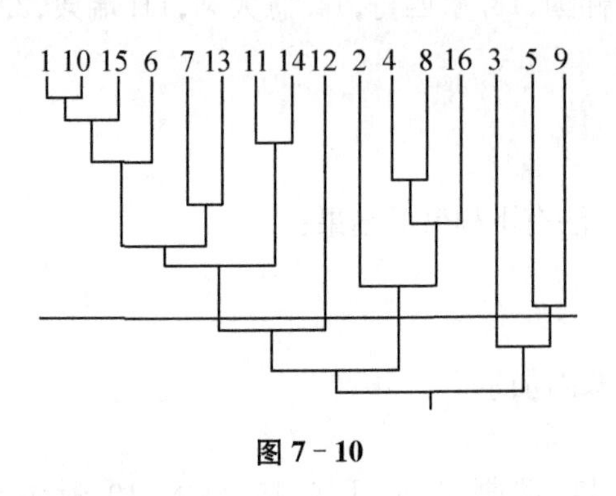

图 7－10

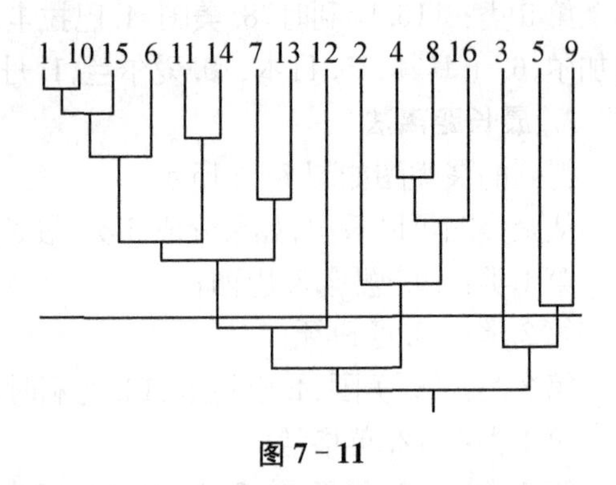

图 7－11

5. 类平均法

得到的聚类图如图 7－11 所示.

从聚类图可以看出,如果分成 5 类,类平均法有下列聚类结果:

第 1 类:{9.德国,5.巴西}

第 2 类:{3.西班牙}

第 3 类:{16.比利时,8.美国,4.巴拉圭,2.塞内加尔}

第 4 类:{12.英格兰}

第 5 类:{13.墨西哥,7.韩国,14.意大利,11.瑞典,6.土耳其,15.日本,10.爱尔兰,1.丹麦}

6. 离差平方和法

得到的聚类图如图 7－12 所示.

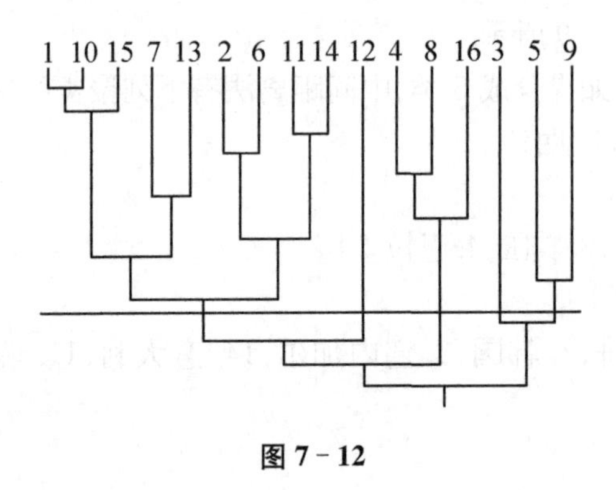

图 7－12

从聚类图可以看出,如果分成 5 类,离差平方和法有下列聚类结果:

第 1 类:{9.德国,5.巴西}

第 2 类:{3.西班牙}

第 3 类:{16.比利时,8.美国,4.巴拉圭}

第 4 类:{12.英格兰}

第 5 类:{14.意大利,11.瑞典,6.土耳其,2.塞内加尔,13.墨西哥,7.韩国,15.日本,10.爱尔兰,1.丹麦}

7.5 延伸阅读

多元统计分析是以多维正态分布 $X \sim N_m(\mu, \Sigma)$ 为基础的，设 $(X_{(1)}, X_{(2)}, \cdots, X_{(n)})^{\mathrm{T}}$ 为取自正态总体 X 的一个简单随机样本(独立同分布)，可以证明：样本均值 $\overline{X}$ 是总体期望 μ 的无偏估计；样本协方差阵 S 是 Σ 的无偏估计；$\overline{X}$ 服从正态分布 $\overline{X} \sim N_m\left(\mu, \frac{1}{n}\Sigma\right)$(二维正态总体的情形见习题 7.1)；且 $\overline{X}$ 与 S 相互独立. 这些性质可以视为一维正态总体样本均值与修正样本方差性质的推广. 正是根据这些性质，我们在贝叶斯判别中确定总体密度函数时才可以用各个类的样本均值代替其对应的总体的期望，用各个类的样本协方差阵代替其对应总体的协方差阵. 贝叶斯判别因考虑了各个类的先验概率，比距离判别有更大的优势. 当然缺点是贝叶斯判别比距离判别要复杂. 事实上，贝叶斯判别也是一种广义的距离判别.

设样品 $X_{(0)}$ 到各个类 $G_k(k=1,2,\cdots,p)$ 的马氏距离为 $d(X_{(0)}, G_k)$，S_k 为第 k 个类 G_k 的组内样本协方差阵，π_k 为第 k 个类 G_k 的先验概率，令

$$D^2(X_{(0)}, G_k) = d^2(X_{(0)}, G_k) + g_1(k) + g_2(k)$$

其中 $g_1(k) = \begin{cases} \ln|S_k|, & \text{各类的协方差阵 } \Sigma_k \text{ 不全相等}, \\ 0, & \Sigma_1 = \Sigma_2 = \cdots = \Sigma_p; \end{cases}$

$$g_2(k) = \begin{cases} -2\ln|\pi_k|, & \text{各类的先验概率不全相等}, \\ 0, & \pi_1 = \pi_2 = \cdots = \pi_p. \end{cases}$$

$D^2(X_{(0)}, G_k)$ 也称为 $X_{(0)}$ 到 G_k 类的广义平方距离，$X_{(0)}$ 到哪个类的广义平方距离最小就判 $X_{(0)}$ 属于哪一个类(高惠璇. 应用多元统计分析. 北京：北京大学出版社，2009.).

思考题

对涉及 m 个变量指标的判别问题，比如医生根据血压、心率、白细胞等数个甚至数十个生理指标对疾病的诊断，这些指标往往是相互关联的，其中有些指标对判别的影响或贡献大，有些指标对判别贡献小. 因而可以考虑忽略对判别贡献小的指标，用几个对判别贡献大的主要指标来建立判别函数. 问如何剔除对判别贡献小的指标来建立判别函数?

(提示：逐步判别，用 5.5 节逐步回归的方法剔除“多余”指标)

习 题 七

7.1 设 $(\xi, \eta) \sim N(\mu_1, \sigma_1^2; \mu_2, \sigma_2^2; \rho)$，令 $\mu = \begin{bmatrix} \mu_1 \\ \mu_2 \end{bmatrix}$，$\Sigma = \begin{bmatrix} \sigma_1^2 & \rho\sigma_1\sigma_2 \\ \rho\sigma_1\sigma_2 & \sigma_2^2 \end{bmatrix}$，

于是二维正态分布 $N(\mu_1, \sigma_1^2; \mu_2, \sigma_2^2; \rho)$ 可表示为 $N_2(\mu, \Sigma)$.

(1) 试证明 (ξ, η) 的联合密度函数 $p(x_1, x_2)$ 可表示为

$$p(x_1, x_2) = \frac{1}{(2\pi)^{\frac{2}{2}} |\Sigma|^{\frac{1}{2}}} \mathrm{e}^{-\frac{1}{2}(x-\mu)^{\mathrm{T}} \Sigma^{-1} (x-\mu)},$$

其中 $x=(x_1,x_2)^{\mathrm{T}}$

(2) 设$(X_{(1)},X_{(2)},\cdots X_{(n)})^{\mathrm{T}}$为正态总体$(\xi,\eta)$的样本,证明样本均值 $\overline{X}\sim N_2\left(\mu,\dfrac{1}{n}\Sigma\right)$.

7.2 随机抽取某班级四名同学的数学、物理和化学三门课程的期中考试成绩,结果如下:

	数学	物理	化学
甲	70	75	65
乙	60	70	50
丙	80	75	70
丁	90	80	80

(1) 写出样本数据阵 X;

(2) 求样本均值 $\overline{X}$,样本协方差阵 S,样本相关阵 R;

(3) 分别把数学成绩 x 极差标准化为 $\tilde{x}$,把物理成绩 y 标准差标准化为 $\tilde{y}$;

(4) 写出甲、乙两同学考试成绩的马氏距离表达式,并求出甲、乙两同学考试成绩的欧氏距离.

7.3 设对 m 维随机变量进行 n 次观测得到的样本数据阵为 X,$X=(x_{ij})_{n\times m}$,令 $\widetilde{X}$ 为标准差标准化之后的样本数据阵即

$$\widetilde{X}=(\widetilde{x_{ij}})_{n\times m},\text{其中}\widetilde{x_{ij}}=\frac{x_{ij}-\overline{x}_j}{s_j}\quad(i=1,2,\cdots,n;j=1,2,\cdots,m).$$

试证明样本相关阵 $R=\dfrac{1}{n-1}\widetilde{X}^{\mathrm{T}}\widetilde{X}$.

7.4 试借助统计分析工具(SPSS,SAS,R 等)对 7.2 节的例 3 进行主成分分析.

7.5 试借助统计分析工具对 7.3 节中关于蠓的分类一例中的数据进行判别分析.

7.6 试借助统计分析工具验算 7.4 节中 2002 年足球世界杯 16 强的系统聚类的结果.

7.7 据调查市场上销售的 9 种饮料的热量,咖啡因含量,钠含量及价格的数据如下:

饮料编号	热量	咖啡因含量	钠含量	价格
1	207.2	3.3	15.5	2.8
2	36.8	5.9	12.9	3.3
3	72.2	7.3	8.2	2.4
4	36.7	0.4	10.5	4
5	121.7	4.1	9.2	3.5
6	89.1	4	10.2	3.3
7	146.7	4.3	9.7	1.8
8	57.6	2.2	13.6	2.1
9	95.9	0	8.5	1.3

(1) 试借助统计分析软件对 9 种饮料进行系统聚类.

(2) 借助统计分析工具对数据进行主成分分析.

(3) 根据(1)中划分为三个类的聚类结果,判别一个未知类别的样品$(38.5,3.7,7.7,2)^T$属于其中哪一个类.

习 题 答 案

习 题 一

1.1 (1) A;(2) $\overline{A}(B\cup C)$;(3) $A\overline{B}\,\overline{C}\cup\overline{A}B\overline{C}\cup\overline{A}\,\overline{B}C$;(4) $AB\cup AC\cup BC$;(5) $\overline{A}\,\overline{B}\,\overline{C}$;(6) $\overline{BC}\cup\overline{AC}\cup\overline{AB}$;(7) $\overline{ABC}$

1.2 $\dfrac{m}{n}$

1.3 (1) $1-c$;(2) $1-a-b+c$;(3) $b-c$;(4) $1-a+c$

1.4 $\dfrac{n+2}{2(n+1)}$

1.5 收到"不清"时原发信号为"·"和"—"的概率分别为 0.75 和 0.25,故原发信号为"·"的可能性大

1.6 略

1.7 (1)

ξ	3	4	5
P	0.1	0.3	0.6

; $P\{\xi\leqslant 4\}=0.4$;(2)

η	1	2	3
P	0.6	0.3	0.1

; $P\{\eta>3\}=0$

(3)

ξ	4	5
$P\{\xi=x_i\mid\eta=2\}$	$\dfrac{1}{3}$	$\dfrac{2}{3}$

1.8 $\dfrac{19}{27}$

1.9 2

1.10 (1) $\dfrac{1}{2}$;(2) 0.316;(3) $F(x)=\begin{cases}\dfrac{1}{2}e^{x}, & x<0,\\ 1-\dfrac{1}{2}e^{-x}, & x\geqslant 0\end{cases}$

1.11 (1) 1;(2) $\varphi(x)=\begin{cases}2x, & 0<x<1,\\ 0, & \text{其他};\end{cases}$ (3) 0.49

1.12 (1) e^{-1};(2) $e^{-0.5}$

1.13 0.682 6

1.14 (1) $\varphi_\eta(y)=\begin{cases}\dfrac{1}{2\sqrt{\pi(y-1)}}e^{-\frac{y-1}{4}}, & y>1,\\ 0, & y\leqslant 1;\end{cases}$ (2) $\varphi_\eta(y)=\begin{cases}\sqrt{\dfrac{2}{\pi}}e^{-\frac{y^2}{2}}, & y>0,\\ 0, & y\leqslant 0\end{cases}$

1.15 $P\{\xi=i,\eta=j\}=\dfrac{C_1^1C_{i-j-1}^1C_1^1}{C_5^3}$ $(i=3,4,5;j=1,2,3)$

即：

$\xi \backslash \eta$	1	2	3
3	$\frac{1}{10}$	0	0
4	$\frac{2}{10}$	$\frac{1}{10}$	0
5	$\frac{3}{10}$	$\frac{2}{10}$	$\frac{1}{10}$

1.16 (1) $A=\frac{1}{\pi^2}, B=C=\frac{\pi}{2}$；(2) $\varphi(x,y)=\frac{6}{\pi^2(x^2+4)(y^2+9)}$；(3) $F_\xi(x)=\frac{1}{2}+\frac{1}{\pi}\arctan\frac{x}{2}$，

$F_\eta(y)=\frac{1}{2}+\frac{1}{\pi}\arctan\frac{y}{3}, \varphi_\xi(x)=\frac{2}{\pi(x^2+4)}, \varphi_\eta(y)=\frac{3}{\pi(y^2+9)}$

1.17 (1) $\varphi(x,y)=\begin{cases} e^{-2y}, & 0\leqslant x\leqslant 2, y>0, \\ 0, & \text{其他}; \end{cases}$ (2) 0.245

1.18 (1) $p_\xi(x)=\begin{cases} xe^{-x} & x>0 \\ 0 & \text{其他}; \end{cases}$ (2) 0.5；(3) $F_{\eta|\xi}(y\mid x_0)=\begin{cases} \frac{y}{x_0} & 0<y<x_0 \\ 0 & \text{其他}; \end{cases}$

(4) $p_{\eta|\xi}(y\mid x_0)=\begin{cases} \frac{1}{x_0} & 0<y<x_0 \\ 0 & \text{其他}; \end{cases}$ (5) 略

1.19 (1)

$\xi_1 \backslash \xi_2$	0	1
−1	$\frac{1}{4}$	0
0	0	$\frac{1}{2}$
1	$\frac{1}{4}$	0

；(2) 不独立；(3)

$\max(\xi_1,\xi_2)$	0	1
P	$\frac{1}{4}$	$\frac{3}{4}$

1.20 $-300+400e^{-\frac{1}{4}}\approx 11.52$

1.21 −0.2；2.76；4.8

1.22 $\frac{7}{6}$；$\frac{7}{6}$；$\frac{4}{3}$

1.23 (1) $\frac{3}{2}$；$\frac{3}{2}$；0；0；(2) 不独立

1.24 4，20

1.25 略

1.26 (1) 0.977 2；(2) 1 218

1.27 (1) 0.000 2；(2) 0.997 7

习 题 二

2.1

(1)

ξ	0	1
P	$\frac{2}{3}$	$\frac{1}{3}$

，$E\xi=\frac{1}{3}, D\xi=\frac{2}{9}$；(2)

$X_1 \backslash X_2$	0	1
0	$\frac{4}{9}$	$\frac{2}{9}$
1	$\frac{2}{9}$	$\frac{1}{9}$

；

(3)

$\overline{X}$	0	$\frac{1}{2}$	1
P	$\frac{4}{9}$	$\frac{4}{9}$	$\frac{1}{9}$

$;E\overline{X}=\frac{1}{3};D\overline{X}=\frac{1}{9}$

2.2 (1) $\overline{X}=2.125,S^{*2}=0.0002933,S^{*}=0.017127,S^2=0.000275,S=0.016583$;

(2) $R=0.05,\mathrm{med}(X_1,X_2,\cdots,X_n)=2.13$

2.3 (1) $\overline{Y}=\frac{\overline{X}-a}{b}$;(2) $S_y^2=\frac{S_x^2}{b^2}$

2.4 略

2.5 略

2.6 $\frac{1}{\lambda},\frac{1}{n\lambda^2},\frac{n-1}{n\lambda^2},\frac{1}{\lambda^2}$

2.7 反证法,证明略

2.8 $2(n-1)\sigma^2$

2.9 (1) $\frac{1}{2},\frac{1}{3}$;(2) $\frac{3}{2},(2,1)$

2.10 略

2.11 略

2.12 略

2.13 略

2.14 略

2.15 略

2.16 1 537

2.17 略

习 题 三

3.1 $\hat{\theta}=\frac{2\overline{X}}{1-\overline{X}}$

3.2 (1) 矩法估计 $\hat{\theta}=\frac{\overline{X}}{1-\overline{X}}$;　(2) 极大似然估计 $\hat{\theta}=\frac{-n}{\sum_{i=1}^{n}\ln X_i}=-\frac{1}{\overline{\ln X}}$

3.3 (1) 矩法估计 $\hat{\lambda}=\overline{X}$;　(2) 极大似然估计 $\hat{\lambda}=\overline{X}$

3.4 极大似然估计 $\hat{p}=\frac{n}{\sum_{i=1}^{n}X_i}=\frac{1}{\overline{X}}$

3.5 (1) 矩法估计 $\begin{cases}\hat{a}=\overline{X}-\sqrt{3}S,\\ \hat{b}=\overline{X}+\sqrt{3}S;\end{cases}$　(2) 极大似然估计 $\begin{cases}\hat{a}=\min\limits_i X_i,\\ \hat{b}=\max\limits_i X_i\end{cases}$

3.6 $\hat{\sigma}=\frac{1}{n}\sum_{i=1}^{n}|X_i|=\overline{|X|}$

3.7 $\hat{a}=\sqrt{\frac{2}{3n}\sum_{i=1}^{n}X_i^2}=\sqrt{\frac{2}{3}\overline{X^2}}$

3.8 $\hat{\mu}=\frac{1}{n}\sum_{i=1}^{n}\ln X_i=\overline{\ln X},\ \hat{\sigma^2}=\frac{1}{n}\sum_{i=1}^{n}(\ln X_i-\overline{\ln X})^2$

3.9 $\hat{\mu}\in[\max\limits_i X_i-1,\ \min\limits_i X_i+1]$

3.10 矩法估计值 $\hat{\theta}=\frac{1}{5}$；极大似然估计值 $\hat{\theta}=\frac{4}{15}$

3.11 (1) 矩法估计 $\hat{\theta}=\frac{5\overline{X}}{4}$，是 θ 的无偏估计；(2) 极大似然估计 $\hat{\theta}_L=\max\limits_i X_i$

3.12 $c=\frac{1}{n}$

3.13 $c=\frac{1}{2(n-1)}$

3.14 $\hat{\mu}_1$ 最有效

3.15 $a=\frac{1}{3}, b=\frac{2}{3}$

3.16 (1) 极大似然估计 $\hat{\theta}=\min\limits_i X_i$；

(2) ξ 的分布函数 $F(x)=\begin{cases}1-\frac{\theta}{x}, & 当 x\geqslant\theta 时,\\ 0, & 当 x<\theta 时;\end{cases}$

(3) $\hat{\theta}$ 的分布函数 $F_{\hat{\theta}}(x)=\begin{cases}1-\frac{\theta^n}{x^n}, & 当 x\geqslant\theta 时,\\ 0, & 当 x<\theta 时;\end{cases}$

(4) $\hat{\theta}$ 不是 θ 的无偏估计；

(5) $\hat{\theta}$ 的方差 $D(\hat{\theta})=\frac{n\theta^2}{(n-2)(n-1)^2}$

3.17 (1) [2.123 1, 2.136 9]；(2) [2.113 3, 2.146 7]

3.18 (1) [2.689, 2.721]；(2) [0.022 1, 0.046 4]

3.19 (1) [5.301, 5.499]；(2) [0.087 16, 0.247 2]

3.20 σ^2 的置信区间为[55.2, 444]，σ 的置信区间为[7.43, 21.1]

3.21 $n=49$

3.22 [−146.62, 95.12]

3.23 [0.222, 3.61]

3.24 (1) [−6.88, 46.88]；(2) [0.382, 2.89]

3.25 [318.02,331.98]

习 题 四

4.1 (1) 0.05; (2) 0.005

4.2 0.938 2

4.3 提示：根据参数区间估计的公式和参数假设检验的法则证明

4.4 $|U|=|2.8868|>1.9600=u_{0.975}$，拒绝 $H_0:\mu=0.150$

4.5 $\chi^2_{0.025}(24)=12.401<\chi^2=24.286<\chi^2_{0.975}(24)=39.364$，接受 $H_0:\sigma=20$

4.6 (1) $|T|=|-0.2192|<2.1448=t_{0.975}(14)$，接受 $H_0:\mu=10.5$；

(2) $\chi^2=34.548>26.119=\chi^2_{0.975}(14)$，拒绝 $H_0:\sigma=0.15$

4.7 (1) $|T|=|-5.618|>2.7764=t_{0.975}(4)$，拒绝 $H_0:\mu=4.50$；

(2) $\chi^2_{0.025}(4)=0.484<\chi^2=7.325<\chi^2_{0.975}(4)=11.143$，接受 $H_0:\sigma=0.04$

4.8 $|T|=|0.1956|<2.1314=t_{0.975}(15)$，接受 $H_0:\mu_1=\mu_2$

4.9 (1) $F_{0.025}(7, 6)=0.195<F=0.5456<F_{0.975}(7, 6)=5.70$，接受 $H_0:\sigma_1^2=\sigma_2^2$；

(2) $|T|=|-0.265|<2.1604=t_{0.975}(13)$，接受 $H_0:\mu_1=\mu_2$

4.10 $F=0.227<0.229=F_{0.025}(8, 9)$，拒绝 $H_0:\sigma_1=\sigma_2$

4.11 (1) $U=-1.70<-1.6449=-u_{0.95}$，拒绝 $H_0:\mu\geqslant 1000$；

(2) $T=-1.70>-1.7109=-t_{0.95}(24)$，接受 $H_0:\mu\geqslant 1000$

4.12 $T=3.8006>2.1318=t_{0.95}(4)$，拒绝 $H_0:\mu\leqslant 1250$，接受 $H_1:\mu>1250$，故锰的熔点显著高于 1 250℃

4.13 $\chi^2=15.68>15.507=\chi^2_{0.95}(8)$，拒绝 $H_0:\sigma\leqslant 0.005$，接受 $H_1:\sigma>0.005$，故这批导线电阻的标准差显著偏大

4.14 $T=-3.859<-1.7341=-t_{0.95}(18)$，拒绝 $H_0:\mu_1\geqslant\mu_2$，接受 $H_1:\mu_1<\mu_2$，故采用新工艺后,灯泡的平均寿命有显著提高

4.15 (1) 略;(2) $W_1=(-\infty,-t_{1-\frac{\alpha}{2}}(n-1))\cup(t_{1-\frac{\alpha}{2}}(n-1),+\infty)$

4.16 $F=3.66>3.50=F_{0.95}(7,8)$，拒绝 $H_0:\sigma_1^2\leqslant\sigma_2^2$，接受 $H_1:\sigma_1^2>\sigma_2^2$，故乙车床产品的方差显著小于甲车床产品的方差

4.17 $W_1=\left(0,\ \exp\left(-\frac{1}{2}u_{1-\alpha}^2\right)\right)$

4.18 $\chi^2=8.96<11.070=\chi^2_{0.95}(5)$，接受 $H_0:\xi\sim P\{\xi=k\}=\frac{1}{6}$，$k=1,2,\cdots,6$，故可以认为这颗骰子是均匀的

4.19 $\chi^2=5.125<16.919=\chi^2_{0.95}(9)$，接受 $H_0:\xi\sim P\{\xi=k\}=\frac{1}{10}$，$k=0,1,\cdots,9$，故可以认为各种数字出现的可能性是相同的

4.20 $\chi^2=73.00>7.815=\chi^2_{0.95}(3)$，拒绝 $H_0:\xi\sim U(0,24)$

4.21 $\chi^2=18.216>9.488=\chi^2_{0.95}(4)$，拒绝 $H_0:\xi\sim g\left(\frac{1}{4}\right)$，故不能认为这颗四面体骰子是均匀的

4.22 $\chi^2=1.589<5.991=\chi^2_{0.95}(2)$，接受 $H_0:\xi\sim P(\lambda)$

4.23 $\chi^2=2.214<5.991=\chi^2_{0.95}(2)$，接受 $H_0:\xi\sim N(\mu,\sigma^2)$

4.24 $\chi^2=27.139>3.841=\chi^2_{0.95}(1)$，拒绝 $H_0:\xi$ 与 η 独立,故色盲与性别有关

4.25 $\chi^2=26.573>3.841=\chi^2_{0.95}(1)$，拒绝 $H_0:\xi$ 与 η 独立,故青少年犯罪与家庭状况有关

4.26 $\chi^2=1.5938<3.841=\chi^2_{0.95}(1)$，接受 $H_0:\xi$ 与 η 独立,故地下水位变化与发生地震无关

4.27 $\chi^2=9.751>7.815=\chi^2_{0.95}(3)$，拒绝 $H_0:\xi$ 与 η 独立,故儿童的智力发育与营养状况有关

习 题 五

5.1 略

5.2 略

5.3 (1) $\hat\beta_0=34.12$，$\hat\beta_1=86.5$；

(2) $SS_e=3.371$，$\hat\sigma=1.060$，$r=0.9480$

5.4 (1) 上述一元线性回归的模型和条件为：

$y_i=\beta_0+\beta_1x_i+\varepsilon_i$，$\varepsilon_i\sim N(0,\sigma^2)$，$i=1,2,\cdots,19$，$\varepsilon_1,\varepsilon_2,\cdots,\varepsilon_{19}$ 相互独立；

(2) 回归方程为：$\hat y=\hat\beta_0+\hat\beta_1x=5.2765-0.1704x$，估计标准差为 4.863 7，变元 x 和 y 相关系数为 -0.9755；

(3) 因 p 值小于 0.01，故回归模型显著

5.5 (1) $\hat\beta_0=8.2$，$\hat\beta_1=0.24$；

(2) $SS_e=1.200$，$\hat\sigma=0.6325$，$r=0.9897$；

(3) $|T|=|12.0|>3.1824=t_{0.975}(3)$ 或 $F=144.0>10.1=F_{0.95}(1,3)$，拒绝 $H_0:\beta_1=0$

5.6 (1) $\hat\beta_0=13.9584$，$\hat\beta_1=12.5503$；

(2) $SS_e=0.21597$，$\hat\sigma=0.20783$，$r=0.99871$；

(3) β_0 的水平为95%的置信区间为[13.51, 14.40]，β_1 的水平为95%的置信区间为[11.82, 13.28]；

(4) $|T|=|44.05|>2.5706=t_{0.975}(5)$ 或 $F=1940>6.61=F_{0.95}(1,5)$，拒绝 $H_0:\beta_1=0$

5.7 (1) $\hat{\beta}_0=67.5078$, $\hat{\beta}_1=0.870640$；

(2) $SS_e=6.4426$, $\hat{\sigma}=0.95936$, $r=0.99895$；

(3) $|T|=|57.826|>2.3646=t_{0.975}(7)$ 或 $F=3343.8>5.59=F_{0.95}(1,7)$，拒绝 $H_0:\beta_1=0$

5.8 根据有关一元线性回归统计量分布的定理

5.9 $\hat{\beta}=\dfrac{\overline{xy}-\bar{x}\,\bar{y}}{\overline{x^2}-(\bar{x})^2}$；$\bar{\alpha}=\bar{y}-\hat{\beta}\bar{x}$，其中

$$\bar{x}=\frac{1}{n}\sum_{i=1}^{r}m_ix_i,\ \bar{y}=\frac{1}{n}\sum_{i=1}^{r}\sum_{j=1}^{m_i}y_{ij},\ \overline{x^2}=\frac{1}{n}\sum_{i=1}^{r}m_ix_i^2,\ \overline{xy}=\frac{1}{n}\sum_{i=1}^{r}\sum_{j=1}^{m_i}x_iy_{ij}$$

5.10 (1) $\boldsymbol{X}=\begin{bmatrix}1&-1&1\\1&0&-2\\1&1&1\end{bmatrix}$, $\boldsymbol{X}^{\mathrm{T}}\boldsymbol{X}=\begin{bmatrix}3&0&0\\0&2&0\\0&0&6\end{bmatrix}$, $(\boldsymbol{X}^{\mathrm{T}}\boldsymbol{X})^{-1}=\begin{bmatrix}\frac{1}{3}&0&0\\0&\frac{1}{2}&0\\0&0&\frac{1}{6}\end{bmatrix}$；

(2) $\hat{\beta}_0=\dfrac{y_1+y_2+y_3}{3}$, $\hat{\beta}_1=\dfrac{-y_1+y_3}{2}$, $\hat{\beta}_0=\dfrac{y_1-2y_2+y_3}{6}$；

(3) 根据$\hat{\beta}_0$, $\hat{\beta}_1$, $\hat{\beta}_2$ 的计算公式证明

5.11 (1) $\hat{\beta}_0=-247.867$, $\hat{\beta}_1=1.15423$, $\hat{\beta}_2=1.98298$；

(2) $SS_e=1542.59$, $\hat{\sigma}=9.5258$, $r=0.77921$；

(3) $F=13.14>3.59=F_{0.95}(2,17)$，拒绝 $H_0:\beta_1=\beta_2=0$；

(4) $F_1=18.96>4.45=F_{0.95}(1,17)$，拒绝 $H_{01}:\beta_1=0$；

$F_2=4.74>4.45=F_{0.95}(1,17)$，拒绝 $H_{02}:\beta_2=0$

5.12 略

5.13 作为广义线性回归求解，在不加权的情况下，得

$$\hat{\alpha}=0.0212973,\ \hat{\beta}=0.272026,\ SS_e=1537.66;$$

作为广义线性回归求解，在加权的情况下，得

$$\hat{\alpha}=0.0100311,\ \hat{\beta}=0.296470,\ SS_e=506.640;$$

作为非线性回归求解，得

$$\hat{\alpha}=0.00695936,\ \hat{\beta}=0.306934,\ SS_e=472.047$$

5.14 $\hat{\beta}_0=1.01049$, $\hat{\beta}_1=0.197110$, $\hat{\beta}_2=0.140326$, $SS_e=1.23134$

5.15 作为广义线性回归求解，在不加权的情况下，得

$$\hat{\alpha}=0.157551,\ \hat{\beta}_1=0.526691,\ \hat{\beta}_2=0.840853,\ SS_e=33.1720;$$

作为广义线性回归求解，在加权的情况下，得

$$\hat{\alpha}=0.196052,\ \hat{\beta}_1=0.609360,\ \hat{\beta}_2=0.709291,\ SS_e=31.4119;$$

作为非线性回归求解，得

$$\hat{\alpha}=0.189740,\ \hat{\beta}_1=0.611679,\ \hat{\beta}_2=0.714209,\ SS_e=31.2833$$

5.16 $\hat{\alpha}=0.00561861$, $\hat{\beta}=6180.32$, $\hat{\gamma}=345.199$, $SS_e=100.694$

5.17 $\hat{\alpha}=72.4622$, $\hat{\beta}=13.7093$, $\hat{\gamma}=0.0673592$, $SS_e=8.05652$

习 题 六

6.1 $F_A = 4.256 > 3.89 = F_{0.95}(2, 12)$，故这 3 种教学方法的效果有显著差异

6.2 $F_A = 4.37 > 3.68 = F_{0.95}(2, 15)$，故这 3 所小学五年级男生的身高有显著差异

6.3 同 6.1 节定理 1 的方法可证：$H_0:\mu_1=\mu_2=\cdots=\mu_r$ 为真时，有 $F=\dfrac{SS_A/r-1}{SS_e/n-r}\sim F(r-1,n-r)$

其中 $SS_A=\sum\limits_{i=1}^{r}n_i(\overline{X}_i-\overline{X})^2$，$SS_e=\sum\limits_{i=1}^{r}\sum\limits_{j=1}^{n_i}(X_{ij}-\overline{X}_i)^2$

$\overline{X}_i=\dfrac{1}{n_i}\sum\limits_{j=1}^{n_i}X_{ij}$，$\overline{X}=\dfrac{1}{n}\sum\limits_{i=1}^{r}\sum\limits_{j=1}^{n_i}X_{ij}$.

于是当 $F>F_{1-\alpha}(r-1,n-r)$ 时拒绝 H_0；$F\leqslant F_{1-\alpha}(r-1,n-r)$ 时接受 H_0

6.4 $F=1.887<F_{1-\alpha}(r-1,n-r)=4.46$，故接受原假设，认为产量无显著差异

6.5 (1) $F_A = 96.88 > 6.94 = F_{0.95}(2, 4)$，故密度的不同对于木材的抗压强度有显著的影响；

(2) $F_B = 1.60 < 6.94 = F_{0.95}(2, 4)$，故加荷速度的不同对于木材的抗压强度没有显著的影响

6.6 (1) $F_A = 8.67 > 4.76 = F_{0.95}(3, 6)$，故品种的不同对于小麦产量有显著的影响；

(2) $F_B = 2.33 < 5.14 = F_{0.95}(2, 6)$，故土壤的不同对于小麦产量没有显著的影响

6.7 (1) $F_A = 4.09 > 3.89 = F_{0.95}(2, 12)$，故浓度的不同对产品收率有显著的影响；

(2) $F_B = 0.71 < 3.49 = F_{0.95}(3, 12)$，故温度的不同对产品收率没有显著的影响；

(3) $F_{AB} = 0.83 < 3.00 = F_{0.95}(6, 12)$，故浓度与温度的交互作用对产品收率没有显著的影响

6.8 $F_A = 2.92 < 19.0 = F_{0.95}(2, 2)$，故因子 A(酰氯化温度)的作用不显著；

$F_B = 40.49 > 19.0 = F_{0.95}(2, 2)$，故因子 B($SOCl_2$ 用量)的作用显著；

$F_C = 9.37 < 19.0 = F_{0.95}(2, 2)$，故因子 C(催化剂用量)的作用不显著；

最优水平组合是 $A_2B_2C_1$

6.9 $F_A = 0.27 < 10.1 = F_{0.95}(1, 3)$，故因子 A(金属针布)的作用不显著；

$F_B = 6.82 < 10.1 = F_{0.95}(1, 3)$，故因子 B(产量水平)的作用不显著；

$F_C = 61.36 > 10.1 = F_{0.95}(1, 3)$，故因子 C(锡林速度)的作用显著；

$F_{AC} = 22.09 > 10.1 = F_{0.95}(1, 3)$，故因子 A 与 C 的交互作用 $A\times C$ 显著；

最优水平组合是 $A_2B_2C_1$

6.10 $F_A = 3.20 < 18.5 = F_{0.95}(1, 2)$，故因子 A(反应温度)的作用不显著；

$F_B = 7.20 < 18.5 = F_{0.95}(1, 2)$，故因子 B(反应时间)的作用不显著；

$F_C = 24.20 > 18.5 = F_{0.95}(1, 2)$，故因子 C(原料配比)的作用显著；

$F_D = 1.80 < 18.5 = F_{0.95}(1, 2)$，故因子 D(真空度)的作用不显著；

$F_{AB} = 20.00 > 18.5 = F_{0.95}(1, 2)$，故因子 A 与 B 的交互作用 $A\times B$ 显著；

最优水平组合是 $A_2B_1C_2D_2$

习 题 七

7.1 略

7.2 (1) $X=\begin{bmatrix}70 & 75 & 65\\ 60 & 70 & 50\\ 80 & 75 & 70\\ 90 & 80 & 80\end{bmatrix}$

(2) $\overline{X}=(75,75,66.25)^{\mathrm{T}}$;$S=\begin{bmatrix}16.667 & 50 & 158.333\\ & 16.667 & 50\\ * & & 156.25\end{bmatrix}$;$R=\begin{bmatrix}1 & 0.949 & 0.981\\ & 1 & 0.980\\ * & & 1\end{bmatrix}$

(3) $\tilde{x}=\dfrac{x-60}{30}$,$\tilde{y}=\dfrac{y-75}{4.082}$

(4) $d(甲,乙)=\sqrt{(10,5,5)S^{-1}(10,5,5)^{\mathrm{T}}}$,18.708

7.3 略

7.4 略

7.5 略

7.6 略

7.7 略

2 学分《数理统计方法》课程样卷及答案

2 学分《数理统计方法》课程样卷

一、(15 分) 假设某种类型电池的容量(mAh)服从正态分布 $N(\mu,\sigma^2)$,其中 μ, σ^2 均未知.按设计标准容量的标准差应是 $\sigma=1.66$,随机地取 10 只该类型的电池,得它们的容量如下:

146, 141, 135, 142, 140, 143, 138, 137, 142, 136

(1) 样本均值为________,中位数为________,极差为________,修正样本方差为________;

(2) 该型电池平均容量 μ 的置信水平为 95%的置信区间为________________;

(3) 在显著性水平 $\alpha=0.05$ 下,能否认为电池容量的**方差**发生了显著性变化?

(4) 在显著性水平 $\alpha=0.01$ 下,能否认为该类型电池的容量不低于 138?

二、(10 分)设 $(X_1,\cdots,X_n)$ 为取自 $[-\theta,\theta]$ 上服从均匀分布的总体 X 的样本,其中 $\theta(\theta>0)$ 未知. 试分别求参数 θ 的矩法估计和极大似然估计.

三、(8 分)养殖场三年前在一鱼塘中按比例 20∶15∶40∶25 投放了甲、乙、丙、丁四种鱼的鱼苗,现用大网随机捕获 600 条成鱼样本,其中甲、乙、丙、丁类别的鱼各有 132、100、200、168 条. 在显著性水平 $\alpha=0.01$ 下,检验鱼塘中各类鱼的比例是否发生了显著性变化?

四、**单选题**(每小题 3 分, 共 36 分)

1. 设 $(X_1,\cdots,X_n)$ 为来自正态总体 $N(\mu,\sigma^2)$ 的一个样本,$\overline{X}$ 为样本均值,S^{*2} 为修正样本方差,下列选项**错误**的是 ( )

(A) $\overline{X}$ 与 S^{*2} 相互独立　　(B) $P\{\overline{X}\leqslant\mu\}=0.5$

(C) $E\left(\dfrac{\overline{X}-\mu}{S^*}\right)=0$　　(D) $P\{S^{*2}\leqslant\sigma^2\}=0.5$

2. 设 X_1,X_2,X_3 是取自总体 X 的一个样本,α 是未知参数,以下是统计量的为 ( )

(A) $\min(\alpha,(X_1+X_2+X_3))$　　(B) $\max(X_1,X_2,X_3)$

(C) $\dfrac{1}{\alpha}X_1X_2X_3$　　(D) $\dfrac{1}{3}\sum_{i=1}^{3}(X_i-\alpha)^2$

3. 设总体 $X\sim N(\mu,\sigma^2)$，σ^2 已知，μ 未知，$x_1, x_2, \cdots, x_n$ 是来自总体的样本观察值，已知 μ 的置信水平为95%的置信区间为[4.71, 5.69]，则取显著性水平 $\alpha=0.05$ 时，检验假设 $H_0: \mu=5.0$, $H_1: \mu\neq 5.0$ 的结果是 (　　)

(A) 接受 H_0　　(B) 拒绝 H_0

(C) 不能确定　　(D) 条件不足无法检验

4. 设$(X_1, \cdots, X_n)$为来自正态总体 $N(\mu,\sigma^2)$的一个样本，μ, σ^2 未知。下列选项中是 σ^2 的无偏估计量是 (　　)

(A) $\frac{1}{n}\sum_{i=1}^{n}X_i^2-(\overline{X})^2$　　(B) $\frac{1}{n}\sum_{i=1}^{n}(X_i-\overline{X})^2$

(C) $\frac{1}{n-1}\sum_{i=1}^{n}(X_i-\mu)^2$　　(D) $\frac{1}{n-1}\sum_{i=1}^{n}(X_i-\overline{X})^2$

5. 设$(X_1, \cdots, X_n)$为取自总体 $X\sim N(\mu,\sigma^2)$的样本，$\overline{X}$ 为样本均值，则下列选项**不**正确的是 (　　)

(A) X_i 都服从 $N(\mu,\sigma^2)$, $(i=1, 2, \cdots, n)$

(B) $X_1, \cdots, X_n$ 相互独立

(C) $\frac{1}{\sigma^2}\sum_{i=1}^{n}(X_i-\overline{X})^2\sim\chi^2(n)$

(D) $\frac{1}{\sigma^2}\sum_{i=1}^{n}(X_i-\mu)^2\sim\chi^2(n)$

6. 设两独立随机变量 $X\sim N(0, 1)$, $Y\sim\chi^2(16)$，则 $\frac{4X}{\sqrt{Y}}$ 服从 (　　)

(A) $N(0, 1)$　　(B) $t(4)$　　(C) $t(16)$　　(D) $F(1, 4)$

7. 设$(X_1, \cdots, X_9)$是来自总体 X 的样本，且 $EX=\mu$，则对 μ 最有效的估计是 (　　)

(A) $\frac{1}{8}\sum_{i=1}^{8}X_i$　　(B) $\frac{1}{7}\sum_{i=2}^{8}X_i$

(C) $\frac{1}{9}\sum_{i=1}^{9}X_i$　　(D) $\frac{1}{2}(X_4+X_5)$

8. 在假设检验中，下列说法正确的是 (　　)

(A) 如果原假设是正确的，但做出的决策是接受备择假设，则犯了第一类错误

(B) 如果备择假设是正确的，但做出的决策是拒绝备择假设，则犯了第一类错误

(C) 第一类错误和第二类错误同时都要犯

(D) 如果原假设是错误的，但作出的决策是接受备择假设，则犯了第二类错误

9. 设总体 $X\sim N(\mu_1,\sigma_1^2)$, $Y\sim N(\mu_2,\sigma_2^2)$相互独立，样本容量分别为 n_1, n_2，修正样本方差分别为 S_1^{*2}, S_2^{*2}，在显著性水平 α 下，检验 $H_0: \sigma_1^2\geqslant\sigma_2^2$, $H_1: \sigma_1^2<\sigma_2^2$ 的拒绝域为 (　　)

(A) $\frac{s_1^{*2}}{s_2^{*2}}>F_\alpha(n_1-1, n_2-1)$　　(B) $\frac{s_1^{*2}}{s_2^{*2}}<F_\alpha(n_1-1, n_2-1)$

(C) $\frac{s_1^{*2}}{s_2^{*2}}>F_{1-\alpha}(n_1-1, n_2-1)$　　(D) $\frac{s_1^{*2}}{s_2^{*2}}<F_{1-\alpha}(n_1-1, n_2-1)$

10. 设$(X_1, X_2, \cdots, X_m)$与$(Y_1, Y_2, \cdots, Y_n)$为总体$\xi \sim N(\mu_1, \sigma^2)$和$\eta \sim N(\mu_2, \sigma^2)$的样本,且两个样本相互独立. $\bar{X}$与$\bar{Y}$分别为两个样本的样本均值,S_X^2与S_Y^2分别为两个样本的样本方差,$S_W = \sqrt{\dfrac{mS_X^2 + nS_Y^2}{m+n-2}}$,关于$\mu_1 - \mu_2$的置信水平为$1-\alpha$的置信区间,有 (　　)

(A) 置信区间一定包含参数$\mu_1 - \mu_2$

(B) 置信区间一定包含$\bar{X} - \bar{Y}$

(C) 置信水平$1-\alpha$越大,置信区间长度越小

(D) S_W越大,置信区间长度越小

11. 根据18组观测数据已算出某一元线性回归问题的残差平方和$SS_e = 19$,总离差平方和$SS_T = 100$,则样本相关系数为 (　　)

(A) 0.9　　(B) −0.9

(C) 0.9或−0.9　　(D) 0.81

12. 设总体X具有分布律

X	1	2	3
P	θ^2	$2\theta(1-\theta)$	$(1-\theta)^2$

其中$\theta(0<\theta<1)$为未知. 现已取得了样本值$x_1 = 1, x_2 = 2, x_3 = 1$,关于$\theta$的点估计有 (　　)

(A) 矩估计值为4/3　　(B) 极大似然估计值为2

(C) 矩估计值为3　　(D) 极大似然估计值为5/6

五、(10分) 如下为电子计算器三种不同厂家的电路设计的响应时间(单位: ms)

厂　家	响　应　时　间				
甲	9	12	10	8	7
乙	7	8	7	10	8
丙	8	13	9	7	11

写出方差分析的模型及条件,并判断在显著性水平0.05下,不同电路设计的响应时间有无显著性差异.

六、(9分)为了研究患慢性支气管炎与吸烟量的关系,调查了272个人,结果如下表:

	吸烟量/(支/日)			求和
	0～9	10～19	20以上	
患者数	22	98	25	145
非患者数	22	89	16	127
求和	44	187	41	272

试问患慢性支气管炎是否与吸烟量有关 (显著水平$\alpha = 0.05$)?

七、(12 分)研究铜线的含碳量对于电阻的效应,得到了数据如下:

含碳量/% x	0.15	0.2	0.3	0.35	0.4	0.45	0.5	0.6	0.7	0.8
电阻/mΩ y	17.2	17.6	18.1	18.4	18.8	19.2	19.8	20.9	22.4	23.6

假设 $y_i=\beta_0+\beta_1 x_i+\varepsilon_i$, $\varepsilon_i\sim N(0,\sigma^2)$, $i=1,2,\cdots,10$, $\varepsilon_1,\varepsilon_2,\cdots,\varepsilon_{10}$相互独立.

(1) 求电阻 y 关于含碳量 x 的线性回归方程;

(2) 求残差平方和 SSe,及估计标准差 $\hat{\sigma}$;

(3) 在显著性水平 0.05 下检验变元的线性关系是否显著.

2 学分《数理统计方法》课程样卷答案

一、解:(1) 样本均值 $\bar{x}=140$,中位数 140.5,极差 11,修正样本方差 $S^{*2}=12$;

(2) $\left[\bar{x}-t_{0.975}(9)\dfrac{S^*}{\sqrt{n}},\ \bar{x}+t_{0.975}(9)\dfrac{S^*}{\sqrt{n}}\right]=[137.522,\ 142.478]$;

(3) H_0: $\sigma^2=1.66^2$, H_1: $\sigma^2\neq 1.66^2$.

检验统计量为 $\chi^2=\dfrac{(n-1)S^{*2}}{1.66^2}$,代入得 $\chi^2=\dfrac{(10-1)\times 12}{1.66^2}=39.193$.

检验的临界值为 $\chi^2_{0.975}(9)=19.022$, $\chi^2_{0.025}(9)=2.7$. 因为 $\chi^2=39.193>19.022$,所以样本值落入拒绝域,因此拒绝原假设 H_0,即认为电池容量的标准差发生了显著的变化.

(4) H_0: $\mu\geqslant 138$, H_1: $\mu<138$.

$$T=\frac{\bar{X}-138}{S^*}\sqrt{n}=\frac{140-138}{\sqrt{12}}\sqrt{10}=1.8257,$$

$$T>-t_{0.99}(9)=-2.8214.$$

故接受 H_0,即显著性水平 $\alpha=0.01$ 下能认为电池容量不低于 138.

二、解:(1) $EX^2=DX+(EX)^2=\dfrac{4\theta^2}{12}+0$,由 $EX^2=\overline{X^2}$,可得矩估计量为:

$$\hat{\theta}=\sqrt{3\overline{X^2}}=\sqrt{\frac{3}{n}\sum_{i=1}^{n}X_i^2}$$

(2) $L(\theta)=\begin{cases}\left(\dfrac{1}{2\theta}\right)^n & -\theta\leqslant x_i\leqslant\theta,\ i=1,2,\cdots,n,\\ 0 & 其他,\end{cases}$ $\quad\ln L(\theta)=-n\ln 2\theta$, $\dfrac{d\ln L(\theta)}{d\theta}=-\dfrac{n}{\theta}<0$

$(-\theta\leqslant x_i\leqslant\theta,\ i=1,2,\cdots,n)$. 故似然函数关于 θ 单调减小,即 θ 越小似然函数 $L(\theta)$ 越大. 因 $-\theta\leqslant x_i\leqslant\theta$ 即 $|x_i|\leqslant\theta$,故极大似然估计量为 $\hat{\theta}=\max\limits_{1\leqslant i\leqslant n}|x_i|$.

三、解:H_0:各类鱼的比例没有发生显著性变化.

ξ	1(甲)	2(乙)	3(丙)	4(丁)
P	20/100	15/100	40/100	25/100

$$\chi^2=\frac{1}{n}\sum_{k=1}^{r}\frac{n_k^2}{p_k}-n=\frac{1}{600}\left(\frac{132^2}{0.2}+\frac{100^2}{0.15}+\frac{200^2}{0.4}+\frac{168^2}{0.25}\right)-600=11.1378,$$

$$11.1378<\chi^2_{1-\alpha}(r-1)=\chi^2_{0.99}(3)=11.345.$$

故不拒绝原假设,可以认为鱼的比例没有发生显著性变化.

四、单选题(每小题 3 分, 共 36 分)

1	2	3	4	5	6	7	8	9	10	11	12
D	B	A	D	C	C	C	A	B	B	C	D

五、解: 这是一个单因子方差分析问题. 电路设计为因子 A.

设三个厂家电路设计的响应时间分别为 $\xi_i \sim N(\mu_i, \sigma^2)$, $i=1, 2, 3$.

检验三个厂家的电路设计对响应时间有无显著差异,即检验假设 $H_0: \mu_1=\mu_2=\mu_3$.

$$SS_A = t\sum_{i=1}^{r}(\overline{X}_i-\overline{X})^2 \approx 6.9333;$$

$$SS_e = \sum_{i=1}^{r} SS_i = \sum_{i=1}^{r}\sum_{j=1}^{t}(X_{ij}-\overline{X}_i)^2 = 44;$$

$$F = \frac{SS_A/(r-1)}{SS_e/(n-r)} \approx 0.9455.$$

方差分析表:

差异源	平方和	自由度	均　方	统计量 F	临界值
组间	6.933 3	2	3.466 7	0.945 5	3.89
组内	44	12	3.666 7		
总计	50.933 3	14			

由于 $F_{1-\alpha}(r-1, n-r) = F_{0.95}(2, 12) = 3.89$; $F < F_{1-\alpha}(r-1, n-r)$

故接受 H_0,即在显著性水平 $\alpha=0.05$ 下认为不同电路设计对响应时间无显著性差异.

六、解: 令 X 表示被调查者患慢性气管炎的状况,Y 表示被调查者每日的吸烟状况.

原假设 H_0: X 与 Y 相互独立.

根据所给数据有

$$\chi^2 = n\left(\sum_{i=1}^{r}\sum_{j=1}^{s}\frac{n_{ij}^2}{n_{i\cdot}n_{\cdot j}}-1\right)$$

$$= 272\times\left(\frac{22^2}{145\times 44}+\frac{98^2}{145\times 187}+\frac{25^2}{145\times 41}+\frac{22^2}{127\times 44}+\frac{89^2}{127\times 187}+\frac{16^2}{127\times 41}-1\right)$$

$$\approx 1.223$$

因 $\chi^2 < \chi^2_{0.95}(2) = 5.991$, 故不拒绝 H_0,即认为慢性支气管炎与吸烟量无关.

七、解: (1) $\hat{\beta}_1 = \dfrac{L_{xy}}{L_{xx}} = 9.8427$, $\hat{\beta}_0 = \overline{y}-\hat{\beta}_1\overline{x} = 15.2200$, 所以,回归方程为 $\hat{y} = \hat{\beta}_0+\hat{\beta}_1 x = 15.22+9.8427x$;

(2) $SS_e = L_{yy}-\hat{\beta}_1 L_{xy} = 1.3352$, 估计标准差: $\hat{\sigma} = \sqrt{\dfrac{SS_e}{n-2}} = \sqrt{\dfrac{1.3352}{10-2}} = 0.4085$;

(3) 方法一用 t 检验: $H_0: \beta_1 = 0$.

$$T = \frac{\hat{\beta}_1}{\hat{\sigma}}\sqrt{L_{xx}} = 15.1853,$$

对 $\alpha=0.05$，查 t 分布的分位数表，可得 $t_{1-\alpha/2}(n-2)=t_{0.975}(8)=2.306$，因为 $|T|=|15.1853|>2.306$，所以拒绝 $H_0: \beta_1=0$，即自变量 x 与因变量 y 之间有显著的统计线性相关关系.

方法二用 F 分布检验：$H_0: \beta_1=0$.

$$F=\frac{L_{yy}-SS_e}{SS_e/(n-2)}=230.5919,$$

对 $\alpha=0.05$，查 F 分布的分位数表，可得 $F_{1-\alpha}(1, n-2)=F_{0.95}(1, 8)=5.32$，因为 $F=230.5919>5.32$，所以结论也是拒绝 $H_0: \beta_1=0$.

3学分《数理统计》课程样卷及答案

3学分《数理统计》课程样卷

一、(本题6分) 盒中有 a 个标号为0，b 个标号为1的大小相同的小球. 随机从盒中有放回地取样两次，记 (X_1, X_2) 为两次取到小球的标号. 试写出：

(1) 总体的分布；(2) 样本 (X_1, X_2) 的联合分布；(3) 样本均值 $\overline{X}$ 的抽样分布.

二、(本题10分) 设 (X_1, X_2, X_3, X_4) 为取自总体 $X\sim N(\mu, 4^2)$ 的样本，$\Phi(x)$ 为标准正态分布的分布函数.

(1) 在显著性水平0.05下对 $H_0: \mu=5$, $H_1: \mu\neq 5$ 的检验，若真实值为 $\mu=6$，求该检验所犯的第二类错误的概率 β；

(2) 证明：要使 μ 的置信区间的长度不超过给定的值 l_0，则区间估计的信度 $1-\alpha\leqslant 2\Phi\left(\frac{l_0}{4}\right)-1$.

三、单选题(每空3分，共30分)

1. 设 $(X_1, \cdots, X_6)$ 为来自正态总体 $N(\mu, \sigma^2)$ 的一个容量为6的样本，则统计量 $\dfrac{2(X_1-X_2)^2}{(X_3-X_4)^2+(X_5-X_6)^2}$ 所服从的分布是 ( )

(A) $N(0, 1)$ (B) $t(2)$ (C) $F(1, 2)$ (D) $F(2, 1)$

2. 一个假设检验问题的原假设为 H_0，备择假设为 H_1. 若该检验犯第一类错误的概率为 α，犯第二类错误的概率为 β，则在 H_1 为真情况下，H_0 被拒绝的概率为 ( )

(A) α (B) β (C) $1-\alpha$ (D) $1-\beta$

3. 设 $(X_1, X_2, \cdots, X_n)$ 是总体 ξ 的样本，$\xi\sim N(\mu, \sigma^2)$，其中 σ^2 未知，参数 μ 的置信水平为 $1-\alpha$ 的置信区间的长度记为 L，则下列选项错误的是 ( )

(A) $1-\alpha$ 越小，L 越大 (B) 样本容量越小，L 越大

(C) L 大小与样本均值无关 (D) 样本方差越大，L 越大

4. 设 $(X_1, X_2, \cdots, X_n)$ 是总体 ξ 的样本，且总体的各阶矩存在，则 ( )

(A) 样本均值的平方 $(\overline{X})^2$ 是总体期望的平方 $(E\xi)^2$ 的无偏估计

(B) 样本二阶矩 $\overline{X^2}$ 是总体二阶矩 $E\xi^2$ 的无偏估计

(C) 样本方差 S^2 是总体方差的无偏估计

(D) 修正样本标准差 S^* 是总体标准差的无偏估计

5. 三个因子，每个因子有 r 个水平，考虑所有可能的交互作用，选取正交表的列数至少为 ( )

(A) 3 (B) r (C) $3r$ (D) r^2+r+1

6. 通过逐步回归解决复共线性问题，剔除了若干变元后对回归效果的影响是 ( )

(A) 残差平方和变大 (B) 回归平方和变大

(C) 总离差平方和变大 (D) 判定系数变大

7. 对 5 个变元的观测数据作主成分分析，若已知样本相关阵的其中 4 个特征值分别为 0.1、0.4、1.1 和 2.3，则第一主成分的贡献率为 ( )

(A) 10% (B) 46% (C) 2.56% (D) 58.97%

8. 设总体$(X_1, X_2, \cdots, X_m)^T \sim N_m(\mu, \Sigma)$，样本数据阵为 $X=[x_{ij}]_{n\times m}$，则 Σ 的无偏估计为 ( )

(A) $\left[\dfrac{1}{n}\sum_{k=1}^{n}(x_{ki}-\bar{x}_i)(x_{kj}-\bar{x}_j)\right]_{n\times m}$

(B) $\left[\dfrac{1}{n-1}\sum_{k=1}^{n}(x_{ki}-\bar{x}_i)(x_{kj}-\bar{x}_j)\right]_{n\times m}$

(C) $\left[\dfrac{1}{n-2}\sum_{k=1}^{n}(x_{ki}-\bar{x}_i)(x_{kj}-\bar{x}_j)\right]_{n\times m}$

(D) $\left[\dfrac{1}{n-m-1}\sum_{k=1}^{n}(x_{ki}-\bar{x}_i)(x_{kj}-\bar{x}_j)\right]_{n\times m}$

9. 设 $y=\beta_0+\beta_1x_1+\beta_2x_2+\beta_3x_3+\varepsilon$，其中 $\varepsilon \sim N(0, \sigma^2)$。若根据变元的 20 组观测值算得回归的残差平方和为 81，则估计标准差 $\hat{\sigma}$ 为 ( )

(A) 9 (B) $\dfrac{3}{2}\sqrt{2}$ (C) 2.25 (D) $\dfrac{9}{10}\sqrt{5}$

10. 在圆周率 $\pi=3.141\,592\,6\cdots$ 的前 800 位小数中，数字 0～9 出现的次数统计如下：

数　字	0	1	2	3	4	5	6	7	8	9
出现次数	74	92	83	79	80	73	77	75	76	91

在显著性水平 0.05 下检验数字 0～9 在 π 中出现的可能性是否相同，这个检验的拒绝域为 ( )

(A) $(\chi^2_{0.975}(9), +\infty)$ (B) $(\chi^2_{0.975}(10), +\infty)$

(C) $(\chi^2_{0.95}(9), +\infty)$ (D) $(\chi^2_{0.95}(10), +\infty)$

四、(本题 12 分) 设总体 X 的分布律为 $P\{X=k\}=\dfrac{1}{N}$，$k=0, 1, 2, \cdots, N-1$，其中 N 未知，$(X_1, \cdots, X_n)$为来自该总体的样本，试分别求：(1) N 的矩估计 $\hat{N}_M$；(2) N 的极大似然估计 $\hat{N}_L$；(3) 判断 N 的矩估计 $\hat{N}_M$ 是否为无偏的。

五、(本题 10 分) 为检验某血压药是否有效，挑选 10 名试验者，测量他们服药前后的血压，结果如下：

编　号	1	2	3	4	5	6	7	8	9	10
服药前血压	134	122	132	130	128	140	118	127	125	142
服药后血压	140	130	135	126	134	138	124	126	132	144

假设服药后与服药前血压的差值服从正态分布 $N(\mu, \sigma^2)$.

(1) 在显著性水平为 0.05 下,能否认为服用该药物后的血压无显著性变化?

(2) 分别求 μ 和 σ^2 置信水平为 99%的置信区间.

六、(11 分) 四个因子 A、B、C、D,每个因子有 2 个水平,只考虑因子 A 和 B 的一级交互作用的正交表试验,产品收率的试验结果如下,补齐表格中阴影部分的三个空格,并列出方差分析表判断各因子及交互作用是否显著(显著性水平 0.05).

表　头	A	B	A×B	C			D	观测值(收率) X_k
列号 / 试验号	1	2	3	4	5	6	7	
1	1	1	1	1	1	1	1	86
2	1	1	1	2	2	2	2	95
3	1	2	2	1	1	2	2	91
4	1	2	2	2	2	1	1	94
5	2	1	2	1	2	1	2	91
6	2	1	2	2	1	2	1	96
7	2	2	1	1	2	2	1	83
8	2	2	1	2	1	1	2	88
$\overline{X}_{1j}$	______	92.00	88.00	87.75	90.25	89.75	89.75	$\overline{X}=90.5$
$\overline{X}_{2j}$	89.50	89.0	93.00	93.25	90.75	91.25	91.25	
SS_j	8.0	18.0	______	60.5	0.5	4.5	4.5	$SS_T=$ ______

七、(9 分) 某副食品商店为扩大营业拟开展有针对性的营销活动,为此需要了解该店的顾客群体及消费习惯. 调查发现男性顾客和女性顾客在该店不同消费金额的人数(单位:人)如下表:

	10 元以下	10～50 元	50 元以上
男性	40	90	130
女性	66	120	102

在显著性水平 0.05 下,能否认为顾客的性别与消费的金额有关?

八、(12 分) 有四个物体 A、B、C、D,设其重量分别为 β_1、β_2、β_3、β_4。现用天平来称量四个物体的重量,为提高称量精度,设计如下的称量方案:

首先,四个物体全放左盘,右盘放砝码,称得重量:

$$y_1 = \beta_1 + \beta_2 + \beta_3 + \beta_4 + \varepsilon_1$$

然后,左右盘各放两个物体(AB - CD, AC - BD, AD - BC,分别称量一次),砝码放在较轻的一边使天平平衡,记砝码重量为 y_i,若砝码放在左盘则 $y_i<0$, 若砝码放在右盘则 $y_i>0$,得:

$$y_2 = \beta_1 + \beta_2 - \beta_3 - \beta_4 + \varepsilon_2;\ y_3 = \beta_1 - \beta_2 + \beta_3 - \beta_4 + \varepsilon_3;\ y_4 = \beta_1 - \beta_2 - \beta_3 + \beta_4 + \varepsilon_4$$

其中 $\varepsilon_i \sim N(0, \sigma^2)(i = 1, 2, 3, 4)$ 为称量时产生的随机误差,且它们相互独立.

(1) 求 $\beta_1, \beta_2, \beta_3, \beta_4$ 的最小二乘估计;(2) 证明上述线性回归的残差平方和 $SS_e = 0$;(3) 求该回归的判定系数.

3 学分《数理统计》课程样卷答案

一、解: (1)

X	0	1
P	$a/(a+b)$	$b/(a+b)$

(2)

X_1 \ X_2	0	1
0	$\left(\frac{a}{a+b}\right)^2$	$\frac{ab}{(a+b)^2}$
1	$\frac{ab}{(a+b)^2}$	$\left(\frac{b}{a+b}\right)^2$

(3)

$\overline{X}$	0	0.5	1
P	$\left(\frac{a}{a+b}\right)^2$	$\frac{2ab}{(a+b)^2}$	$\left(\frac{b}{a+b}\right)^2$

二、解: (1) 第二类错误的概率 $\beta=P\{接受 H_0 \mid H_0 为假\}$. 因原假设的拒绝域为

$|z| = \left|\frac{\bar{x}-5}{4/\sqrt{4}}\right| = \left|\frac{\bar{x}-5}{2}\right| \geqslant u_{0.975} = 1.96$; 由此可解得接受域为 $\bar{x}$ 落入区间(1.08, 8.92),故

$$\beta = P\{1.08 < \overline{X} < 8.92\} = \Phi\left(\frac{8.92-6}{2}\right) - \Phi\left(\frac{1.08-6}{2}\right) = 0.921;$$

(2) μ 的置信水平为 $1-\alpha$ 置信区间为 $\overline{X} \pm u_{1-\alpha/2}\frac{\sigma_0}{\sqrt{n}}$, 长度为: $2u_{1-\alpha/2}\frac{\sigma_0}{\sqrt{n}}$,

$$2u_{1-\alpha/2}\frac{4}{\sqrt{4}} = 4u_{1-\alpha/2} \leqslant l_0 \Rightarrow u_{1-\alpha/2} \leqslant \frac{l_0}{4} \Rightarrow 1-\alpha/2 \leqslant \Phi\left(\frac{l_0}{4}\right) \Rightarrow 1-\alpha \leqslant 2\Phi\left(\frac{l_0}{4}\right) - 1.$$

三、单选题(每小题 3 分, 共 30 分)

1	2	3	4	5	6	7	8	9	10
C	D	A	B	D	A	B	B	C	C

四、解: (1) 矩估计

总体均值为 $EX = 0\cdot\frac{1}{N}+1\cdot\frac{1}{N}+\cdots+(N-1)\cdot\frac{1}{N}=\frac{1}{N}\cdot\frac{N(N-1)}{2}=\frac{N-1}{2}$,

样本平均值为 $\overline{X}=\frac{1}{n}\sum_{i=1}^{n}X_i$,令 $EX=\overline{X}$,即$\frac{N-1}{2}=\overline{X}$,得 $N=2\overline{X}+1$,

即 N 的矩估计为 $\hat{N}_M=2\overline{X}+1$;

(2) 极大似然估计: 设$(X_1, X_2, \cdots, X_n)$的一组观测值为$(x_1, x_2, \cdots, x_n)$,

似然函数 $L(N)=\prod_{i=1}^{n}P(X=x_i)=\frac{1}{N^n}$, 显然 N 越小,似然函数值越大.

由 $0\leqslant x_{(1)}\leqslant\cdots\leqslant x_{(n)}\leqslant N-1$,得 $N\geqslant x_{(n)}+1$, 则 N 的极大似然估计值为 $\hat{N}_L=x_{(n)}+1$,即 N 的极大似然估计为 $\hat{N}_L=\max(X_i)+1$;

(3) $E(\hat{N}_M)=E(2\overline{X}+1)=2E(\overline{X})+1=2EX+1=2\frac{N-1}{2}+1=N$, 故矩法估计 $\hat{N}_M$ 是 N 的无偏估计.

五、解: (1) 以 X 记服药后与服药前血压的差值,则 X 服从 $N(\mu, \sigma^2)$,其中 μ, σ^2 均未知,从题目中可以得出 X 的一个样本观察值: 6, 8, 3, −4, 6, −2, 6, −1, 7, 2,待检验的假设为 $H_0: \mu=0$, $H_1: \mu\neq 0$.

这是一个方差未知时,对正态总体的均值做检验的问题,因此用 t 检验法当 $|T|=\left|\frac{\overline{X}-\mu_0}{S^*/\sqrt{n}}\right|\leqslant t_{1-\alpha/2}(n-1)$ 时, 接受原假设,反之,拒绝原假设。依次计算有

$$\overline{x}=\frac{1}{10}(6+8+\cdots+7+2)=3.1,\ S^{*2}=\frac{1}{10-1}[(6-3.1)^2+\cdots+(2-3.1)^2]=17.6556,$$

$$t=\frac{|3.1-0|}{\sqrt{17.6556/10}}=2.3228,$$

由于 $t_{1-\alpha/2}(n-1)=t_{0.975}(9)=2.2622$, T 的观察值的绝对值 $|t|=2.3228>2.2622$. 所以拒绝原假设,即认为服药前后人的血压有显著变化.

说明: 本小题不能用双正态总体方差相等情况下均值的检验,因为前提条件不满足.

(2) 由 $1-\alpha=99\%$,得 $t_{0.995}(9)=3.2498$. $\overline{X}\pm t_{1-\alpha/2}(n-1)\frac{S^*}{\sqrt{n}}=3.1\pm t_{0.995}(9)\sqrt{\frac{17.6556}{10}}$.

故 μ 的置信水平为 99%的置信区间为 $[-1.2182, 7.4182]$.

σ^2 置信水平为 99%的置信区间为

$$\left[\frac{(n-1)S^{*2}}{\chi^2_{1-\frac{\alpha}{2}}(n-1)}, \frac{(n-1)S^{*2}}{\chi^2_{\frac{\alpha}{2}}(n-1)}\right]=\left[\frac{9\times 17.6556}{23.589}, \frac{9\times 17.6556}{1.735}\right]=[6.736, 91.585].$$

六、解: $\overline{X}_{11}=91.5$; $SS_{A\times B}=50$; $SS_T=146$.

方差分析表:

来源	平方和	自由度	均方	F 值	分位数
A	$SS_A=8.0$	$r-1=1$	8.0	$F_A=3.2$	$F_{0.95}(1, 2)=18.5$
B	$SS_B=18.0$	$r-1=1$	18.0	$F_B=7.2$	$F_{0.95}(1, 2)=18.5$
C	$SS_C=60.5$	$r-1=1$	60.5	$F_C=24.2$	$F_{0.95}(1, 2)=18.5$

续 表

来源	平方和	自由度	均方	F 值	分位数
D	$SS_D=4.5$	$r-1=1$	4.5	$F_D=1.8$	$F_{0.95}(1,2)=18.5$
$A\times B$	$SS_{AB}=50.0$	$(r-1)^2=1$	50.0	$F_{AB}=20.0$	$F_{0.95}(1,2)=18.5$
误差	$SS_e=5.0$	$7-1-1-1-1-1=2$	2.5		
总和	$SS_T=146.0$	$n-1=7$			

根据方差分析表可见,因子 C 及交互作用 $A\times B$ 显著.

七、解:这是一个独立性的检验问题,原假设为 H_0:顾客的性别与消费的金额无关.

根据所给数据可得联立表如下.

	10 元以下	10～50 元	50 元以上	
男性	40	90	130	260
女性	66	120	102	288
合计	106	210	232	548

$$\chi^2=n\left(\sum_{i,j}\frac{n_{ij}^2}{n_{i\cdot}n_{\cdot j}}-1\right)$$

$$=548\left(\frac{40^2}{106\times260}+\frac{90^2}{210\times260}+\frac{130^2}{232\times260}+\frac{66^2}{106\times288}+\frac{120^2}{210\times288}+\frac{102^2}{232\times288}-1\right)$$

$$=12.648$$

由于 $\chi^2>\chi^2_{1-\alpha}((r-1)(s-1))=\chi^2_{0.95}(2)=5.991$,故拒绝 H_0,即认为顾客的性别与消费的金额有关.

八、解:线性回归模型为 $y=\beta_1x_1+\beta_2x_2+\beta_3x_3+\beta_4x_4+\varepsilon$.

$$X=\begin{bmatrix}1&1&1&1\\1&1&-1&-1\\1&-1&1&-1\\1&-1&-1&1\end{bmatrix},\ Y=\begin{bmatrix}y_1\\y_2\\y_3\\y_4\end{bmatrix},\ X^TX=\begin{bmatrix}4&&&\\&4&&\\&&4&\\&&&4\end{bmatrix}.$$

(1) $\hat{\beta}=(X^TX)^{-1}X^TY$

$$=\begin{bmatrix}1/4&&&\\&1/4&&\\&&1/4&\\&&&1/4\end{bmatrix}\begin{bmatrix}1&1&1&1\\1&1&-1&-1\\1&-1&1&-1\\1&-1&-1&1\end{bmatrix}\begin{bmatrix}y_1\\y_2\\y_3\\y_4\end{bmatrix}=\begin{bmatrix}\frac{1}{4}(y_1+y_2+y_3+y_4)\\\frac{1}{4}(y_1+y_2-y_3-y_4)\\\frac{1}{4}(y_1-y_2+y_3-y_4)\\\frac{1}{4}(y_1-y_2-y_3+y_4)\end{bmatrix};$$

(2) $SS_e=Y^TY-\hat{\beta}^TX^TY=Y^TY-[(X^TX)^{-1}X^TY]^TX^TY=0$ (因 X 可逆)

$$SS_e = Y^TY - \hat{\beta}^TX^TY = (y_1^2 + y_2^2 + y_3^2 + y_4^2) - \begin{bmatrix} \frac{1}{4}(y_1 + y_2 + y_3 + y_4) \\ \frac{1}{4}(y_1 + y_2 - y_3 - y_4) \\ \frac{1}{4}(y_1 - y_2 + y_3 - y_4) \\ \frac{1}{4}(y_1 - y_2 - y_3 + y_4) \end{bmatrix}^T \begin{bmatrix} y_1 + y_2 + y_3 + y_4 \\ y_1 + y_2 - y_3 - y_4 \\ y_1 - y_2 + y_3 - y_4 \\ y_1 - y_2 - y_3 + y_4 \end{bmatrix} = 0.$$

(3) 因残差平方和 $SS_e = 0$,故有 $SS_R = SS_T$,即判定系数 $R^2 = 1$.

参 考 文 献

[1] 刘剑平,朱坤平,陆元鸿,等. 应用数理统计. 2 版. 上海: 华东理工大学出版社,2014.
[2] 刘剑平,等. 概率论与数理统计方法. 2 版. 上海: 华东理工大学出版社,2004.
[3] 刘剑平,施劲松,陆元鸿,等. 工程数学. 上海:华东理工大学出版社,2003.
[4] 陆元鸿. 数理统计方法. 上海:华东理工大学出版社,2005.
[5] 汪荣鑫. 数理统计. 西安: 西安交通大学出版社,1986.
[6] 茆诗松,王静龙,濮晓龙,等. 高等数理统计. 北京:高等教育出版社,2006.
[7] 王梓坤. 概率论基础及其应用. 北京:科学出版社,1979.
[8] 高惠璇. 应用多元统计分析. 北京:北京大学出版社,2009.
[9] 吴喜之. 统计学:从数据到结论. 北京:中国统计出版社,2008.
[10] 薛薇. 统计分析与 SPSS 的应用. 北京:中国人民大学出版社,2008.
[11] 李贤平. 概率论基础. 2 版. 北京: 高等教育出版社,1997.
[12] 魏宗舒. 概率论与数理统计教程. 北京: 高等教育出版社,1983.
[13] 沈恒范. 概率论与数理统计教程. 4 版. 北京: 高等教育出版社,2003.
[14] 李贤平,卞国瑞,吴立鹏,等. 概率论与数理统计简明教程. 北京: 高等教育出版社,1988.
[15] 廖昭懋,杨文礼. 概率论与数理统计. 北京: 北京师范大学出版社,1988.
[16] 周概容. 概率论与数理统计. 北京: 高等教育出版社,1988.
[17] 于寅. 高等工程数学. 3 版. 武汉: 华中科技大学出版社,2001.
[18] 孙荣恒. 应用数理统计. 2 版. 北京: 科学出版社,2003.
[19] 颜钰芬,徐明钧. 数理统计. 上海: 上海交通大学出版社,1992.
[20] 韩於羹. 应用数理统计. 北京: 北京航空航天大学出版社,1989.
[21] 张尧庭,等. 多元统计分析引论. 北京: 科学出版社,1982.
[22] 方开泰. 实用多元统计分析. 上海: 华东师范大学出版社,1989.
[23] 胡国定,张润楚. 多元数据分析方法——纯代数处理. 天津: 南开大学出版社,1990.
[24] 梅长林,周家良. 实用统计方法. 北京: 科学出版社,2002.
[25] 袁志发,周静芋. 多元统计分析. 北京: 科学出版社,2002.
[26] Kendall M. 多元分析. 中国科学院计算中心概率统计组译. 北京: 科学出版社,1983.
[27] K. Enslein, A. Ralson, H. S. Wilf,等. 数字计算机上用的计算方法(第三卷)——统计方法. 中国科学院计算中心概率统计组译. 上海: 上海科学技术出版社,1981.
[28] Walpolo R E, Myers R H, Sharon L. 理工科概率统计. 8 版. 北京:机械工业出版社,2010.

附　　录

表 1　常用分布

分布名称	分布记号	概率分布或概率密度	数学期望	方　差
0-1 分布	$b(1, p)$	$P\{\xi=k\}=p^k(1-p)^{1-k}$ $k=0, 1$	p	$p(1-p)$
二项分布	$b(n, p)$	$P\{\xi=k\}=C_n^k p^k(1-p)^{n-k}$ $k=0, 1, \cdots, n$	np	$np(1-p)$
Poisson 分布	$P(\lambda)$	$P\{\xi=k\}=\dfrac{\lambda^k}{k!}e^{-\lambda}$ $k=0, 1, 2, \cdots$	λ	λ
几何分布	$g(p)$	$P\{\xi=k\}=(1-p)^{k-1}p$ $k=1, 2, \cdots$	$\dfrac{1}{p}$	$\dfrac{1-p}{p^2}$
超几何分布	$H(n, M, N)$	$P\{\xi=k\}=\dfrac{C_M^k C_{N-M}^{n-k}}{C_N^n}$ $k=0, 1, \cdots, n$	$\dfrac{nM}{N}$	$\dfrac{nM}{N}\left(1-\dfrac{M}{N}\right)\dfrac{N-n}{N-1}$
均匀分布	$U(a, b)$	$\varphi(x)=\begin{cases}\dfrac{1}{b-a}, & a\leqslant x\leqslant b,\\ 0, & 其他\end{cases}$	$\dfrac{a+b}{2}$	$\dfrac{(b-a)^2}{12}$
指数分布	$E(\lambda)$	$\varphi(x)=\begin{cases}\lambda e^{-\lambda x}, & x>0,\\ 0, & x\leqslant 0\end{cases}$	$\dfrac{1}{\lambda}$	$\dfrac{1}{\lambda^2}$
正态分布	$N(\mu, \sigma^2)$	$\varphi(x)=\dfrac{1}{\sqrt{2\pi}\sigma}e^{-\frac{(x-\mu)^2}{2\sigma^2}}$	μ	σ^2
χ^2 分布	$\chi^2(n)$	$\varphi(x)=\begin{cases}\dfrac{x^{\frac{n}{2}-1}e^{-\frac{x}{2}}}{2^{\frac{n}{2}}\Gamma\left(\frac{n}{2}\right)}, & 当 x>0 时,\\ 0, & 当 x\leqslant 0 时\end{cases}$	n	$2n$
t 分布	$t(n)$	$\varphi(x)=\dfrac{\Gamma\left(\frac{n+1}{2}\right)}{\sqrt{n\pi}\Gamma\left(\frac{n}{2}\right)}\left(1+\dfrac{x^2}{n}\right)^{-\frac{n+1}{2}}$	0 $(n>1)$	$\dfrac{n}{n-2}\ (n>2)$
F 分布	$F(m, n)$	$\varphi(x)=\begin{cases}\dfrac{\Gamma\left(\frac{m+n}{2}\right)m^{\frac{m}{2}}n^{\frac{n}{2}}x^{\frac{m}{2}-1}}{\Gamma\left(\frac{m}{2}\right)\Gamma\left(\frac{n}{2}\right)(mx+n)^{\frac{m+n}{2}}}, & x>0,\\ 0, & x\leqslant 0\end{cases}$	$\dfrac{n}{n-2}$ $(n>2)$	$\dfrac{2n^2(m+n-2)}{m(n-2)^2(n-4)}$ $(n>4)$

表 2　标准正态分布的分布函数

$$\xi \sim N(0,\ 1) \quad \Phi(x) = P\{\xi \leqslant x\} = \frac{1}{\sqrt{2\pi}}\int_{-\infty}^{x} \mathrm{e}^{-\frac{t^2}{2}}\,\mathrm{d}t$$

表中是与 x 对应的 $N(0,\ 1)$分布的分布函数 $\Phi(x)$的值

x	0.00	0.01	0.02	0.03	0.04	0.05	0.06	0.07	0.08	0.09
0.0	0.500 0	0.504 0	0.508 0	0.512 0	0.516 0	0.519 9	0.523 9	0.527 9	0.531 9	0.535 9
0.1	0.539 8	0.543 8	0.547 8	0.551 7	0.555 7	0.559 6	0.563 6	0.567 5	0.571 4	0.575 3
0.2	0.579 3	0.583 2	0.587 1	0.591 0	0.594 8	0.598 7	0.602 6	0.606 4	0.610 3	0.614 1
0.3	0.617 9	0.621 7	0.625 5	0.629 3	0.633 1	0.636 8	0.640 6	0.644 3	0.648 0	0.651 7
0.4	0.655 4	0.659 1	0.662 8	0.666 4	0.670 0	0.673 6	0.677 2	0.680 8	0.684 4	0.687 9
0.5	0.691 5	0.695 0	0.698 5	0.701 9	0.705 4	0.708 8	0.712 3	0.715 7	0.719 0	0.722 4
0.6	0.725 7	0.729 1	0.732 4	0.735 7	0.738 9	0.742 2	0.745 4	0.748 6	0.751 7	0.754 9
0.7	0.758 0	0.761 1	0.764 2	0.767 3	0.770 4	0.773 4	0.776 4	0.779 4	0.782 3	0.785 2
0.8	0.788 1	0.791 0	0.793 9	0.796 7	0.799 5	0.802 3	0.805 1	0.807 8	0.810 6	0.813 3
0.9	0.815 9	0.818 6	0.821 2	0.823 8	0.826 4	0.828 9	0.831 5	0.834 0	0.836 5	0.838 9
1.0	0.841 3	0.843 8	0.846 1	0.848 5	0.850 8	0.853 1	0.855 4	0.857 7	0.859 9	0.862 1
1.1	0.864 3	0.866 5	0.868 6	0.870 8	0.872 9	0.874 9	0.877 0	0.879 0	0.881 0	0.883 0
1.2	0.884 9	0.886 9	0.888 8	0.890 7	0.892 5	0.894 4	0.896 2	0.898 0	0.899 7	0.901 5
1.3	0.903 2	0.904 9	0.906 6	0.908 2	0.909 9	0.911 5	0.913 1	0.914 7	0.916 2	0.917 7
1.4	0.919 2	0.920 7	0.922 2	0.923 6	0.925 1	0.926 5	0.927 9	0.929 2	0.930 6	0.931 9
1.5	0.933 2	0.934 5	0.935 7	0.937 0	0.938 2	0.939 4	0.940 6	0.941 8	0.942 9	0.944 1
1.6	0.945 2	0.946 3	0.947 4	0.948 4	0.949 5	0.950 5	0.951 5	0.952 5	0.953 5	0.954 5
1.7	0.955 4	0.956 4	0.957 3	0.958 2	0.959 1	0.959 9	0.960 8	0.961 6	0.962 5	0.963 3
1.8	0.964 1	0.964 9	0.965 6	0.966 4	0.967 1	0.967 8	0.968 6	0.969 3	0.969 9	0.970 6
1.9	0.971 3	0.971 9	0.972 6	0.973 2	0.973 8	0.974 4	0.975 0	0.975 6	0.976 1	0.976 7
2.0	0.977 2	0.977 8	0.978 3	0.978 8	0.979 3	0.979 8	0.980 3	0.980 8	0.981 2	0.981 7
2.1	0.982 1	0.982 6	0.983 0	0.983 4	0.983 8	0.984 2	0.984 6	0.985 0	0.985 4	0.985 7
2.2	0.986 1	0.986 4	0.986 8	0.987 1	0.987 5	0.987 8	0.988 1	0.988 4	0.988 7	0.989 0
2.3	0.989 3	0.989 6	0.989 8	0.990 1	0.990 4	0.990 6	0.990 9	0.991 1	0.991 3	0.991 6
2.4	0.991 8	0.992 0	0.992 2	0.992 5	0.992 7	0.992 9	0.993 1	0.993 2	0.993 4	0.993 6
2.5	0.993 8	0.994 0	0.994 1	0.994 3	0.994 5	0.994 6	0.994 8	0.994 9	0.995 1	0.995 2
2.6	0.995 3	0.995 5	0.995 6	0.995 7	0.995 9	0.996 0	0.996 1	0.996 2	0.996 3	0.996 4
2.7	0.996 5	0.996 6	0.996 7	0.996 8	0.996 9	0.997 0	0.997 1	0.997 2	0.997 3	0.997 4
2.8	0.997 4	0.997 5	0.997 6	0.997 7	0.997 7	0.997 8	0.997 9	0.997 9	0.998 0	0.998 1
2.9	0.998 1	0.998 2	0.998 2	0.998 3	0.998 4	0.998 4	0.998 5	0.998 5	0.998 6	0.998 6
3.0	0.998 7	0.998 7	0.998 7	0.998 8	0.998 8	0.998 9	0.998 9	0.998 9	0.999 0	0.999 0
3.1	0.999 0	0.999 1	0.999 1	0.999 1	0.999 2	0.999 2	0.999 2	0.999 2	0.999 3	0.999 3
3.2	0.999 3	0.999 3	0.999 4	0.999 4	0.999 4	0.999 4	0.999 4	0.999 5	0.999 5	0.999 5
3.3	0.999 5	0.999 5	0.999 5	0.999 6	0.999 6	0.999 6	0.999 6	0.999 6	0.999 6	0.999 7
3.4	0.999 7	0.999 7	0.999 7	0.999 7	0.999 7	0.999 7	0.999 7	0.999 7	0.999 7	0.999 8
3.5	0.999 8	0.999 8	0.999 8	0.999 8	0.999 8	0.999 8	0.999 8	0.999 8	0.999 8	0.999 8
3.6	0.999 8	0.999 8	0.999 9	0.999 9	0.999 9	0.999 9	0.999 9	0.999 9	0.999 9	0.999 9
3.7	0.999 9	0.999 9	0.999 9	0.999 9	0.999 9	0.999 9	0.999 9	0.999 9	0.999 9	0.999 9
3.8	0.999 9	0.999 9	0.999 9	0.999 9	0.999 9	0.999 9	0.999 9	0.999 9	0.999 9	0.999 9
3.9	1.000 0	1.000 0	1.000 0	1.000 0	1.000 0	1.000 0	1.000 0	1.000 0	1.000 0	1.000 0

表 3 标准正态分布的临界值

$$\xi \sim N(0,\ 1) \quad p = \Phi(x) = P\{\xi \leqslant x\} = \frac{1}{\sqrt{2\pi}} \int_{-\infty}^{x} e^{-\frac{t^2}{2}} \mathrm{d}t$$

表中是与 $p = \Phi(x)$ 对应的 $N(0,\ 1)$分布的分位数 x 的值

p	0.000	0.001	0.002	0.003	0.004	0.005	0.006	0.007	0.008	0.009
0.50	0.000 0	0.002 5	0.005 0	0.007 5	0.010 0	0.012 5	0.015 0	0.017 5	0.020 1	0.022 6
0.51	0.025 1	0.027 6	0.030 1	0.032 6	0.035 1	0.037 6	0.040 1	0.042 6	0.045 1	0.047 6
0.52	0.050 2	0.052 7	0.055 2	0.057 7	0.060 2	0.062 7	0.065 2	0.067 7	0.070 2	0.072 8
0.53	0.075 3	0.077 8	0.080 3	0.082 8	0.085 3	0.087 8	0.090 4	0.092 9	0.095 4	0.097 9
0.54	0.100 4	0.103 0	0.105 5	0.108 0	0.110 5	0.113 0	0.115 6	0.118 1	0.120 6	0.123 1
0.55	0.125 7	0.128 2	0.130 7	0.133 2	0.135 8	0.138 3	0.140 8	0.143 4	0.145 9	0.148 4
0.56	0.151 0	0.153 5	0.156 0	0.158 6	0.161 1	0.163 7	0.166 2	0.168 7	0.171 3	0.173 8
0.57	0.176 4	0.178 9	0.181 5	0.184 0	0.186 6	0.189 1	0.191 7	0.194 2	0.196 8	0.199 3
0.58	0.201 9	0.204 5	0.207 0	0.209 6	0.212 1	0.214 7	0.217 3	0.219 8	0.222 4	0.225 0
0.59	0.227 5	0.230 1	0.232 7	0.235 3	0.237 8	0.240 4	0.243 0	0.245 6	0.248 2	0.250 8
0.60	0.253 3	0.255 9	0.258 5	0.261 1	0.263 7	0.266 3	0.268 9	0.271 5	0.274 1	0.276 7
0.61	0.279 3	0.281 9	0.284 5	0.287 1	0.289 8	0.292 4	0.295 0	0.297 6	0.300 2	0.302 9
0.62	0.305 5	0.308 1	0.310 7	0.313 4	0.316 0	0.318 6	0.321 3	0.323 9	0.326 6	0.329 2
0.63	0.331 9	0.334 5	0.337 2	0.339 8	0.342 5	0.345 1	0.347 8	0.350 5	0.353 1	0.355 8
0.64	0.358 5	0.361 1	0.363 8	0.366 5	0.369 2	0.371 9	0.374 5	0.377 2	0.379 9	0.382 6
0.65	0.385 3	0.388 0	0.390 7	0.393 4	0.396 1	0.398 9	0.401 6	0.404 3	0.407 0	0.409 7
0.66	0.412 5	0.415 2	0.417 9	0.420 7	0.423 4	0.426 1	0.428 9	0.431 6	0.434 4	0.437 2
0.67	0.439 9	0.442 7	0.445 4	0.448 2	0.451 0	0.453 8	0.456 5	0.459 3	0.462 1	0.464 9
0.68	0.467 7	0.470 5	0.473 3	0.476 1	0.478 9	0.481 7	0.484 5	0.487 4	0.490 2	0.493 0
0.69	0.495 9	0.498 7	0.501 5	0.504 4	0.507 2	0.510 1	0.512 9	0.515 8	0.518 7	0.521 5
0.70	0.524 4	0.527 3	0.530 2	0.533 0	0.535 9	0.538 8	0.541 7	0.544 6	0.547 6	0.550 5
0.71	0.553 4	0.556 3	0.559 2	0.562 2	0.565 1	0.568 1	0.571 0	0.574 0	0.576 9	0.579 9
0.72	0.582 8	0.585 8	0.588 8	0.591 8	0.594 8	0.597 8	0.600 8	0.603 8	0.606 8	0.609 8
0.73	0.612 8	0.615 8	0.618 9	0.621 9	0.625 0	0.628 0	0.631 1	0.634 1	0.637 2	0.640 3
0.74	0.643 3	0.646 4	0.649 5	0.652 6	0.655 7	0.658 8	0.662 0	0.665 1	0.668 2	0.671 3
0.75	0.674 5	0.677 6	0.680 8	0.684 0	0.687 1	0.690 3	0.693 5	0.696 7	0.699 9	0.703 1
0.76	0.706 3	0.709 5	0.712 8	0.716 0	0.719 2	0.722 5	0.725 7	0.729 0	0.732 3	0.735 6
0.77	0.738 8	0.742 1	0.745 4	0.748 8	0.752 1	0.755 4	0.758 8	0.762 1	0.765 5	0.768 8
0.78	0.772 2	0.775 6	0.779 0	0.782 4	0.785 8	0.789 2	0.792 6	0.796 1	0.799 5	0.803 0
0.79	0.806 4	0.809 9	0.813 4	0.816 9	0.820 4	0.823 9	0.827 4	0.831 0	0.834 5	0.838 1
0.80	0.841 6	0.845 2	0.848 8	0.852 4	0.856 0	0.859 6	0.863 3	0.866 9	0.870 5	0.874 2
0.81	0.877 9	0.881 6	0.885 3	0.889 0	0.892 7	0.896 5	0.900 2	0.904 0	0.907 8	0.911 6
0.82	0.915 4	0.919 2	0.923 0	0.926 9	0.930 7	0.934 6	0.938 5	0.942 4	0.946 3	0.950 2
0.83	0.954 2	0.958 1	0.962 1	0.966 1	0.970 1	0.974 1	0.978 2	0.982 2	0.986 3	0.990 4
0.84	0.994 5	0.998 6	1.002 7	1.006 9	1.011 0	1.015 2	1.019 4	1.023 7	1.027 9	1.032 2
0.85	1.036 4	1.040 7	1.045 0	1.049 4	1.053 7	1.058 1	1.062 5	1.066 9	1.071 4	1.075 8
0.86	1.080 3	1.084 8	1.089 3	1.093 9	1.098 5	1.103 1	1.107 7	1.112 3	1.117 0	1.121 7
0.87	1.126 4	1.131 1	1.135 9	1.140 7	1.145 5	1.150 3	1.155 2	1.160 1	1.165 0	1.170 0
0.88	1.175 0	1.180 0	1.185 0	1.190 1	1.195 2	1.200 4	1.205 5	1.210 7	1.216 0	1.221 2
0.89	1.226 5	1.231 9	1.237 2	1.242 6	1.248 1	1.253 6	1.259 1	1.264 6	1.270 2	1.275 9

续 表

p	0.000	0.001	0.002	0.003	0.004	0.005	0.006	0.007	0.008	0.009
0.90	1.281 6	1.287 3	1.293 0	1.298 8	1.304 7	1.310 6	1.316 5	1.322 5	1.328 5	1.334 6
0.91	1.340 8	1.346 9	1.353 2	1.359 5	1.365 8	1.372 2	1.378 7	1.385 2	1.391 7	1.398 4
0.92	1.405 1	1.411 8	1.418 7	1.425 5	1.432 5	1.439 5	1.446 6	1.453 8	1.461 1	1.468 4
0.93	1.475 8	1.483 3	1.490 9	1.498 5	1.506 3	1.514 1	1.522 0	1.530 1	1.538 2	1.546 4
0.94	1.554 8	1.563 2	1.571 8	1.580 5	1.589 3	1.598 2	1.607 2	1.616 4	1.625 8	1.635 2
0.95	1.644 9	1.654 6	1.664 6	1.674 7	1.684 9	1.695 4	1.706 0	1.716 9	1.727 9	1.739 2
0.96	1.750 7	1.762 4	1.774 4	1.786 6	1.799 1	1.811 9	1.825 0	1.838 4	1.852 2	1.866 3
0.97	1.880 8	1.895 7	1.911 0	1.926 8	1.943 1	1.960 0	1.977 4	1.995 4	2.014 1	2.033 5
0.98	2.053 7	2.074 9	2.096 9	2.120 1	2.144 4	2.170 1	2.197 3	2.226 2	2.257 1	2.290 4
0.99	2.326 3	2.365 6	2.408 9	2.457 3	2.512 1	2.575 8	2.652 1	2.747 8	2.878 2	3.090 2

表 4　t 分布的临界值

$$T \sim t(k) \quad P\{T \leqslant t_p(k)\} = p$$

表中是与 p 和自由度 k 对应的 t 分布的分位数 $t_p(k)$

k \ p	0.90	0.95	0.975	0.99	0.995
1	3.077 7	6.313 8	12.706 2	31.820 5	63.656 7
2	1.885 6	2.920 0	4.302 7	6.964 6	9.924 8
3	1.637 7	2.353 4	3.182 4	4.540 7	5.840 9
4	1.533 2	2.131 8	2.776 4	3.746 9	4.604 1
5	1.475 9	2.015 0	2.570 6	3.364 9	4.032 1
6	1.439 8	1.943 2	2.446 9	3.142 7	3.707 4
7	1.414 9	1.894 6	2.364 6	2.998 0	3.499 5
8	1.396 8	1.859 5	2.306 0	2.896 5	3.355 4
9	1.383 0	1.833 1	2.262 2	2.821 4	3.249 8
10	1.372 2	1.812 5	2.228 1	2.763 8	3.169 3
11	1.363 4	1.795 9	2.201 0	2.718 1	3.105 8
12	1.356 2	1.782 3	2.178 8	2.681 0	3.054 5
13	1.350 2	1.770 9	2.160 4	2.650 3	3.012 3
14	1.345 0	1.761 3	2.144 8	2.624 5	2.976 8
15	1.340 6	1.753 1	2.131 4	2.602 5	2.946 7
16	1.336 8	1.745 9	2.119 9	2.583 5	2.920 8
17	1.333 4	1.739 6	2.109 8	2.566 9	2.898 2
18	1.330 4	1.734 1	2.100 9	2.552 4	2.878 4
19	1.327 7	1.729 1	2.093 0	2.539 5	2.860 9
20	1.325 3	1.724 7	2.086 0	2.528 0	2.845 3
21	1.323 2	1.720 7	2.079 6	2.517 6	2.831 4
22	1.321 2	1.717 1	2.073 9	2.508 3	2.818 8
23	1.319 5	1.713 9	2.068 7	2.499 9	2.807 3
24	1.317 8	1.710 9	2.063 9	2.492 2	2.796 9
25	1.316 3	1.708 1	2.059 5	2.485 1	2.787 4
26	1.315 0	1.705 6	2.055 5	2.478 6	2.778 7
27	1.313 7	1.703 3	2.051 8	2.472 7	2.770 7
28	1.312 5	1.701 1	2.048 4	2.467 1	2.763 3
29	1.311 4	1.699 1	2.045 2	2.462 0	2.756 4
30	1.310 4	1.697 3	2.042 3	2.457 3	2.750 0
40	1.303 1	1.683 9	2.021 1	2.423 3	2.704 5
50	1.298 7	1.675 9	2.008 6	2.403 3	2.677 8
60	1.295 8	1.670 6	2.000 3	2.390 1	2.660 3
120	1.288 6	1.657 7	1.979 9	2.357 8	2.617 4
∞	1.281 6	1.644 9	1.960 0	2.326 3	2.575 8

表 5　χ^2 分布的临界值

$$\chi^2 \sim \chi^2(k) \quad P\{\chi^2 \leqslant \chi_p^2(k)\} = p$$

表中是与 p 和自由度 k 对应的 χ^2 分布的分位数 $\chi_p^2(k)$

k \ p	0.005	0.01	0.025	0.05	0.10	0.90	0.95	0.975	0.99	0.995
1	0.000	0.000	0.001	0.004	0.016	2.706	3.841	5.024	6.635	7.879
2	0.010	0.020	0.051	0.103	0.211	4.605	5.991	7.378	9.210	10.597
3	0.072	0.115	0.216	0.352	0.584	6.251	7.815	9.348	11.345	12.838
4	0.207	0.297	0.484	0.711	1.064	7.779	9.488	11.143	13.277	14.860
5	0.412	0.554	0.831	1.145	1.610	9.236	11.070	12.833	15.086	16.750
6	0.676	0.872	1.237	1.635	2.204	10.645	12.592	14.449	16.812	18.548
7	0.989	1.239	1.690	2.167	2.833	12.017	14.067	16.013	18.475	20.278
8	1.344	1.646	2.180	2.733	3.490	13.362	15.507	17.535	20.090	21.955
9	1.735	2.088	2.700	3.325	4.168	14.684	16.919	19.023	21.666	23.589
10	2.156	2.558	3.247	3.940	4.865	15.987	18.307	20.483	23.209	25.188
11	2.603	3.053	3.816	4.575	5.578	17.275	19.675	21.920	24.725	26.757
12	3.074	3.571	4.404	5.226	6.304	18.549	21.026	23.337	26.217	28.300
13	3.565	4.107	5.009	5.892	7.042	19.812	22.362	24.736	27.688	29.819
14	4.075	4.660	5.629	6.571	7.790	21.064	23.685	26.119	29.141	31.319
15	4.601	5.229	6.262	7.261	8.547	22.307	24.996	27.488	30.578	32.801
16	5.142	5.812	6.908	7.962	9.312	23.542	26.296	28.845	32.000	34.267
17	5.697	6.408	7.564	8.672	10.085	24.769	27.587	30.191	33.409	35.718
18	6.265	7.015	8.231	9.390	10.865	25.989	28.869	31.526	34.805	37.156
19	6.844	7.633	8.907	10.117	11.651	27.204	30.144	32.852	36.191	38.582
20	7.434	8.260	9.591	10.851	12.443	28.412	31.410	34.170	37.566	39.997
21	8.034	8.897	10.283	11.591	13.240	29.615	32.671	35.479	38.932	41.401
22	8.643	9.542	10.982	12.338	14.041	30.813	33.924	36.781	40.289	42.796
23	9.260	10.196	11.689	13.091	14.848	32.007	35.172	38.076	41.638	44.181
24	9.886	10.856	12.401	13.848	15.659	33.196	36.415	39.364	42.980	45.559
25	10.520	11.524	13.120	14.611	16.473	34.382	37.652	40.646	44.314	46.928
26	11.160	12.198	13.844	15.379	17.292	35.563	38.885	41.923	45.642	48.290
27	11.808	12.879	14.573	16.151	18.114	36.741	40.113	43.195	46.963	49.645
28	12.461	13.565	15.308	16.928	18.939	37.916	41.337	44.461	48.278	50.993
29	13.121	14.256	16.047	17.708	19.768	39.087	42.557	45.722	49.588	52.336
30	13.787	14.953	16.791	18.493	20.599	40.256	43.773	46.979	50.892	53.672
35	17.192	18.509	20.569	22.465	24.797	46.059	49.802	53.203	57.342	60.275
40	20.707	22.164	24.433	26.509	29.051	51.805	55.758	59.342	63.691	66.766
45	24.311	25.901	28.366	30.612	33.350	57.505	61.656	65.410	69.957	73.166
50	27.991	29.707	32.357	34.764	37.689	63.167	67.505	71.420	76.154	79.490
60	35.534	37.485	40.482	43.188	46.459	74.397	79.082	83.298	88.379	91.952

表6 F分布的临界值

$$F \sim F(k_1, k_2) \quad P\{F \leqslant F_p(k_1, k_2)\} = p$$

表中是与 p 和自由度(k_1, k_2)对应的 F 分布的分位数$F_p(k_1, k_2)$

$p=0.95$

k_2 \ k_1	1	2	3	4	5	6	7	8	9	10	11	12
1	161	200	216	225	230	234	237	239	241	242	243	244
2	18.5	19.0	19.2	19.2	19.3	19.3	19.4	19.4	19.4	19.4	19.4	19.4
3	10.1	9.55	9.28	9.12	9.01	8.94	8.89	8.85	8.81	8.79	8.76	8.74
4	7.71	6.94	6.59	6.39	6.26	6.16	6.09	6.04	6.00	5.96	5.94	5.91
5	6.61	5.79	5.41	5.19	5.05	4.95	4.88	4.82	4.77	4.74	4.70	4.68
6	5.99	5.14	4.76	4.53	4.39	4.28	4.21	4.15	4.10	4.06	4.03	4.00
7	5.59	4.74	4.35	4.12	3.97	3.87	3.79	3.73	3.68	3.64	3.60	3.57
8	5.32	4.46	4.07	3.84	3.69	3.58	3.50	3.44	3.39	3.35	3.31	3.28
9	5.12	4.26	3.86	3.63	3.48	3.37	3.29	3.23	3.18	3.14	3.10	3.07
10	4.96	4.10	3.71	3.48	3.33	3.22	3.14	3.07	3.02	2.98	2.94	2.91
11	4.84	3.98	3.59	3.36	3.20	3.09	3.01	2.95	2.90	2.85	2.82	2.79
12	4.75	3.89	3.49	3.26	3.11	3.00	2.91	2.85	2.80	2.75	2.72	2.69
13	4.67	3.81	3.41	3.18	3.03	2.92	2.83	2.77	2.71	2.67	2.63	2.60
14	4.60	3.74	3.34	3.11	2.96	2.85	2.76	2.70	2.65	2.60	2.57	2.53
15	4.54	3.68	3.29	3.06	2.90	2.79	2.71	2.64	2.59	2.54	2.51	2.48
16	4.49	3.63	3.24	3.01	2.85	2.74	2.66	2.59	2.54	2.49	2.46	2.42
17	4.45	3.59	3.20	2.96	2.81	2.70	2.61	2.55	2.49	2.45	2.41	2.38
18	4.41	3.55	3.16	2.93	2.77	2.66	2.58	2.51	2.46	2.41	2.37	2.34
19	4.38	3.52	3.13	2.90	2.74	2.63	2.54	2.48	2.42	2.38	2.34	2.31
20	4.35	3.49	3.10	2.87	2.71	2.60	2.51	2.45	2.39	2.35	2.31	2.28
25	4.24	3.39	2.99	2.76	2.60	2.49	2.40	2.34	2.28	2.24	2.20	2.16
30	4.17	3.32	2.92	2.69	2.53	2.42	2.33	2.27	2.21	2.16	2.13	2.09
40	4.08	3.23	2.84	2.61	2.45	2.34	2.25	2.18	2.12	2.08	2.04	2.00
60	4.00	3.15	2.76	2.53	2.37	2.25	2.17	2.10	2.04	1.99	1.95	1.92
120	3.92	3.07	2.68	2.45	2.29	2.18	2.09	2.02	1.96	1.91	1.87	1.83
∞	3.84	3.00	2.60	2.37	2.21	2.10	2.01	1.94	1.88	1.83	1.79	1.75

续　表

***p*=0.95**　　自由度(k_1，k_2)

k_2 \ k_1	13	14	15	16	17	18	19	20	30	40	60	120
1	245	245	246	246	247	247	248	248	250	251	252	253
2	19.4	19.4	19.4	19.4	19.4	19.4	19.4	19.4	19.5	19.5	19.5	19.5
3	8.73	8.71	8.70	8.69	8.68	8.67	8.67	8.66	8.62	8.59	8.57	8.55
4	5.89	5.87	5.86	5.84	5.83	5.82	5.81	5.80	5.75	5.72	5.69	5.66
5	4.66	4.64	4.62	4.60	4.59	4.58	4.57	4.56	4.50	4.46	4.43	4.40
6	3.98	3.96	3.94	3.92	3.91	3.90	3.88	3.87	3.81	3.77	3.74	3.70
7	3.55	3.53	3.51	3.49	3.48	3.47	3.46	3.44	3.38	3.34	3.30	3.27
8	3.26	3.24	3.22	3.20	3.19	3.17	3.16	3.15	3.08	3.04	3.01	2.97
9	3.05	3.03	3.01	2.99	2.97	2.96	2.95	2.94	2.86	2.83	2.79	2.75
10	2.89	2.86	2.85	2.83	2.81	2.80	2.79	2.77	2.70	2.66	2.62	2.58
11	2.76	2.74	2.72	2.70	2.69	2.67	2.66	2.65	2.57	2.53	2.49	2.45
12	2.66	2.64	2.62	2.60	2.58	2.57	2.56	2.54	2.47	2.43	2.38	2.34
13	2.58	2.55	2.53	2.51	2.50	2.48	2.47	2.46	2.38	2.34	2.30	2.25
14	2.51	2.48	2.46	2.44	2.43	2.41	2.40	2.39	2.31	2.27	2.22	2.18
15	2.45	2.42	2.40	2.38	2.37	2.35	2.34	2.33	2.25	2.20	2.16	2.11
16	2.40	2.37	2.35	2.33	2.32	2.30	2.29	2.28	2.19	2.15	2.11	2.06
17	2.35	2.33	2.31	2.29	2.27	2.26	2.24	2.23	2.15	2.10	2.06	2.01
18	2.31	2.29	2.27	2.25	2.23	2.22	2.20	2.19	2.11	2.06	2.02	1.97
19	2.28	2.26	2.23	2.21	2.20	2.18	2.17	2.16	2.07	2.03	1.98	1.93
20	2.25	2.22	2.20	2.18	2.17	2.15	2.14	2.12	2.04	1.99	1.95	1.90
25	2.14	2.11	2.09	2.07	2.05	2.04	2.02	2.01	1.92	1.87	1.82	1.77
30	2.06	2.04	2.01	1.99	1.98	1.96	1.95	1.93	1.84	1.79	1.74	1.68
40	1.97	1.95	1.92	1.90	1.89	1.87	1.85	1.84	1.74	1.69	1.64	1.58
60	1.89	1.86	1.84	1.82	1.80	1.78	1.76	1.75	1.65	1.59	1.53	1.47
120	1.80	1.78	1.75	1.73	1.71	1.69	1.67	1.66	1.55	1.50	1.43	1.35
∞	1.72	1.69	1.67	1.64	1.62	1.60	1.59	1.57	1.46	1.39	1.32	1.22

续　表

$p=0.975$　　自由度(k_1, k_2)

k_2 \ k_1	1	2	3	4	5	6	7	8	9	10	11	12
1	648	799	864	900	922	937	948	957	963	969	973	977
2	38.5	39.0	39.2	39.2	39.3	39.3	39.4	39.4	39.4	39.4	39.4	39.4
3	17.4	16.0	15.4	15.1	14.9	14.7	14.6	14.5	14.5	14.4	14.4	14.3
4	12.2	10.6	9.98	9.60	9.36	9.20	9.07	8.98	8.90	8.84	8.79	8.75
5	10.0	8.43	7.76	7.39	7.15	6.98	6.85	6.76	6.68	6.62	6.57	6.52
6	8.81	7.26	6.60	6.23	5.99	5.82	5.70	5.60	5.52	5.46	5.41	5.37
7	8.07	6.54	5.89	5.52	5.29	5.12	4.99	4.90	4.82	4.76	4.71	4.67
8	7.57	6.06	5.42	5.05	4.82	4.65	4.53	4.43	4.36	4.30	4.24	4.20
9	7.21	5.71	5.08	4.72	4.48	4.32	4.20	4.10	4.03	3.96	3.91	3.87
10	6.94	5.46	4.83	4.47	4.24	4.07	3.95	3.85	3.78	3.72	3.66	3.62
11	6.72	5.26	4.63	4.28	4.04	3.88	3.76	3.66	3.59	3.53	3.47	3.43
12	6.55	5.10	4.47	4.12	3.89	3.73	3.61	3.51	3.44	3.37	3.32	3.28
13	6.41	4.97	4.35	4.00	3.77	3.60	3.48	3.39	3.31	3.25	3.20	3.15
14	6.30	4.86	4.24	3.89	3.66	3.50	3.38	3.29	3.21	3.15	3.09	3.05
15	6.20	4.77	4.15	3.80	3.58	3.41	3.29	3.20	3.12	3.06	3.01	2.96
16	6.12	4.69	4.08	3.73	3.50	3.34	3.22	3.12	3.05	2.99	2.93	2.89
17	6.04	4.62	4.01	3.66	3.44	3.28	3.16	3.06	2.98	2.92	2.87	2.82
18	5.98	4.56	3.95	3.61	3.38	3.22	3.10	3.01	2.93	2.87	2.81	2.77
19	5.92	4.51	3.90	3.56	3.33	3.17	3.05	2.96	2.88	2.82	2.76	2.72
20	5.87	4.46	3.86	3.51	3.29	3.13	3.01	2.91	2.84	2.77	2.72	2.68
25	5.69	4.29	3.69	3.35	3.13	2.97	2.85	2.75	2.68	2.61	2.56	2.51
30	5.57	4.18	3.59	3.25	3.03	2.87	2.75	2.65	2.57	2.51	2.46	2.41
40	5.42	4.05	3.46	3.13	2.90	2.74	2.62	2.53	2.45	2.39	2.33	2.29
60	5.29	3.93	3.34	3.01	2.79	2.63	2.51	2.41	2.33	2.27	2.22	2.17
120	5.15	3.80	3.23	2.89	2.67	2.52	2.39	2.30	2.22	2.16	2.10	2.05
∞	5.02	3.69	3.12	2.79	2.57	2.41	2.29	2.19	2.11	2.05	1.99	1.94

续表

$p=0.975$　　自由度(k_1, k_2)

k_2 \ k_1	13	14	15	16	17	18	19	20	30	40	60	120
1	980	983	985	987	989	990	992	993	1 001	1 006	1 010	1 014
2	39.4	39.4	39.4	39.4	39.4	39.4	39.4	39.4	39.5	39.5	39.5	39.5
3	14.3	14.3	14.3	14.2	14.2	14.2	14.2	14.2	14.1	14.0	14.0	13.9
4	8.71	8.68	8.66	8.63	8.61	8.59	8.58	8.56	8.46	8.41	8.36	8.31
5	6.49	6.46	6.43	6.40	6.38	6.36	6.34	6.33	6.23	6.18	6.12	6.07
6	5.33	5.30	5.27	5.24	5.22	5.20	5.18	5.17	5.07	5.01	4.96	4.90
7	4.63	4.60	4.57	4.54	4.52	4.50	4.48	4.47	4.36	4.31	4.25	4.20
8	4.16	4.13	4.10	4.08	4.05	4.03	4.02	4.00	3.89	3.84	3.78	3.73
9	3.83	3.80	3.77	3.74	3.72	3.70	3.68	3.67	3.56	3.51	3.45	3.39
10	3.58	3.55	3.52	3.50	3.47	3.45	3.44	3.42	3.31	3.26	3.20	3.14
11	3.39	3.36	3.33	3.30	3.28	3.26	3.24	3.23	3.12	3.06	3.00	2.94
12	3.24	3.21	3.18	3.15	3.13	3.11	3.09	3.07	2.96	2.91	2.85	2.79
13	3.12	3.08	3.05	3.03	3.00	2.98	2.96	2.95	2.84	2.78	2.72	2.66
14	3.01	2.98	2.95	2.92	2.90	2.88	2.86	2.84	2.73	2.67	2.61	2.55
15	2.92	2.89	2.86	2.84	2.81	2.79	2.77	2.76	2.64	2.59	2.52	2.46
16	2.85	2.82	2.79	2.76	2.74	2.72	2.70	2.68	2.57	2.51	2.45	2.38
17	2.79	2.75	2.72	2.70	2.67	2.65	2.63	2.62	2.50	2.44	2.38	2.32
18	2.73	2.70	2.67	2.64	2.62	2.60	2.58	2.56	2.44	2.38	2.32	2.26
19	2.68	2.65	2.62	2.59	2.57	2.55	2.53	2.51	2.39	2.33	2.27	2.20
20	2.64	2.60	2.57	2.55	2.52	2.50	2.48	2.46	2.35	2.29	2.22	2.16
25	2.48	2.44	2.41	2.38	2.36	2.34	2.32	2.30	2.18	2.12	2.05	1.98
30	2.37	2.34	2.31	2.28	2.26	2.23	2.21	2.20	2.07	2.01	1.94	1.87
40	2.25	2.21	2.18	2.15	2.13	2.11	2.09	2.07	1.94	1.88	1.80	1.72
60	2.13	2.09	2.06	2.03	2.01	1.98	1.96	1.94	1.82	1.74	1.67	1.58
120	2.01	1.98	1.94	1.92	1.89	1.87	1.84	1.82	1.69	1.61	1.53	1.43
∞	1.90	1.87	1.83	1.80	1.78	1.75	1.73	1.71	1.57	1.48	1.39	1.27

表 7　正交表及交互作用表

(1) 正交表 $L_4(2^3)$

试验号＼列号	1	2	3
1	1	1	1
2	1	2	2
3	2	1	2
4	2	2	1

(2) 正交表 $L_8(2^7)$

试验号＼列号	1	2	3	4	5	6	7
1	1	1	1	1	1	1	1
2	1	1	1	2	2	2	2
3	1	2	2	1	1	2	2
4	1	2	2	2	2	1	1
5	2	1	2	1	2	1	2
6	2	1	2	2	1	2	1
7	2	2	1	1	2	2	1
8	2	2	1	2	1	1	2

(3) 正交表 $L_{16}(2^{15})$

试验号＼列号	1	2	3	4	5	6	7	8	9	10	11	12	13	14	15
1	1	1	1	1	1	1	1	1	1	1	1	1	1	1	1
2	1	1	1	1	1	1	1	2	2	2	2	2	2	2	2
3	1	1	1	2	2	2	2	1	1	1	1	2	2	2	2
4	1	1	1	2	2	2	2	2	2	2	2	1	1	1	1
5	1	2	2	1	1	2	2	1	1	2	2	1	1	2	2
6	1	2	2	1	1	2	2	2	2	1	1	2	2	1	1
7	1	2	2	2	2	1	1	1	1	2	2	2	2	1	1
8	1	2	2	2	2	1	1	2	2	1	1	1	1	2	2
9	2	1	2	1	2	1	2	1	2	1	2	1	2	1	2
10	2	1	2	1	2	1	2	2	1	2	1	2	1	2	1
11	2	1	2	2	1	2	1	1	2	1	2	2	1	2	1
12	2	1	2	2	1	2	1	2	1	2	1	1	2	1	2
13	2	2	1	1	2	2	1	1	2	2	1	1	2	2	1
14	2	2	1	1	2	2	1	2	1	1	2	2	1	1	2
15	2	2	1	2	1	1	2	1	2	2	1	2	1	1	2
16	2	2	1	2	1	1	2	2	1	1	2	1	2	2	1

(4) 2 水平正交表 $L_4(2^3)L_8(2^7)L_{16}(2^{15})$的交互作用表

列号	1	2	3	4	5	6	7	8	9	10	11	12	13	14	15
1	(1)	3	2	5	4	7	6	9	8	11	10	13	12	15	14
2		(2)	1	6	7	4	5	10	11	8	9	14	15	12	13
3			(3)	7	6	5	4	11	10	9	8	15	14	13	12
4				(4)	1	2	3	12	13	14	15	8	9	10	11
5					(5)	3	2	13	12	15	14	9	8	11	10
6						(6)	1	14	15	12	13	10	11	8	9
7							(7)	15	14	13	12	11	10	9	8
8								(8)	1	2	3	4	5	6	7
9									(9)	3	2	5	4	7	6
10										(10)	1	6	7	4	5
11											(11)	7	6	5	4
12												(12)	1	2	3
13													(13)	3	2
14														(14)	1

(5) 正交表 $L_9(3^4)$

试验号 \ 列号	1	2	3	4
1	1	1	1	1
2	1	2	2	2
3	1	3	3	3
4	2	1	2	3
5	2	2	3	1
6	2	3	1	2
7	3	1	3	2
8	3	2	1	3
9	3	3	2	1

(6) 正交表 $L_{27}(3^{13})$

试验号 \ 列号	1	2	3	4	5	6	7	8	9	10	11	12	13
1	1	1	1	1	1	1	1	1	1	1	1	1	1
2	1	1	1	1	2	2	2	2	2	2	2	2	2
3	1	1	1	1	3	3	3	3	3	3	3	3	3
4	1	2	2	2	1	1	1	2	2	2	3	3	3
5	1	2	2	2	2	2	2	3	3	3	1	1	1
6	1	2	2	2	3	3	3	1	1	1	2	2	2
7	1	3	3	3	1	1	1	3	3	3	2	2	2
8	1	3	3	3	2	2	2	1	1	1	3	3	3
9	1	3	3	3	3	3	3	2	2	2	1	1	1
10	2	1	2	3	1	2	3	1	2	3	1	2	3
11	2	1	2	3	2	3	1	2	3	1	2	3	1
12	2	1	2	3	3	1	2	3	1	2	3	1	2
13	2	2	3	1	1	2	3	2	3	1	3	1	2
14	2	2	3	1	2	3	1	3	1	2	1	2	3
15	2	2	3	1	3	1	2	1	2	3	2	3	1
16	2	3	1	2	1	2	3	3	1	2	2	3	1
17	2	3	1	2	2	3	1	1	2	3	3	1	2
18	2	3	1	2	3	1	2	2	3	1	1	2	3
19	3	1	3	2	1	3	2	1	3	2	1	3	2
20	3	1	3	2	2	1	3	2	1	3	2	1	3
21	3	1	3	2	3	2	1	3	2	1	3	2	1
22	3	2	1	3	1	3	2	2	1	3	3	2	1
23	3	2	1	3	2	1	3	3	2	1	1	3	2
24	3	2	1	3	3	2	1	1	3	2	2	1	3
25	3	3	2	1	1	3	2	3	2	1	2	1	3
26	3	3	2	1	2	1	3	1	3	2	3	2	1
27	3	3	2	1	3	2	1	2	1	3	1	3	2

(7) 3 水平正交表 $L_9(3^4)L_{27}(3^{13})$的交互作用表

列　号	1	2	3	4	5	6	7	8	9	10	11	12	13
1	(1)	3 4	2 4	2 3	6 7	5 7	5 6	9 10	8 10	8 9	12 13	11 13	11 12
2		(2)	1 4	1 3	8 11	9 12	10 13	5 11	6 12	7 13	5 8	6 9	7 10
3			(3)	1 2	9 13	10 11	8 12	7 12	5 13	6 11	6 10	7 8	5 9
4				(4)	10 12	8 13	9 11	6 13	7 11	5 12	7 9	5 10	6 8
5					(5)	1 7	1 6	2 11	3 13	4 12	2 8	4 10	3 9
6						(6)	1 5	4 13	2 12	3 11	3 10	2 9	4 8
7							(7)	3 12	4 11	2 13	4 9	3 8	2 10
8								(8)	1 10	1 9	2 5	3 7	4 6
9									(9)	1 8	4 7	2 6	3 5
10										(10)	3 6	4 5	2 7
11											(11)	1 13	1 12
12												(12)	1 11

(8) 正交表 $L_{16}(4^5)$

试验号 \ 列号	1	2	3	4	5
1	1	1	1	1	1
2	1	2	2	2	2
3	1	3	3	3	3
4	1	4	4	4	4
5	2	1	2	3	4
6	2	2	1	4	3
7	2	3	4	1	2
8	2	4	3	2	1
9	3	1	3	4	2
10	3	2	4	3	1
11	3	3	1	2	4
12	3	4	2	1	3
13	4	1	4	2	3
14	4	2	3	1	4
15	4	3	2	4	1
16	4	4	1	3	2

注：表中任何 2 列的交互作用是另外 3 列.

(9) 正交表 $L_{25}(5^6)$

试验号 \ 列号	1	2	3	4	5	6
1	1	1	1	1	1	1
2	1	2	2	2	2	2
3	1	3	3	3	3	3
4	1	4	4	4	4	4
5	1	5	5	5	5	5
6	2	1	2	3	4	5
7	2	2	3	4	5	1
8	2	3	4	5	1	2
9	2	4	5	1	2	3
10	2	5	1	2	3	4
11	3	1	3	5	2	4
12	3	2	4	1	3	5
13	3	3	5	2	4	1
14	3	4	1	3	5	2
15	3	5	2	4	1	3
16	4	1	4	2	5	3
17	4	2	5	3	1	4
18	4	3	1	4	2	5
19	4	4	2	5	3	1
20	4	5	3	1	4	2
21	5	1	5	4	3	2
22	5	2	1	5	4	3
23	5	3	2	1	5	4
24	5	4	3	2	1	5
25	5	5	4	3	2	1

注：表中任何 2 列的交互作用是另外 4 列.